博蓄诚品 | 编著 |

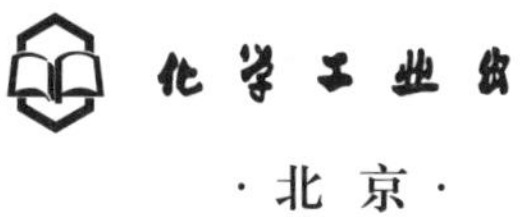

化学工业出版社
·北京·

内 容 简 介

本书从防范黑客的角度出发，对网络中黑客所能造成的各种威胁及其攻防手段进行了详尽的阐述，包括威胁产生的原因、如何利用漏洞入侵、如何控制计算机并获取信息，以及如何增强系统安全性、如何避免威胁的产生或将损失降低到最小。

本书共分13章，将黑客攻防过程各阶段所用技术进行了详解，涉及的知识点包括端口的扫描与嗅探、漏洞的利用、进程与后门、计算机病毒及木马、加密及解密、远程控制、入侵检测、无线局域网的攻防、系统账户安全及优化设置、系统的备份与还原、手机的攻防注意事项等。通过学习本书，读者可以全方位了解黑客及其使用的各种技术和工具，从而能够从容应对黑客所带来的各种网络安全问题。

本书涉及知识面较广，对于开阔读者的视野、拓展网络和计算机知识都非常有帮助。书中有针对性地简化了晦涩的理论部分，并注重案例实操的介绍，以满足不同读者的需求。

本书不仅适合对黑客知识有浓厚兴趣的计算机及网络技术初学者、计算机安全维护人员学习使用，还适合用作高等院校、培训学校相关专业的教材及参考书。

图书在版编目（CIP）数据

黑客攻防从入门到精通 / 博蓄诚品编著. —北京：化学工业出版社，2022.10

ISBN 978-7-122-41813-5

Ⅰ. ①黑… Ⅱ. ①博… Ⅲ. ①黑客－网络防御 Ⅳ. ①TP393.081

中国版本图书馆CIP数据核字（2022）第120162号

责任编辑：耍利娜　　文字编辑：吴开亮

责任校对：赵懿桐　　装帧设计：水长流文化

出版发行：化学工业出版社（北京市东城区青年湖南街13号　邮政编码100011）

印　　装：三河市延风印装有限公司

710mm×1000mm　1/16　印张20¼　字数408千字　2023年3月北京第1版第1次印刷

购书咨询：010-64518888　　售后服务：010-64518899

网　　址：http://www.cip.com.cn

凡购买本书，如有缺损质量问题，本社销售中心负责调换。

定　　价：99.00元

网络和计算机已经成为人们日常工作、学习、娱乐必不可少的工具，但安全问题也随之而来。黑客可以利用网络实现各种攻击，从而控制各种网络设备并获取珍贵的数据信息。本书分析黑客对网络和计算机造成的各种威胁，并结合笔者多年的经验，为读者介绍提高网络和计算机安全性的方法。

写作目的

“黑客”一词是由英语hacker音译出来的，是指热衷于计算机及网络技术，并专门研究、发现计算机和网络漏洞且技术高超的人。黑客随着网络的出现而出现，随着网络的普及，黑客施展的空间变得越来越大，给互联网带来了重大的安全威胁。

本书从黑客攻防角度出发，分析网络和计算机中存在的各种安全问题，并讲解黑客如何利用这些安全问题达到窃取信息的目的的过程及常用的技术手段和工具，使读者对黑客的进攻以及常见的网络威胁有更系统的了解，从而更好地防范黑客的攻击，提高网络和设备的安全性。

写作特色

1. 由浅入深　循序渐进

本书从黑客的基础知识开始，由浅入深地对各种攻防技术进行讲解。针对初级读者的阅读特点，有针对性地简化了晦涩的理论描述，增加了大量易懂、易操作的案例，使读者入门无压力。

2. 与时俱进　实用性强

本书紧紧围绕黑客攻防的各方面技术，结合近几年的新型攻防技术以及社会热点话题展开讲解，使所学知识与时俱进、实用有效。

3. 系统全面　培养思维

本书内容丰富、图文并茂、实例众多，不仅全面地展示了黑客攻防的各项基本技能及常用理论，还涉及了计算机操作、网络知识、编程基础、大数据、手机安全、账号保护、局域网共享、系统备份及还原等方面的知识，重点培养读者的发散思维、观察能力、分析能力。

章节导览

本书共13章，各章内容介绍如下：

章	知识点概述	难度指数
第1章	黑客的背景知识、常见术语解释、入侵基本流程、常用的工具、攻击手段、黑客涉及的知识、防范的常用方法等	★★☆☆☆
第2章	计算机端口的作用、常见的端口及对应的服务、打开及关闭端口、IP地址的相关知识、查看方法、常见的扫描工具和嗅探工具等	★★★☆☆
第3章	计算机漏洞的相关知识、漏洞的产生和危害、常见的漏洞、系统漏洞的扫描、系统漏洞的修复等	★★★★☆
第4章	进程的作用，查看方法，新建及关闭进程，计算机后门的作用、特点及分类，防范系统后门，查看及清除日志等	★★★★★
第5章	计算机病毒与木马的相关知识、中招后的表现、计算机中毒后的处理方法等	★★★☆☆
第6章	数据加密技术、对称与非对称加密、公钥私钥、常见的加密算法和加密应用、身份验证机制的方法和应用、文件完整性校验的机制和应用、常见的加密和破解方法、字典的生成和使用等	★★★★☆
第7章	远程控制的原理、远程控制软件的使用、虚拟专用网技术、隧道技术、代理技术、代理协议、代理软件的使用	★★★☆☆
第8章	网站及网站的常见攻击方法、网页恶意代码、入侵检测技术、网站常见目录扫描、网站常见的抗压测试等	★★★★★
第9章	无线局域网的概念、常见设备、无线局域网技术、无线局域网的组建、Wi-Fi的加密技术和破解方法、无线局域网常见的设备安全性设置等	★★★★☆

续表

章	知识点概述	难度指数
第10章	Windows账户的作用及分类、切换方法、基本操作，账户的控制、禁用及删除、夺取控制权等	★★★☆☆
第11章	Windows 10的系统安全设置、优化及清理、查看及关闭自启动程序、权限与隐私设置、屏蔽弹窗广告、配置默认应用和存储感知、修复引导等	★★★☆☆
第12章	Windows的还原点备份还原、Windows备份功能的备份还原、Windows 7备份还原、GHOST备份还原技术、系统重置、系统升级还原技术、驱动备份还原、注册表备份还原等	★★★★☆
第13章	手机安全的主要威胁、手机的各种锁的作用、手机杀毒、手机安全设置、手机共享上网、查看局域网信息、手机共享文件及共享访问等	★★★☆☆

学习方法

黑客攻防技术是一门综合型的技术，涉及知识面很广，包括计算机知识、网络知识、编程知识等，需要专业的理论及实战知识积累。新手往往存在读不懂、不会用等困难。

本书从新手的角度出发，将黑客攻防所需知识进行了归纳、总结，提取出精华部分，以凝练的语言向读者进行阐述，读者学习本书所讲解的内容，就可以体验黑客的攻防过程。

本书除讲解技术外，更注重培养读者的学习兴趣、学习方法和学习思路。读者在遇到问题后，可以通过线上交流、搜索相关的知识进行补充学习。若仍然不明白，可以在读者群中，向经验更丰富的老师提问。经过一段时间的学习，相信能够养成专业的思维能力。

本书在介绍必备知识的基础上，穿插了“术语解释”“认知误区”模块，使读者知其然更知其所以然；“知识拓展”模块介绍了相关知识的延伸及实际应用等；“案例实战”模块带领读者一起动手进行攻防操作，增强读者的动手操作能力；章末安排的“专题拓展”模块，针对与安全密切相关的知识点或热门问题做专题介绍，开阔读者的眼界。本书还通过交流群、直播和录播等方式来答疑解惑、交流心得。

适用人群

- 计算机软硬件安全工程师
- 网络安全工程师
- 计算机及网络维护测试人员
- 网络管理员
- 喜欢并准备研究黑客攻防技术的读者
- 计算机技术爱好者

本书主旨是通过研究黑客的入侵手段和方法，来分析网络和计算机存在的各种安全问题，以及如何排除这些问题，从而增强读者的安全意识，提高其计算机安全水平，降低黑客所带来的威胁并减少损失。

本书介绍的所有软件均来自网络，仅供个人学习、测试、交流使用，严禁用于非法目的，由此带来的法律后果及连带责任与本书无关，特此声明。

由于编者水平和精力有限，书中难免存在不足之处，望广大读者批评指正。

编著者

目录

第1章 全面认识黑客

1.1 黑客溯源 2
1.1.1 黑客的起源与发展 3
1.1.2 黑客与骇客的故事 4
1.1.3 黑客与红客的异同 4
1.1.4 黑客常见术语解析 5
1.1.5 黑客入侵的基本流程 7
1.2 黑客参与的重大安全事件 8
1.2.1 虚拟货币遭遇黑客攻击 8
1.2.2 数据泄露 9
1.2.3 勒索病毒肆虐 10
1.2.4 钓鱼 10
1.2.5 漏洞攻击 10
1.2.6 拒绝服务攻击 11
1.3 黑客常用的工具 11
1.3.1 扫描工具 11
1.3.2 嗅探工具 11
1.3.3 截包改包工具 12
1.3.4 漏洞扫描及攻击工具 13
1.3.5 密码破解工具 13
1.3.6 渗透工具 14
1.3.7 无线密码破解工具 15
1.3.8 无线钓鱼工具 15
1.3.9 SQL渗透 16
1.4 常见的黑客攻击手段及中招表现 16
1.4.1 欺骗攻击 16
1.4.2 拒绝服务攻击 19
1.4.3 漏洞溢出攻击 22
1.4.4 病毒木马攻击 23
1.4.5 密码爆破攻击 24
1.4.6 短信电话轰炸 24
1.5 黑客攻防所涉及的基础知识 25
1.5.1 计算机基础知识 25

1.5.2 计算机网络知识 26
1.5.3 操作系统相关知识 26
1.5.4 黑客软件的使用 26
1.5.5 编程 26
1.5.6 英文水平 27
1.5.7 数据库相关知识 28
1.5.8 Web安全知识 28
1.6 防范黑客的几种常见方法 29
1.6.1 养成良好的安全习惯 29
1.6.2 安全的网络环境 29
1.6.3 杀毒、防御软件的支持 29
1.6.4 各种攻击的应对方法 29

第2章 端口扫描与嗅探

2.1 端口及端口的查看 31
2.1.1 端口及端口的作用 31
2.1.2 常见的服务及端口号 31
2.1.3 在系统中查看当前端口状态 33
案例实战：查找并关闭端口 35
2.2 IP地址及MAC地址 37
2.2.1 IP地址的定义及作用 37
2.2.2 IP地址的格式及相关概念 37
2.2.3 IP地址的分类 38
2.2.4 内网及外网的划分 39
2.2.5 MAC地址及其作用 40
案例实战：查看本机IP地址和MAC地址 40
2.2.6 获取IP地址 42
2.3 扫描工具 46
2.3.1 Advanced IP Scanner 46
2.3.2 PortScan 48
2.3.3 Nmap 48
2.4 嗅探及嗅探工具 51
2.4.1 嗅探简介 52
2.4.2 网络封包分析工具Wireshark 52

2.4.3 获取及修改数据包工具Burp Suite 60
案例实战：拦截并修改返回的数据包 63
专题拓展 信息收集常见方法 66

第3章 漏洞

3.1 漏洞概述 70
3.1.1 漏洞的产生原因 70
3.1.2 漏洞的危害 70
3.1.3 常见漏洞类型 71
3.1.4 如何查找最新漏洞 72
3.2 漏洞扫描 75
3.2.1 使用Burp Suite扫描网站漏洞 75
3.2.2 使用Nessus扫描系统漏洞 77
案例实战：使用OWASP ZAP扫描网站漏洞 81
3.3 系统漏洞修复 85
3.3.1 使用更新修复系统漏洞 85
案例实战：使用第三方软件安装补丁 86
3.3.2 手动下载补丁进行漏洞修复 87

第4章 进程及后门

4.1 进程简介 90
4.1.1 进程概述 90
4.1.2 进程的查看 90
4.1.3 可疑进程的判断 93
4.2 新建及关闭进程 95
4.2.1 新建进程 95
案例实战：快速查找进程 96
4.2.2 关闭进程 97
4.3 计算机后门程序概述 98
4.3.1 计算机后门简介 98
4.3.2 计算机后门程序的分类 98
4.3.3 计算机后门重大安全事件 99

4.4 查看及清除系统日志 102
4.4.1 系统日志简介 102
4.4.2 查看系统日志 102
案例实战：查看系统开机记录 103
4.4.3 清除系统日志 104
专题拓展 QQ盗号分析及防范 107

第5章 计算机病毒及木马

5.1 计算机病毒概述 111
5.1.1 计算机病毒概述 111
5.1.2 病毒的特点 111
5.1.3 病毒的分类 112
5.1.4 常见的病毒及危害 114
5.2 计算机木马概述 115
5.2.1 木马简介 116
5.2.2 木马的原理 116
5.2.3 木马的分类 116
5.3 中招途径及中招后的表现 117
5.3.1 中招途径 117
5.3.2 中招后的表现 118
5.4 病毒与木马的查杀和防范 120
5.4.1 中招后的处理流程 120
5.4.2 进入安全模式查杀病毒木马 120
5.4.3 使用火绒安全软件查杀病毒木马 122
案例实战：使用安全软件的实时监控功能 123
5.4.4 使用专杀工具查杀病毒木马 124
5.4.5 病毒及木马的防范 124
专题拓展 多引擎查杀及MBR硬盘锁恢复 126

第6章 加密、验证及解密

6.1 加密技术概述 130
6.1.1 加密简介 130

6.1.2 算法与密钥的作用 130
6.1.3 对称与非对称加密技术 130
6.2 常见的加密算法 132
6.2.1 DES 132
6.2.2 3DES 132
6.2.3 AES 133
6.2.4 RSA 133
6.2.5 哈希算法 134
6.2.6 常见的加密应用 134
案例实战：计算文件完整性 135
6.3 使用软件对文件进行加密 136
6.3.1 文件加密原理 136
6.3.2 使用Windows自带的功能对文件进行加密 137
6.3.3 使用文件夹加密软件对文件及文件夹进行加密 139
案例实战：使用Encrypto对文件或文件夹进行加密 141
6.4 常用加密的破解 143
6.4.1 密码破解 143
6.4.2 Office文件加密的破解 143
案例实战：RAR格式文件的破解 145
6.4.3 Hash密文破解 146
6.4.4 密码字典生成及使用 150
专题拓展 Windows激活技术 151

第7章 远程控制及代理技术
7.1 远程控制技术概述 154
7.1.1 远程控制技术简介 154
7.1.2 常见的远程桌面实现方法 155
7.2 虚拟专用网 160
7.2.1 虚拟专用网概述 160
7.2.2 隧道技术简介 162
7.2.3 虚拟专用网的架设 163
7.3 代理技术及应用 166
7.3.1 代理技术简介 166
7.3.2 常见的代理应用 167

7.3.3 代理的使用目的和利弊 168
7.3.4 常见的代理协议 168
7.3.5 代理常用的加密方法、协议、混淆方法及验证 169
7.3.6 搭建代理服务器 169
7.3.7 设置客户端程序连接代理服务器 170
专题拓展 无人值守及远程唤醒的实际应用方案 173

第8章 网站及入侵检测技术

8.1 网站概述 177
8.1.1 网站简介 177
8.1.2 网站的分类 178
8.2 常见的网站攻击方式及防御手段 178
8.2.1 流量攻击 178
8.2.2 域名攻击 179
8.2.3 恶意扫描 179
8.2.4 网页篡改 179
8.2.5 数据库攻击 180
8.3 网页恶意代码攻防 180
8.3.1 网页恶意代码的发展趋势 180
8.3.2 网页恶意代码的检测技术 181
8.3.3 常见的恶意代码的作用 182
案例实战：浏览器被篡改的恢复 182
8.4 入侵检测技术 184
8.4.1 入侵检测系统概述 184
8.4.2 入侵检测系统的组成 184
8.4.3 常见的检测软件 185
8.5 使用第三方网站或软件检测网站抗压性 188
8.5.1 网站测试内容 188
8.5.2 使用第三方网站进行压力测试 188
8.5.3 使用第三方软件进行网站抗压测试 189
案例实战：使用第三方工具进行网站目录扫描 191
案例实战：使用Zero测试网站抗压性 195
专题拓展 黑客常用命令及用法 196

第9章 无线局域网攻防

9.1 无线局域网概述 200
9.1.1 局域网简介 200
9.1.2 无线技术 200
9.1.3 常见无线局域网设备及作用 201
9.1.4 家庭局域网的组建 204
9.2 局域网的常见攻击方式 204
9.2.1 ARP攻击 205
9.2.2 广播风暴 206
9.2.3 DNS及DHCP欺骗 206
9.2.4 窃取无线密码 206
9.2.5 架设无线陷阱 206
9.3 破解Wi-Fi密码 207
9.3.1 Wi-Fi加密方式 207
9.3.2 破解的原理 208
9.3.3 配置环境 208
9.3.4 启动侦听模式 209
9.3.5 抓取握手包 211
9.3.6 密码破解 212
9.4 常见设备安全配置 213
9.4.1 无线路由器的安全管理 213
9.4.2 无线摄像头的安全管理 216
专题拓展 局域网计算机文件共享的实现 217

第10章 Windows账户的安全

10.1 Windows账户概述 222
10.1.1 Windows账户的作用 222
10.1.2 Windows账户的分类 222
案例实战：本地账户和Microsoft账户的切换 224
10.2 Windows账户的基本操作 228
10.2.1 使用命令查看当前系统中的账户信息 228

10.2.2 使用图形界面查看用户账户 229
10.2.3 更改账户名称 230
10.2.4 更改账户类型 230
10.2.5 更改账户密码 231
10.2.6 删除账户 231
10.2.7 添加账户 232
10.2.8 使用命令添加账户 233
10.2.9 使用命令修改账户类型 234
案例实战：更改用户账户控制设置 234
10.3 Windows账户高级操作 235
10.3.1 设置所有权 235
10.3.2 夺取所有权 237
10.3.3 使用“本地用户和组”功能管理账户 238
案例实战：使用“本地用户和组”新建用户 240
专题拓展 清空账号密码 241

第11章 Windows 10安全优化设置

11.1 Windows 10常见的安全设置 244
11.1.1 关闭及打开Windows Defender 244
11.1.2 Windows防火墙的设置 246
11.1.3 查看并禁用自启动程序 247
11.1.4 禁止默认共享 248
11.1.5 禁止远程修改注册表 249
11.1.6 Windows权限及隐私设置 251
11.2 Windows 10常见的优化设置 253
11.2.1 屏蔽弹窗广告 253
11.2.2 更改系统默认应用设置 254
11.2.3 清理系统垃圾文件 255
11.2.4 配置存储感知 256
11.3 Windows常见系统故障处理 257
11.3.1 硬盘逻辑故障及处理方法 257
11.3.2 检查并修复系统文件 258
11.3.3 修复Windows 10引导故障 259
11.3.4 使用Windows 10高级选项修复功能 260

案例实战：Windows 10进入安全模式 262
专题拓展 使用电脑管家管理计算机 263

第12章 Windows的备份和还原

12.1 使用还原点备份还原系统 267
12.1.1 使用还原点备份系统状态 267
12.1.2 使用还原点还原系统状态 268
12.2 使用Windows备份还原功能 269
12.2.1 使用Windows备份功能备份文件 269
12.2.2 使用Windows备份功能还原文件 271
案例实战：使用Windows 7备份还原功能 271
12.3 创建及使用系统映像文件还原系统 273
12.3.1 创建系统映像 274
12.3.2 使用系统映像还原系统 275
案例实战：使用系统重置功能还原系统 276
12.4 使用系统升级功能来还原系统 278
12.5 使用GHOST程序备份及还原系统 280
12.5.1 使用GHOST程序备份系统 280
12.5.2 使用GHOST程序还原系统 282
12.6 驱动的备份和还原 284
12.6.1 驱动的备份 284
12.6.2 驱动的还原 285
12.7 注册表的备份和还原 285
12.7.1 注册表的备份 286
12.7.2 注册表的还原 286
专题拓展 硬盘数据的恢复操作 287

第13章 手机安全攻防

13.1 手机安全概述 292
13.1.1 手机面临的安全威胁 292
13.1.2 手机主要的安全防御措施及应用 295

13.2 手机常见防御及优化设置 298
13.2.1 使用工具对手机进行杀毒 298
13.2.2 对系统进行清理加速 300
13.2.3 软件管理 300
13.2.4 修改App权限 301
13.3 手机的高级操作 302
13.3.1 手机共享上网 302
13.3.2 使用手机扫描局域网信息 303
13.3.3 使用手机访问局域网共享 305
案例实战：使用计算机访问手机共享 306
专题拓展 手机定位原理及可行性 307

第1章 全面认识黑客

“黑客”是英文hacker的音译，因其代表了高技术、神秘、极致探索，给人似乎无所不能的感觉，被喜欢猎奇的年轻人所追捧。有些人崇拜他们的计算机技术，有些人喜欢他们的处事风格；也有些人厌恶他们的“无法无天”，对他们嗤之以鼻。黑客到底是一群什么样的人？在做些什么？本章将从技术和影响的角度向读者进行介绍。

本章重点难点：

- 黑客溯源
- 常见术语解释
- 黑客入侵基本流程
- 黑客参与的重大安全事件
- 黑客常用的工具及功能
- 黑客常见的攻击手段
- 相关基础知识
- 防范黑客的常用方法

1.1 黑客溯源

“黑客”是热衷于计算机及网络技术并且水平高超的人。他们精通计算机软硬件、操作系统、编程、网络等技术，并利用这些技术，突破各种防御，获取到所需要的各种数据信息或达到其他目的。“黑客”一词本身属于中性词，从技术角度看待，不存在好坏之分。本书只从技术角度来讨论“黑客”，探究常见的黑客攻防技术。

认知误区 黑客很酷

一提到黑客，很多人脑袋里的形象就是身穿黑色带帽卫衣，将脸遮住甚至戴上面具，在一台笔记本电脑前疯狂敲击键盘的造型，如图1-1所示，伴随着各种酷炫屏幕显示或者三维效果，完成入侵或资料的下载操作。由于各种影视剧和媒体效果的需要，黑客的神秘感被夸张地展示了出来。

图1-1

其实黑客和正常人一样，他们可能既不帅也不酷，还可能给人傻傻的感觉，但他们的确都是技术高手。他们在完成了日常工作学习后，进入黑客的模式，钻研各种新技术，不断尝试修改各种代码，测试各种环境及变量等，不断地出错、失败、再尝试、再失败……最终成功，然后继续挑战下一个目标。因此，应用平常心看待黑客，他们也是正常人。

早期的黑客对计算机和网络技术的发展具有非常大的推动作用，他们喜欢改造计算机，创建个性化的软件，开发和发展了很多沿用至今的软件和理论。他们还常常发起一些自由软件运动和开源软件运动。黑客对计算机技术、网络技术、安全技术的发展产生了深远的影响。

认知误区 自由软件、开源软件、免费软件都不要钱

很多读者将自由软件、开源软件、免费软件都定义为免费软件，其实是不准确的。自由软件，强调用户可以有使用软件的自由，包括自由地运行、复制、修改及分发；开源软件指软件在发行时，附上源代码，允许用户更改并发布出去，可以免费，也可以收费（大部分情况是免费）；免费软件是免费提供给用户使用的软件，但免费软件不一定公开源代码，使用者也并不一定有使用、复制、研究、修改和再次发布的权利。一般免费软件在拥有一定用户基数的情况下，会变成收费软件或者通过其他增值服务来收费。

自由软件运动是一项提倡软件产品应当免费共享的社会运动。该运动和20世纪70年代的黑客文化有很深的关系。现在比较出名的GNU计划，目标就是创建一套完全自由的操作系统，由自由软件基金会（FSF）扶持并执行。所有符合GNU标准的软件都会得到GNU通用公共许可证（General Public License，GPL），GNU不允许将修改后的程序据为己有，也必须保持软件的自由性。在GNU中诞生的最大的成果就是Linux系统。很多黑客都为GNU做出了巨大的贡献。GNU的核心精神就是自由与分享，与黑客的精神有些类似。现在很多开发者常去的Github，如图1-2所示，就有很多开源的代码，当然在使用和发布时，也必须遵守开源协议，包括GNU许可。

图1-2

1.1.1 黑客的起源与发展

“黑客”不是凭空出现的，他们是伴随着计算机技术发展，尤其是网络技术的发展而逐渐崛起的。他们本身或许就是当时计算机或网络技术的开发者，在不经意间，或者就是在日常维护中，从开发或使用的各种程序中，找到漏洞，找到bug，并通过技术手段获取在正常情况下获取不到的信息。他们可以称得上是第一代黑客。

“黑客”原意是指用斧头砍柴的工人，这一词起源于20世纪60年代的美国麻省理工学院（MIT）的技术模型铁路俱乐部，当时人们尝试修改功能却黑进了他们的高科技列车组，而后推进到了计算机领域。20世纪70年代的电话交换网被黑客用来打免费的长途电话，虽然最初可能属于物理黑客。20世纪80年代，随着个人计算机的引入，引爆了黑客的迅速增长。这期间一部分黑客仍然专注于改进计算机和网络功能，但另一部分黑客则倾向于盗版软件、创建病毒、入侵系统、盗取敏感信息。这个时间段是黑客的分水岭。20世纪90年代是黑客黑化且变得臭名昭著的年代。有些黑客盗取专利软件，如图1-3所示，制作并传播蠕虫病毒，盗窃数字银行，更改数据骗取豪车等。各国政府及社会各方面对于黑客犯罪也非常痛恨，并采取了大量打压行动。21世纪初，黑客开始瞄准公司和政府部门，由于当时技术的限制，即便是微软及世界级电商，在这一时期都受到了大规模的网络攻击。21世纪10年代，随着科技的更新，黑客社区也变得更加高端和复杂。

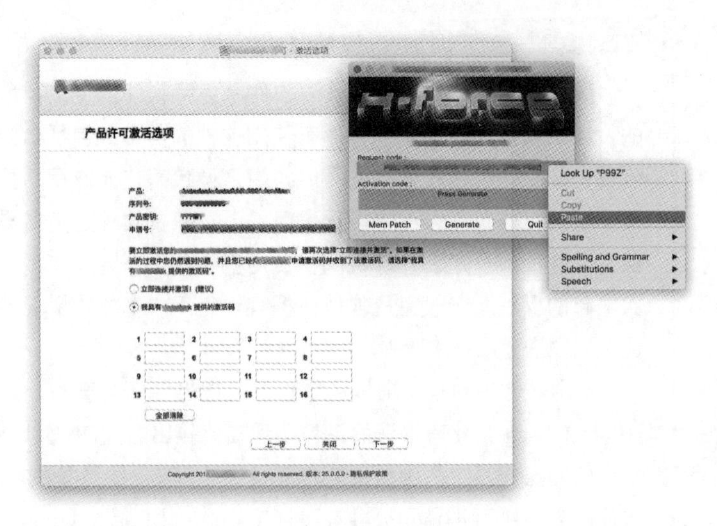

图1-3

现在黑客已经不再是鲜为人知的人物，而是代表了一个群体，他们有着与常人不同的理念和追求，有着独具个性的行为手段。现在的网络上很少见到职业黑客，大多数都属于业余黑客。一部分以在校高中生及大学生为主，对计算机方面有很强的求知欲、好奇心，并且具有独特的思维模式；另一部分是从事计算机和网络方面工作的程序员、安全工程师、系统工程师等。

1.1.2 黑客与骇客的故事

“骇客”是英文cracker的音译，有些称为“溃客”，可以理解为“破解者”。该词属于贬义词，代表黑客中那些对计算机及网络进行恶意破坏的人。虽然他们的技术高超，但他们破解程序、系统或者网络，进而盗窃信息、摧毁系统或者使网络瘫痪。他们不遵循黑客精神，也没有道德标准。或许他们没有恶意，或者只是抱着开玩笑的心态，但影响却十分恶劣。由于骇客的行为，黑客也被连带泛指成专门利用计算机和网络开展破坏活动的人。但实际上，“黑客”属于“建设”，而“骇客”专注于“破坏”。

1.1.3 黑客与红客的异同

黑客不分国界，只要遵循黑客精神，并具备相应的技术实力，都可以称为黑客。而“红客”一词最早起源于1999年，红色代表了正义、一种爱国主义的热情，演化到现在，代表了为维护正义，保护国家、民族利益而专门从事黑客行为的一类特殊的黑客，他们不利用技术入侵和破坏自己国家的网络，而是利用自己掌握的技术去维护国内网络的安全，并对外来的进攻进行还击。同样，红客也有自己的红客精神，所有遵循该精神行事、并掌握一定技术的黑客都可以称为红客。

1.1.4 黑客常见术语解析

和其他专业类似，在黑客的世界里，也有很多专业术语以及简称，没有专业知识的情况下很难弄懂。下面介绍一些比较常见的黑客术语，其他术语将在对应章节用到时再做进一步阐述。

（1）肉鸡

跟吃鸡没有任何关系，肉鸡指的是那些被黑客控制的计算机或其他网络终端。被控制的计算机在其他时候完全可以正常使用，在黑客需要的时候，可以利用肉鸡发起攻击或者使用肉鸡进行渗透，如图1-4所示，从而达到隐藏自己位置的目的。

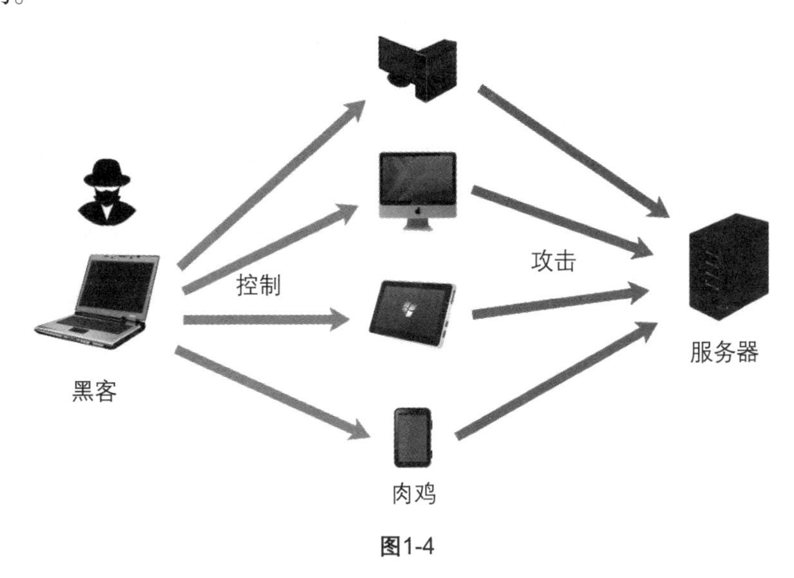

图1-4

知识拓展 聪明的黑客

其实上面的拓扑图非常容易发现黑客的踪迹，聪明的黑客往往并不直接控制这些设备，而是使用代理服务器作为跳板，经过代理服务器中转后，控制这些设备。攻击完毕后，将代理服务器的数据清空，就无法进行反向追踪了，或者只能追踪到一台空的服务器。下次再进攻时，黑客可以使用备份恢复代理服务器系统或者在极短的时间内再搭建一次代理服务器即可。

（2）挂马

在别人的网站中加入网页木马，或者将恶意代码加入正常的网页文件中，使网页浏览者的终端被强行加入并执行木马程序，使之成为肉鸡或者留下后门供黑客进入，如图1-5所示。

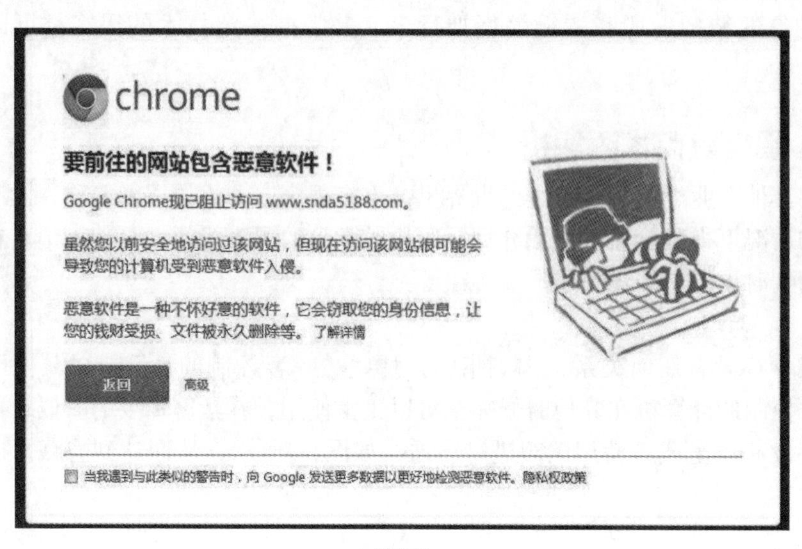

图1-5

（3）钓鱼

篡改正常的网页，或者制作与正常网页类似的网页，如图1-6所示，或者制作内容为“天上掉馅饼”的网页，诱使用户在网页中填写个人信息、账号、密码等，通过这种方式获取用户数据，从而不当得利。

图1-6

（4）弱口令

弱口令指密码强度不高，或者是被大量使用的默认口令等很容易被破解的口令。例如常见的“123”“abc”“admin”“root”等。所以现在注册账号时，往往需要小写字母、大写字母、数字、符号的组合，而且还要保证一定的密码长度。

（5）白帽、黑帽与灰帽

从黑客的分类来说，白帽指安全研究员，或者从事网络或计算机防御的人，他们发现漏洞后会及时与厂商联系来修补漏洞，简单理解就是好人。黑帽通常使用恶意工具来渗透，发现漏洞并攻击后，将获取的数据出售给其他人，简单理解就是坏人。灰帽技术实力往往超过上面两类，但通常不受雇于大型企业，既不挖漏洞，也不做非法的事，仅仅将黑客作为一种业余爱好和义务，通过黑客行为来警告别人。

SEO（搜索引擎优化，优化网站以便在搜索引擎中获得更靠前的排名）也有白帽、黑帽、灰帽的区别。白帽是正规优化，调整网站以适应搜索引擎的要求；黑帽是通过作弊的方法提高排名；灰帽也是介于两者之间，进行适当的正常优化加上一部分投机取巧。

（6）社工

社工（Social Engineering），即社会工程学的简称，指利用自然的、社会的和制度上的途径来解决问题的一门学问。黑客领域的社工就是利用网络公开资源或人性弱点来与其他人交流，或者干预其心理，从而收集信息，达到入侵系统的目标。

虽然现在网络发展迅速，网络终端的数量也更加庞大，但随着网络及设备安全性的提升，各大网站的安全系统升级，高端的入侵已经越来越专业。普通的黑客，仅仅依靠几个工具达到入侵的目的已经越来越困难了。

Kevin说过，与其大费周章地破解系统，不如直接从管理员下手，这就是社工的核心任务。一个系统，只要是人为控制的，就会有漏洞。现在中国网民总数已经超过10亿，其中大部分网民基本没有安全意识，所以再安全的系统，也不可能堵住人为的漏洞。所以社工对于未来黑客技术发展的方向将会起到主导作用。

1.1.5 黑客入侵的基本流程

不同的目标、环境和状态，黑客入侵的步骤并不完全相同，但基本上可以分为以下几个关键的节点。

（1）获取信息

尽可能多地获取目标的各种数据信息，如IP地址、网络结构、网站的系统、网站的数据库等网站的基础信息。对于局域网的设备，有条件的话，可以查看设备的名称、MAC地址、IP地址、系统等内容。

（2）扫描

扫描的目的是查看目标所开放的端口，其中一种是局域网扫描，查看是否有“存活”的机器、IP是多少等。扫描端口，可以了解当前主机开放的服务，扫描对应服务有没有可以入侵的漏洞以及是否有弱口令等。

（3）入侵

入侵是使用自己制作的程序，或者利用第三方漏洞对目标进行攻击，获取管理员权限，最终做到完全掌握终端设备的控制权。

（4）后门

入侵结束后，一般会留下后门程序，以便侦听黑客的请求，下一次使用漏洞时就可以直接连接，不需要再次入侵了，毕竟入侵还是需要花费时间的，而留下后门程序就可以随时随地进行控制。

（5）清理

清理就是擦除掉入侵的痕迹。入侵后，设备还是能保留一些入侵的痕迹，如系统日志、各种访问记录等。在入侵结束后，黑客会尽量清理掉这些痕迹，以防止被反追踪到。

1.2 黑客参与的重大安全事件

随着网络的大面积普及，依托于网络的各种终端设备和各种App也层出不穷。终端设备使用的系统以及各种App，本身就存在很多漏洞，近几年来，很多影响范围很广的网络事件中，都有黑客的身影。其中骇客的主要目的方向已经从炫耀技术向唯利是图发展了，其主要目标包括直接窃取网络货币或者通过各种数据库的数据信息来间接获利。

1.2.1 虚拟货币遭遇黑客攻击

与前些年大型虚拟货币交易所被攻击或者数百万的比特币遭遇盗窃不同，近期虚拟货币案件发生在新兴的去中心化金融（DeFi）领域。黑客主要利用大量未经审核的智能合约加上克隆代码以及泄露的私钥，窃取数字资产。巨大的利益加上虚拟货币的特性决定着这个领域将是未来一段时间黑客主要的攻击领域，如图1-7所示。

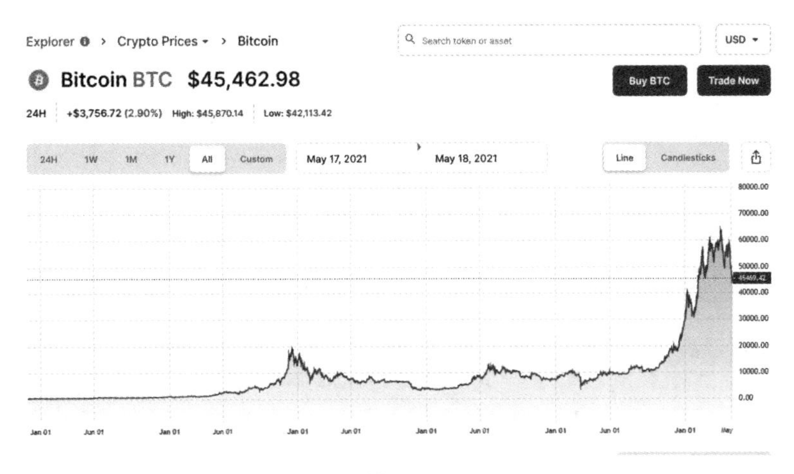

图1-7

1.2.2 数据泄露

某航空公司透露了一项数据泄露事件，暴露了几百万客户的数据，包括一些财务记录；某化妆品公司由于中间件安全故障，上亿内部记录被曝光……现在相当多的网站中存储的用户数据被泄露，涵盖了门户网站、医院、书店、零售商场、学校等。各种App和网站都要用手机号登录，而且要完善个人信息，无论是内部人员泄露，还是黑客利用技术从数据库中偷取，都给无辜的用户带来了巨大的威胁，如图1-8所示。

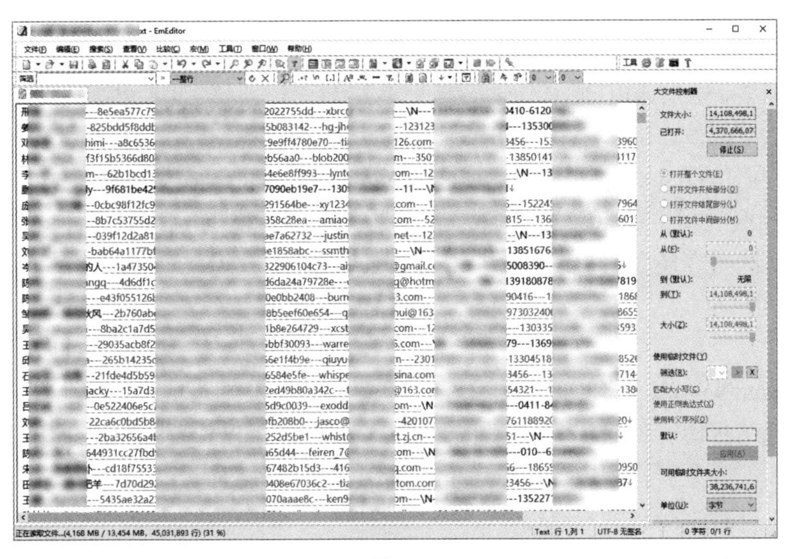

图1-8

1.2.3 勒索病毒肆虐

某云服务提供商被劫持客户系统的勒索软件攻击。该公司后来支付了赎金，以防止客户数据在网上泄露。勒索病毒通过加密文件并向中招者收取大量解密费用，这一态势已经从普通用户向着政府、企业用户扩展。除勒索病毒外，硬盘锁病毒这种低级的病毒，会破坏MBR分区表，并向用户索取费用，如图1-9所示。但这种硬盘锁病毒和勒索病毒的原理及解决方法完全不同，用户支付后，也无法解除硬盘锁。在后面的章节中，会向大家介绍硬盘锁病毒的解决办法。

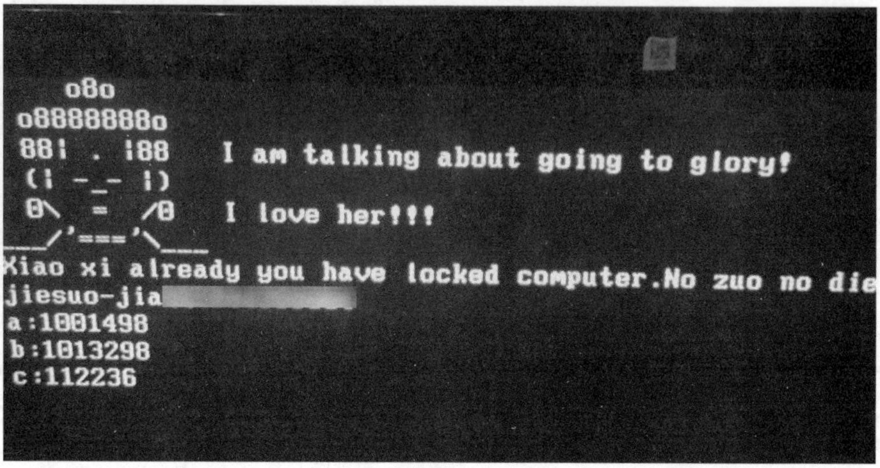

图1-9

1.2.4 钓鱼

在网络钓鱼诈骗中某国某学区损失了230万美元。某黑客组织向我国官员发送电子钓鱼邮件，但被截获。如果点击了，就会在计算机中植入恶意软件，并复制疫情数据信息。常见的钓鱼是通过仿制网页的形式，在用户输入数据后，获取到这些数据的明文信息，通常通过域名是非常容易辨别的，但邮件就非常隐蔽了。现在的黑客还会通过DNS劫持技术，将正常的域名转到钓鱼网站中，这就令人防不胜防了。

1.2.5 漏洞攻击

某网站管理工具面板，被曝出严重安全漏洞，某PDF阅读器也曝出漏洞，且被黑客入侵服务器，用户数据有可能泄露。漏洞是入侵的开始，出现了漏洞后，黑客可以针对该漏洞进行渗透。

出现漏洞的原因，包括编程时对程序逻辑结构设计不合理，编程中的设计错误，编程水平不高等情况。不论多么固若金汤的系统，配上一款漏洞百出的软件，整个系统的安全就形同虚设了。

1.2.6 拒绝服务攻击

例如常见的DDoS攻击，利用了服务器的固有缺陷，原理就是产生供不应求的状态，耗尽服务器资源，使服务器宕机。这种攻击以前是为报复或者炫耀技术，发展到现在，已经和勒索挂上了钩。黑客会通过拒绝服务攻击的方式威胁公司，来获取不当得利，否则就会使对方的网站无法使用。有些网站，尤其是交易性质的网站一旦出问题，损失将无法估量。

1.3 黑客常用的工具

黑客要用到各种工具，包括第三方的软件和自己编程制作的工具。下面介绍一些黑客经常用到的第三方软件。这些软件往往并不只有一个功能，而是多个功能的复合体。

1.3.1 扫描工具

扫描工具，用来扫描网络中的设备的“存活”，以及当前的网络状态、拓扑，开放的端口，可能存在的服务等。常用的有“Nmap”，如图1-10所示。

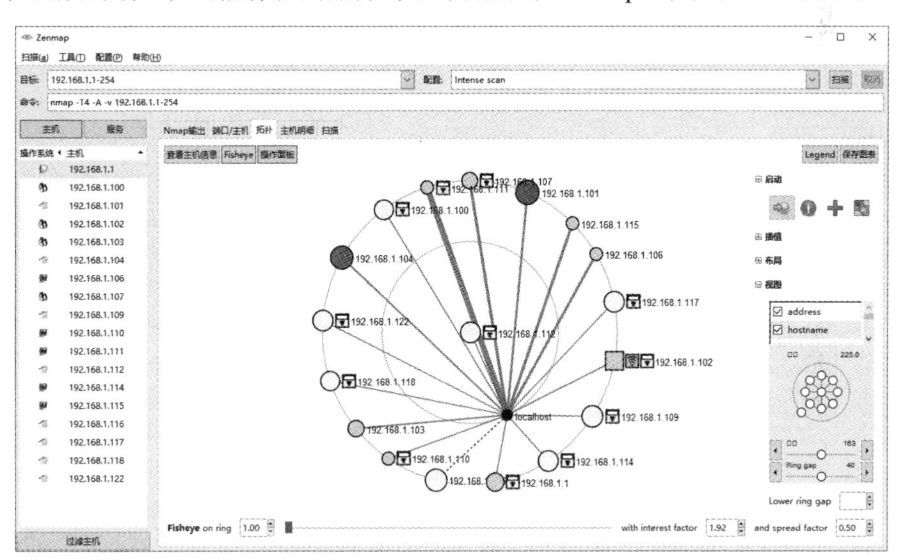

图1-10

1.3.2 嗅探工具

嗅探工具，用来获取网络中的数据包，并分析包以获取所需要的信息。比较常用的就是抓包工具“Wireshark”，如图1-11所示，主要用来对网络封包进行分析。其他常用的还有Sniffer、DSniff、Scapy等。

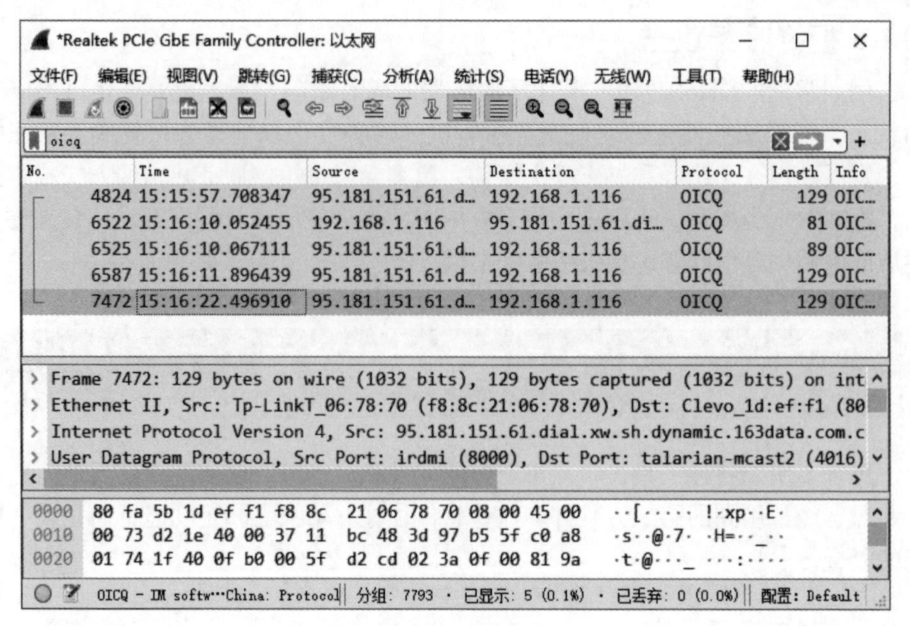

图1-11

1.3.3 截包改包工具

与浏览器配合使用，属于功能更加强大的抓包改包工具，如图1-12所示的“Burp Suite”。该软件还可以支持网络爬取和扫描功能。

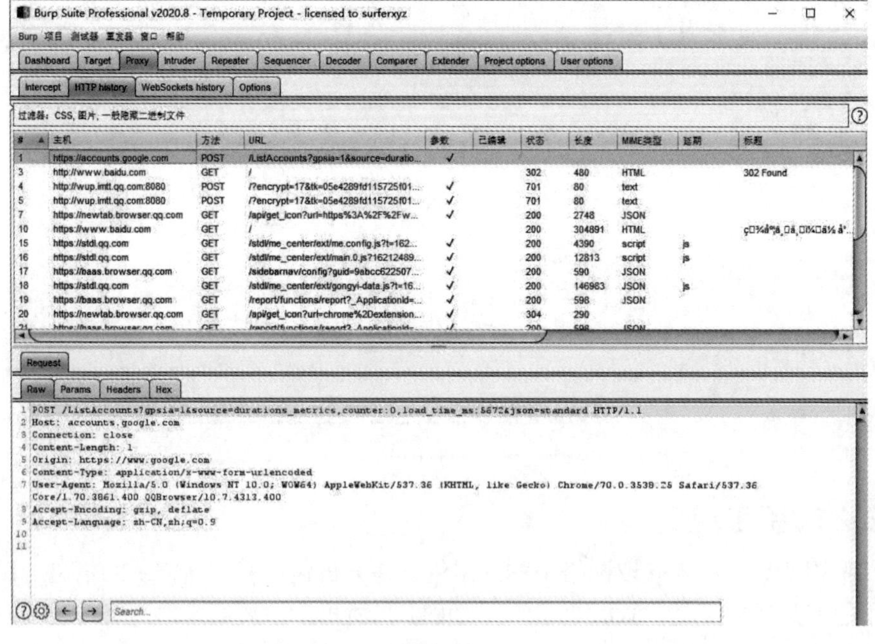

图1-12

1.3.4 漏洞扫描及攻击工具

网站漏洞扫描软件可以按照漏洞的特征对网站进行扫描，发现存在漏洞后，就可以进行漏洞攻击，最终获取到高级权限。常用的网站漏洞扫描工具有“OWASP ZAP”，如图1-13所示，它是一款非常流行的Web应用程序渗透扫描工具。其他常用的软件还有“Nikto”等。

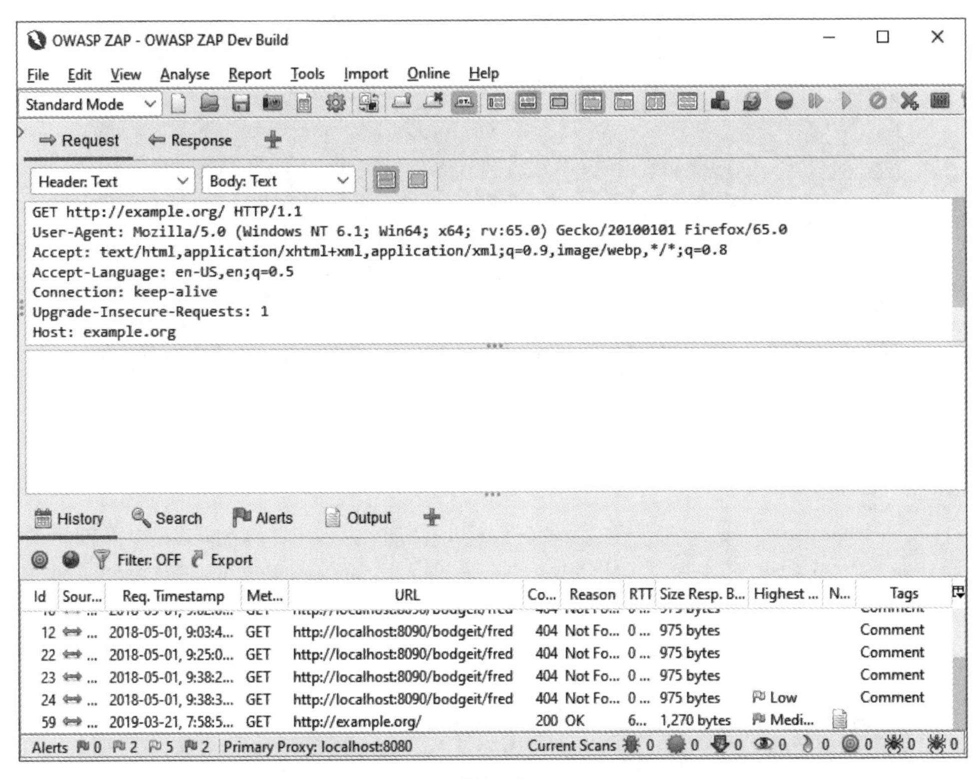

图1-13

术语解释 脚本小子

脚本小子在黑客领域是一个贬义词，意思是只会使用工具，或者只会复制粘贴脚本代码，而不懂其中的原理，也不会像真正的黑客那样发现系统漏洞，通常使用别人开发的程序来破坏他人系统的人。

1.3.5 密码破解工具

现在网站保存和传输的密码基本上都不再是明文了，而是经过加密的字符串。对于这种密码的破解，最常用的工具就是“John The Ripper”，如图1-14所示。其他常用的还有“THC Hydra”等。

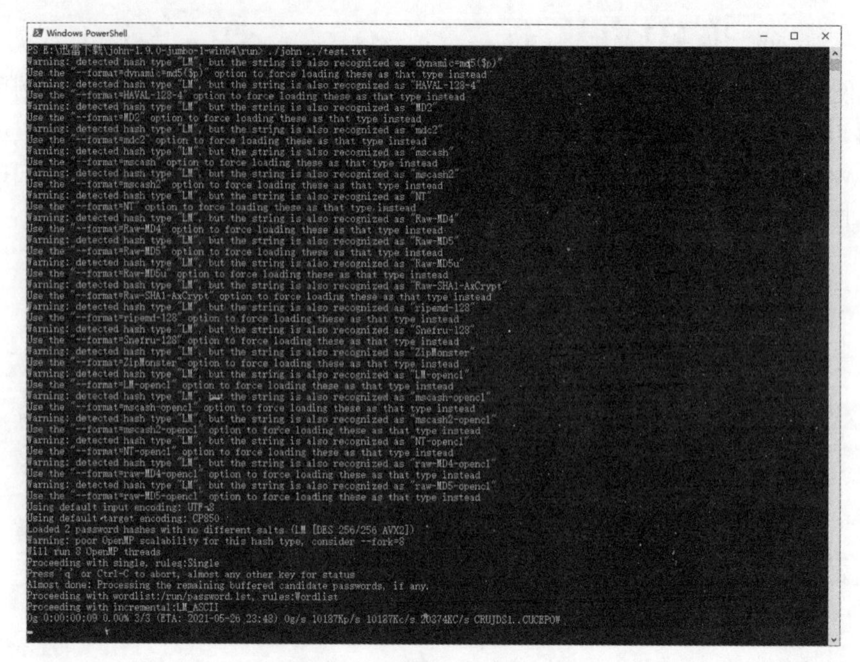

图1-14

1.3.6 渗透工具

“Metasploit”是一个黑客框架，如图1-15所示，可以理解为执行各种任务的“黑客工具和框架集”，它是网络安全专业人员和白帽黑客必不可少的工具，为用户提供关于已知的安全漏洞的关键信息，帮助制订渗透测试、系统测试计划以及漏洞利用的策略和方法。

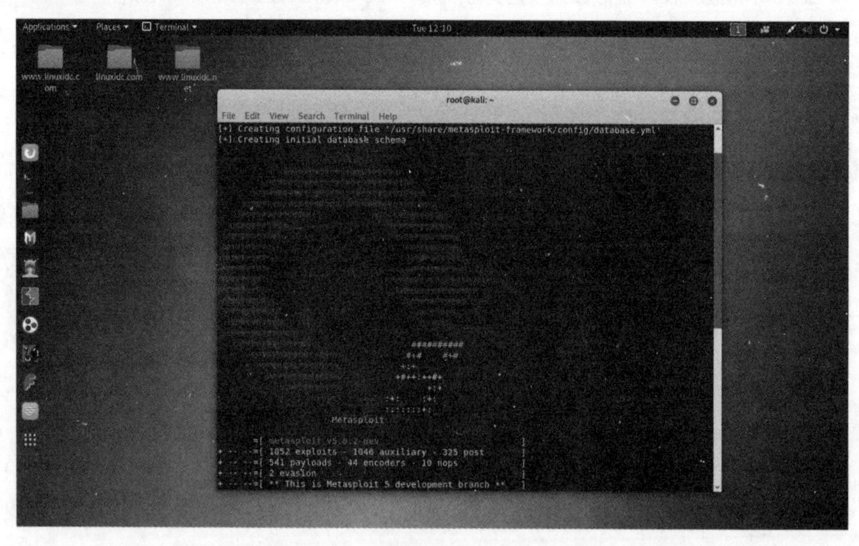

图1-15

1.3.7 无线密码破解工具

常用的工具是“Aircrack-ng”，如图1-16所示，通常在捕获到握手包后，通过密码字典破解出无线密码。

```
Opening wifi-pass-01.cap
Read 8949 packets.

   #  BSSID              ESSID                    Encryption

   1  30:FC:68:05:0A:1A  TP-LINK_0A1A             WPA (1 handshake)

Choosing first network as target.

Opening wifi-pass-01.cap
Reading packets, please wait...

                                 Aircrack-ng 1.2 rc4

      [00:00:00] 1/0 keys tested (241.25 k/s)

      Time left: 0 seconds                                inf%

                           KEY FOUND! [ hhh123456 ]


      Master Key     : D9 0B 1C 58 F4 13 EC F0 B1 42 14 EA 60 62 1D FF
                       F7 03 12 B8 A6 A0 37 7F 8B 74 C0 1C CA 88 CD 88

      Transient Key  : 0A 9C 49 2E 2C EF 59 D5 EC 61 17 83 15 21 56 3A
                       1B 5D F2 56 4E 68 B5 26 0D 35 74 65 03 14 18 BF
                       41 CA C5 34 B5 D7 26 BE 92 3F AF FC 67 FC 33 05
                       A5 A7 1E C6 1D 81 66 4E 33 50 24 59 5C 17 5E 3E
```

图1-16

1.3.8 无线钓鱼工具

“Wifiphisher”如图1-17所示，它是伪造恶意接入点工具，针对Wi-Fi网络发起自动化钓鱼攻击，通过伪装和欺骗获取无线终端的数据信息。

图1-17

1.3.9 SQL渗透

“Sqlmap”如图1-18所示，它是一个开源渗透测试工具，可以自动检测和利用SQL注入漏洞并接管数据库服务器。它具有强大的检测引擎，同时拥有众多功能，包括数据库指纹识别、从数据库中获取数据、访问底层文件系统以及在操作系统上连接执行命令。

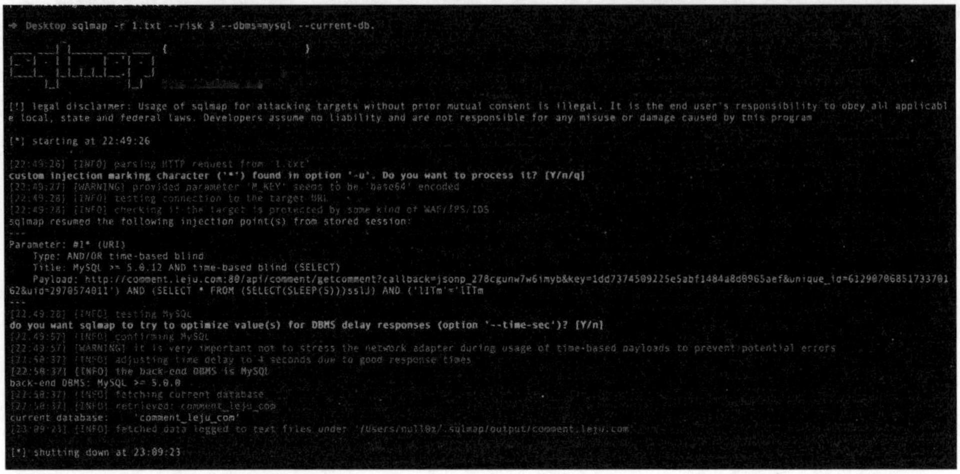

```
→ Desktop sqlmap -r 1.txt --risk 3 --dbms=mysql --current-db.

[!] legal disclaimer: Usage of sqlmap for attacking targets without prior mutual consent is illegal. It is the end user's responsibility to obey all applicabl
e local, state and federal laws. Developers assume no liability and are not responsible for any misuse or damage caused by this program

[*] starting at 22:49:26

[22:49:26] [INFO] parsing HTTP request from '1.txt'
custom injection marking character ('*') found in option '-u'. Do you want to process it? [Y/n/q]
[22:49:27] [WARNING] provided parameter 'M_KEY' seems to be 'base64' encoded
[22:49:28] [INFO] testing connection to the target URL
[22:49:28] [INFO] checking if the target is protected by some kind of WAF/IPS/IDS
sqlmap resumed the following injection point(s) from stored session:
---
Parameter: #1* (URI)
    Type: AND/OR time-based blind
    Title: MySQL >= 5.0.12 AND time-based blind (SELECT)
    Payload: http://comment.leju.com:80/api/comment/getcomment?callback=jsonp_278cgunw7w6imyb&key=1dd7374509225e5abf1484a8d8965aef&unique_id=61290706851733701
62&uid=2970574011') AND (SELECT * FROM (SELECT(SLEEP(5)))sslJ) AND ('lITm'='lITm
---
[22:49:28] [INFO] testing MySQL
do you want sqlmap to try to optimize value(s) for DBMS delay responses (option '--time-sec')? [Y/n]
[22:49:57] [INFO] confirming MySQL
[22:49:57] [WARNING] it is very important not to stress the network adapter during usage of time-based payloads to prevent potential errors
[22:50:37] [INFO] adjusting time delay to 4 seconds due to good response times
[22:50:37] [INFO] the back-end DBMS is MySQL
back-end DBMS: MySQL >= 5.0.0
[22:50:37] [INFO] fetching current database
[22:50:37] [INFO] retrieved: comment_leju_com
current database:    'comment_leju_com'
[23:09:23] [INFO] fetched data logged to text files under '/Users/null0x/.sqlmap/output/comment.leju.com'

[*] shutting down at 23:09:23
```

图1-18

1.4 常见的黑客攻击手段及中招表现

在了解黑客经常使用的工具后，下面介绍黑客在攻击时经常用的套路以及中招后的表现，以此来判断自己的计算机使用环境是否存在异常。

1.4.1 欺骗攻击

欺骗是黑客最常用的套路，这里的欺骗不是欺骗人，而是欺骗网络和终端设备。常见的欺骗有ARP欺骗、DHCP欺骗、DNS欺骗以及交换机的生成树欺骗、路由器的路由表欺骗等。下面介绍欺骗的原理和过程，让用户加强安防意识。当然，实际实施时会复杂得多。

（1）ARP欺骗

ARP是一种协议，作用是将IP地址解析成MAC地址，只有知道了IP地址和MAC地址，局域网中的设备才能互相通信。ARP攻击最典型的例子，就是伪装成网关。黑客的主机监听局域网中其他设备对网关的ARP请求，然后将自己的MAC地址回应给请求的设备。这些设备发给网关的数据，全部发给了黑客的主机。黑客就可以破译数据包中的信息，或篡改数据。正常情况下，黑客并不阻拦数据包，而是将自己伪装成受害设备，再将包继续发给网关，这样从受害者设备和网关的角度不会发现异常。ARP攻击示意如图1-19所示。

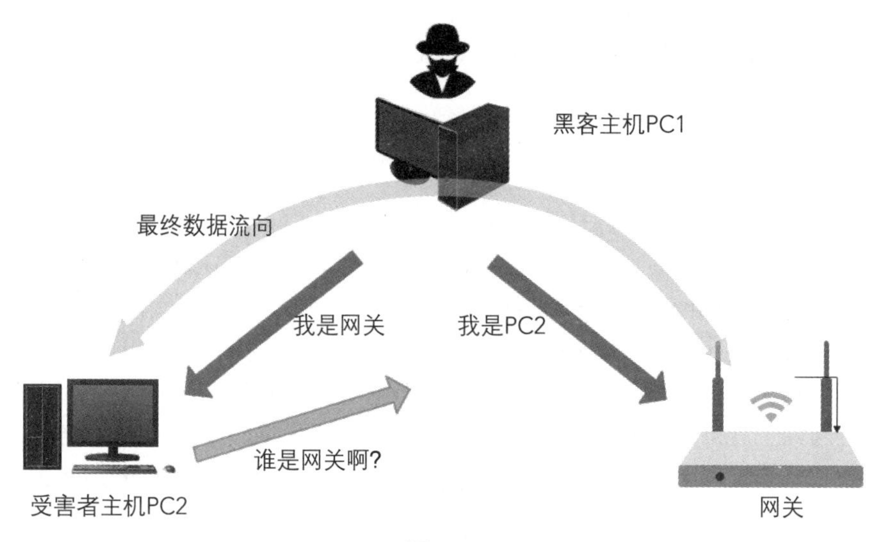

图1-19

ARP攻击可以达到让受害者断网、控制对方的网速、获取对方的信息的目的。其实ARP欺骗起初也是作为一种网络管理的手段。而要防范ARP欺骗，可以安装ARP防火墙，或者将IP地址和MAC地址绑定（在设备及网关上都要绑定），这样就不需要ARP解析，也就不会发生上面的欺骗了。绑定的缺点是该IP不能随意更换，否则会造成网络不通。关于IP地址和MAC地址，将在后面的章节向读者详细进行介绍。

术语解释 网关

网关，狭义的理解就是局域网中的路由器。当局域网内部的设备与互联网中的设备进行通信时，需要路由器支持。在设置网关时，需要将路由器的IP地址填入网关地址中，设备才能上网或与其他网络的设备进行通信。

（2）DHCP欺骗

DHCP也是一种协议，用来使主机自动获取IP地址等网络参数，一般是由路由器提供DHCP服务。与ARP欺骗类似，DHCP欺骗也通过回应伪造的DHCP应答并分配给受害者主机其IP地址等信息，在网络中将网关的地址设置为自己。这样受害者主机在与外网进行通信时，会将包发给黑客主机，然后黑客主机再转发给正常的网关，从外网回来数据包，也会通过黑客的主机到达受害者主机。如果数据包未加密，所有信息都会被黑客获取。

术语解释 外网与内网

这和IP地址还是有一定关系的。狭义的理解，内网就是你的设备所在的局域网，IP地址是比较特殊的。而外网指路由器以外的设备所使用的IP地址，如网站、服务器地址等。内网与外网以路由器进行了分界。后面会着重介绍两者的使用异同。

（3）DNS欺骗

DNS欺骗也可以叫DNS劫持。DNS协议是用来将网站域名（www.×××.com）解析成IP地址（*a.b.c.d*）的，只有解析了才能访问。而DNS欺骗是黑客的计算机伪装成提供这种服务的设备，给用户提供虚假解析。例如，用户访问某域名www.×××.com，经过正常DNS解析，应该是*a.b.c.d*，而黑客可以更改成*e.f.g.h*，从受害者角度来说，域名绝对没有打错，而返回的*e.f.g.h*是黑客伪造的一模一样的钓鱼网站，后果可想而知了。用户的用户名、密码、手机号等全部会被黑客获取。DNS欺骗原理如图1-20所示。解决方法就是手动设置正常的DNS地址即可。

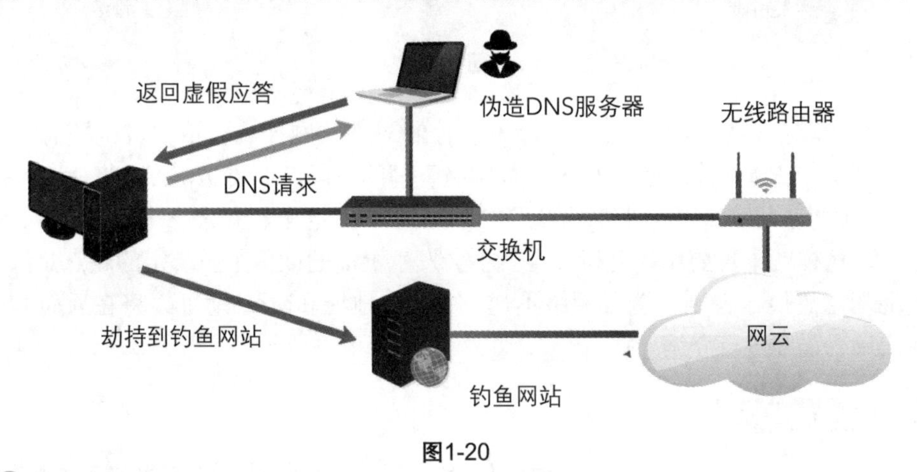

图1-20

术语解释 网络拓扑图

网络拓扑图显示网络中各设备的连接方式及状态，用最精简的方式表达复杂的情况。目的是直观地展示网络结构、组织方式等，用来排错或制订组网方案使用。学习网络、黑客技术等，需要了解并学会绘制网络拓扑图。

术语解释 网云

由于网络的结构复杂，无法详细表述出网络中的设备，所以使用“网云”来代表复杂的网络结构。前提是当前网络拓扑图展现的东西与网云中的设备无关，才能用网云指代。例如，需要用到网云中的某设备，可以像图1-20中一样，将该设备（如钓鱼网站）表述出来。

(4)交换机的生成树欺骗

生成树是网络设备“交换机”的一种协议，用来防止该设备发生故障时，网络中断。通过该协议，网络产生备份和冗余。而黑客通过欺骗，修改协议参数，可以将自己伪装成网络中的一台交换机，这样所有的数据都会被黑客截获，如图1-21所示。读者需要知道，欺骗的手段多种多样，包括网络设备本身都可以被利用。

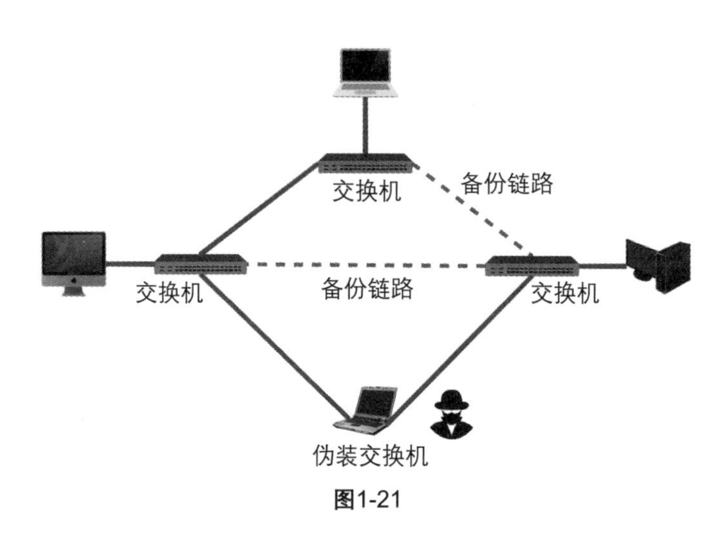

图1-21

1.4.2 拒绝服务攻击

网络上的服务器都是侦听各种网络终端的服务请求，然后给予应答并提供对应的服务。每一个请求都要耗费一定的服务器资源。如果在某一时间点有非常多的请求，服务器可能会回应缓慢，造成正常访问受阻，如果请求量达到一定数量，又没有有效的控制手段，服务器就会因为资源耗尽而宕机。这也是服务器固有缺陷之一。当然，现在有很多应对手段，但也仅是保证服务器不会崩溃，而无法做到在防御的情况下还不影响正常的访问。拒绝服务攻击有以下几种方式。

(1)SYN泛洪攻击

在服务器应答所占用的资源里，有一种叫作TCP连接的资源，每有一个访问，就会提供一个TCP会话进行连接，访问结束后，会关闭该会话，并将该资源提供给下一个访问申请。SYN泛洪攻击就是攻击者只和服务器建立TCP连接，而不会协商结束，这样该服务器就会等待一段时间，再自动关闭会话。这是一种协议的要求，使用该协议就必须这么做。接下来，黑客利用工具制造大量的终端，提交大量建立连接的申请而不协商关闭，或者说，伪造的终端根本不会响应服务器的应答，服务器就会存在多个TCP会话，根本等不到结束，大量的访问和连接就耗尽了所有资源，服务器从而宕机或者无法为正常的请求提供服务。该过程如图1-22所示。

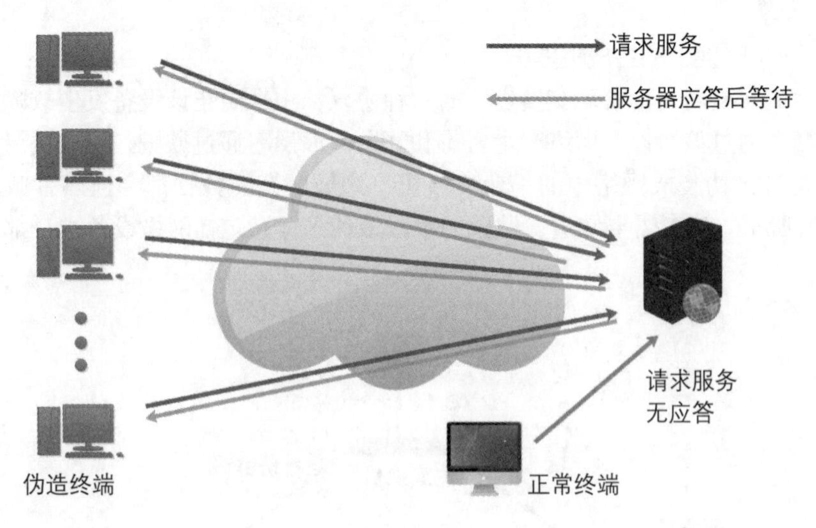

图1-22

（2）Smurf攻击

网络是依靠IP地址来进行通信的，就像邮编地址一样，具体的细节后面章节会介绍。大家只要知道，数据是按照从源IP地址A，发送到目的IP地址B。数据传输是双向的，对方收到数据后，也会发送应答数据给我们，此时将两个IP地址换过来，源地址是对方，目的地址是我们，这样我们就可以收到数据包了。

那么另一种拒绝服务攻击方式是将SYN攻击换个思路，制造一个访问，访问的源地址是被攻击者的IP地址，目的地址就是服务器的地址。服务器收到数据后，按照协议，会发送数据给源IP地址，此时的源IP地址是被攻击者。一两台计算机确实无法造成什么影响，但如果达到一定数量级，并且持续地连接，对于普通的服务器来说，无疑是灭顶之灾。Smurf攻击示意图如图1-23所示。

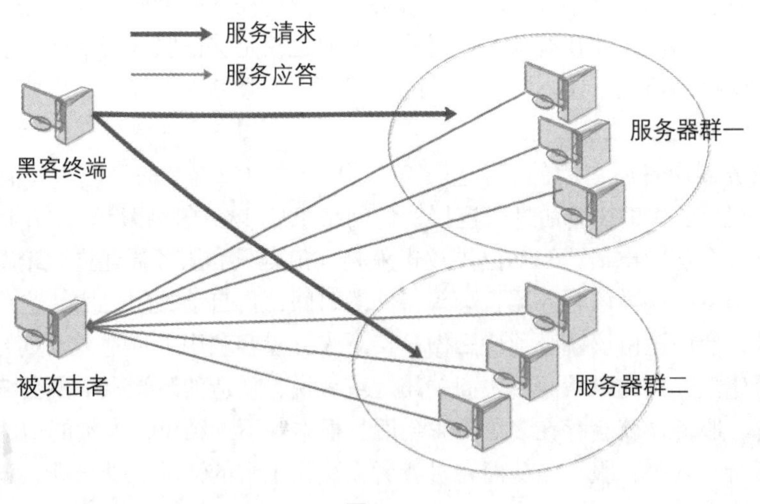

图1-23

（3）DDoS攻击

DDoS攻击全称是分布式拒绝服务攻击，利用的就是前面提到的肉鸡。通过肉鸡中的攻击程序，对攻击目标发送大量的无用数据或请求报文，从而导致目标的网络过载或者资源耗尽。考虑到现在的安全及追踪体系，攻击者很少直接使用自身的设备进行攻击，而是通过肉鸡的攻击来隐藏自身的信息，甚至通过肉鸡再控制肉鸡的形式进行攻击，进一步加强隐藏。发动攻击时，也会使用网上的代理服务器来发布指令，或延时、定时攻击，这样就很难被追踪到了。DDoS攻击的示意如图1-24所示。

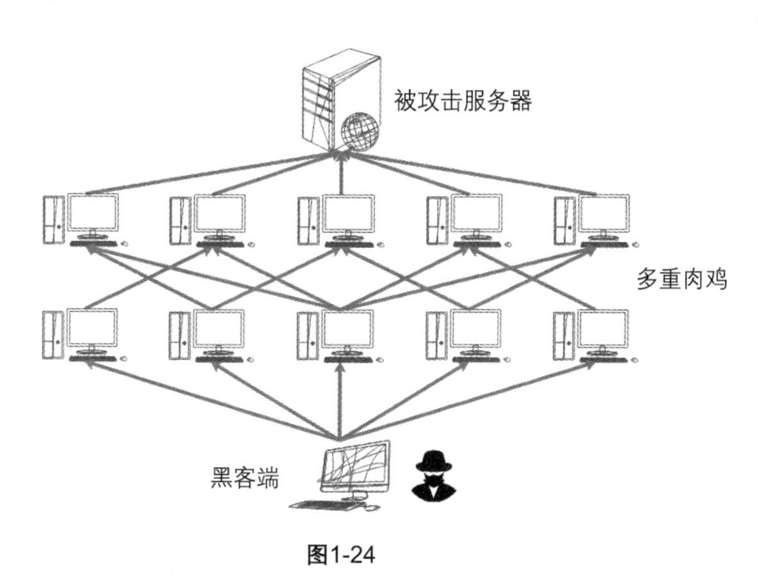

图1-24

2021年年初，某云服务器已经受到了3种DDoS攻击。某平台上的公司一天遭受了2种DDoS攻击，而攻击目的总是勒索金钱。某公司安全人员统计，其在一季度，就遭到了50Gbps数据量（每秒约6GB）的攻击，这种规模的攻击几乎可以使任何人脱机。

协议漏洞的利用也是层出不穷，如利用数据包拥塞控制协议（DCCP）绕过针对传统TCP和UDP攻击的防御。未来该协议漏洞可能会被大量利用。

DCCP

数据包拥塞控制协议，简单来说，就是控制数据流向。就像交警发现拥堵路段，指挥交通，引导车辆从另一条路通行，以缓解某条路的拥塞状况。

未来，DDoS攻击的针对性和持久性也会进一步加强。如今，零售商、电信公司、ISP服务提供商、游戏公司、金融企业和教育机构是DDoS攻击的首选，DDoS勒索事件也可能会愈演愈烈。

术语解释 僵尸网络

提到了DDoS攻击以及肉鸡，就不得不提到僵尸网络。僵尸网络是指采用多种传播手段传播僵尸病毒，造成大量主机感染并成为攻击者的肉鸡，在攻击时，控制者只要发布一条指令，所有感染僵尸病毒的主机将统一进行攻击。感染的数量级越大，DDoS攻击时的威力也就越大。

2017年9月，谷歌遭到一次大规模的DDoS攻击，流量峰值达到2.5Tbps（约312GBps），如图1-25所示，这是非常恐怖的一次攻击。其他超大规模的DDoS攻击的例子还有：2016年，Mirai物联网僵尸攻击了托管DNS服务的Dyn，阻塞了很多门户网站，攻击的峰值约623Gbps；2018年，GitHub遭到了攻击，峰值约1.35Tbps。

未来DDoS攻击还会不断开发出破坏系统的新版本，攻击手段还包括缓存破坏、TCP放大、JavaScript注入以及12种反射攻击的变体。防御手段也必须涉及从网络层到应用层的所有可能的协议及技术。

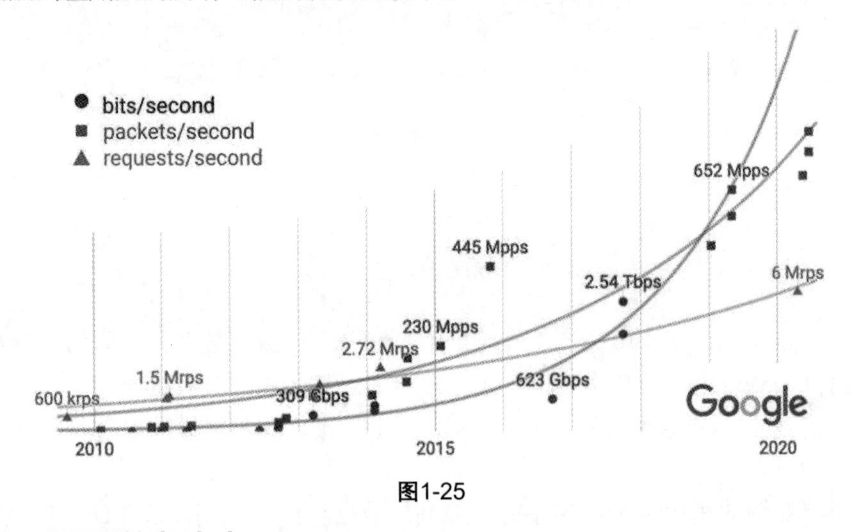

图1-25

1.4.3 漏洞溢出攻击

利用系统漏洞进行溢出攻击是现在网络上一种常见的攻击手段。漏洞是系统存在的缺陷和不足，而溢出一般指缓冲区溢出。在计算机中，有一个叫“缓存区”的地方，它是用来存储用户输入的数据的，缓冲区的长度是被事先设定好的且容量不变，如果用户输入的数据超过缓冲区的长度，那么就会溢出，而这些溢出的数据就会覆盖在合法的数据上。

通过这个原理，可以将病毒代码通过缓存区溢出，让计算机执行并传播，如以前大名鼎鼎的“冲击波”病毒、“红色代码”病毒等。也可以通过溢出攻击，得到系统最高权限。还可以通过木马将计算机变成肉鸡。

术语解释 冲击波病毒

冲击波病毒是早前网络上非常流行的一种病毒，类似现在的勒索病毒。当然，指的是流行程度。它是一种利用DCOM RPC缓冲区漏洞攻击系统的病毒，可以使操作系统异常，不停重启甚至导致系统崩溃，如图1-26、图1-27所示，还会对微软的一个升级网站进行拒绝服务攻击，导致网站阻塞，阻止用户更新，被攻击的系统还会丧失更新该漏洞补丁的能力。

图1-26

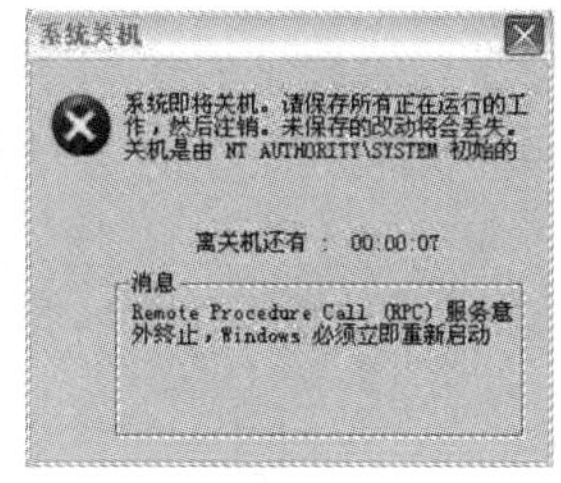

图1-27

1.4.4 病毒木马攻击

现在病毒和木马的区别已经越来越不明显了，而且在经济利益的驱使下，单纯破坏性的病毒越来越少，基本上被可以获取信息，并可以勒索对方的恶意程序所替代，如图1-28所示。随着智能手机和App市场的繁荣，各种木马病毒也在向手机端泛滥。App权限滥用、下载被篡改的破解版App等，都可能会造成用户的电话簿、照片等各种信息的泄露。所以近期各种聊天陷阱以及勒索事件频频发生。

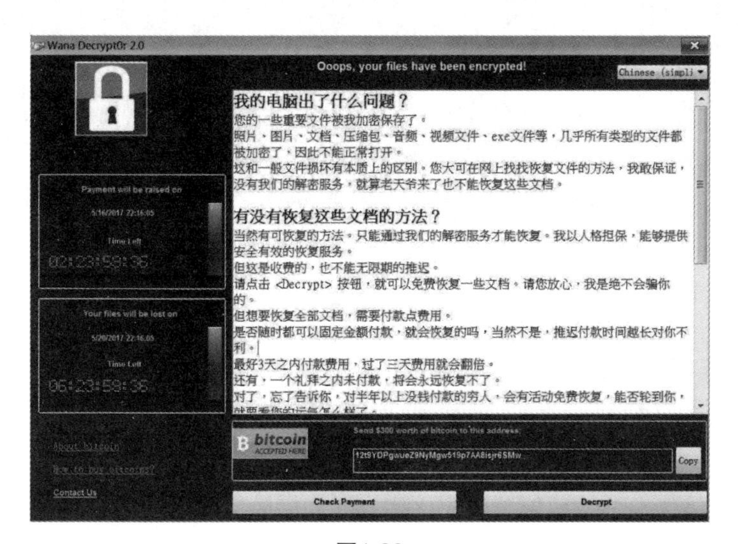

图1-28

1.4.5 密码爆破攻击

密码爆破攻击也叫作穷举法，利用软件不断生成满足用户条件的组合来尝试登录。例如，一个四位纯数字的密码，可能的组合数量有10000次，那么只要用软件组合10000次，就可以得到正确的密码。无论多么复杂的密码，理论上都是可以破解的，主要的限制条件就是时间。为了提高效率，可以选择算法更快的软件，或者准备一个高效率的字典，按照字典的组合进行查找。

为了应对软件的暴力破解，出现了验证码。为了对抗验证码，黑客又对验证码进行了识别和破解，然后又出现了更复杂的验证码、多次验证、手机短信验证、多次失败锁定等多种验证及应对机制。所以暴力破解的专业性要求更高。入门级黑客只能尝试没有验证码的网站的破解，或者使用其他的渗透方法。

理论上，只要密码满足了一定复杂性要求，就可以做到相对安全了。例如，破解时间为几十年，我们可以认为该密码就非常安全了。增大破解的代价是保证安全的一种手段。Kali破解密码的过程如图1-29所示。

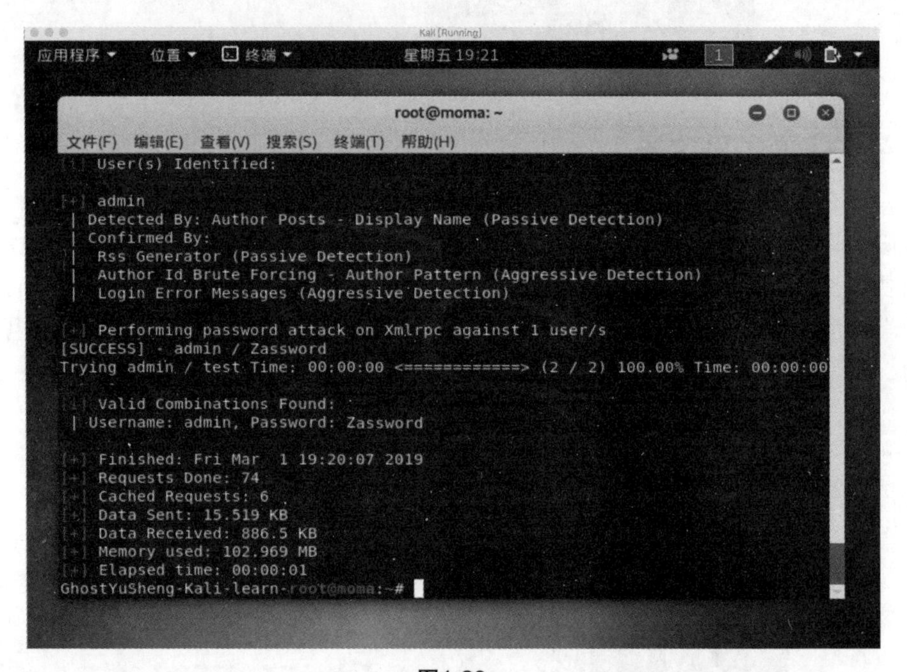

图1-29

1.4.6 短信电话轰炸

现在无论注册什么，都需要绑定手机号并填写注册码。而黑客利用注册时需要接收验证码的特点，编写软件，通过这些网站的接口模块，对填写的手机号进行大量验证码的发送。虽然验证码之间有时间间隔，但手中的接口如果足够多，则可以无限循环，如图1-30所示。

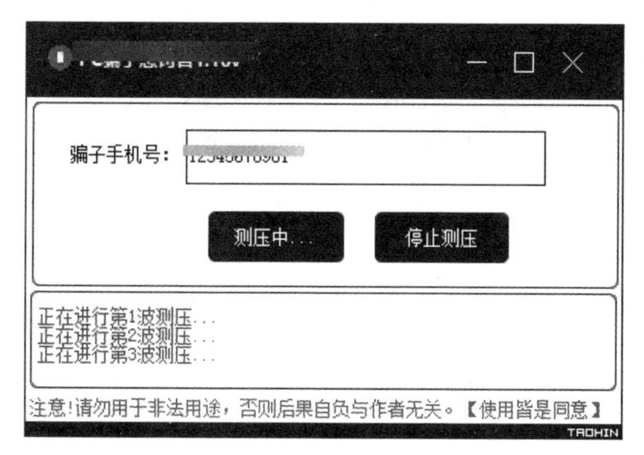

图1-30

1.5 黑客攻防所涉及的基础知识

1.5.1 计算机基础知识

计算机的组成如图1-31所示。计算机的使用，包括计算机的基本设置，计算机常用组件的使用，计算机的安全设置，计算机软件的安装、管理等。动手能力是黑客的一项基本技能，他们在任何时间和地点都可以搭建一个目标环境。

图1-31

1.5.2 计算机网络知识

黑客大部分的操作目标都是网络上的设备，所以他们非常了解网络原理、各种参考模型、各种协议、各种网络设备及设备的功能和配置、网络拓扑图的制作、网络的组建等各种知识，如图1-32所示。

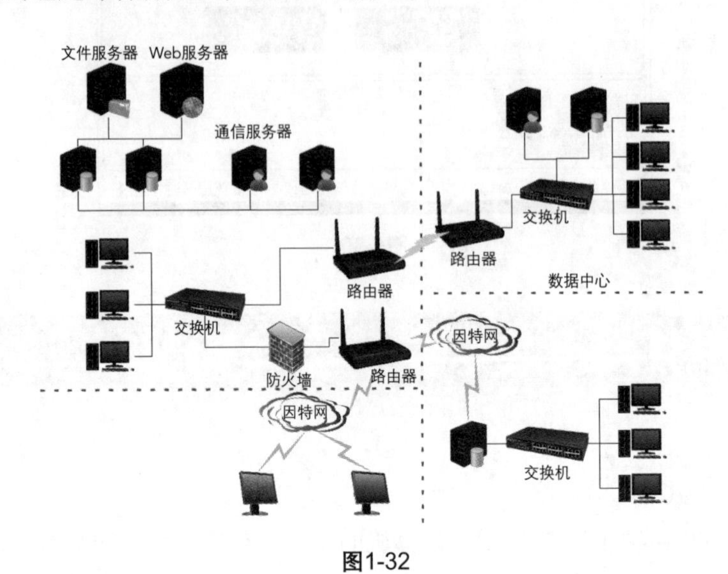

图1-32

1.5.3 操作系统相关知识

这里的操作系统大部分跟服务器系统有关，包括各种版本的Windows Server系列系统以及Linux中的服务器系统，如图1-33所示。除了解这些系统的使用方法外，黑客还非常了解这些服务器系统的特点、服务的搭建、安全设置等。

图1-33

1.5.4 黑客软件的使用

黑客对常见的扫描、嗅探、渗透、攻击、密码破解、病毒木马等软件的查找、下载、安装及使用都非常精通。

1.5.5 编程

语言包括常见的HTML、CSS、JavaScript、PHP、Java、Python、SqL、C、C++、Shell、汇编、NoSqL等，如图1-34所示。

图1-34

高水平黑客大多精通编程。

认知误区 编程和命令

虽然在编程中会使用一些终端控制命令，但命令或者命令集和编程还是不同的。例如，命令提示符界面的命令、路由器交换机的配置、远程终端的各种命令，就不能叫作编程。

1.5.6 英文水平

很多黑客工具并没有汉化版本，而是纯英文界面。一方面，汉化工作量非常庞大，而且汉化过后的软件也存在着安全及稳定性差的缺点；另一方面，各种新技术、新漏洞资料、学习资料、说明文件和参考资料很多是英文版本，如图1-35所示，黑客进攻和入侵中，各种命令、反馈、报错、排错，Linux中的各种工具和高级操作，使用的都是英文及各种专业词汇，编程中的语言也基本上是以英文为主，所以英文水平的高低也影响着黑客的水平高低。

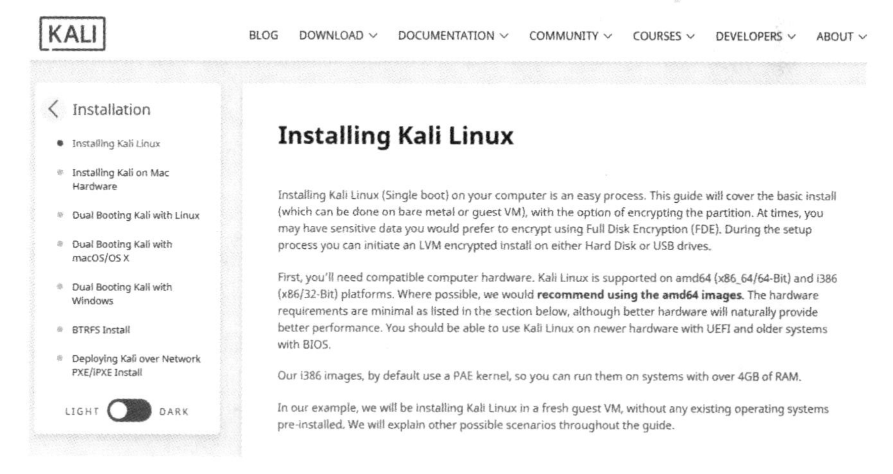

图1-35

1.5.7 数据库相关知识

数据库是黑客的主要进攻目标，通过各种手段入侵后，数据库中的资料才是最有价值的，所以黑客对数据库的知识，包括搭建数据库、数据库的组织结构、数据库的语言、各种数据库命令有一定了解，如图1-36所示。

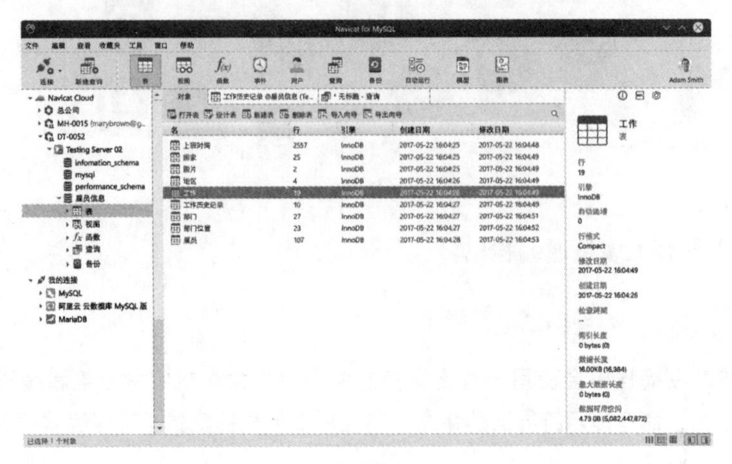

图1-36

1.5.8 Web安全知识

黑客的大部分进攻对象都是Web网站，所以在进攻前掌握了足够的Web知识，包括前面介绍的服务器相关知识。此外，他们对网站的各种协议、网站的架构、编程语言、数据库语言、每个Web网站所使用的系统和软件，以及它们可能存在的漏洞都有掌握，如图1-37所示。

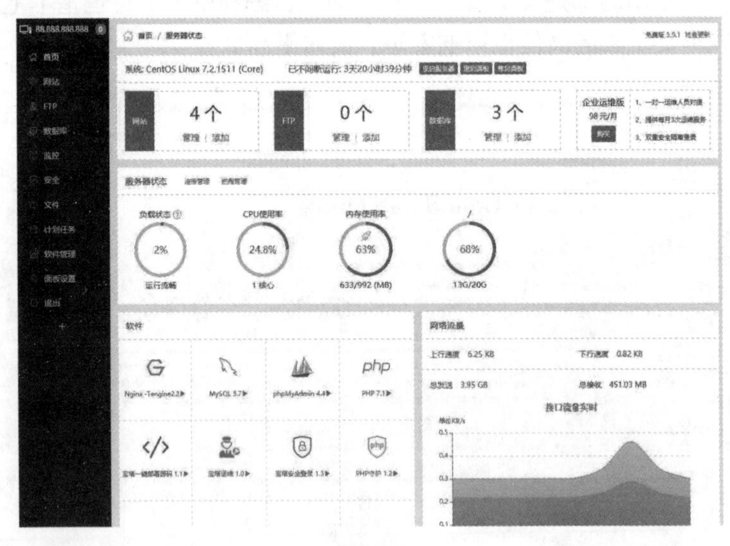

图1-37

1.6 防范黑客的几种常见方法

1.6.1 养成良好的安全习惯

养成良好的安全习惯不仅是为了应对黑客攻击，日常使用计算机、手机等设备时也需要养成良好的习惯。具体包括不下载一些奇怪的软件及App，尽量不使用破解软件以及非官方版本的软件；不去浏览一些奇怪的网站；App尽量减少授权；不参加一些奇怪的互联网促销活动等。总之，尽量减少个人隐私的泄露。

1.6.2 安全的网络环境

打造一个安全的网络环境，首先要对路由器做好安全设置，例如设置复杂的管理员密码，隐藏无线SSID，不去下载无线密码分享软件（自己的无线信号也可能被分享出去，进而被别人入侵路由器）。在外使用移动数据流量时，不随便连接别人的路由器，尤其是开放的路由器。保证局域网的安全性是抵御黑客最有效的方法。

术语解释 SSID

SSID是无线路由器发出的无线信号的名称。隐藏后，除非通过手动输入名称，否则是无法通过发现选择该信号的。这在一定程度上降低了被破解或者被共享的风险。

1.6.3 杀毒、防御软件的支持

无论手机还是计算机，都需要安装一些安全软件，用来管理设备、对文件进行安全扫描、对设备进行安全防御等。

1.6.4 各种攻击的应对方法

用户还可以安装防火墙等防御软件。如果遭遇到黑客攻击，可以针对不同的攻击，采取不同的措施。例如，为了防止ARP欺骗，可以使用绑定功能或者ARP防火墙；担心漏洞攻击，就使用最新的系统，并开启补丁更新功能，或者手动打上对应的补丁程序；出现了DDoS攻击，或者其他无法处理的网络威胁，第一时间断开网络。至于企业用户，需要在网络设备，尤其是防火墙和对外接口设备上做好安全防范策略，完善入侵检测机制以及数据审核策略。

第2章 端口扫描与嗅探

网络设备之间需要通过各种服务及其协议建立连接，然后通过协议中定义的端口进行通信。所以，反过来通过端口就可以知道该主机启动了哪些服务，然后分析该服务有哪些漏洞，哪些攻击方法和软件可以使用这些漏洞。所以，端口扫描是探索主机的主要方式之一。而嗅探的作用是抓取通信时的包，进行各种分析，属于探索主机的另一种主要方式。本章将着重介绍这两种分析方式及一些网络基础知识。

本章重点难点：

- 端口的作用
- 常见端口号及对应的服务
- 查看及关闭本地开放的端口
- IP地址及MAC地址的基础知识
- IP地址的获取
- 端口扫描工具
- 嗅探工具

2.1 端口及端口的查看

端口可以理解成一扇门，只有通信双方的门都打开，才能进行通信。计算机的大门有很多，状态有打开的，也有关闭的。

2.1.1 端口及端口的作用

端口（port）是计算机之间通信的接口，从广义上来说，只要通信使用了某种服务，而这种服务使用了传输层的TCP/UDP协议，就必然有端口号。通过协议的协商，通信双方均通过指定的端口号进行通信。

知识拓展 传输层

互联网中，各种设备为了相互通信，必须遵循一整套约定的协议，协议指出了如何连接、连接的整个过程、该发送什么、什么格式、出错了怎么办等问题。通过这一整套协议，不同厂家、不同类型的设备才能互相通信。现在最著名的协议模型就是OSI七层模型（很完整、很复杂），还有TCP/IP四层模型（也可划分为五层）。

这些模型中有一层是传输层，该层的作用是负责向两个通信主机进程之间提供通信服务。这些服务主要使用了可靠连接TCP（传输大量数据）及不可靠连接UDP（少量数据、速度快）。不同的服务在默认情况下使用了默认端口号，反过来通过端口号就可以推导出主机中使用了什么服务。

2.1.2 常见的服务及端口号

端口号的范围为0～65535。其中0～1023为周知端口，也就是很多服务默认使用的端口；1024～49151为注册端口，松散地绑定着一些服务；49152～65535为动态/私有端口，由计算机动态分配。在0～1023中，有很多服务固定绑定着一些端口。下面介绍一些常见的服务和它们绑定的端口。

（1）FTP服务

FTP（File Transfer Protocol，文件传输协议）服务主要用于文件传输，通常绑定21号端口。

（2）SSH服务

SSH（Secure Shell，安全外壳协议）服务传输加密数据，防止DNS和IP欺骗，并压缩数据，广泛应用在服务器登录和加密通信中，通常绑定在22号端口。

（3）Telnet服务

远程登录服务是Internet上普遍采用的登录程序，绑定在23号端口。

（4）SMTP服务

SMTP（Simple Mail Transfer Protocol，简单邮件传输协议）服务用来发送邮件，通常绑定在25号端口。

（5）DNS服务

DNS（Domain Name Server，域名服务器）服务用于域名解析（将“www.×××.com”解析为IP地址），通常使用53号端口。

（6）TFTP服务

简单文件传输协议服务用来进行小文件的传输，端口号为69。

（7）Finger服务

用于查询远程主机在线用户、操作系统类型，以及是否缓冲区溢出等用户详细信息，通常使用79号端口。

（8）HTTP服务

是网页服务器所使用的服务，通常使用80端口。

知识拓展 完整的域名

FQDN（Fully Qualified Domain Name，全限定域名）是一个网址的完整格式。通常访问网站时，使用的域名为“www.×××.com”，其实完整的应该是“http://www.×××.com:80”，其中“http://”指的是HTTP协议或服务，“www”是网站中提供Web服务的主机名，“×××.com”是网站的域名，“:80”是访问的端口。因为浏览器使用的是HTTP协议且默认访问的是80端口，所以省略了。如果一个网站的端口变了，就需要“:××”来访问指定的网页端口，否则网页是不会显示的。

（9）HTTPS服务

提供加密和通过安全端口传输的另一种HTTP服务，通常使用443端口。

（10）POP服务

主要用于邮件的接收，常见的POP3使用了110端口，POP2使用了109端口。

（11）文件共享服务

文件共享服务所使用的端口通常为445端口。

（12）Socks代理服务

在代理服务器上，用来进行各种代理服务的端口通常为1080。

（13）HTTP代理服务

用来代理网页访问服务，端口通常为8080。

（14）QQ端口

QQ客户端一般使用4000作为端口，而服务器端一般使用8000作为端口。

（15）其他服务

其他服务还有很多，例如：SUN公司的RPC端口111；Windows验证服务端口113；网络新闻传输协议（NNTP）使用的是端口119；RPC协议并提供DCOM服务的端口135；NetBIOS名称服务端口137；消息访问协议（SNMP）使用的是端口161等。

2.1.3 在系统中查看当前端口状态

各种连接服务都需要端口，如何查看本机开放了哪些端口呢？可以使用命令或者第三方工具进行查看。

（1）使用命令查看系统开放的端口

使用命令查看的方法简单、方便，但需要一定命令使用基础。

STEP01：使用“Win+R”组合键启动“运行”对话框，输入“cmd”，单击“确定”按钮，如图2-1所示。

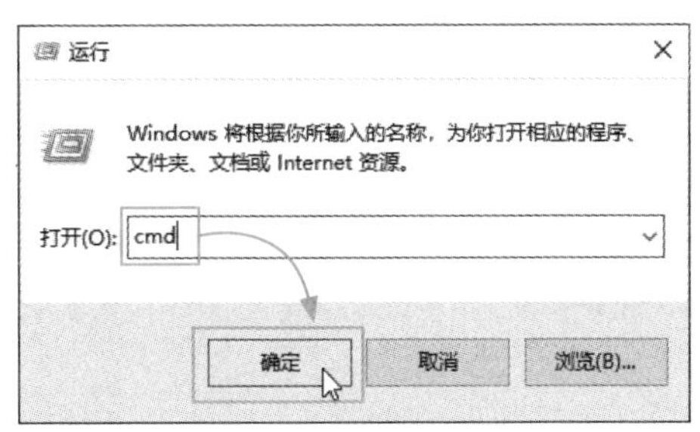

图2-1

认知误区 命令提示符界面

通过CMD命令会打开一个黑色框体，用来输入并完成命令。很多读者称其为DOS，其实是不准确的。DOS（Disk Operating System，磁盘操作系统）是一个系统，在Windows图形界面出现前，用来管理计算机软硬件（其实主要还是磁盘操作）。而CMD（command）是在Windows环境下，为了某些功能性需要而设置。CMD叫作命令提示符，而该界面叫作命令提示符界面。而且DOS是单任务单用户的，每次只能执行一个程序，Windows是多用户多任务，所以可以同时开启多个命令提示符界面。命令提示符界面是在Windows中虚拟出来的DOS命令环境，而且一些DOS命令也在CMD中被弃用或者被加强了。

知识拓展 使用管理员权限打开命令提示符界面

通常使用的命令提示符都是普通权限，如果要使用管理员权限，可以按“Win”键后，输入“CMD”，并选择“以管理员身份运行”选项，如图2-2所示。

图2-2

STEP02：在命令提示符界面中，输入命令“netstat/?”来查看该命令的使用方法，如图2-3所示。

STEP03：一般使用“netstat/ano”。a用来查看所有连接及侦听端口；n用来以数字形式显示地址和端口号；o显示进程ID。查看端口效果如图2-4所示。

图2-3

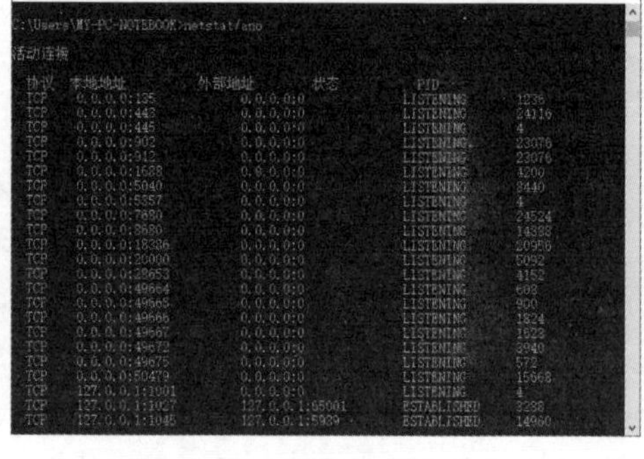

图2-4

知识拓展 netstat显示说明

协议是指使用了传输层的TCP协议还是UDP协议。本地地址中，显示使用了本地IP的哪个端口。外部地址中，显示连接到外部哪个IP的哪个端口。状态显示了该端口当前的情况：“LISTENING”代表服务处于侦听状态，如果有请求就反应；“ESTABLISHED”表示建立连接，代表两台设备正在通信；“CLOSE_WAIT”表示对方主动关闭或网络异常造成的连接中断状态，本机需要调用close( )来使连接正常关闭；“TIME_WAIT”表示本机主动启动关闭流程得到对方确认后的状态；“SYN_SENT”表示请求连接状态。最后的PID是进程号。

（2）使用第三方工具查看本机端口信息

使用第三方工具前需要下载，其可以显示更多的信息，对新手用户来说非常实用。这里使用的工具是PortExpert。启动工具就可以看到当前本机所有的端口信息，如图2-5所示。

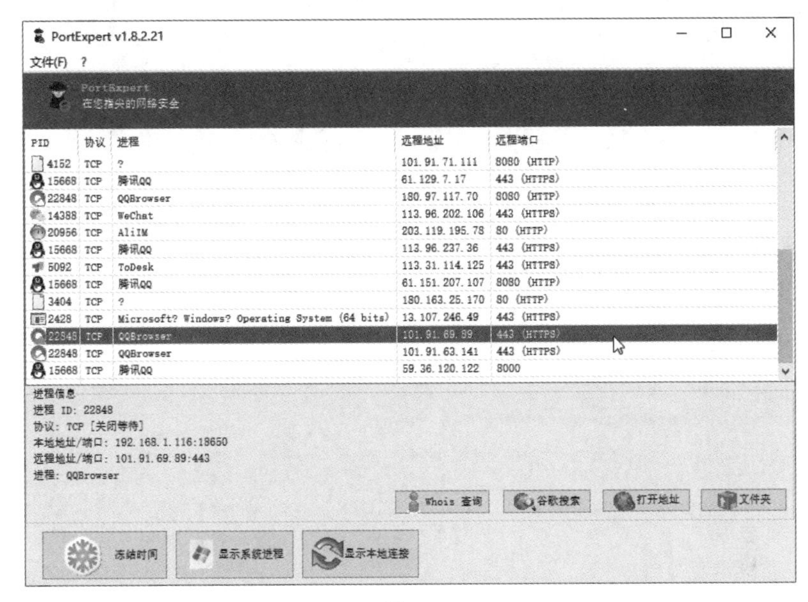

图2-5

从中可以看到PID、使用的协议、进程名称、连接的远程地址及远程端口。如果该端口是常见端口，还会显示使用该端口的服务。选中某条后，可以在下方查看本地地址和本地的端口号。

在下方还有Whois查询、谷歌搜索、打开地址和文件夹四个按钮。因为表中显示的内容是实时更新变化的，用户可以通过“冻结时间”来停止刷新。另外两个按钮可以显示系统进程和本地连接的进程类别。

案例实战：查找并关闭端口

如果本机的某个服务有问题，例如常见的80端口被占用，那么其他的网页服务器就启动不了，或者某个端口有问题，如被黑客入侵了。此时可以通过各种工具查看是什么程序占用了该端口，然后结束该程序来关闭服务，或者启动杀毒或防御措施。

STEP01：查看某个具体端口是什么程序占用，可以加入管道符“|”来筛选。启动cmd后，输入“netstat -ano|findstr 443”，从netstat -ano结果中筛选包含关键字“443”的所有行，如图2-6所示。findstr就是找到字符串的意思。

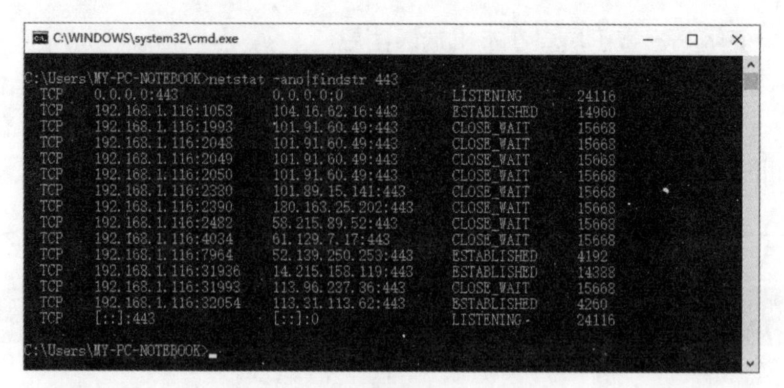

图2-6

STEP02：使用“Ctrl+Shift+Esc”组合键启动“任务管理器”，在“进程”选项卡的列名称上使用鼠标右键单击，选择“PID”选项，如图2-7所示。

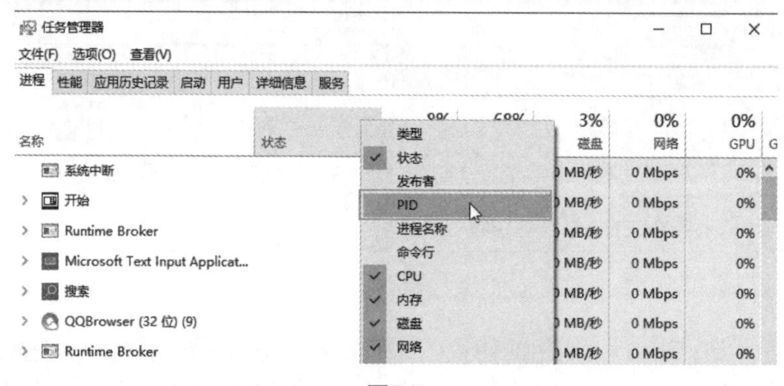

图2-7

STEP03：在“任务管理器”中，查找对应的PID，如4260，在其上使用鼠标右键单击，在弹出的快捷菜单中选择“结束任务”选项，如图2-8所示，就可以关闭占用该端口的服务器了。

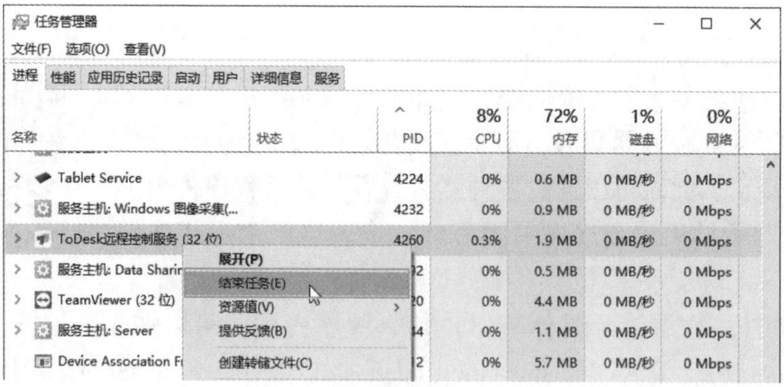

图2-8

认知误区 为什么有那么多443端口?

这些443都是对端的端口，也就是和我们通信的对端端口。对端有很多，造成了1对多的状态。而本地的端口并没有重复的。

前面说了那么多服务和端口，都是以本身作为服务器来说的。而实际中，对端才是服务器。通信时本地会打开任意端口同远端的固定端口（也就是前面提到的已知端口）进行通信。

而如果本机也提供服务，也会存在这些固定端口，如本地架设Web服务，就会存在80端口用来侦听其他设备的网页请求。其他设备默认会连到80端口。这时如果要排查哪个进程占用了本地的80端口，就可以采用上面的方法，只不过findstr的就是80了。当然，如果发现某端口被恶意开启，也可以结束对应的进程，然后进行杀毒。

2.2 IP地址及MAC地址

前面介绍黑客及网络的相关知识时，总提到IP地址和MAC地址，它们是什么呢？做什么用呢？怎么用呢？接下来将向读者介绍相关的基础知识，因为包括IP地址、MAC地址等参数，将伴随着黑客入侵的全过程。

2.2.1 IP地址的定义及作用

IP是Internet Protocol（国际互联协议）的缩写，还记得前面说的TCP/IP模型吗？在该协议集中，最重要的就是TCP以及IP。

IP地址是IP的一个重要组成部分，它为互联网每一个网络和主机分配一个逻辑地址来屏蔽物理地址的差异（MAC地址）。简单来说，IP地址的作用类似于门牌号，有了IP地址，才能识别到你家的位置，从而将快递送到你家。从专业的角度来说，通信时IP负责端到端的通信，决定了数据包应该怎么走，并保证数据包能够到达对端。无论多么复杂的网络结构，只要遵循TCP/IP，就必然可以将数据包准确送达。

IP的这些优势使因特网得以发展成为世界上最大的、开放的计算机通信网络。

使用IP地址作为参数进行通信，最具代表性的设备就是路由器。

2.2.2 IP地址的格式及相关概念

最常见的IP地址是IPv4地址，为32位的二进制数，它被分割成4个8位的二进制数。IP地址通常使用点分十进制的形式进行表示（*a.b.c.d*），每位的范围是0～255，如常见的192.168.0.1。

术语解释 二进制、十进制

日常生活中使用的多数是十进制，也就是逢10进1（0~9）。而计算机和网络底层使用的都是二进制，这是由二进制的优势所决定的（有兴趣的读者可以了解一下计算机之父——冯·诺依曼关于二进制的阐述）。二进制逢二进一，如十进制数1、2、3、4对应二进制数分别为1、10、11、100。

在IP地址的4段中，可以划分出网络位和主机位，类似于电话号码100-10025125，其中100代表区号，也就是网络位，而10025125代表主机位，在该网络中是唯一的。

网络位也叫作网络号，用来标明该IP地址所在的网络，在同一个网络中或者说同网络号的主机可以直接通信的，如192.168.0.100/24和192.168.0.200/24，/24说明前24位，也就是192.168.0这段网络地址是相同的，它们就能通信。不同网络的主机只有通过路由器寻址才能进行通信，如192.168.0.100/24和192.168.1.200/24，就需要通过路由器才能进行通信。主机位也叫作主机号，用来标识出终端的主机地址号码。

术语解释 子网掩码

/24其实就是子网掩码，子网掩码用来确定网络位。规定中，网络位全为1，主机位全为0，叫作子网掩码，通常可以看到的子网掩码是255.255.255.0，也是用点分十进制表示。转化为二进制，可以看到前24位都是1，所以可以用/24表示。拿IP地址和其子网掩码的二进制表示做“与”运算（1与1得1，1与0得0，0与0得0）后，就得到该IP的网络地址了。

子网掩码主要用于判断网络及划分子网。如果网络比较大，可以划分子网，变成多个小子网便于充分利用。

2.2.3 IP地址的分类

IPv4地址按照标准，可以分为5类，以适应不同容量、不同功能的网络。具体划分如表2-1所示。

表2-1

<table>
<tr><td>A类地址1~126</td><td>0</td><td colspan="5">网络号（7位）</td><td>主机号（24位）</td></tr>
<tr><td>B类地址128~191</td><td>1</td><td>0</td><td colspan="4">网络号（14位）</td><td>主机号（16位）</td></tr>
<tr><td>C类地址192~223</td><td>1</td><td>1</td><td>0</td><td colspan="3">网络号（21位）</td><td>主机号（8位）</td></tr>
<tr><td>D类地址224~239</td><td>1</td><td>1</td><td>1</td><td>0</td><td colspan="3">组播地址（28位）</td></tr>
<tr><td>E类地址240~255</td><td>1</td><td>1</td><td>1</td><td>1</td><td>0</td><td colspan="2">保留用于实验和将来使用</td></tr>
</table>

（1）A类地址

第一段号码为网络号，剩下的三段号码为主机号的组合叫作A类地址。A类地址数量较少，有$2^7-2=126$个网络，但每个网络可以容纳主机数达$2^{24}-2$台。A类地址的最高位必须是“0”，但不能全为“0”，也不能全为“1”。

（2）B类地址

前两段号码为网络号，后两段号码为主机号的组合叫作B类地址。B类地址适用于中等规模的网络，有16384个网络，每个网络所能容纳的计算机数为$2^{16}-2=65534$台。

（3）C类地址

前三段号码为网络号，剩下的一段号码为本地主机的号码的组合是C类地址。C类地址数量较多，有超过209万个网络，适用于小规模的局域网络，每个网络最多只能包含$2^8-2=254$台计算机。

（4）D类地址

D类IP地址不分网络号和主机号，叫作多播地址（multicast address），即组播地址。多播地址命名了一组应该在这个网络中应用接收到一个分组的站点。

（5）E类地址

E类地址为保留地址，也可以用于实验，但不能分给主机。

知识拓展 特殊地址

主机地址不能全为0和全为1，全为0代表该网络地址，而全为1代表该网络地址中所有主机用于在该网络内发送广播包。如192.168.100.0代表网络地址，而192.168.100.255是这个网络的广播地址。

169.254.0.0这个网络地址也是不使用的，在DHCP发生故障或响应时间太长而超出了一个系统规定的时间时，系统会自动分配这样一个地址。如果发现主机IP地址是一个这样的地址，该主机的网络大多不能正常运行。

2.2.4 内网及外网的划分

目前，IPv4已经基本用尽，现在正在向IPv6过渡。其实在使用IPv4时，已经考虑到不足，在A、B、C类地址中，专门划分出一些地址段，用来作为内网地址使用。例如，A类地址中的10.0.0.0～10.255.255.255，100.64.0.0～100.127.255.255；B类地址中的172.16.0.0～172.31.255.255；C类地址中的192.168.0.0～192.168.255.255。

术语解释 IPv6

由于网络发展，IPv4的地址池已经基本耗光，为了解决这个问题，才使用了IPv6地址。IPv6采用128位地址长度，是IPv4的4倍，而且IPv6协议在安全性、质量、新功能方面都有提升。

以上这些保留地址也叫作私有地址或专用地址，只具有本地意义，而无法在公网上使用，也不会跨路由器传递，所以都叫作内网地址，使用在学校、公司、家庭等局域网环境中。而其他可以在公网上使用的，并可以被路由的地址，叫作外网地址。

知识拓展 内网地址如何通信

其实完成这种操作的是网关的一项功能，叫作NAT地址转换。网关设备获取到可以正常通信的外网，也就是公网IP地址后，路由器可以通过网络映射技术（NAT），将内部计算机发送的数据包中的内网IP地址转换成可以在公网上传递的数据包并发送出去，并且在接收到数据后，根据映射表，将包修改并传回给内网的计算机。

2.2.5 MAC地址及其作用

IP是网络层的协议，负责端到端的数据传输，例如你从黑龙江发快递到广州。而MAC是数据链路层的重要地址参数，负责点到点的数据传输，例如快递从黑龙江先到河北，再到江苏……最后到广州。MAC地址标记了直接连接的两点，负责在这两者之间传递数据帧。

MAC地址也叫硬件地址或物理地址，在每个网络设备接口中都会存在。MAC地址的长度为48位，通常表示为12个十六进制的数，如02-17-EB-CC-41-69，或者用“:”分隔表示。其中前6位为网络硬件制造商编号，后6位代表该制造商所制造的某个网络产品（如网卡）的系列号。只要不更改默认的MAC地址，MAC地址在世界上是唯一的。形象地说，MAC地址就如同身份证号码，具有全球唯一性。

通过数据帧的MAC地址来通信，最具代表性的就是交换机了。通过MAC地址表，MAC地址与端口形成绑定关系，在物理层中就可以快速转发数据。

案例实战：查看本机IP地址和MAC地址

IP地址和MAC地址，可以使用操作系统自带的功能进行查看，也可以使用第三方工具查看。

（1）通过命令行查看IP地址和MAC地址

启动命令行模式，输入命令“ipconfig/all”，Windows会将所有网卡信息显示出来，如图2-9所示，其中包含了内网IP地址和MAC地址，以及网关信息等。

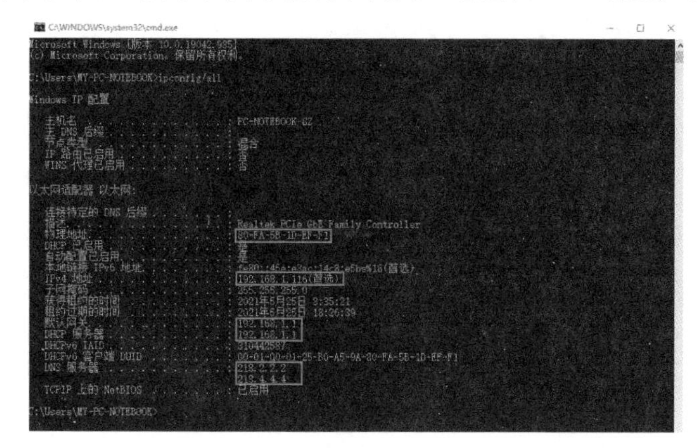

图2-9

（2）通过网络功能查看IP地址

通过系统的网络功能也能查看到当前的IP地址和MAC地址。

图2-10

STEP01：在右下角的网络图标上使用鼠标右键单击，在弹出的快捷菜单中选择“打开‘网络和Internet’设置”选项，如图2-10所示。

STEP02：在弹出的“网络和Internet”界面中，单击“属性”按钮，如图2-11所示。

STEP03：在弹出的界面下方的“属性”中，显示了该网卡的信息，包括IP地址和MAC地址，如图2-12所示。

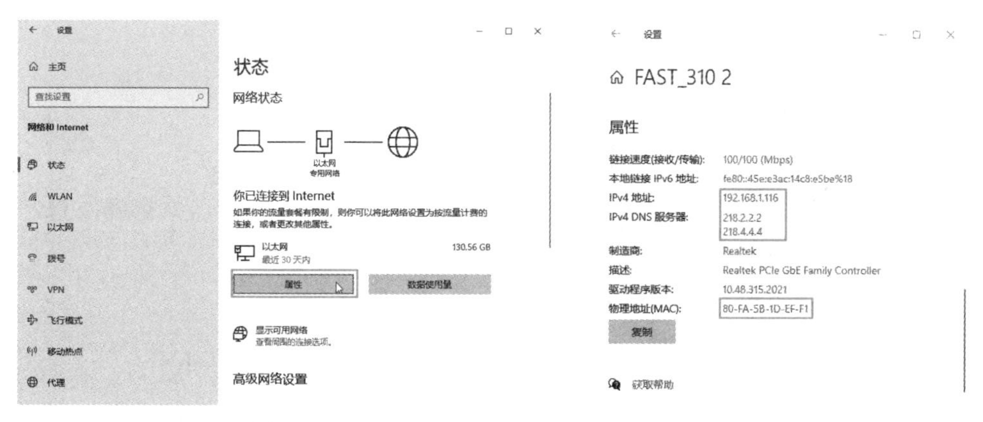

图2-11　　图2-12

知识拓展 在“网络连接详细信息”中查看

除了以上的方法，搜索“网络连接”，选择并进入某网卡界面后，也可以看到所有的网络信息，如图2-13所示。

图2-13

2.2.6 获取IP地址

前面介绍了内网和外网地址的相关知识，内网IP只具有本地性，如192.168.0.1，很多局域网都有，无法在外网上使用，所以获取到内网IP没什么意义。黑客在入侵之前一般首先需要获取到对方的外网IP。

（1）通过域名解析命令获取到服务器的IP地址

黑客的目标大部分集中在服务器上，要获取服务器的IP地址，如果知道域名，可以使用域名解析功能获取。

启动命令提示符界面，输入命令“nslookup”，按回车后输入域名“baidu.com”或者“www.baidu.com”进行域名解析，结果如图2-14所示。结果中的“180.101.49.11”以及“180.101.49.12”就是百度的IP地址。用户可以在浏览器输入该IP地址，按回车后，也可以访问百度，如图2-15所示。

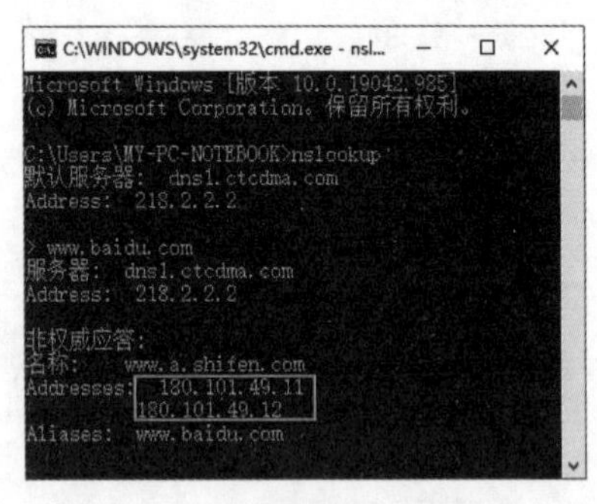

图2-14

图2-15

认知误区 使用IP地址访问为什么打不开网页

在网站的设置中，可以设置根据域名、IP地址进行访问。也就是说，如果网站发现你使用域名或IP地址进行访问时，就会弹出页面。现在有很多网站为了安全方面的考虑，不允许使用IP地址访问。也有一种情况是网站使用了负载均衡技术和CDN服务器，服务器IP地址会经常变化，所以为了保证服务质量，不允许使用IP地址访问。

（2）通过第三方网站获取服务器的IP地址

其实网站域名绑定的IP地址不止上面显示的两个，由于采用了负载均衡和CDN服务器，不同地点访问的服务器IP是不同的。所以要查询更加详细的信息，可以使用第三方的网站，如IP138，网址是“https://www.ip138.com/”，进入后，输入域名，单击“查询”按钮，如图2-16所示，接下来会弹出该域名解析出的所有IP地址以及历史IP地址，如图2-17所示。有兴趣的读者可以尝试使用这些IP地址，看看是否可以访问到百度。

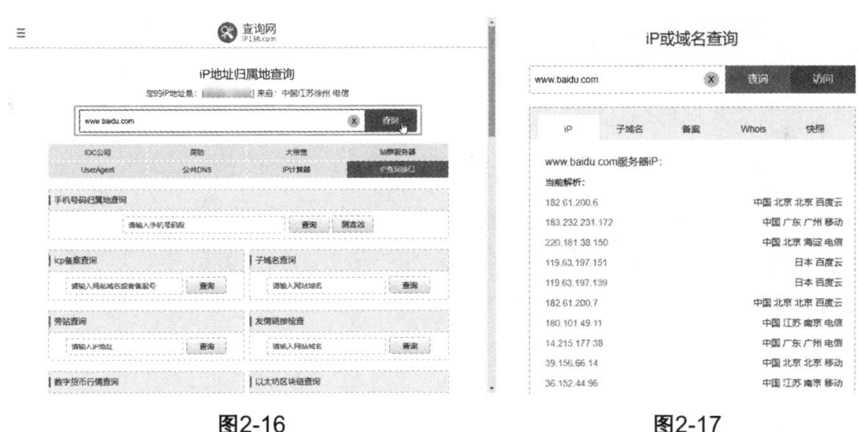

图2-16　　图2-17

（3）通过传文件获取对端IP地址

如果要获取非服务器的对端IP地址，可以使用传输文件的方法，因为传输大型文件，双方必须建立起TCP连接，只要不通过服务器中转，肯定会有源IP地址及目的IP地址信息。还记得前面使用的netstat命令查看当前端口吗？命令结果中，会看到对端的IP地址和使用的端口号。当然，这种方法不是太直观，我们可以使用另外一种直观的方法看到对端的公网IP地址。

STEP01：单击“Win”，输入“资源监视器”，单击“打开”按钮启动“资源监视器”界面，如图2-18所示。

STEP02：切换到“网络”选项卡中，在“网络活动”监视框中，可以查看到当前的网络活动信息，勾选“QQ.exe”复选框后，会在“网络活动”中查看到当前QQ的活动连接，如图2-19所示。

图2-18　　图2-19

知识拓展　判断当前传输模式

在图2-19下方还有“TCP连接”列表，从列表中可以看到，远程端口都是80、443和8080端口，都采用HTTP及HTTPS协议，这些远程地址基本上都是腾讯服务器的地址，如图2-20所示。QQ消息、图片都使用了腾讯的服务器进行中转，还有一些数据和参数需要从服务器获取，所以通过消息获取到对方IP地址很困难。

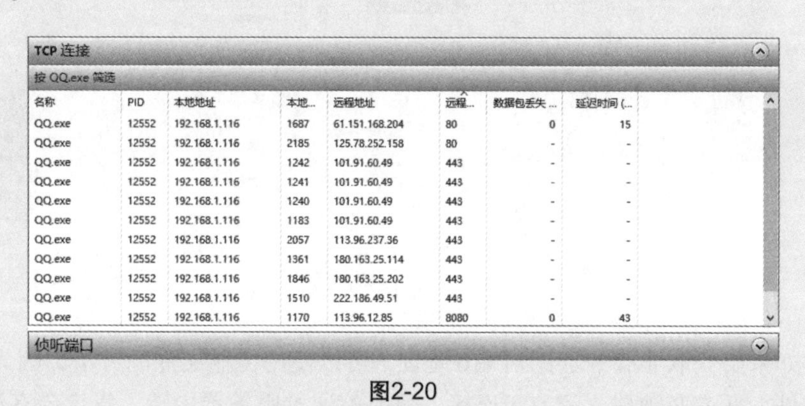
TCP 连接

按 QQ.exe 筛选

名称	PID	本地地址	本地...	远程地址	远程...	数据包丢失 ...	延迟时间 (...
QQ.exe	12552	192.168.1.116	1687	61.151.168.204	80	0	15
QQ.exe	12552	192.168.1.116	2185	125.78.252.158	80	-	-
QQ.exe	12552	192.168.1.116	1242	101.91.60.49	443	-	-
QQ.exe	12552	192.168.1.116	1241	101.91.60.49	443	-	-
QQ.exe	12552	192.168.1.116	1240	101.91.60.49	443	-	-
QQ.exe	12552	192.168.1.116	1183	101.91.60.49	443	-	-
QQ.exe	12552	192.168.1.116	2057	113.96.237.36	443	-	-
QQ.exe	12552	192.168.1.116	1361	180.163.25.114	443	-	-
QQ.exe	12552	192.168.1.116	1846	180.163.25.202	443	-	-
QQ.exe	12552	192.168.1.116	1510	222.186.49.51	443	-	-
QQ.exe	12552	192.168.1.116	1170	113.96.12.85	8080	0	43

侦听端口

图2-20

STEP03：使用QQ在线传输大型文件，在对方接收后，可以在“网络活动”中查看到对方的IP地址（发送量最多的那项），该项就是对方的公网IP地址，如图2-21所示。

网络活动　37 Mbps 网络 I/O　41% 网络使用率

按 QQ.exe 筛选

名称	PID	地址	发送(字节/秒)	接收(字节/秒)	总数(字节/秒)
QQ.exe	12552	PC-NOTEBOOK-SZ	0	132,688	132,688
QQ.exe	12552	205.178.151.61.dial	44	0	44
QQ.exe	12552	122.194.185.212	4,240,235	0	4,240,235

图2-21

（4）使用链接从浏览器获取对方IP地址

通过一些特殊的链接地址，也可以获取对方的IP地址。这样的网站有很多，例如进入网站后，用户可以使用URL（地址连接）、Email（电子邮件）、Images（图片）以及PDF追踪对方的IP地址，如图2-22所示。在这里输入追踪码，可以查看到追踪结果。

图2-22

STEP01：进入URL追踪后，输入链接跳转地址，以隐瞒对方，然后拖动验证柄到最右侧，单击“Generate Tracking URL/QR”按钮，如图2-23所示。

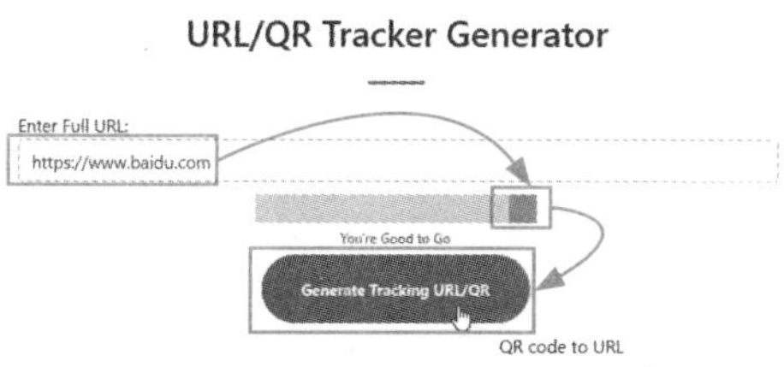

图2-23

STEP02：稍等会弹出链接地址、追踪码、追踪链接，如图2-24所示，将链接地址发送给其他需要追踪地址的人，等待他们点开链接。

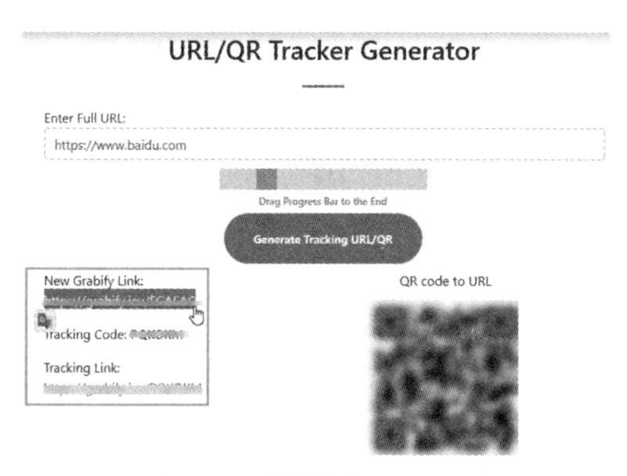

图2-24

STEP03：接下来可以通过追踪查看地址，或者将追踪码填入图2-22所示的追踪码框中，跳转到查看界面后，可以查看到访问时间、访问的浏览器类型以及其外网的IP地址和所在的国家、省份、城市等，如图2-25所示。

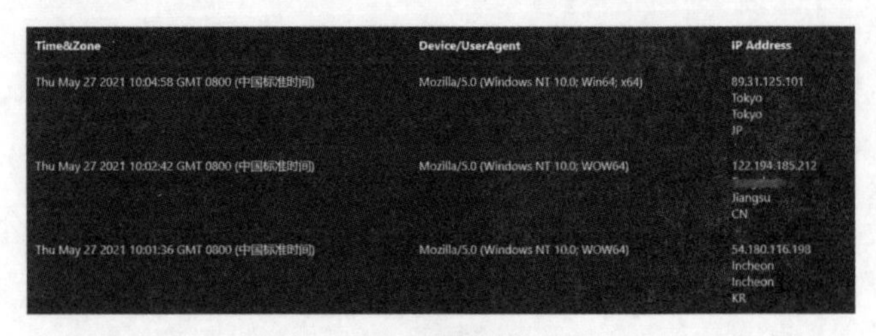

图2-25

由于链接跳转的是正规的网站，不太能引起别人的怀疑。邮件实用性太差，而图片和PDF更加隐蔽。

知识拓展 网页定位的原理

如果用户直接访问网站的话，网站会和用户建立连接，这时使用的IP地址就是用户的外网IP地址。这些追踪网站，首先根据不同的KEY（也就是追踪码）记录下访问者的IP地址，然后根据设置，发送跳转的链接。而查询者根据KEY就可以查看到访问者的IP地址。图片和PDF等只是把链接隐藏到图片和PDF中罢了。如果怕中招，可以使用代理服务器，那么追踪到的就是代理服务器的IP地址了。这里也给用户提个醒，奇怪的链接包、邮件、图片和PDF等，尽量不要打开。

2.3 扫描工具

扫描的作用是获取到主机对应的信息以及开放的端口等。对黑客来说，扫描是入侵前获取信息的途径；对安全员来说，通过扫描可以排查安全漏洞。接下来介绍几款常见的扫描工具及其使用方法。

2.3.1 Advanced IP Scanner

Advanced IP Scanner是一款快速扫描软件，能够快速获取到网络中计算机的相关信息，包括主机名称、IP地址、MAC地址、制造商等，利用它可以快速查看局域网中“存活”的机器。

下载该软件后，双击启动，选择语言版本为“中文”，单击“确定”按钮，如图2-26所示。

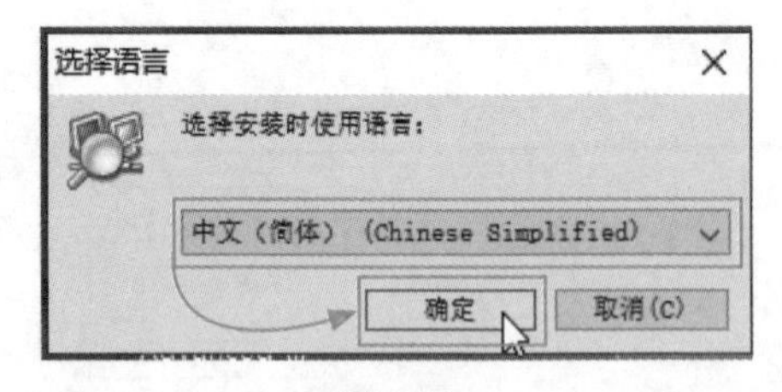

图2-26

选择“运行”单选按钮，单击“运行”按钮，如图2-27所示。

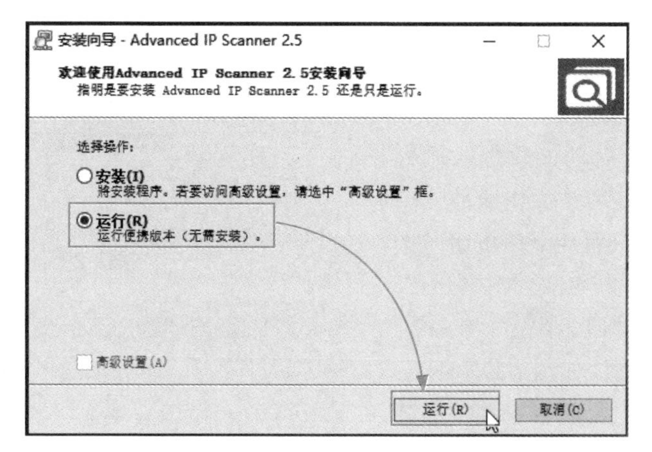

图2-27

启动主界面后，软件会自动将网卡地址设定为该网段的地址，单击“扫描”按钮就可以启动扫描，扫描完毕，会显示扫描结果，如图2-28所示。

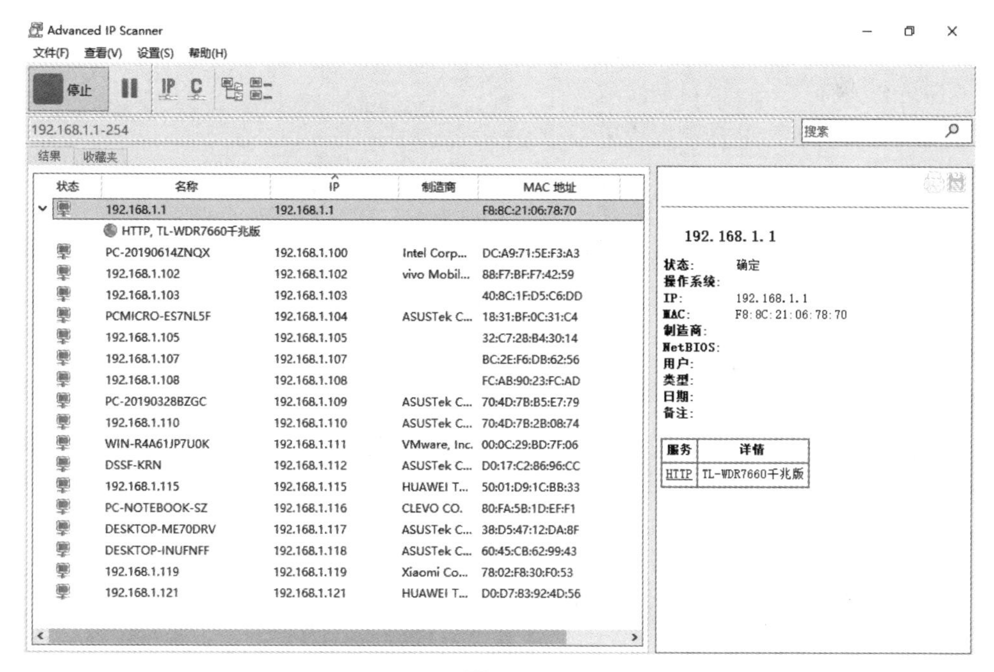

图2-28

在结果中，可以看到当前局域网中所有主机和其他设备的名称、IP地址、MAC地址。通过“制造商”可以分析出当前的设备的类型，如手机、计算机等。如果某主机启动了HTTP服务，则会在右侧显示出该服务的详情。

2.3.2 PortScan

PortScan可以快速扫描网络中的主机端口，使用起来非常简单。

该软件是绿色软件，双击。exe文件就可以启动该软件。输入扫描起始IP地址和结束IP地址，单击“Scan Type”后的下拉按钮，选择扫描类型中的“Scan All Ports”选项扫描所有端口，单击“Scan”按钮，开始扫描，如图2-29所示。

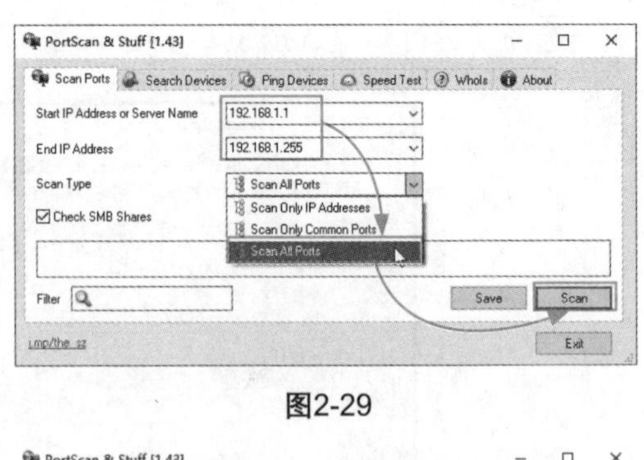

图2-29

稍等片刻，可以查看到扫描结果，如图2-30所示。

图2-30

因为是局域网扫描，从结果中，可以查看到局域网存活的主机IP地址、主机名称、MAC地址、共享文件夹、开放的端口及端口描述信息等。当然，用户也可以对服务器进行扫描，软件会自动获取服务器的解析地址，并探测出服务器开放的端口，如图2-31所示。可以查看到当前开放了HTTP协议80端口以及HTTPS协议443端口。

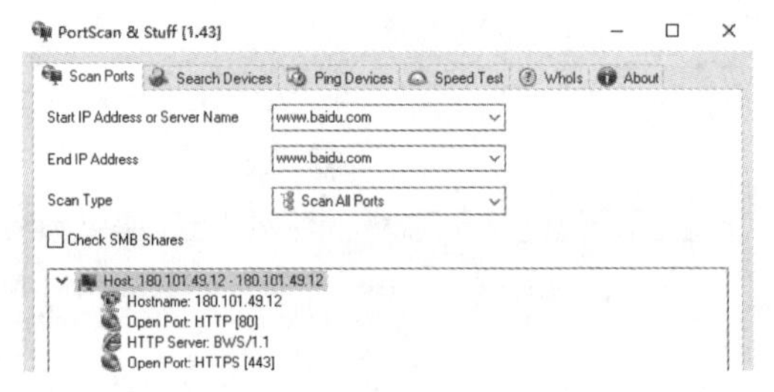

图2-31

2.3.3 Nmap

Nmap（Network Mapper）是一款开放源代码的网络探测和安全审核的工具。它的设计目标是快速地扫描大型网络，当然用它扫描单台主机也没有问题。Nmap以新颖的方式使用原始IP报文来发现网络上有哪些主机，主机提供什么服务（应用程序名和版本），服务运行什么操作系统（包括版本信息），它们使用什么类型的报文过滤器/防火墙，以及其他功能。虽然Nmap通常用于安全审核，许多系统管理员和网络管理员也用它来做一些日常的工作，如选择查看整个网络的信息，管理服务升级计划，以及监视主机和服务的运行。Nmap在Windows中的版本叫作Zenmap，有中文操作界面，可以实现的功能非常多。

双击该程序图标，启动Zenmap，在主界面中，输入扫描范围后，单击“扫描”按钮，如图2-32所示。

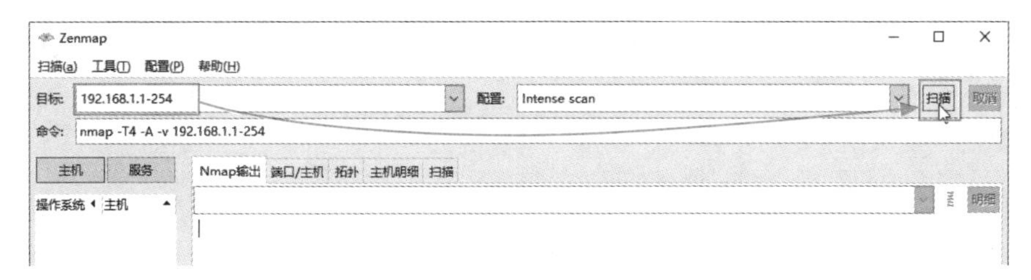

图2-32

扫描时，可以在“Nmap输出”选项卡中查询到当前的扫描状态，如图2-33所示。

```
Nmap输出 端口/主机 拓扑 主机明细 扫描
nmap -T4 -A -v 192.168.1.1-254                                  明细
Discovered open port 139/tcp on 192.168.1.118
Discovered open port 135/tcp on 192.168.1.112
Discovered open port 135/tcp on 192.168.1.109
Discovered open port 135/tcp on 192.168.1.118
Discovered open port 2869/tcp on 192.168.1.109
Discovered open port 8082/tcp on 192.168.1.109
Discovered open port 3001/tcp on 192.168.1.119
Discovered open port 5357/tcp on 192.168.1.111
Discovered open port 3000/tcp on 192.168.1.119
Discovered open port 1900/tcp on 192.168.1.1
Discovered open port 49163/tcp on 192.168.1.104
Discovered open port 49153/tcp on 192.168.1.100
Discovered open port 49159/tcp on 192.168.1.104
Discovered open port 5357/tcp on 192.168.1.112
Discovered open port 5357/tcp on 192.168.1.109
Discovered open port 49152/tcp on 192.168.1.100
Discovered open port 49152/tcp on 192.168.1.104
Discovered open port 5357/tcp on 192.168.1.117
```

图2-33

扫描完毕后，在左侧会显示所有扫描到的主机，选中某个IP后，切换到“端口/主机”选项卡，可以查看到该主机开放的所有端口、协议、状态、使用的服务，并且可以从445端口信息推测出该主机所使用的操作系统等信息，如图2-34所示。

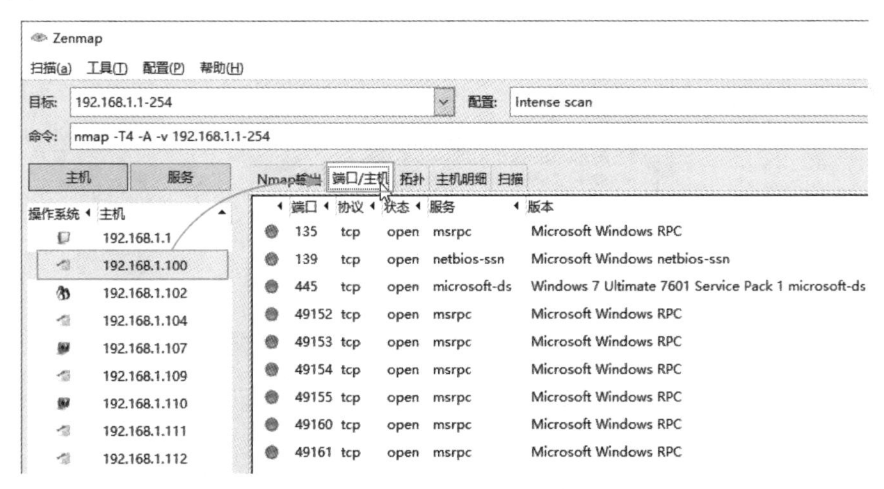

图2-34

在“拓扑”选项卡中，可以查看到所有局域网设备与本机的网络拓扑结构，如图2-35所示。

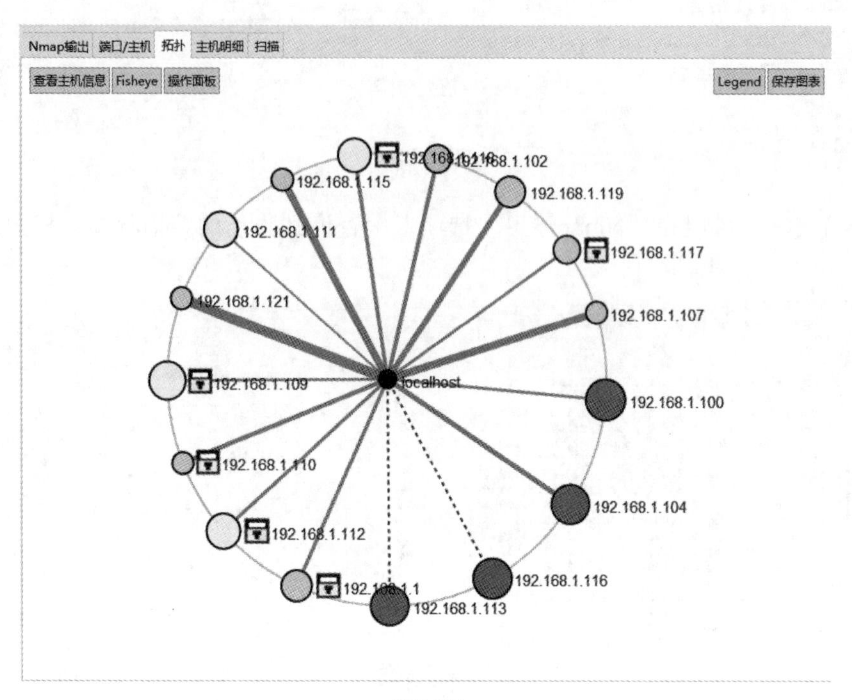

图2-35

选中某主机后，可以在“主机明细”选项卡中查看到该主机的详细信息，如图2-36所示。

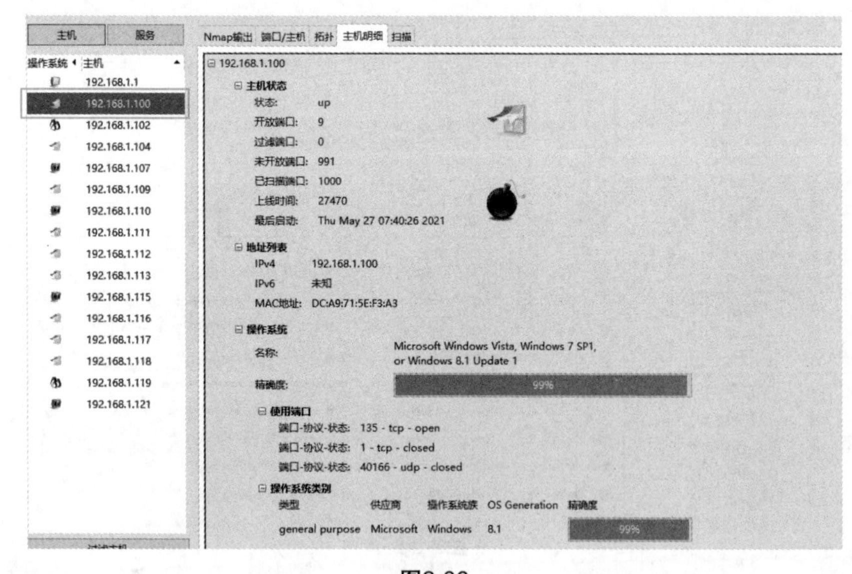

图2-36

除对本地局域网进行扫描外，Zenmap还可以对服务器或者其他外网主机进行扫描，如图2-37所示。

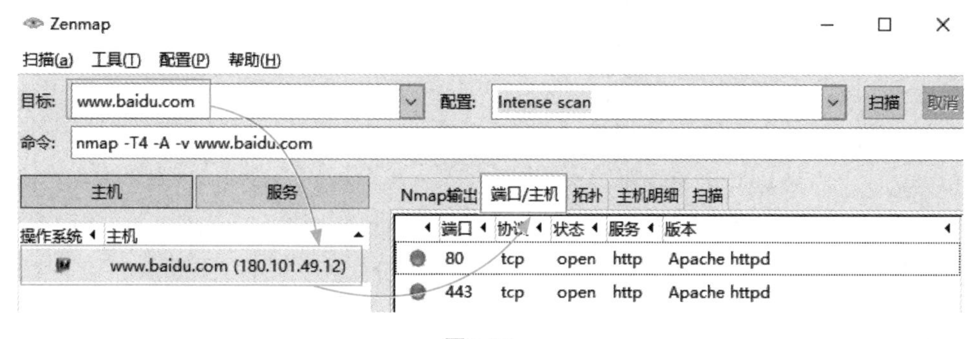

图2-37

通过“拓扑”选项卡，可以了解到从当前主机到达目标所经过的路由器信息，如图2-38所示。

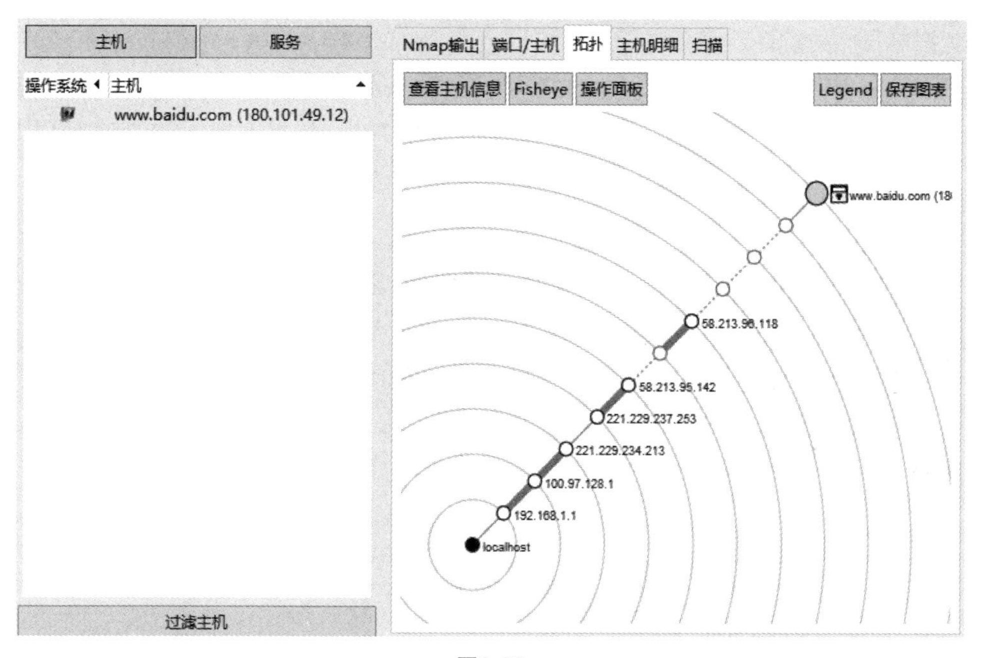

图2-38

2.4 嗅探及嗅探工具

除扫描外，嗅探是另一种获取各种信息的方法。本节将向读者介绍嗅探及嗅探工具。

2.4.1 嗅探简介

嗅探（sniff）是通过嗅探工具获取网络上流经的数据包，就是所谓的抓包，通过读取数据包中的信息，获取源IP地址和目的IP地址、数据包的大小等信息。由于用交换机组建的网络是基于“交换”原理的，交换机不是把数据包发到所有的端口上，而是发到目的网卡所在的端口，这样嗅探起来会麻烦一些。嗅探程序一般利用“ARP欺骗”的方法，通过改变MAC地址等手段，欺骗交换机将数据包发给自己，嗅探分析完毕再转发出去。

由于局域网其他主机数据包的抓取牵扯到的技术较多，下面将以本地数据包的嗅探、抓取以及数据包的修改等为例，向读者介绍相关嗅探工具。

2.4.2 网络封包分析工具Wireshark

Wireshark是一款Unix和Windows上的开源网络协议分析器。它可以实时检测网络通信数据，也可以检测其抓取的网络通信数据快照文件。可以通过图形界面浏览这些数据，可以查看网络通信数据报文中每一层的详细内容。Wireshark拥有许多强大的特性，包括强显示过滤器语言（rich display filter language）和查看TCP会话重构流的能力；支持上百种协议和媒体类型；拥有一个类似TCPDump（一个Linux下的网络协议分析工具）的名为Ethereal的抓包工具。Wireshark使用WinPCAP作为接口，直接与网卡进行数据包（Packet，网络层信息分组）交换。

知识拓展 为什么抓包软件可以分析出那么多的信息

其实，这些软件所抓取的都是IP数据报文（message，应用层信息分组），前面说了协议的一些作用，其中就规定了数据的格式，所以这些抓包软件也可以通过这种格式，将对应的数据提取出来。IP数据报文的格式如图2-39所示。

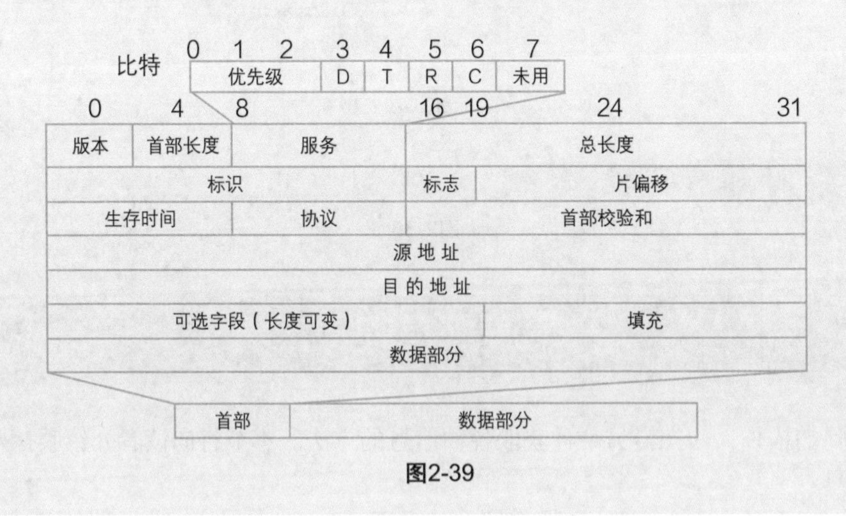

图2-39

① 版本。占4位，指IP协议的版本。

② 首部长度。占4位，最大值是60字节。

③ 服务。占8位，用来获得更好的服务。在旧标准中叫作服务类型，但实际上一直未被使用过。

④ 总长度。占16位，指首部与数据之和的长度，单位为字节，因此数据包的最大长度为65535字节。总长度必须不超过数据链路层的MTU值。

⑤ 标识。占16位，它是一个计数器，用来产生数据报文的标识字段。

⑥ 标志。占3位，目前只有前两位有意义。标志字段的最低位是MF（More Fragment）。MF=1表示后面“还有分片”。MF=0表示最后一个分片。标志字段中间的一位是DF（Don't Fragment）。只有当DF=0时，才允许分片。

⑦ 片偏移。片偏移（13位）指出较长的分组在分片后，某片在原分组中的相对位置。片偏移以8个字节为偏移单位。

⑧ 生存时间。生存时间（8位）记为TTL（Time To Live），是数据包在网络中可通过的路由器数的最大值。

⑨ 协议。占8位，指出此数据报文携带的数据使用何种协议，以便目的主机的IP层将数据部分上交给对应的处理进程。

⑩ 首部校验和。占16位，只校验数据报文的首部，不校验数据部分。

⑪ 源地址和目的地址。各占4字节，记录了发送源的IP地址以及到达目的地的IP地址。

⑫ 可选字段。IP首部的可选字段就是一个选项字段，用来支持排错、测量以及安全等措施，内容很丰富。可选字段的长度可变，从1到40个字节不等，取决于所选择的项目。增加首部的可选字段是为了增加IP数据报文的功能，但这同时也使得IP数据报文的首部长度成为可变的。这就增加了每一个路由器处理数据报文的开销。实际上这些选项很少使用。

⑬ 填充。由于可选字段中的长度不是固定的，使用若干个0填充该字段，可以保证整个报头的长度是32位的整数倍。

⑭ 数据部分。表示传输层的数据，数据部分的长度不固定。

所以抓包软件通过以上的数据设置，就可以获得一些最基本的数据。

（1）抓包及包分析

双击“WiresharkPortable.exe”文件，启动后选择抓包所在的网卡，如果是有线连接，就选择有线网卡；无线连接，就选择WLAN所在的网卡。这里双击“Realtek PCIe GbE Family Controller：以太网”选项，也就是有线网卡，启动抓包，如图2-40所示。

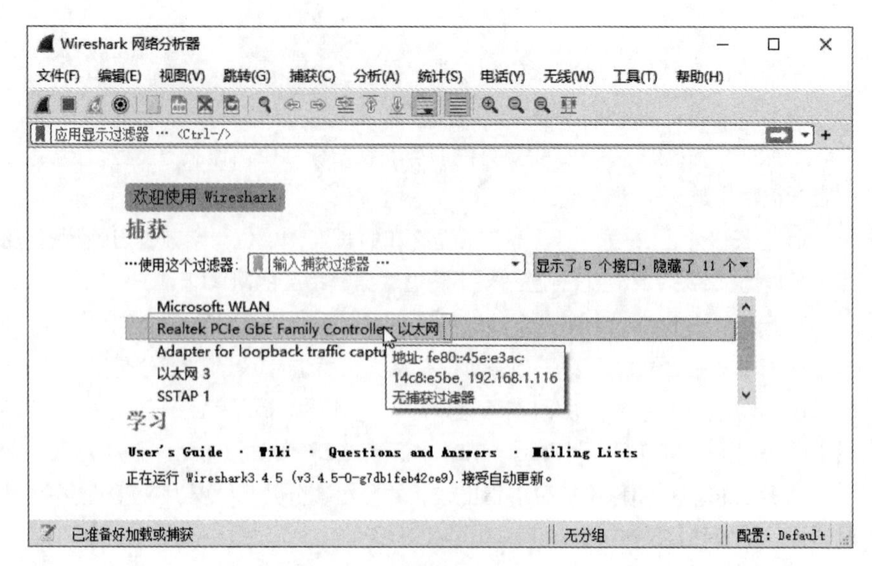

图2-40

接下来自动启动抓包，抓包信息不停滚动，等待一段时间后，单击“停止捕获分组”按钮，如图2-41所示。

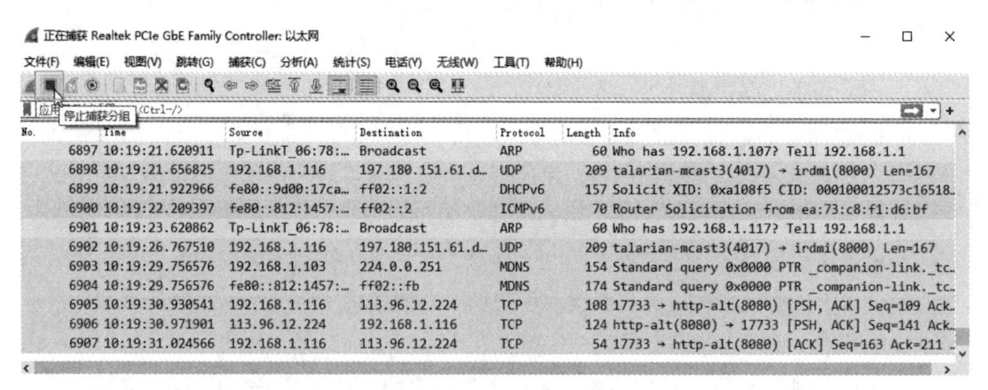

No.	Time	Source	Destination	Protocol	Length	Info
6897	10:19:21.620911	Tp-LinkT_06:78:…	Broadcast	ARP	60	Who has 192.168.1.107? Tell 192.168.1.1
6898	10:19:21.656825	192.168.1.116	197.180.151.61.d…	UDP	209	talarian-mcast3(4017) → irdmi(8000) Len=167
6899	10:19:21.922966	fe80::9d00:17ca…	ff02::1:2	DHCPv6	157	Solicit XID: 0xa108f5 CID: 000100012573c16518…
6900	10:19:22.209397	fe80::812:1457:…	ff02::2	ICMPv6	70	Router Solicitation from ea:73:c8:f1:d6:bf
6901	10:19:23.620862	Tp-LinkT_06:78:…	Broadcast	ARP	60	Who has 192.168.1.117? Tell 192.168.1.1
6902	10:19:26.767510	192.168.1.116	197.180.151.61.d…	UDP	209	talarian-mcast3(4017) → irdmi(8000) Len=167
6903	10:19:29.756576	192.168.1.103	224.0.0.251	MDNS	154	Standard query 0x0000 PTR _companion-link._tc…
6904	10:19:29.756576	fe80::812:1457:…	ff02::fb	MDNS	174	Standard query 0x0000 PTR _companion-link._tc…
6905	10:19:30.930541	192.168.1.116	113.96.12.224	TCP	108	17733 → http-alt(8080) [PSH, ACK] Seq=109 Ack…
6906	10:19:30.971901	113.96.12.224	192.168.1.116	TCP	124	http-alt(8080) → 17733 [PSH, ACK] Seq=141 Ack…
6907	10:19:31.024566	192.168.1.116	113.96.12.224	TCP	54	17733 → http-alt(8080) [ACK] Seq=163 Ack=211 …

图2-41

抓包停止，用户在下方的选项中选择某一包，可以查看该包的发送时间、源IP地址、目的IP地址、使用的协议、包的长度、包的基本信息等，如图2-42所示。

	Time	Source	Destination	Protocol	Length	Info
7146	10:20:22.302359	192.168.1.116	180.163.25.170	HTTP	508	POST /q.cgi HTTP/1.1
7147	10:20:22.355010	180.163.25.170	192.168.1.116	TCP	60	http(80) → 27926 [ACK] Seq=639 Ack=1632 Win=4…
7148	10:20:22.391893	array605.prod.d…	192.168.1.116	TCP	66	https(443) → 29771 [SYN, ACK] Seq=0 Ack=1 Win…
7149	10:20:22.392318	192.168.1.116	array605.prod.do…	TCP	54	29771 → https(443) [ACK] Seq=1 Ack=1 Win=1323…
7150	10:20:22.393542	192.168.1.116	array605.prod.do…	TLSv1.2	276	Client Hello
7151	10:20:22.459076	192.168.1.116	106.75.189.99	TLSv1.2	83	Application Data
7152	10:20:22.493130	106.75.189.99	192.168.1.116	TCP	60	https(443) → 17741 [ACK] Seq=1 Ack=407 Win=60…
7153	10:20:22.506754	192.168.1.116	197.180.151.61.d…	UDP	209	talarian-mcast3(4017) → irdmi(8000) Len=167
7154	10:20:22.621921	Tp-LinkT_06:78:…	Broadcast	ARP	60	Who has 192.168.1.110? Tell 192.168.1.1
7155	10:20:22.630434	array605.prod.d…	192.168.1.116	TCP	1494	https(443) → 29771 [ACK] Seq=1 Ack=223 Win=52…
7156	10:20:22.630434	array605.prod.d…	192.168.1.116	TLSv1.2	1047	Server Hello, Certificate, Server Key Exchang…

图2-42

展开选项组中的“Internet Protocol…”（网络层IP包头部信息）展开按钮，可以查看到IP数据包中的信息，和上面介绍的IP数据报文格式内容是对应的。该数据包的信息如图2-43所示。

```
> Frame 7152: 60 bytes on wire (480 bits), 60 bytes captured (480 bits) on interface \Device\NPF_{DB28F1E7-EF02-4D1C-89F5-87B08AC4BC01},
> Ethernet II, Src: Tp-LinkT_06:78:70 (f8:8c:21:06:78:70), Dst: Clevo_1d:ef:f1 (80:fa:5b:1d:ef:f1)
v Internet Protocol Version 4, Src: 106.75.189.99 (106.75.189.99), Dst: 192.168.1.116 (192.168.1.116)
    0100 .... = Version: 4
    .... 0101 = Header Length: 20 bytes (5)
  > Differentiated Services Field: 0x00 (DSCP: CS0, ECN: Not-ECT)
    Total Length: 40
    Identification: 0x1421 (5153)
  > Flags: 0x40, Don't fragment
    Fragment Offset: 0
    Time to Live: 53
    Protocol: TCP (6)
    Header Checksum: 0x47e4 [validation disabled]
    [Header checksum status: Unverified]
    Source Address: 106.75.189.99 (106.75.189.99)
    Destination Address: 192.168.1.116 (192.168.1.116)
> Transmission Control Protocol, Src Port: https (443), Dst Port: 17741 (17741), Seq: 1, Ack: 407, Len: 0
```

图2-43

知识拓展 其他信息

“Frame…”列表中，显示的是物理层的数据帧概况；“Ethernet II …”列表中，显示的是数据链路层以太网帧头部信息，也就是MAC地址；“Transmission Control Protocal…”列表中，显示的是传输层的数据段头部信息，包括协议和端口号，如图2-44所示。

```
Transmission Control Protocol, Src Port: https (443), Dst Port: 17741 (17741), Seq: 1, Ack: 407, Len: 0
  Source Port: https (443)
  Destination Port: 17741 (17741)
  [Stream index: 5]
  [TCP Segment Len: 0]
  Sequence Number: 1    (relative sequence number)
  Sequence Number (raw): 563769053
  [Next Sequence Number: 1    (relative sequence number)]
  Acknowledgment Number: 407    (relative ack number)
  Acknowledgment number (raw): 644636726
  0101 .... = Header Length: 20 bytes (5)
> Flags: 0x010 (ACK)
  Window: 60
  [Calculated window size: 60]
  [Window size scaling factor: -1 (unknown)]
  Checksum: 0x67ab [unverified]
```

图2-44

知识拓展 Wireshark颜色含义

在抓包的列表中有多种背景色，这些背景色的含义可以参考图2-45。

其中比较常见的颜色及含义如下。

Bad TCP：TCP解析出错，通常重传、乱序、丢包、重复响应都在此条规则的范围内。

ARP：ARP（协议）。

ICMP：ICMP（协议）。

SMB：SMB（协议）。

HTTP：HTTP（协议）。

TCP RST：TCP流被重启。

TTL low or unexpected：TTL异常。

Checksum Errors：各类协议的校验和异常，在PC上抓包时网卡的一些设置经常会使Wireshark显示此错误。

Routing：路由类协议。

TCP SYN/FIN：TCP连接的起始和关闭。

TCP：TCP（协议）。

UDP：UDP（协议）。

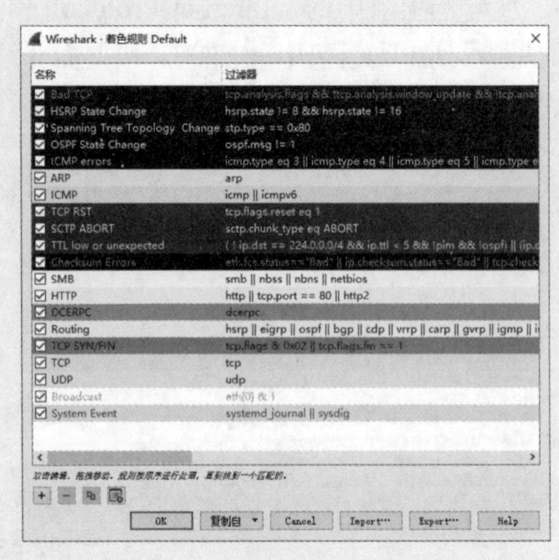

图2-45

（2）追踪数据流

一个完整的数据流传输一般由很多包组成，可以使用追踪数据流的方法来查看并分析一组数据包。

在需要追踪数据流的某个数据包上使用鼠标右键单击，从“追踪流”中选择追踪方式，这里选择“TCP流”，如图2-46所示。

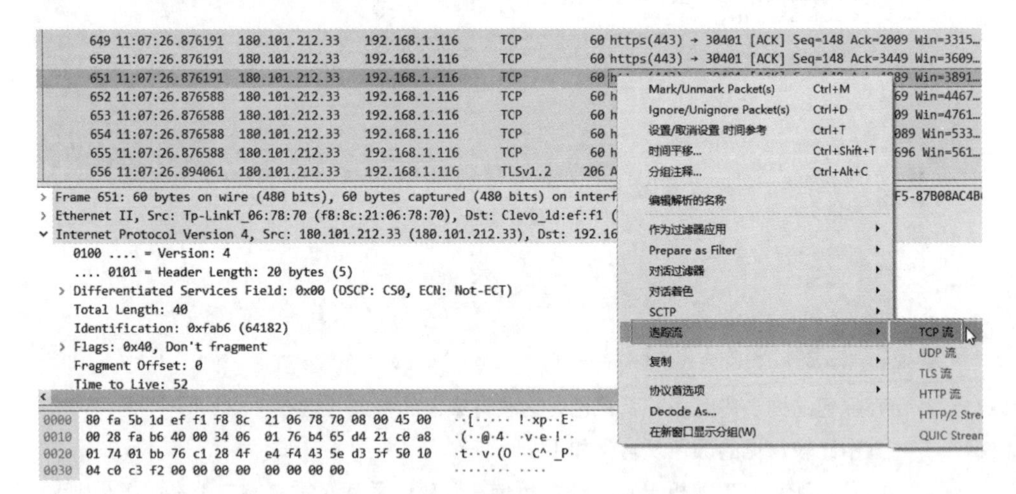

图2-46

软件会筛选出该数据流的所有数据包，如图2-47所示。

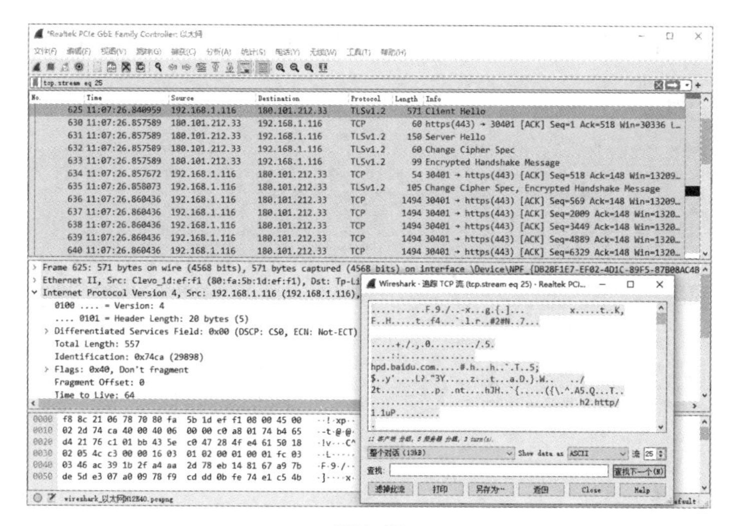

图2-47

（3）筛选数据包

很多用户面对这么多的包，无所适从。其实抓包后，需要对包进行筛选，找到需要的数据包。在“Wireshark”中叫作“应用显示过滤器”，位置在主界面快捷按钮下方，如图2-48所示。

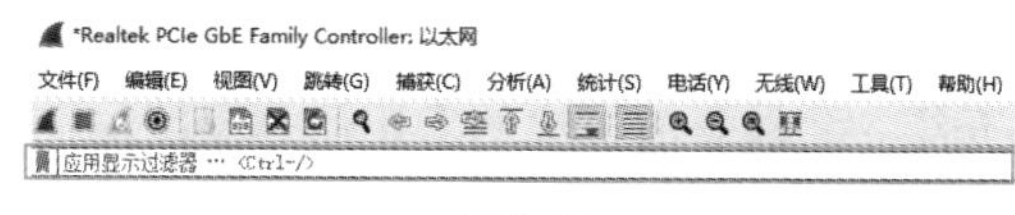

图2-48

常用筛选数据包的语言格式如下。

ip.src==1.2.3.4：筛选出源地址是1.2.3.4的数据包。

ip.dst==1.2.3.4：筛选出目的地址是1.2.3.4的数据包。

如果需要筛选协议，直接输入数据协议的名称，如tcp、udp、http等。

tcp.srcport==80：筛选出TCP源端口号是80的包（dstport是目的端口号）。

如筛选目的IP地址是本机的数据包，可以输入ip.dst==192.168.1.116，如果语句正确，语句背景变成绿色，按回车后显示结果，如图2-49所示。

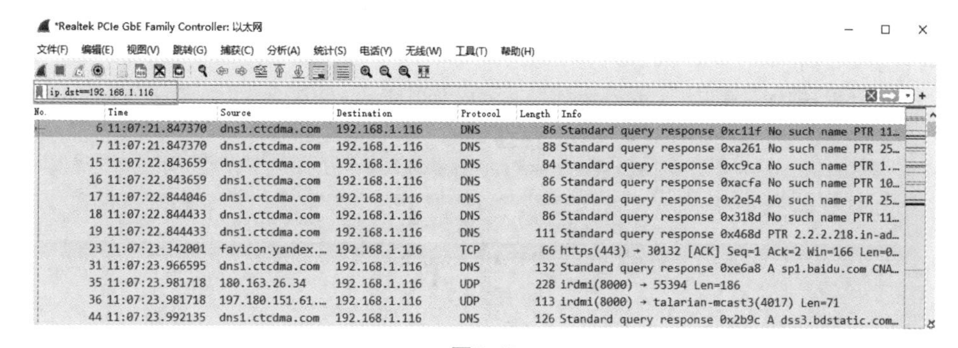

图2-49

例如，搜索QQ的数据包，可以直接输入oicq，按回车后显示所有QQ的数据包，如图2-50所示。

*Realtek PCIe GbE Family Controller: 以太网

文件(F) 编辑(E) 视图(V) 跳转(G) 捕获(C) 分析(A) 统计(S) 电话(Y) 无线(W) 工具(T) 帮助(H)

oicq

No.	Time	Source	Destination	Protocol	Length	Info
17	11:28:17.371828	192.168.1.116	197.180.151.61.d…	OICQ	89	OICQ Protocol
46	11:28:17.430015	197.180.151.61.…	192.168.1.116	OICQ	73	OICQ Protocol
138	11:28:26.998019	192.168.1.116	197.180.151.61.d…	OICQ	193	OICQ Protocol
139	11:28:26.998100	192.168.1.116	197.180.151.61.d…	OICQ	81	OICQ Protocol
140	11:28:26.998163	192.168.1.116	197.180.151.61.d…	OICQ	81	OICQ Protocol
145	11:28:27.029317	197.180.151.61.…	192.168.1.116	OICQ	89	OICQ Protocol
146	11:28:27.043433	197.180.151.61.…	192.168.1.116	OICQ	377	OICQ Protocol
148	11:28:27.044166	197.180.151.61.…	192.168.1.116	OICQ	97	OICQ Protocol

图2-50

（4）捕获前过滤

捕获全部数据并在捕获后筛选是推荐的，并且是网络管理员的日常操作。当然，如果是有针对性的实时检测，可以在捕获前过滤不需要的数据，只捕获需要的数据，并且可以实时显示和查看。捕获前过滤和捕获后筛选的命令不同，下面介绍一些捕获前过滤的常用命令及用法。

host 1.2.3.4：只捕获IP地址为1.2.3.4的数据包。

net 1.2.3.0/24：只捕获某个IP地址范围内的数据包。

src 1.2.3.4：只捕获源地址为1.2.3.4的数据包。

dst 1.2.3.4：只捕获目的地址为1.2.3.4的数据包。

port 80：只捕获HTTP（端口80）通信数据包。

在命令行中，还可以使用“and”来表达同时满足两个条件，用“not”来表示非，用“or”表示条件满足一个即可。

host 1.2.3.4 and not port 80 and not port 25：捕获IP地址为 1.2.3.4，且非HTTP和SMTP以外的通信数据包。

port not 80 and not arp：捕获非HTTP和非ARP的数据包。

通过编制复杂的筛选语句，可以实现精准捕获。下面介绍如何捕获源地址为本机的HTTP包。

在主界面中，单击“捕获选项”按钮，如图2-51所示。

图2-51

在“捕获选项”中，选择以太网卡，并输入表达式，如果正确，背景变为绿色，单击“开始”按钮，如图2-52所示。

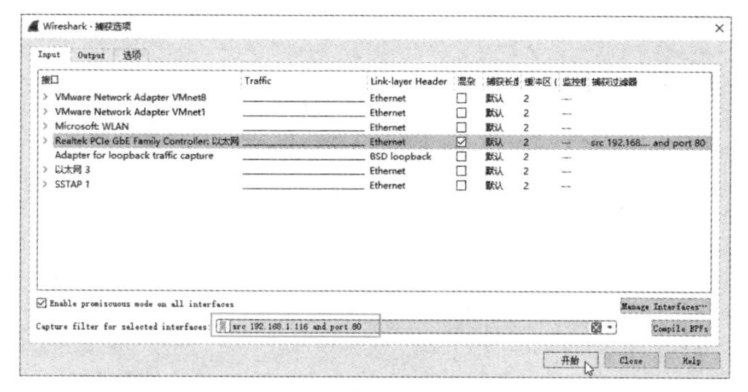

图2-52

此时界面不会像捕获全部数据包那样快速滚动了，只显示源地址是本机的所有HTTP数据包，如图2-53所示。

*Realtek PCIe GbE Family Controller: 以太网 (src 192.168.1.116 and port 80)

文件(F) 编辑(E) 视图(V) 跳转(G) 捕获(C) 分析(A) 统计(S) 电话(Y) 无线(W) 工具(T) 帮助(H)

应用显示过滤器 … <Ctrl-/>

No.	Time	Source	Destination	Protocol	Length	Info
5	13:29:22.316671	192.168.1.116	180.163.25.170	TCP	54	31065 → http(80) [ACK] Seq=1178 Ack=638 Win=32768 Len…
6	13:29:22.317880	192.168.1.116	180.163.25.170	HTTP	508	POST /q.cgi HTTP/1.1
7	13:29:30.343966	192.168.1.116	203.119.214.52	TCP	55	30604 → http(80) [PSH, ACK] Seq=2 Ack=2 Win=65390 Len…
8	13:29:30.436077	192.168.1.116	203.119.214.52	TCP	54	30604 → http(80) [ACK] Seq=3 Ack=3 Win=65389 Len=0
9	13:29:45.453164	192.168.1.116	203.119.214.52	TCP	55	30604 → http(80) [PSH, ACK] Seq=3 Ack=3 Win=65389 Len…
10	13:29:45.530099	192.168.1.116	203.119.214.52	TCP	54	30604 → http(80) [ACK] Seq=4 Ack=4 Win=65388 Len=0

图2-53

（5）数据统计

Wireshark的功能非常强大，除抓取数据包外，还可以对已经抓取的数据进行各种统计工作，这也是该软件的优势之一，如进行数据分析。用户结束抓取后，可以单击“统计”菜单按钮，查看各种统计信息，如选择“流量图”选项，如图2-54所示。

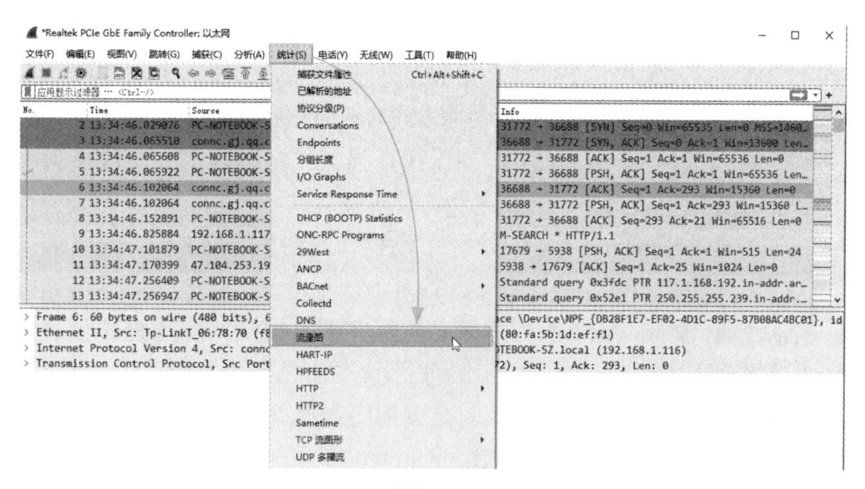

图2-54

在弹出的流量图中，可以查看到当前的TCP流量、最初的握手信息，如图2-55所示。从这里可以看到握手、数据传输以及断开的所有过程。

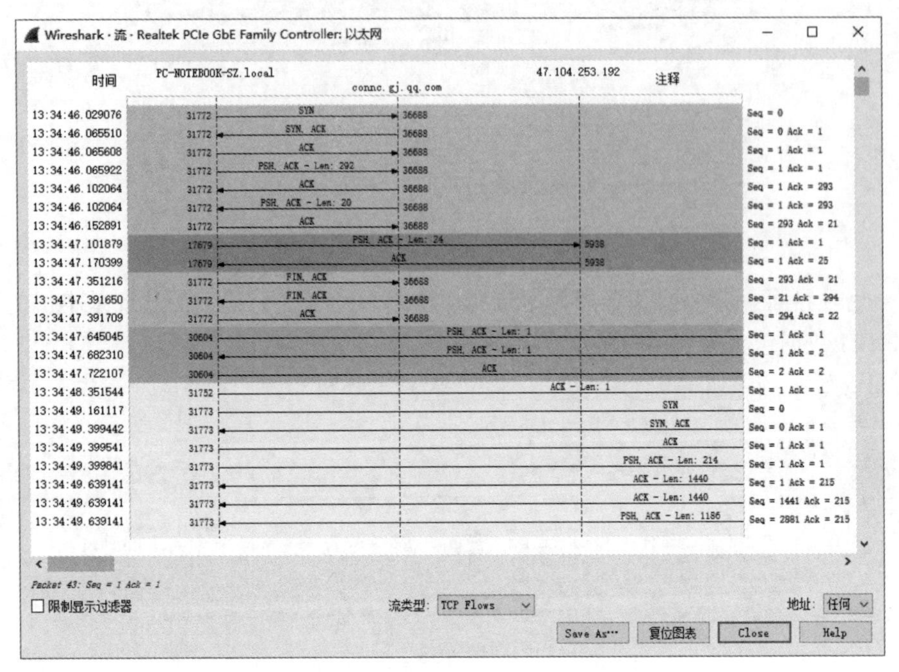

图2-55

2.4.3 获取及修改数据包工具Burp Suite

Burp Suite中集成了很多工具，主要用于Web服务器的渗透测试，是信息安全从业人员必备工具。其主要功能有以下几点。

- 拦截代理（Proxy），可以检查和更改浏览器与目标应用程序间的流量。
- 可感知应用程序的网络爬虫（Spider），它能完整地枚举应用程序的内容和功能。
- 高级扫描器，执行后它能自动地发现Web应用程序的安全漏洞。
- 入侵测试工具（Intruder），用于执行强大的定制攻击去发现及利用不同寻常的漏洞。
- 重放工具（Repeater），一个靠手动操作来触发单独的HTTP请求，并分析应用程序响应的工具。
- 会话工具（Sequencer），用来分析那些不可预知的应用程序会话令牌和重要数据项的随机性的工具。
- 解码器（Decoder），手动或对应用程序数据进行智能解码编码的工具。
- 扩展性强。可以让用户加载Burp Suite的扩展，使用自己的或第三方代码来扩展Burp Suite的功能。

（1）Burp Suite的安装

Burp Suite需要Java环境，所以首先需要安装jdk程序，如图2-56所示。还有一种方法是使用绿色版，但是需要设置Java环境，运行程序也比较麻烦，不如直接安装jdk完成Java环境的搭建。

接下来启动扩展名为“.jar”的主程序文件，就可以打开Burp Suite程序了，该软件需要注册才能使用，如图2-57所示。

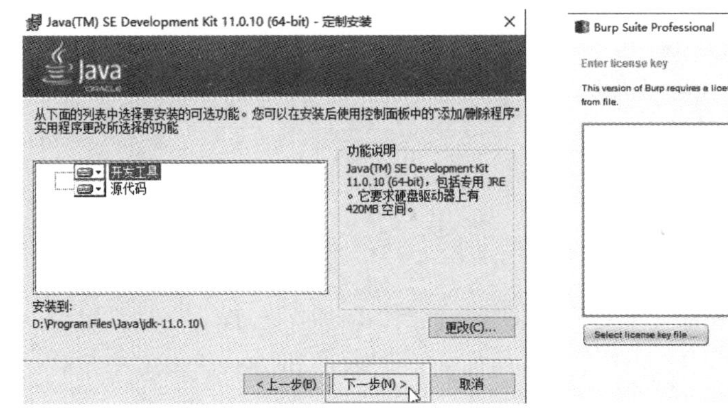

图2-56

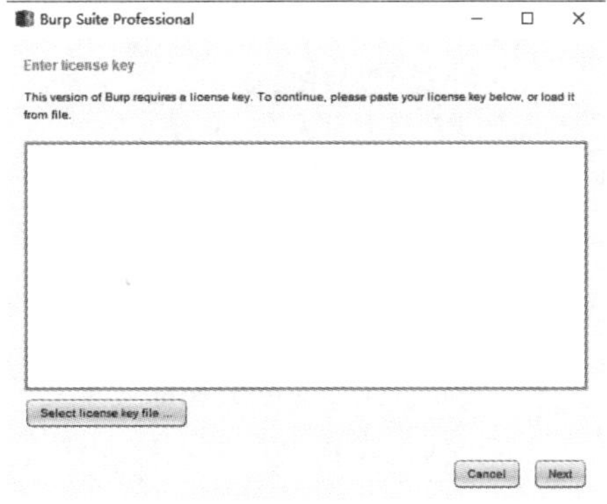

图2-57

（2）设置代理

因为Burp Suite（以下简称Burp）针对的是Web服务器，所以在使用前，需要将浏览器的代理改为Burp。

进入“Proxy”选项卡下的“Options”选项卡中，查看当前的代理设置情况，当前为“127.0.0.1”，端口号为8080，如图2-58所示。

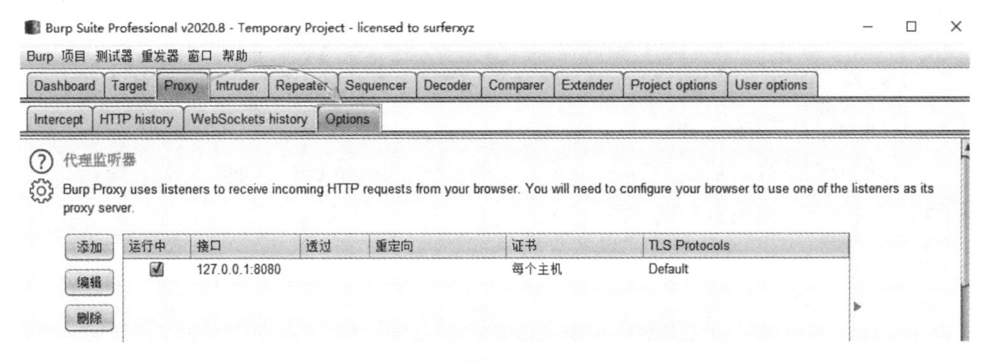

图2-58

进入浏览器中，设置当前的代理服务器，如图2-59所示。

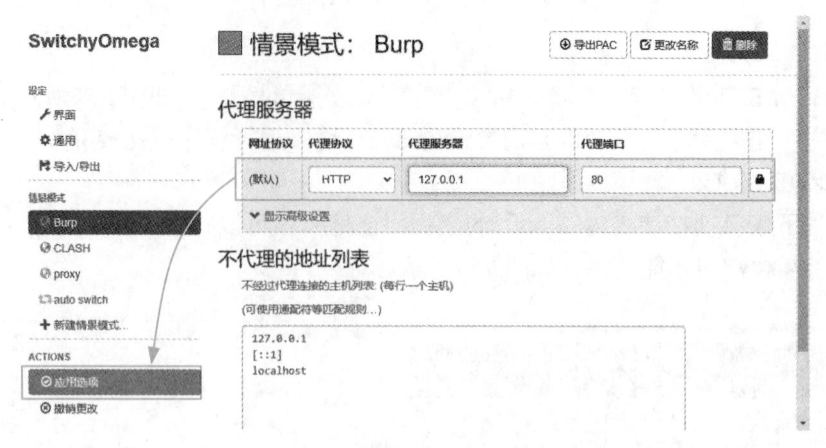

图2-59

知识拓展 使用Burp自带的浏览器

Burp自带谷歌浏览器，而且已经设置为使用Burp进行代理。用户可以在“Proxy”选项卡的“Intercept”选项卡中，单击“Open Browser”按钮来启动此浏览器，如图2-60所示。

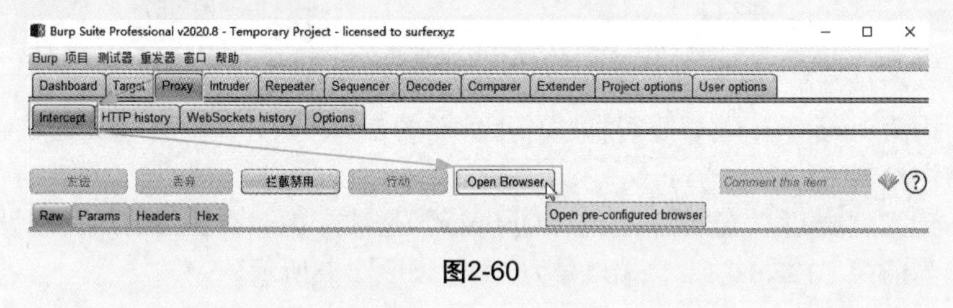

图2-60

（3）拦截及修改发送的数据包

因为使用了Burp作为代理，所以Burp可以拦截所有经过Burp的浏览器数据包，下面介绍拦截的过程。

启动自带浏览器后，在“Proxy”选项卡的“Intercept”选项卡中，单击“拦截禁用”按钮，如图2-61所示。

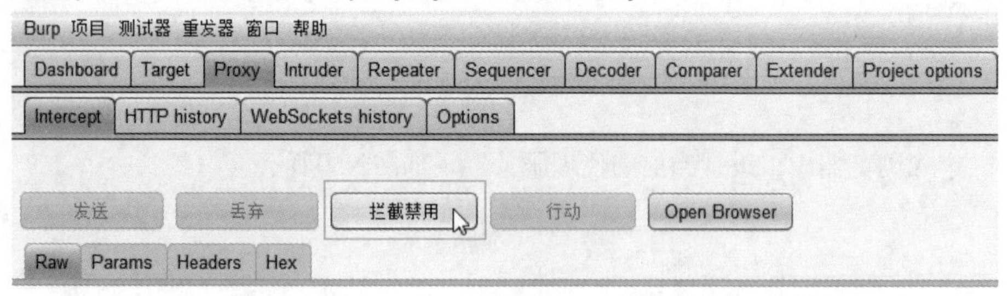

图2-61

使用浏览器访问“www.baidu.com”，可以在“Raw”选项卡中显示拦截的数据信息，如图2-62所示。

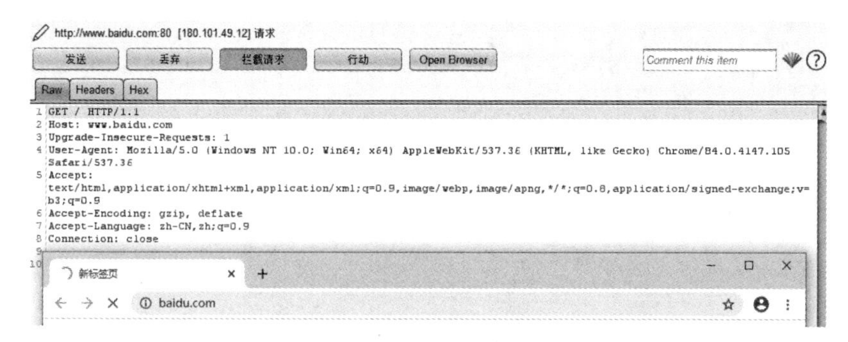

图2-62

从信息中，可以看到当前的访问主机域名、用户的UA（用户的浏览器类型等参数）、语言、连接状态等信息。在这里可以直接修改一些访问参数，如修改访问的主机名、协议等信息。

查看或修改完毕后，单击“发送”按钮，如图2-63所示，此时会弹出下一条，反复操作后，浏览器会显示访问的网址。如果不需要该数据包，可以单击“丢弃”按钮。

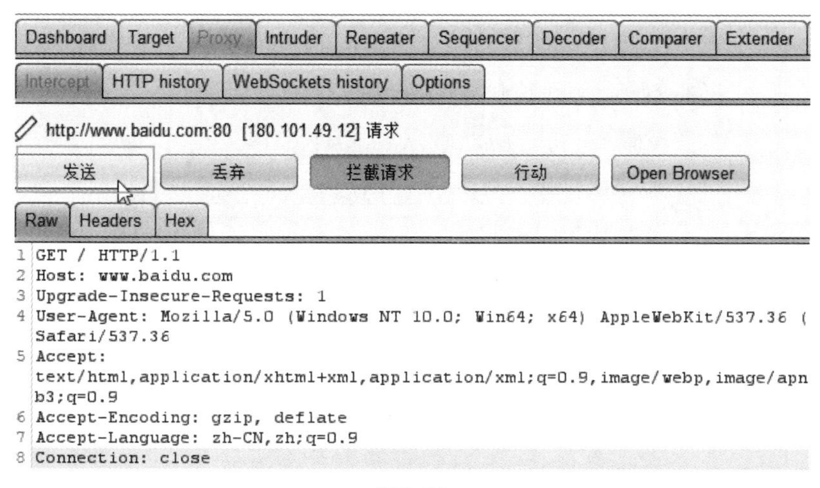

图2-63

案例实战：拦截并修改返回的数据包

默认情况下，Burp拦截的是浏览器向外发送的数据包，如果需要拦截返回的数据包，需要进行一些设置。

STEP01：进入“Proxy”选项卡的“Options”选项卡中，找到“服务器响应拦截”选项组，勾选“根据以下规则拦截响应”复选框，单击“添加”按钮，如图2-64所示。

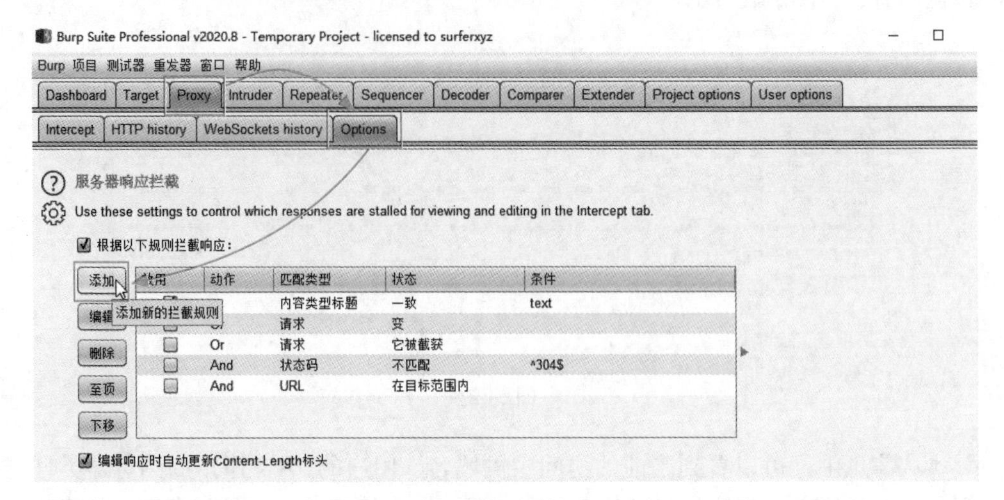

图2-64

STEP02：设置“动作条件”为“And”，“匹配类型”为“请求”，“搜索状态”为“它被截获”。完成后单击“OK”按钮，如图2-65所示。

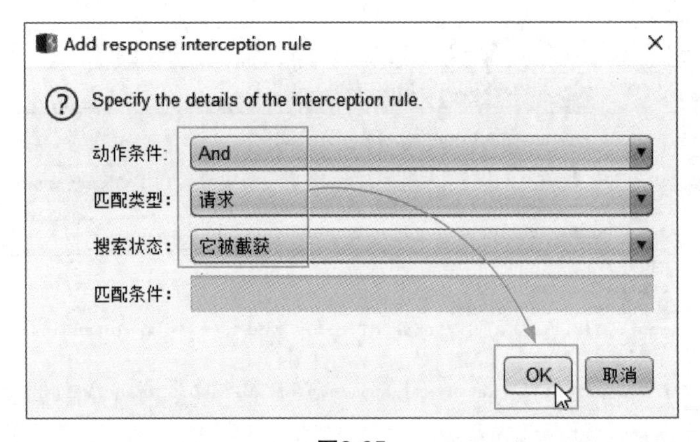

图2-65

STEP03：返回“Intercept”选项卡，开启“拦截请求”，启动浏览器后，输入访问网站，可以看到本地发送的数据包，如图2-66所示，也可以拦截服务器返回的数据包，如图2-67所示。这里可以修改返回包的内容。

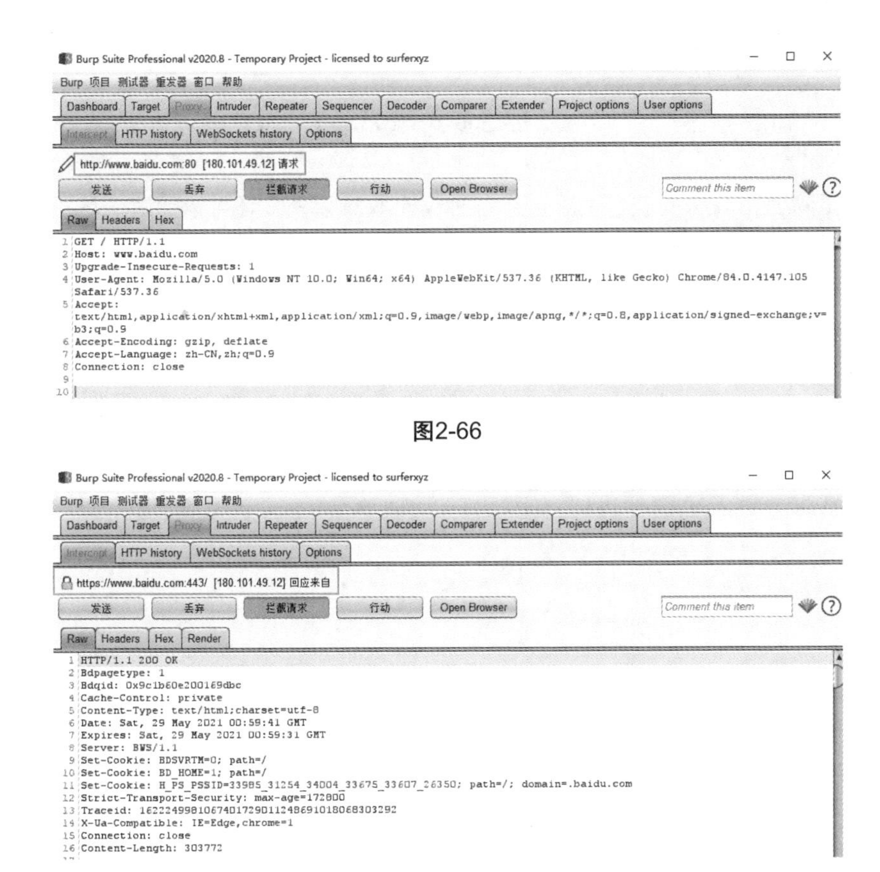

图2-66

图2-67

Burp是一个攻击集合，除作为嗅探工具使用外，还具备显示目标目录结构、入侵、漏洞利用、Web应用程序模糊测试、暴力破解等功能。通过“Extender”选项卡，可以加载模块来扩展Burp的功能，如图2-68所示。

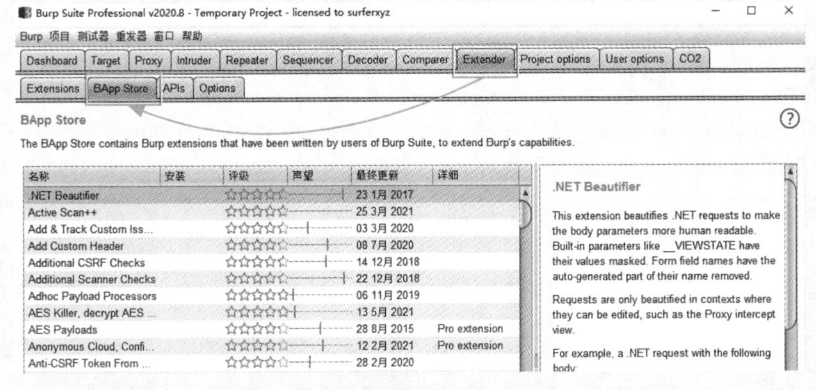

图2-68

专题拓展

信息收集常见方法

社工除使用高深的技术手段进行各种信息收集以外，还可以通过一些不起眼的方法来对目标进行信息的采集。

（1）IP地址定位

知道了对方的外网IP地址，可以使用IP地址定位网站查看当前的地理位置，如图2-69所示。

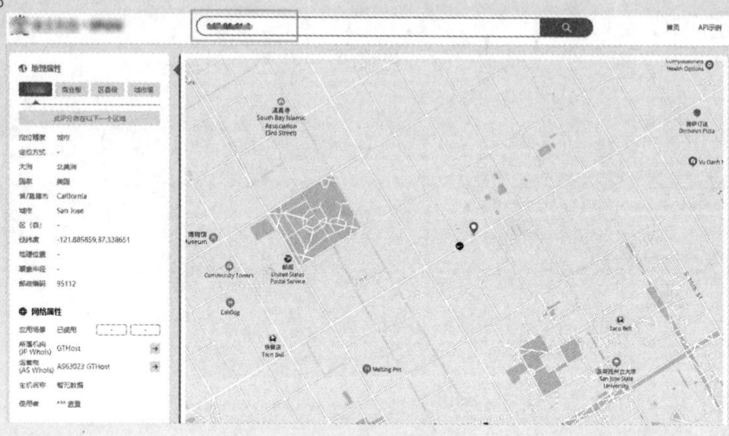

图2-69

大致位置是正确的，精确度与数据库的记录和大数据收集有关系。

（2）搜索信息

通过各种搜索引擎，搜索QQ号、手机号、邮箱号、名字等，根据这些搜索，总能发现一些蛛丝马迹。还有如QQ空间、QQ资料、微博、微信、朋友圈等都是收集信息的好地方。

有些网站可以通过手机号或者邮箱查询到注册过哪些网站，如图2-70所示。精确性方面，与数据库中记录的内容有关。

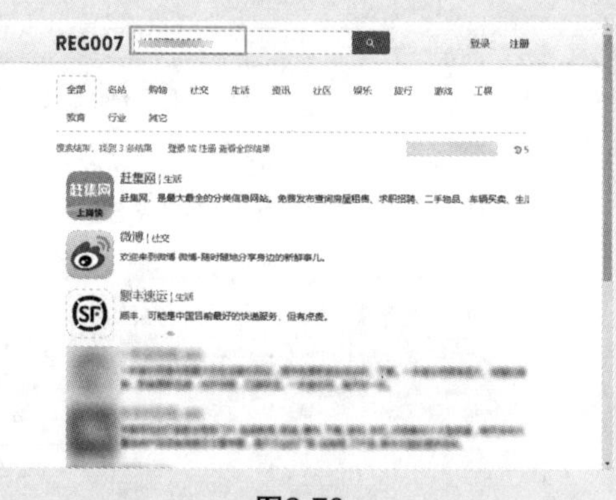

图2-70

（3）查看网站信息

如果是网站，可以通过域名查询备案信息，或者通过域名的注册信息来查看，如图2-71所示。通过域名反查，还可以看到联系电话注册的所有网站信息，如图2-72所示。

youtube.com
域名 youtube.com 的信息
youtube.com
MarkMonitor, Inc
*****95770
2021年01月14日
2005年02月15日
2022年02月14日
Google LLC
whois.markmonitor.com
ns1.google.com
ns4.google.com
ns2.google.com
ns3.google.com

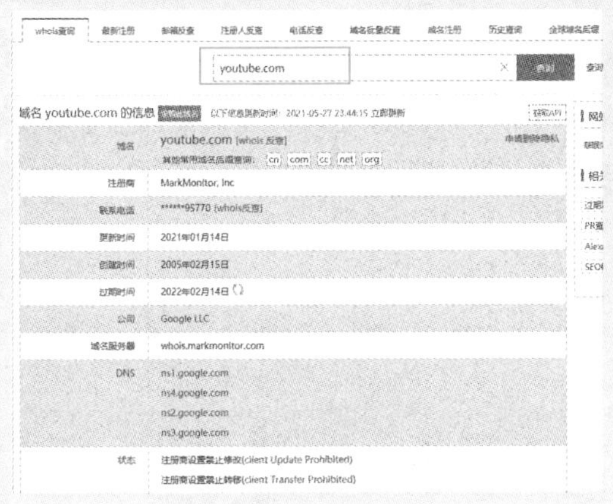

图2-71

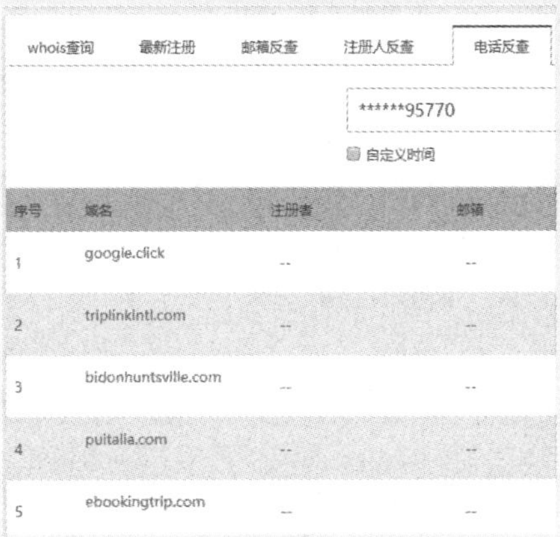
whois查询
最新注册
邮箱反查
注册人反查
电话反查
******95770
自定义时间
序号
域名
注册者
邮箱
1
google.click
2
triplinkintl.com
3
bidonhuntsville.com
4
puitalia.com
5
ebookingtrip.com

图2-72

（4）通过政务网站查询

如果收集到一些基本资料，还可以通过政府职能网站查询到失信记录、征信、有无法律案件、公司信息、个人婚姻状况等，如图2-73、图3-74所示。

中国裁判文书网
China Judgements Online
高级检索
输入案由、关键词、法院、当事人、律师
搜索
开放 动态 透明 便民
今日新增
91,375 篇
文书总量
119,796,472 篇
访问总量
62,820,063,455 次

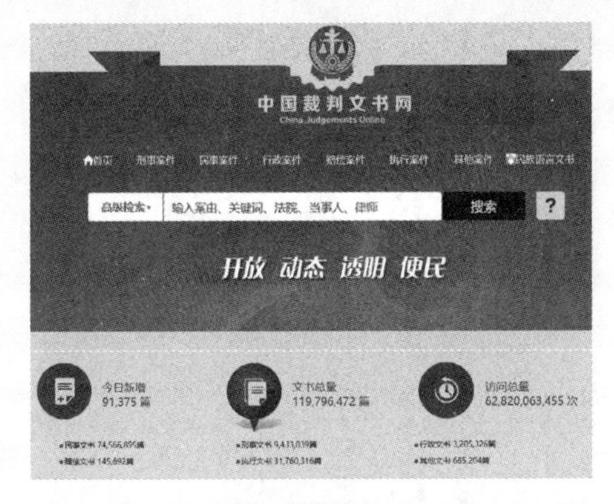

图2-73

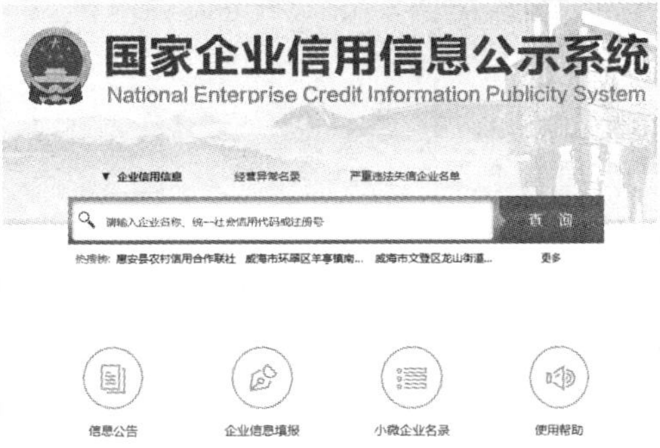
国家企业信用信息公示系统
National Enterprise Credit Information Publicity System
企业信用信息
经营异常名录
严重违法失信企业名单
查 询
信息公告
企业信息填报
小微企业名录
使用帮助

图2-74

（5）通过照片查询地理位置

很多手机在拍照的同时，会同时记录下地理坐标信息，通过查询照片的详细信息，就可以看到经纬度信息，查询后就可以确定拍照的地理位置。所以用户在使用手机拍照时，请关闭“地理位置”保存功能，如图2-75所示。

中国移动
通用
分辨率
12M 4032x3016 (4:3)
地理位置
拍照
参考线
九宫格
拍照静音

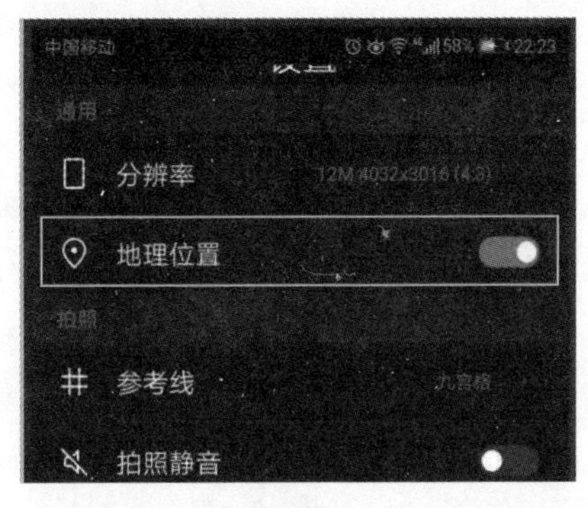

图2-75

（6）通过各种数据库获取

前面介绍了数据库，社工们乐于获取、收集、整理各种数据库，如QQ绑定手机号、外卖信息等，如图2-76所示，然后进行数据的汇总，并通过各种关键字查询到所有的内容，这是社工获取信息的最主要途径。

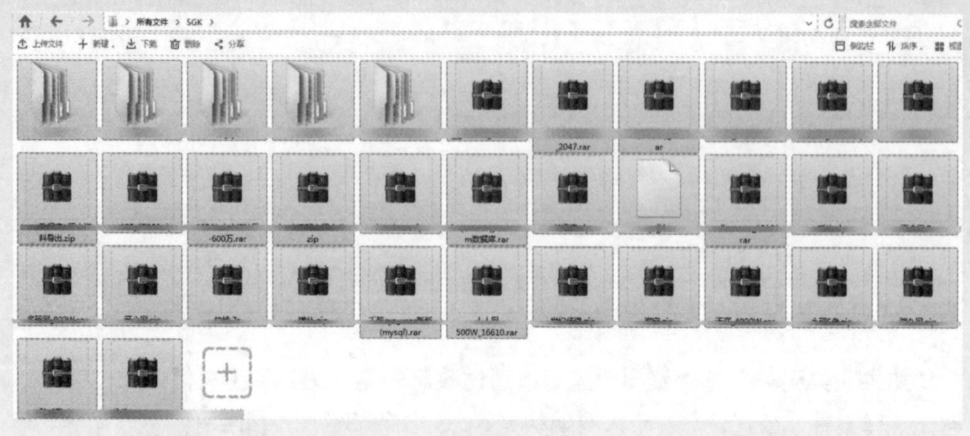

图2-76

（7）敏锐的洞察力和分析能力

社工有时和侦探的工作差不多，以手头已有的信息为基础，通过已有的资源进行各种扩展搜索。有时根据一幅照片、一张单据，结合大数据资源进行分析、判断，就可以得到所需要的结果。

第3章 漏洞

只要是程序，就有可能存在漏洞。作为底层的操作系统，也会存在各种各样的缺陷，有缺陷就会产生漏洞。或许现在很安全的系统，随着各种技术的发展，总会在其中找到这样或者那样的漏洞；或者程序本身很安全，而使用了其他协议或者加入了其他功能，或者程序之间的冲突也可能产生漏洞。本章将向读者介绍漏洞及其防御。

本章重点难点：

- 漏洞的产生和危害
- 常见的漏洞
- 查找最新的漏洞
- 使用工具扫描系统漏洞
- 系统漏洞的修复

3.1 漏洞概述

漏洞指操作系统、硬件或者应用软件在逻辑设计上的缺陷或错误。操作系统是所有软件的基础平台，常说的漏洞主要指的是操作系统的漏洞。底层的操作系统如果被攻陷的话，其他的防御形同虚设，如果被黑客获取到该漏洞的相关信息，可以通过漏洞植入木马、病毒或者直接通过溢出手段获取到最高管理员权限，进而窃取计算机中的重要资料或控制计算机。

3.1.1 漏洞的产生原因

漏洞的产生主要基于以下几种原因。

（1）设计原因

软件设计不合理或不严谨，在设计时产生漏洞；或者适配某操作系统或环境时，适配不当，造成冲突或缺陷，从而产生漏洞。

（2）编程水平

编程人员在设计时，受到编程能力、经验、技术要求、安全局限性等限制，造成了程序编制错误、出现BUG、安全性较低。

（3）模拟局限性

很多硬件无法解决的问题，编程人员会通过软件模拟的方式来实现功能或解决问题，从而会产生漏洞。

（4）技术发展

漏洞问题与时间是紧密相关的，随着新的技术的应用和用户深入使用，以前很安全的系统或软件也会因为所使用的某协议或者技术的固有问题，漏洞会被不断暴露出来。

（5）漏洞补丁

漏洞发布后，程序的编制者才会开发出一组程序来修补漏洞，但不排除在修补漏洞时，会产生其他漏洞。

（6）人为因素

人为因素是最无法预计的，有些程序被人为地故意设置了漏洞，然后通过漏洞可以获取信息或者通过售卖漏洞赚取不义之财。

3.1.2 漏洞的危害

按照国际漏洞评分标准以及其容易被利用的程度和影响剧烈度对漏洞进行打分，危害程度分为紧急、严重、高危、中危和低危五种等级。

（1）数据库泄露

黑客通过数据库漏洞，可以获取到数据库中的各种数据。

(2)篡改和欺骗

黑客通过漏洞修改系统和网络等的一些默认参数，从而欺骗用户访问挂马网站或将数据发送到指定的接收处，从而获取个人信息。黑客也可以直接盗用用户的Cookie文件来获取用户的隐私、发布各种伪造信息或垃圾信息，或收获其他不当利益。

(3)远程控制

黑客通过木马软件或者各种隐蔽的服务端软件对受害者设备进行控制，从而获取摄像头、通讯录、短信、验证码等各种信息，从而获取隐私信息，进而勒索受害者；或者直接盗窃用户的财产等。

(4)恶意破坏

普通情况下，黑客不会进行破坏，装个后门软件下次可以继续利用该设备。但有其他目的的攻击者可能会对用户的设备进行初始化、格式化硬盘、修改系统参数，造成系统无法启动、数据丢失、设备损坏等情况。

3.1.3 常见漏洞类型

漏洞按照不同的软件、适用范围、使用方法等分为很多种类。常见的漏洞类型及其危害如下。

(1)弱口令漏洞

弱口令本身没有严格和准确的定义，通常认为容易被人猜测出来或者使用破解工具很容易破解的口令都叫作弱口令漏洞。

(2)SQL注入漏洞

利用SQL漏洞进行的攻击叫作SQL注入攻击，简称注入攻击、SQL 注入，被广泛用于非法获取网站控制权，是发生在应用程序的数据库层上的安全漏洞。在设计程序时，如忽略了对输入字符串中夹带的SQL指令的检查，会被数据库误认为是正常的SQL指令而运行，使数据库受到攻击，可能导致数据被窃取、更改、删除，以及进一步导致网站被嵌入恶意代码、被植入后门程序等危害。

(3)跨站脚本漏洞

跨站脚本攻击（通常简称为XSS）发生在客户端，被用于窃取隐私、钓鱼欺骗、窃取密码、传播恶意代码等。XSS攻击使用到的技术主要为HTML和JavaScript，也包括VBScript和ActionScript等。XSS攻击对Web服务器虽无直接危害，但是它借助网站进行传播，使网站用户受到攻击，导致网站用户账号被窃取，从而对网站也产生了较严重的危害。

(4)HTTP报头追踪漏洞

攻击者可以利用此漏洞来欺骗合法用户并得到他们的私人信息。该漏洞往往与其他进攻手段配合来进行有效攻击。由于HTTP TRACE请求可以通过客户浏览器脚本发起（如XMLHttpRequest），并可以通过DOM接口来访问，因此很容易被攻击者利用。

（5）框架注入漏洞

框架注入攻击是针对老版本IE的一种攻击。这种攻击导致Internet Explorer不检查结果框架的目的网站，允许任意代码像JavaScript或者VBScript跨框架存取。

（6）文件上传漏洞

该漏洞通常由于网页代码中的文件上传路径变量过滤不严造成的。如果文件上传功能实现代码没有严格限制用户上传的文件后缀以及文件类型，攻击者可通过Web访问的目录上传任意文件，包括网站后门文件（webshell），进而远程控制网站服务器。

（7）零日漏洞

即在发现漏洞的同一天，相关的恶意程序就出现，并对漏洞进行攻击。由于之前并不知道漏洞的存在，所以没有办法防范攻击。

（8）远程执行代码漏洞

这种漏洞可以使攻击者对终端执行任何命令，例如安装远程控制软件，并进一步控制计算机。

3.1.4 如何查找最新漏洞

现在互联网上有很多漏洞发布平台，读者可以登录这些平台获取最新漏洞及漏洞的相关介绍。

（1）国家信息安全漏洞共享平台

国家信息安全漏洞共享平台（China National Vulnerability Database，简称CNVD）是由国家计算机网络应急技术处理协调中心（中文简称国家互联应急中心，英文简称CNCERT）联合国内重要信息系统单位、基础电信运营商、网络安全厂商、软件厂商和互联网企业建立的信息安全漏洞信息共享知识库。

建立CNVD的主要目标即由国家政府部门、重要信息系统用户、运营商、主要安全厂商、软件厂商、科研机构、公共互联网用户等共同建立软件安全漏洞统一收集验证、预警发布及应急处置体系，切实提升我国在安全漏洞方面的整体研究水平和及时预防能力，进而提高我国信息系统及国产软件的安全性，带动国内相关安全产品的发展。

国家信息安全漏洞共享平台的网站如图3-1所示，单击某漏洞后，会显示该漏洞的详细信息，如图3-2所示。

图3-1

桌面操作系统个人版（1030）x86_64存在本地提权漏洞

★ 关注(0)

CNVD-ID	CNVD-2021-33170
公开日期	2021-05-31
危害级别	高 (AV:L/AC:L/Au:N/C:C/I:C/A:C)
影响产品	软件技术有限公司 桌面操作系统个人版（1030）x86_64 20
漏洞描述	桌面操作系统个人版是 软件基于Linux5.3内核打造，专为个人用户推出的一款国产桌面操作系统。 个人版（1030）x86_64存在本地提权漏洞。攻击者可利用漏洞获得对某特权进程文件的写权限，通过篡改该文件获得ROOT权限。
漏洞类型	通用型漏洞
参考链接	
漏洞解决方案	厂商尚未提供漏洞修补方案，请关注厂商主页及时更新：https://www.chinauos.com/

相关漏洞 更多>>

- 统信UOS桌面专业版x86_64存在拒绝服务漏洞
- 统信桌面操作系统个人版存在本地提权漏洞

漏洞报送

证书查询

图3-2

（2）国家信息安全漏洞库

国家信息安全漏洞库如图3-3所示，英文名称“China National Vulnerability Database of Information Security”，简称“CNNVD”，是中国信息安全测评中心为切实履行漏洞分析和风险评估的职能，负责建设运维的国家信息安全漏洞库，为我国信息安全保障提供各种基础服务。

NVD
国家信息安全漏洞库
登录
首页
漏洞信息
补丁信息
网安时情
数据立方
漏洞报告
漏洞预警
兼容性服务
技术支撑单位
热点漏洞
Google Chrome Blink 资源管理错误漏洞
Microsoft Exchange Server 安全漏洞
Microsoft Exchange Server 安全漏洞
Microsoft Exchange Server 安全漏洞
Microsoft Exchange Server 安全漏洞
补丁
CNNVD动态
更多
国家信息安全漏洞库（CNNVD）...
2020年度 CNNVD技术支撑单位...
关于2021年"CNNVD兼容性服务...
2020年度CNNVD新增技术支撑单...
关于2020年"CNNVD兼容性服务...
趋势分布
漏洞趋势
漏洞类型
危害级别
重大预警
【漏洞预警】CNNVD 关于Microsoft H...
【漏洞预警】CNNVD 关于Google Chrome V8 e...
【漏洞预警】CNNVD关于微软多个安全漏洞的...
【漏洞预警】CNNVD关于微软多个安全漏洞的...
【漏洞预警】CNNVD关于微软多个安全漏洞的...
【漏洞预警】CNNVD 关于Microsoft Exchange ...
【漏洞预警】CNNVD 关于微信Windows客户...
【漏洞预警】CNNVD 关于F5 BIG-IP 多个安全...
【漏洞预警】CNNVD 关于VMware 多个安全漏...

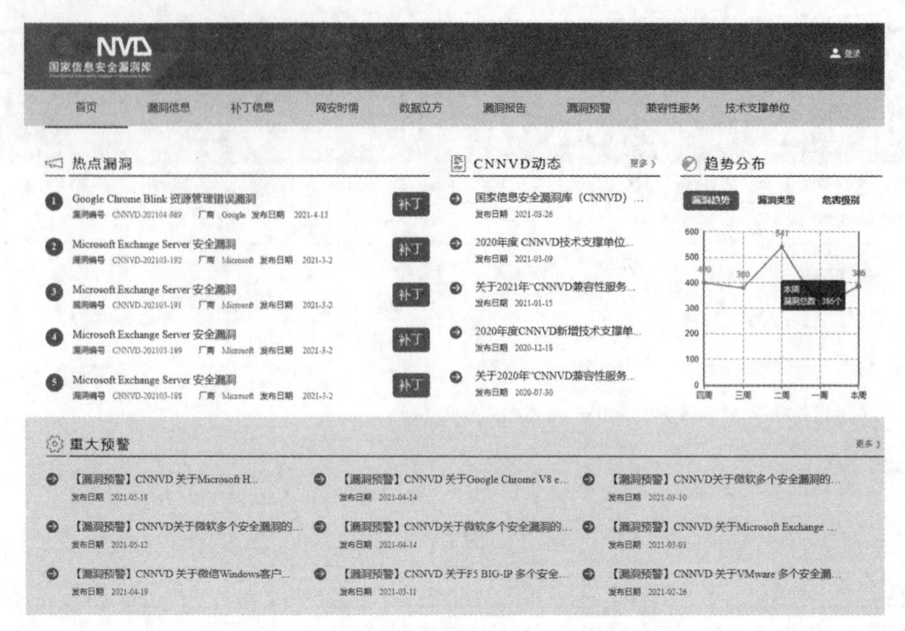

图3-3

读者也可以进入具体的漏洞信息中查看细节介绍，如图3-4所示。

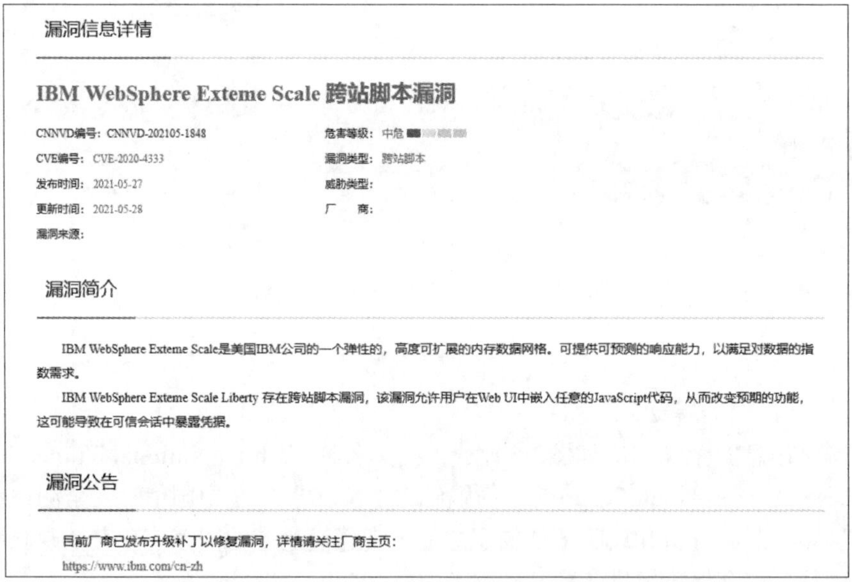

漏洞信息详情
IBM WebSphere Exteme Scale 跨站脚本漏洞
CNNVD编号：CNNVD-202105-1848
危害等级：中危
CVE编号：CVE-2020-4333
漏洞类型：跨站脚本
发布时间：2021-05-27
威胁类型：
更新时间：2021-05-28
厂　　商：
漏洞来源：
漏洞简介
IBM WebSphere Exteme Scale是美国IBM公司的一个弹性的，高度可扩展的内存数据网格。可提供可预测的响应能力，以满足对数据的指数需求。
IBM WebSphere Exteme Scale Liberty 存在跨站脚本漏洞，该漏洞允许用户在Web UI中嵌入任意的JavaScript代码，从而改变预期的功能，这可能导致在可信会话中暴露凭据。
漏洞公告
目前厂商已发布升级补丁以修复漏洞，详情请关注厂商主页：
https://www.ibm.com/cn-zh

图3-4

（3）NVD

英语比较好的读者可以到NVD（National Vulnerability Database，美国国家漏洞数据库）中查看最新的漏洞信息，如图3-5所示。

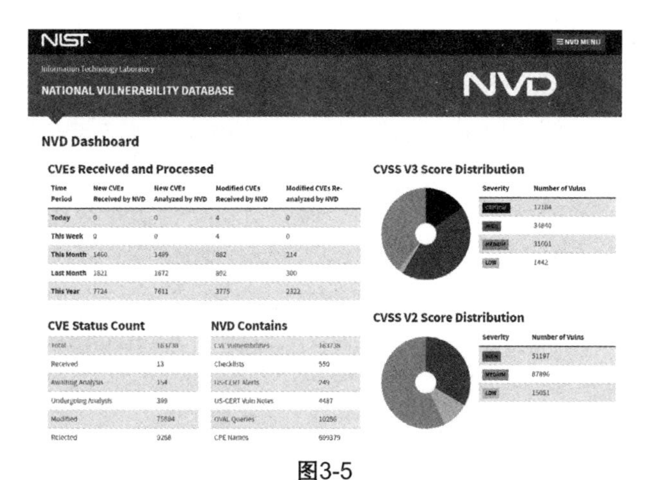

图3-5

3.2 漏洞扫描

在了解系统漏洞后，接下来就可以使用工具检测系统是否存在一些已经被发现的漏洞了。大部分的扫描都是针对Web服务器进行的，下面介绍一些常见的扫描工具。

3.2.1 使用Burp Suite扫描网站漏洞

上一章介绍了使用Burp Suite进行嗅探的步骤，其实Burp Suite除了嗅探，还可以进行漏洞扫描以及爬取网站目录。接下来介绍使用Burp Suite进行漏洞扫描的步骤。

STEP01：打开软件，打开拦截功能，启动自带浏览器，登录一些测试网站，并允许数据包通过，如图3-6所示。

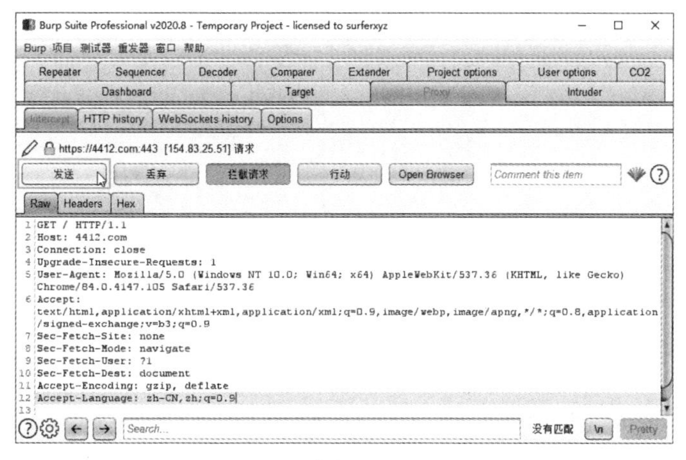

图3-6

STEP02：来到“Target”选项卡的“Site map”选项卡中，该段时间内访问的网站已经列了出来，Burp Suite还会爬出网站的目录结构。选中某个网站地址后，可以在右侧查看到扫描出的问题或漏洞，选中后，下方会显示相关的安全性信息介绍，如图3-7所示。

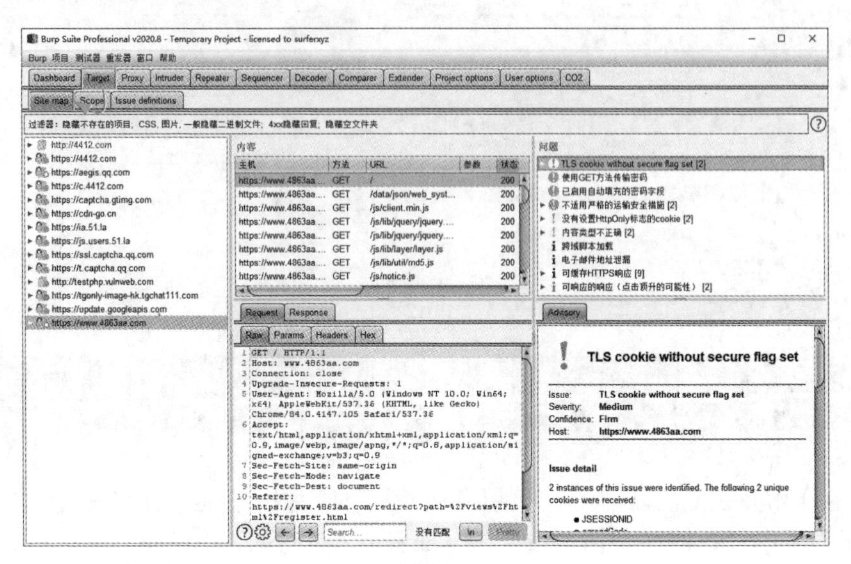

图3-7

知识拓展 查看漏洞介绍

在“Target”选项卡的“Issue definitions”中，可以查看到Burp Suite支持扫描的漏洞信息，如图3-8所示。

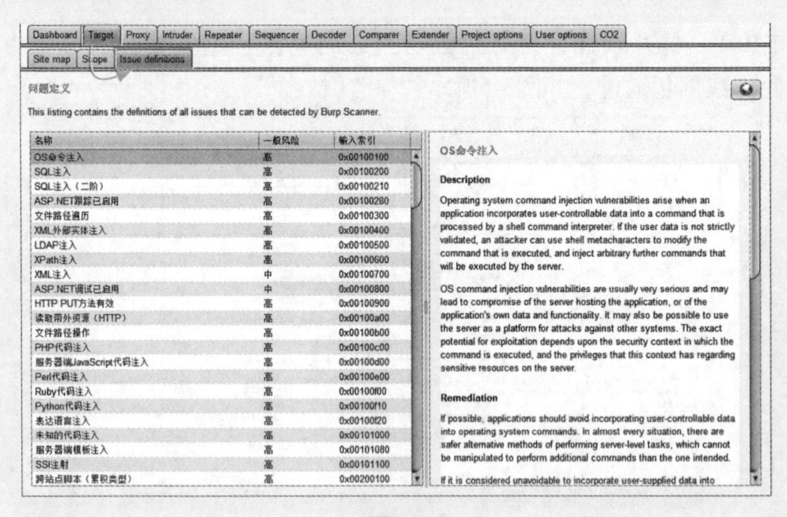

图3-8

STEP03：如果需要更详细的扫描，可以在网站上使用鼠标右键单击，在弹出的快捷菜单中选择“被动扫描这台主机”选项，如图3-9所示。

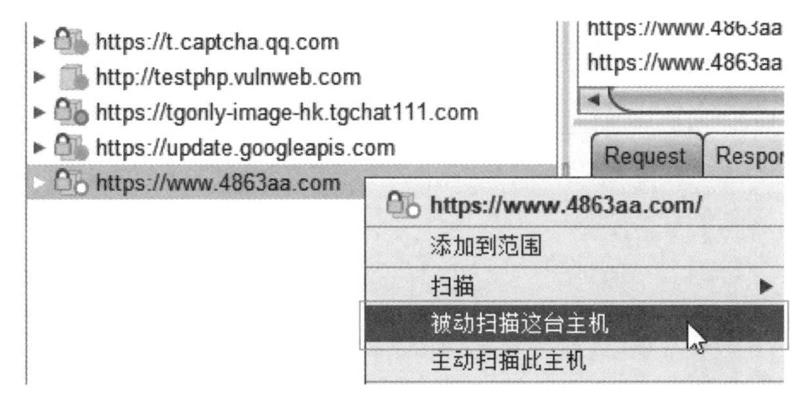

图3-9

STEP04：启动扫描后，来到“Dashboard”选项卡，可以查看扫描进度，在右侧可以查看到找到的问题及相关信息，如图3-10所示。

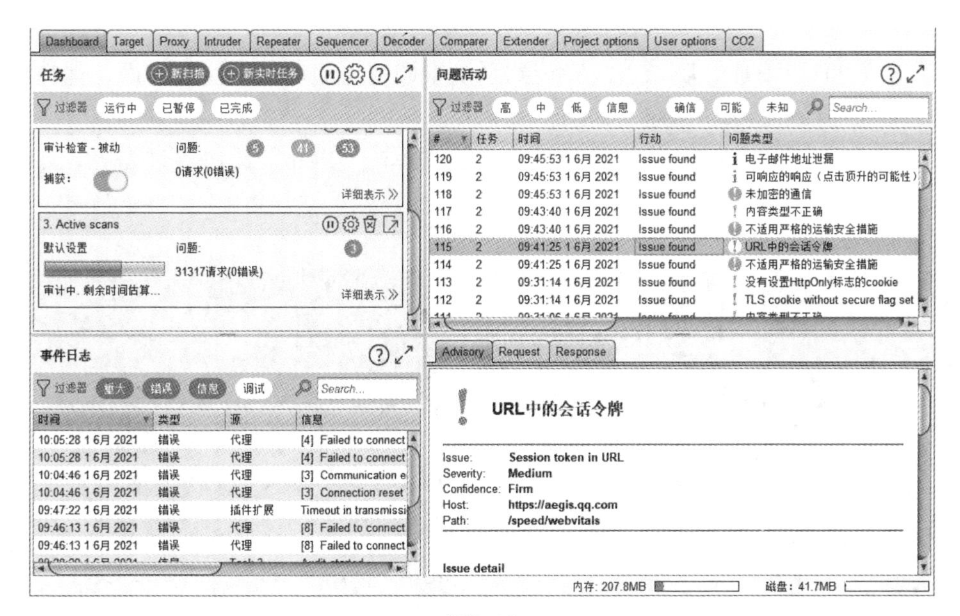

图3-10

3.2.2 使用Nessus扫描系统漏洞

Nessus是目前全世界最多人使用的系统漏洞扫描与分析软件。总共有超过75000个机构使用Nessus作为扫描自身计算机系统的软件。Nessus提供了完整的计算机漏洞扫描服务，并随时更新其漏洞数据库。Nessus可同时在本机运行和远端遥控，进行系统的漏洞分析扫描。其运作效能随着系统的资源而自行调整，并可自行定义插件（Plug-in）。

（1）Nessus下载与安装

STEP01：去官网申请试用后，获得试用序列号，然后从下载列表中选择Windows 64位版本下载即可，如图3-11所示。

Nessus - 8.14.0　　View Release Notes

Nessus-8.14.0-ubuntu1110_i386.deb	Ubuntu 11.10, 12.04, 12.10, 13.04, 13.10, 14.04, 16.04 and 17.10 i386(32-bit)	44.3 MB	Apr 5, 2021	Checksum
Nessus-8.14.0-suse11.x86_64.rpm	SUSE 11 Enterprise (64-bit)	42.7 MB	Apr 5, 2021	Checksum
Nessus-8.14.0-ubuntu910_i386.deb	Ubuntu 9.10 / Ubuntu 10.04 i386(32-bit)	43.1 MB	Apr 5, 2021	Checksum
Nessus-8.14.0-fbsd12-amd64.txz	FreeBSD 12 AMD64	39.3 MB	Apr 5, 2021	Checksum
Nessus-8.14.0-x64.msi	Windows Server 2008, Server 2008 R2*, Server 2012, Server 2012 R2, 7, 8, 10, Server 2016, Server 2019 (64-bit)	80 MB	Apr 5, 2021	Checksum
Nessus-8.14.0-Win32.msi	Windows 7, 8, 10 (32-bit)	74.1 MB	Apr 5, 2021	Checksum

图3-11

STEP02：下载好后，正常安装到系统中即可，随后弹出注册界面，保持默认，单击“Continue”按钮，如图3-12所示。

STEP03：因为已经获取了序列号，这里单击“Skip”按钮跳过即可，如图3-13所示。如果没有序列号，这里可以填写信息获取试用码。

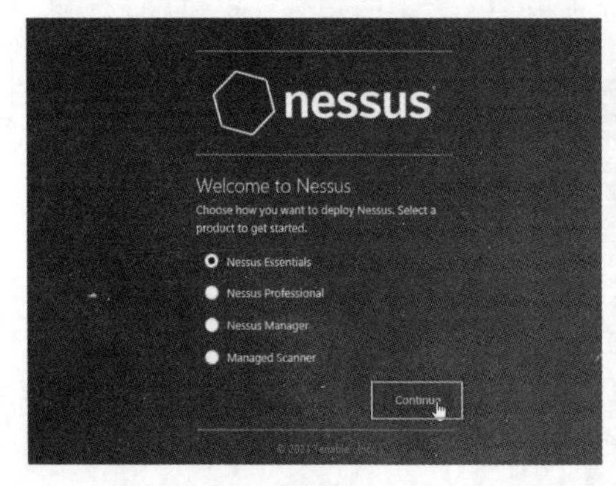

图3-12

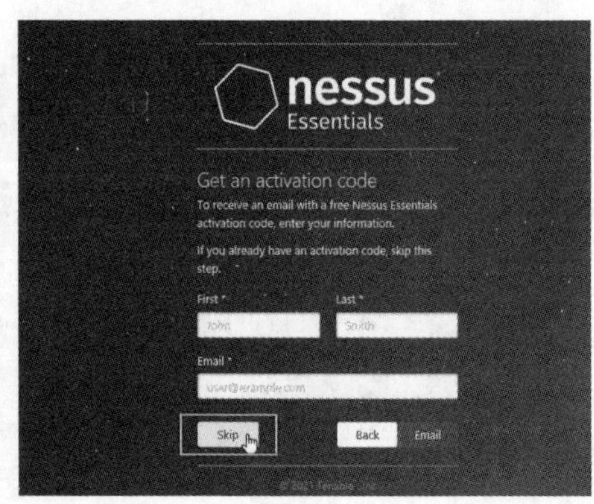

图3-13

STEP04：输入序列号，单击“Continue”按钮，如图3-14所示。

STEP05：设置用户名和密码，单击“Submit”按钮，如图3-15所示。

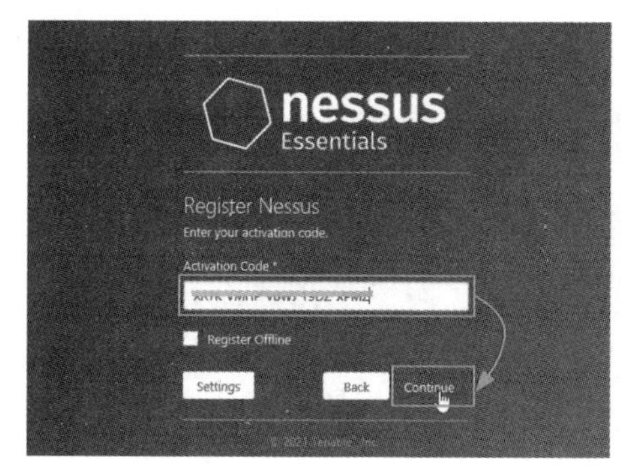

图3-14

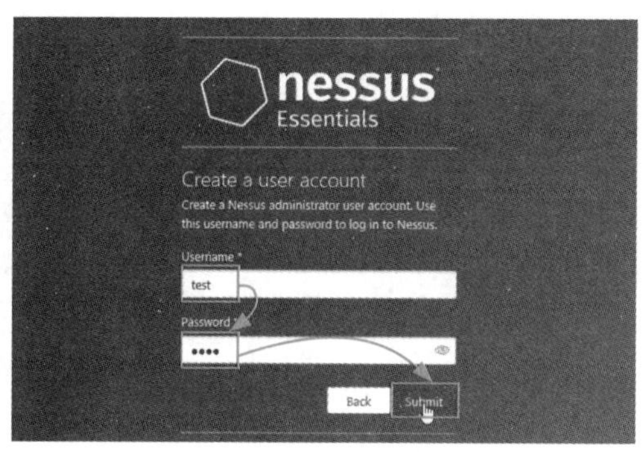

图3-15

此时Nessus会联网下载所需的各种插件，如图3-16所示，等待下载完成，按照之前设置的账号和密码登录。

图3-16

（2）使用Nessus扫描漏洞

登录主界面后，就可以配置扫描了。下面介绍具体的操作步骤。

STEP01：在主界面中，单击右上角的“New Scan”按钮，新建一个扫描，如图3-17所示。

图3-17

STEP02：选择“Basic Network Scan”超链接，启动配置，如图3-18所示。

STEP03：设置项目名称、描述、目的地址等信息，完成后，单击“Save”按钮，如图3-19所示。另外，在“Credentials”选项卡中可以设置登录远程主机的账号密码，在“Plugins”选项卡中可以配置要用到的插件。

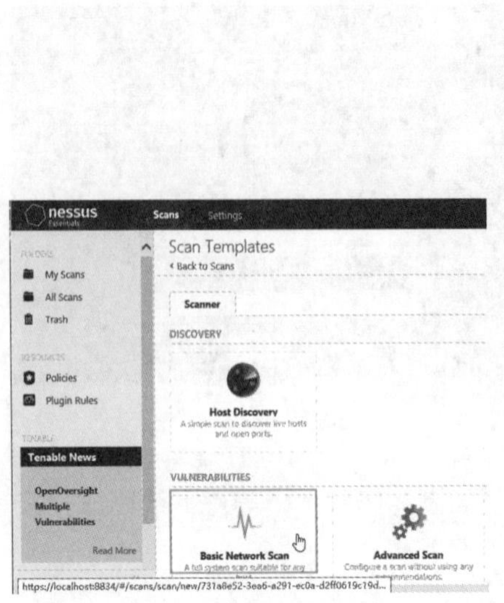

图3-18

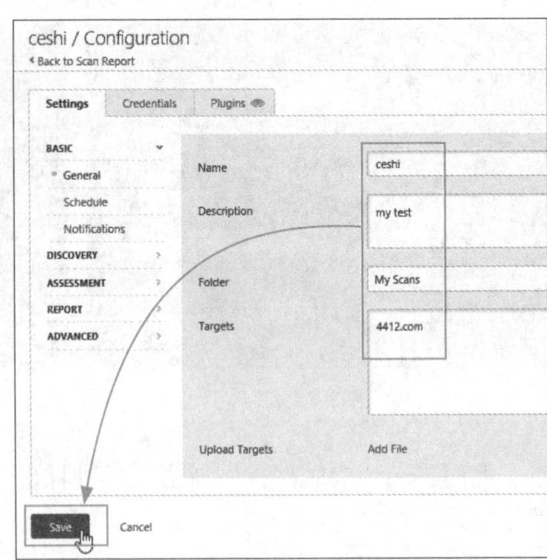

图3-19

STEP04：单击“Launch”下的 ▶ 按钮，启动扫描，如图3-20所示。

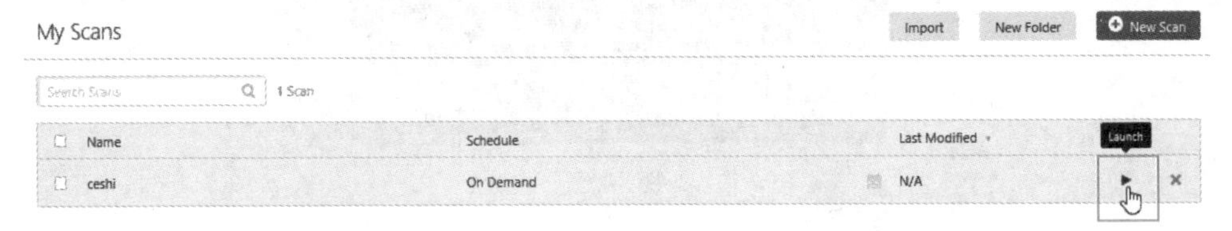

图3-20

STEP05：单击该项目后，在“Vulnerabilities”选项卡中可以查看已经扫描到的系统漏洞信息，如图3-21所示。

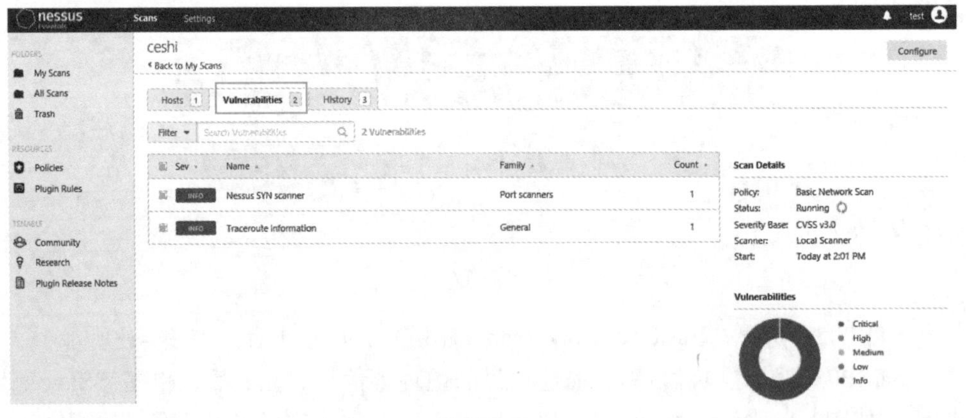

图3-21

STEP06：单击漏洞信息后，可以查看到更详细的信息，如图3-22所示。

Hosts 1 | Vulnerabilities 3 | History 3

INFO Nessus SYN scanner

Description

This plugin is a SYN 'half-open' port scanner. It shall be reasonably quick even against a firewalled target.

Note that SYN scans are less intrusive than TCP (full connect) scans against broken services, but they might cause problems for less robust firewalls and also leave unclosed connections on the remote target, if the network is loaded.

Solution

Protect your target with an IP filter.

Output

Port 443/tcp was found to be open

Port	Hosts
443 / tcp	4412.com

Plugin Details

Severity: info
ID: 11219
Version: 1.37
Type: remote
Family: Port scanners
Published: February 4, 2009
Modified: April 20, 2021

Risk Information

Risk Factor: None

图3-22

除了可以扫描第三方网站，用户也可以扫描本机或者局域网的机器，使用IP地址即可，扫描结果如图3-23所示。

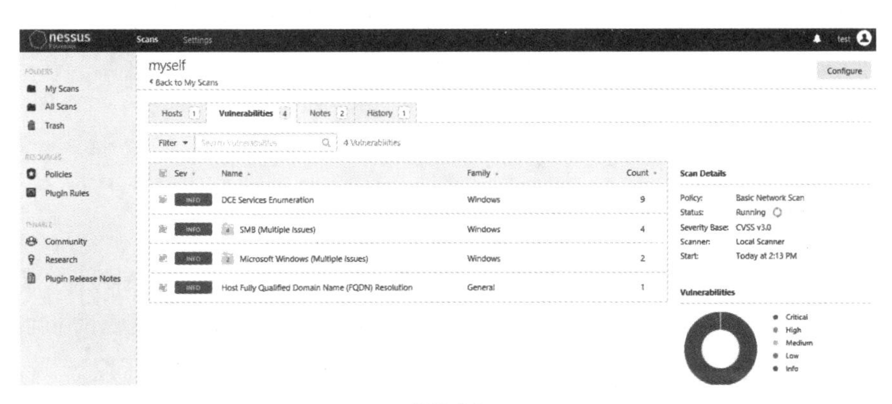

图3-23

案例实战：使用OWASP ZAP扫描网站漏洞

OWASP Zed攻击代理（ZAP）是世界上最受欢迎的免费安全审计工具之一，由数百名国际志愿者积极维护。它可以帮助用户在开发和测试应用程序时自动查找Web应用程序中的安全漏洞。也可以说，ZAP是一个中间人代理。它允许用户查看自己对Web应用程序发出的所有请求以及从中收到的所有响应，可以供安全专家、开发人员、功能测试人员，甚至是渗透测试入门人员使用。它也是经验丰富的测试人员手动安全测试的绝佳工具。

STEP01：下载该软件的Windows版本后，启动安装程序，完成安装后，启动ZAP主程序，首先单击快捷按钮中的“管理插件”按钮，如图3-24所示。

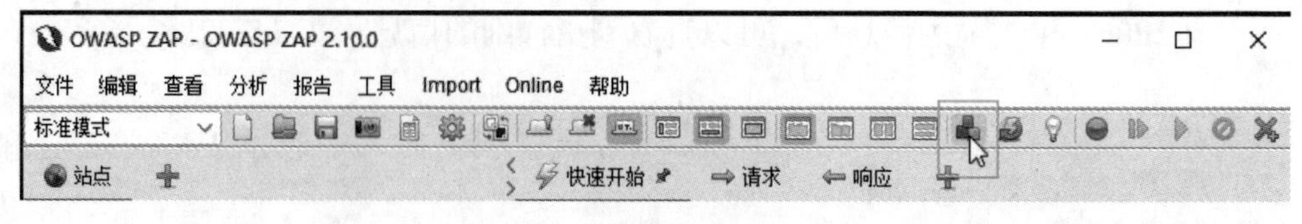

图3-24

STEP02：在弹出的对话框中，单击“检查更新”按钮，更新所有的插件和功能，如图3-25所示。

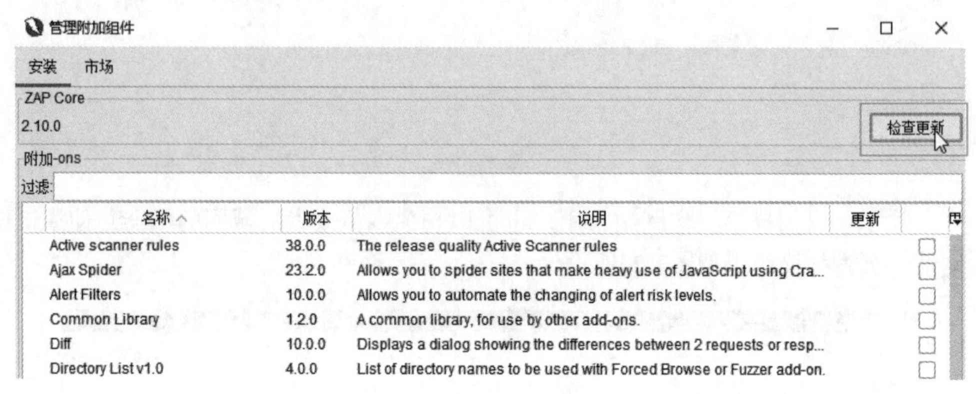

图3-25

知识拓展 插件的分类

“市场”选项卡中是可以使用的各种插件和Kali类似，这里的插件也分为3类，包括：release，是经过长期验证比较成熟的插件；beta，是正在测试中的插件，可能会出现问题；alpha，是比beta更加低的测试版插件。

STEP03：启动浏览器并设置使用ZAP作为代理。设置为“HTTP”协议，服务器填写“localhost”即可，端口为“8080”，如图3-26所示。

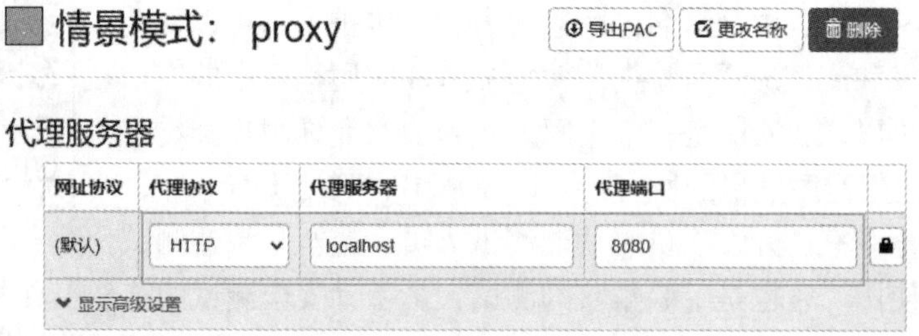

情景模式：proxy
导出PAC 更改名称 删除
代理服务器
网址协议 代理协议 代理服务器 代理端口
(默认) HTTP localhost 8080
显示高级设置

图3-26

STEP04：在ZAP主界面中，单击“Automated Scan”按钮，如图3-27所示。

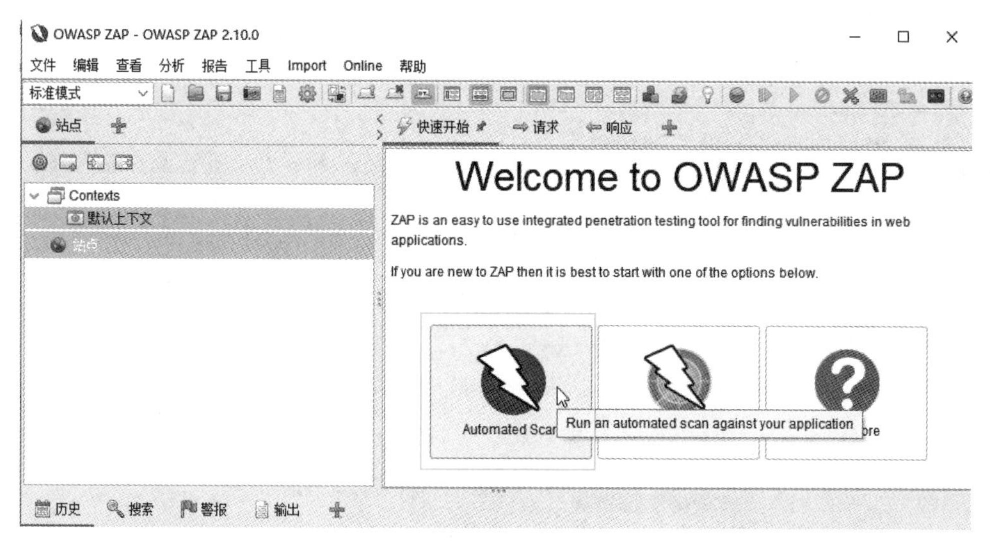

图3-27

STEP05：输入需要扫描网站的网址，选择使用的浏览器，单击“攻击”按钮，如图3-28所示。

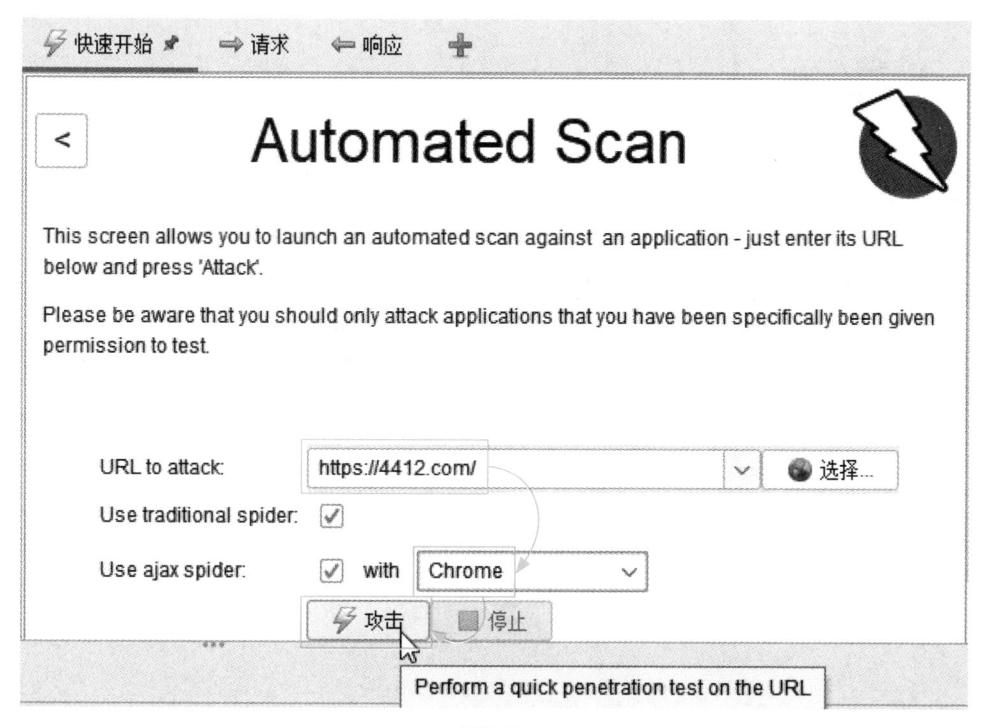

图3-28

STEP06：在界面左侧会显示该站点的结构信息，单击“警报”按钮，可以在下方查看到所有的警报信息，选中某条后，会显示该漏洞的具体信息，如图3-29所示。

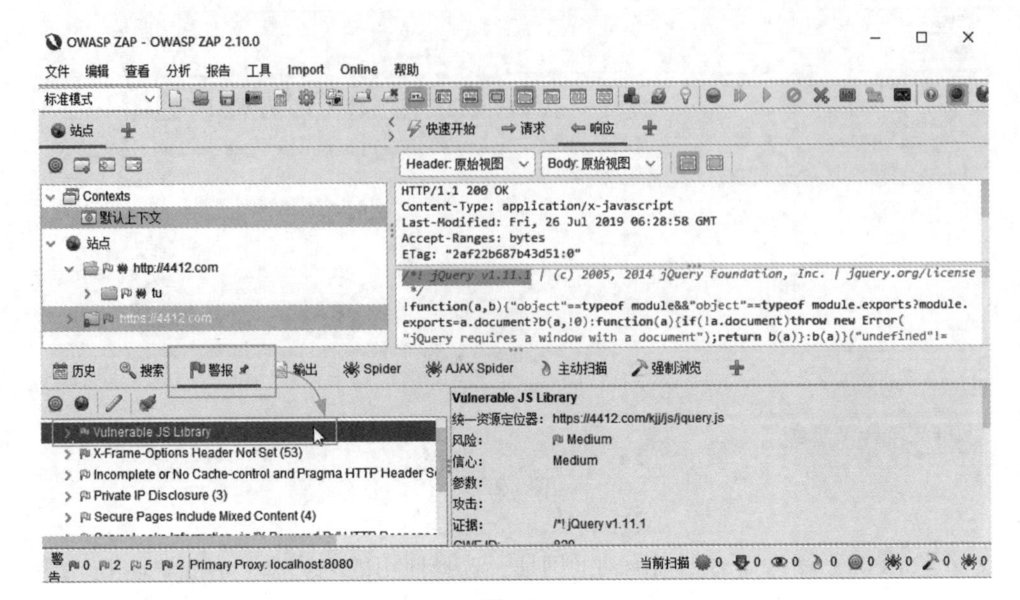

图3-29

扩展阅读 详细扫描

初步扫描后，可以在网站上使用鼠标右键单击，从“攻击”的级联菜单选择“主动扫描”选项，如图3-30所示。可以采用默认配置的插件进行详细扫描，以获取更多的信息。

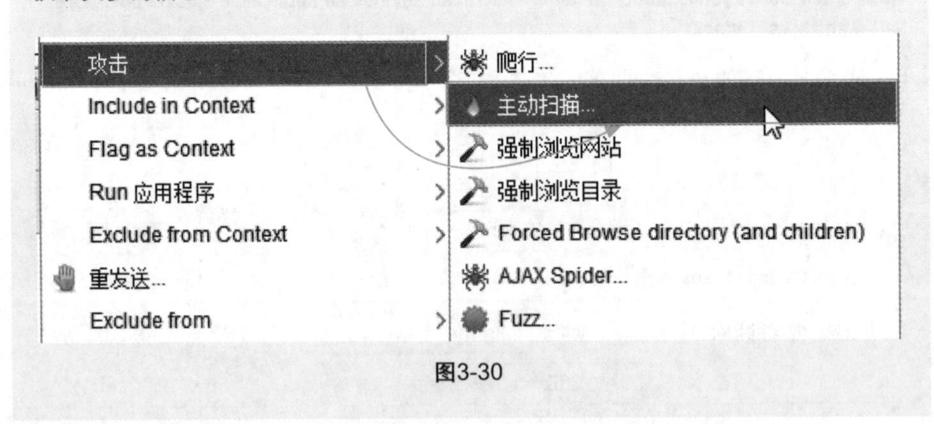

图3-30

3.3 系统漏洞修复

在扫描出漏洞后，需要尽快对漏洞进行修复，常见的系统漏洞修复方法有以下几种。

3.3.1 使用更新修复系统漏洞

对于Windows 10来说，最简单的方法就是打开“Windows 更新”功能，进行漏洞的检测和修复。

用户可以在“Windows 设置”中单击“更新和安全”按钮，如图3-31所示，启动“Windows 更新”。启动后会自动扫描当前系统中是否有需要安装的驱动或者补丁，如果有补丁更新，单击“立即安装”按钮，启动下载安装，如图3-32所示。

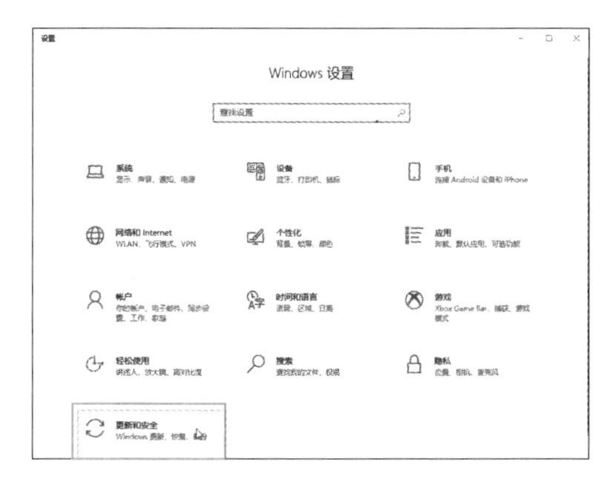

图3-31

图3-32

“Windows 更新”下载并自动安装补丁，如图3-33所示。如果安装后需要重启，单击“立即重新启动”按钮进行重启操作，如图3-34所示。

图3-33

图3-34

认知误区　Windows更新非常烦人，还是关闭了吧

Windows 更新可以修补已经发现的漏洞，对系统来说非常必要，建议用户不要随意关闭。另外，Windows 更新还可以进行功能性更新，以实现更多功能。如果加入了新硬件或者重新安装系统后，Windows 更新还会查找并更新显卡驱动、主板驱动等，非常方便。

Windows 更新并没有想象中那么频繁，之所以烦人，是因为提示信息以及在关机时自动进行更新程序的安装非常耽误时间。用户可以将升级参数设置为手动检查更新，或者暂停或延后更新。

另外，在更新过程中，不要随意强行关闭计算机，否则可能造成无法预料的后果。

案例实战：使用第三方软件安装补丁

第三方软件，如“电脑管家”也会收集各种补丁，用户使用第三方工具进行漏洞检测时，会自动下载并安装补丁。其优势就是速度快，而且对于安装好并留下的补丁文件，可以手动删除，而Windows 更新可能会留下残余文件。对于Windows 7这种比较老且官方暂停支持的系统，使用第三方工具安装漏洞补丁还是非常方便和必要的。

安装完“电脑管家”后，双击图标启动程序，在主界面中，切换到“工具箱”选项卡，单击“修复漏洞”按钮，如图3-35所示。

软件启动漏洞扫描，完成后，弹出漏洞提示，单击“一键修复”按钮，如图3-36所示。

图3-35

图3-36

软件逐步进行修复操作，如图3-37所示。完成后重新启动系统即可。

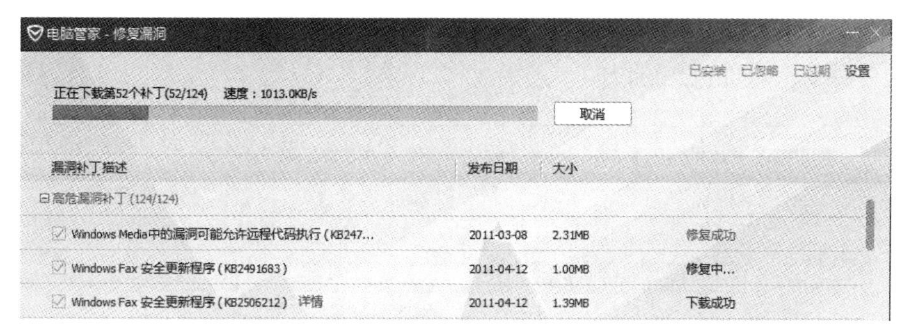

图3-37

3.3.2 手动下载补丁进行漏洞修复

如果不想使用“Windows 更新”，又不愿意安装第三方软件，可以先复制漏洞扫描程序扫描出的漏洞名称，如图3-38所示，再到网上搜索对应的漏洞补丁信息，如图3-39所示。

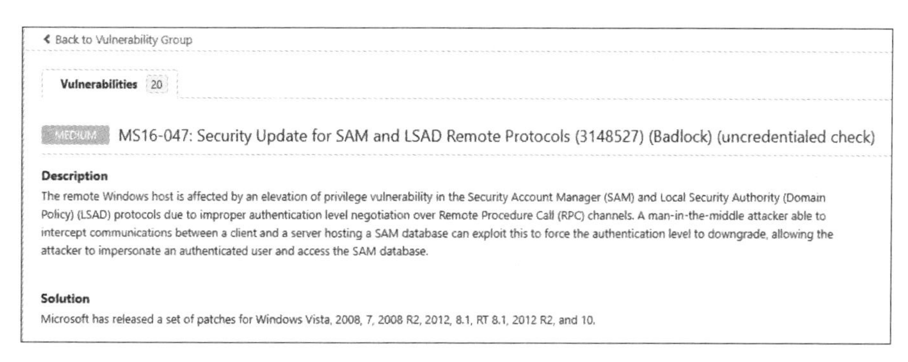

图3-38

Microsoft 安全公告 MS16-047 - 重要

SAM 和 LSAD 远程协议的安全更新程序 (3148527)

发布日期：2016 年 4 月 12 日

版本： 1.0

执行摘要

此安全更新程序修复了 Microsoft Windows 中的一个漏洞。如果攻击者发动中间人 (MiTM) 攻击，此漏洞可能允许特权提升。然后，攻击者可以强制降低 SAM 和 LSAD 通道的身份验证级别，并模拟经身份验证的用户。

对于 Windows Vista、Windows Server 2008、Windows 7、Windows Server 2008 R2、Windows 8.1、Windows Server 2012、Windows Server 2012 R2、Windows RT 8.1 和 Windows 10 的所有受支持版本，此安全更新程序的等级为“重要”。有关详细信息，请参阅**受影响的软件**部分。

该安全更新程序通过修改 SAM 和 LSAD 远程协议处理身份验证级别的方式来解决漏洞。有关此漏洞的详细信息，请参阅**漏洞信息**部分。

图3-39

找到含有该补丁的更新程序，然后下载安装就可以了，如图3-40所示。或者安装一些安全软件也是可以的。

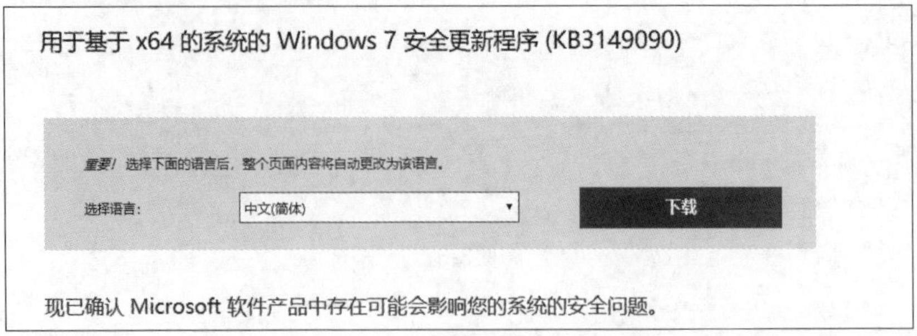

用于基于 x64 的系统的 Windows 7 安全更新程序 (KB3149090)

重要! 选择下面的语言后，整个页面内容将自动更改为该语言。

选择语言: 中文(简体) 下载

现已确认 Microsoft 软件产品中存在可能会影响您的系统的安全问题。

图3-40

第4章 进程及后门

黑客在入侵后，会放置一些木马或后门程序，以方便控制或者下一次的入侵。而这些木马或后门程序在运行后，是以进程的形式驻留在系统中。了解进程信息以及后门程序，对于排查以及防范黑客攻击是必不可少的。本章将着重介绍进程和后门的相关知识。

本章重点难点：

- 进程的查看
- 判断可疑进程
- 新建、查找及关闭进程
- 计算机后门相关知识
- 计算机后门的分类
- 清除系统日志的方法

4.1 进程简介

其实在前面介绍端口及端口的查找及关闭中，已经接触了进程号，也就是PID。下面将着重介绍进程的相关知识。

4.1.1 进程概述

进程是计算机中的程序关于某数据集合上的一次运行活动，是系统进行资源分配和调度的基本单位，是操作系统结构的基础。在早期面向进程设计的计算机结构中，进程是程序的基本执行实体；在当代面向线程设计的计算机结构中，进程是线程的容器。程序是指令、数据及其组织形式的描述，进程是程序的实体。

简单来说，进程就是正在运行的程序或程序组，因为现在的操作系统都是多任务，可以同时运行多个相同或不同的程序，而程序需要使用一部分系统资源，所以以进程的方式存在，这也是计算机程序管理的基本单位。一个进程可以只有一个程序，也可以包含多个程序。一个程序可以只有一个进程，也可以有多个。

前面介绍的PID就是进程号，是Windows为每个进程的编号，以方便管理。

4.1.2 进程的查看

查看进程的方法有很多，可以使用资源管理器查看，也可以使用第三方工具查看。

（1）使用资源管理器查看进程

使用资源管理器是查看进程的最简单的方法。

STEP01：在任务栏上使用鼠标右键单击，选择“任务管理器”选项，如图4-1所示。

STEP02：在“进程”选项卡中，可以查看到当前运行的所有进程，以及PID号（如果没有显示PID号，可以按照第2章“案例实战：查找并关闭端口”的步骤调出PID号）。单击“名称”标题，将所有进程按照名称排序，如图4-2所示。

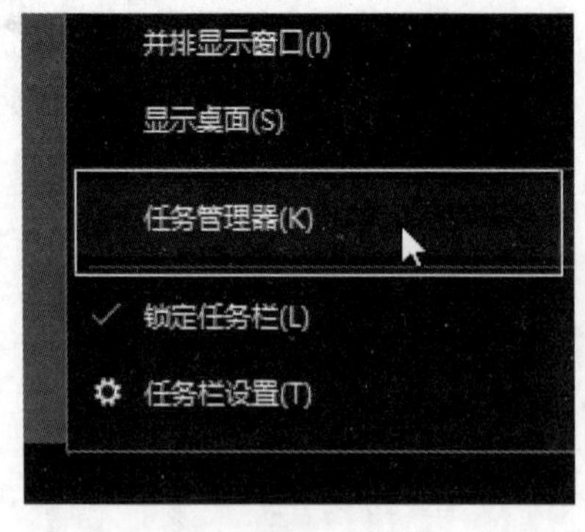

图4-1

任务管理器

文件(F) 选项(O) 查看(V)

进程 性能 应用历史记录 启动 用户 详细信息 服务

名称	状态	PID	11% CPU	63% 内存	0% 磁盘	0% 网络
应用 (5)						
Microsoft Word (32 位) (2)		8144	1.0%	105.8 MB	0 MB/秒	0 Mbps
QQBrowser (32 位) (20)			0.4%	409.8 MB	0.1 MB/秒	0 Mbps
Windows 资源管理器		17440	1.4%	42.3 MB	0 MB/秒	0 Mbps
任务管理器		9140	3.0%	30.9 MB	0 MB/秒	0 Mbps
腾讯QQ (32 位)		1504	0%	65.5 MB	0 MB/秒	0 Mbps
后台进程 (104)						
Application Frame Host		17968	0%	0.2 MB	0 MB/秒	0 Mbps
Autodesk Desktop Licensing ...		4780	0%	2.2 MB	0 MB/秒	0 Mbps
COM Surrogate		3748	0%	0.6 MB	0 MB/秒	0 Mbps
COM Surrogate		20896	0%	1.6 MB	0 MB/秒	0 Mbps
COM Surrogate		7796	0%	0.8 MB	0 MB/秒	0 Mbps

简略信息(D)

图4-2

术语解释 进程的分类

上面的例子中，是按照名称排序，在“应用”选项组中，是当前运行的前台程序。如果程序有PID号，代表该程序使用了一个进程；如果没有PID号，说明该程序使用了多个进程。前台程序是用户启动的、看得到的、可以操作的程序，如Word、QQ浏览器等。“后台进程”指的是在后台运行的服务进程，不需要用户直接控制，而是其他程序可以调用的系统进程或者其他软件的进程。另外，还有“Windows进程”，是Windows系统提供的服务等。

扩展阅读 进程的排序

进程默认是按照名称排序，但最常见的操作是将进程按照当前资源占用进行排序，以便快速找到造成故障的进程或占用大量资源的进程，快速结束掉这些进程以解决计算机死机、卡顿的故障。最常见的是按照CPU或者内存的占用进行排序，在任务管理器中，单击“CPU”或“内存”标题即可，如图4-3、图4-4所示。此时的显示结果是按照占用率实时变化的。

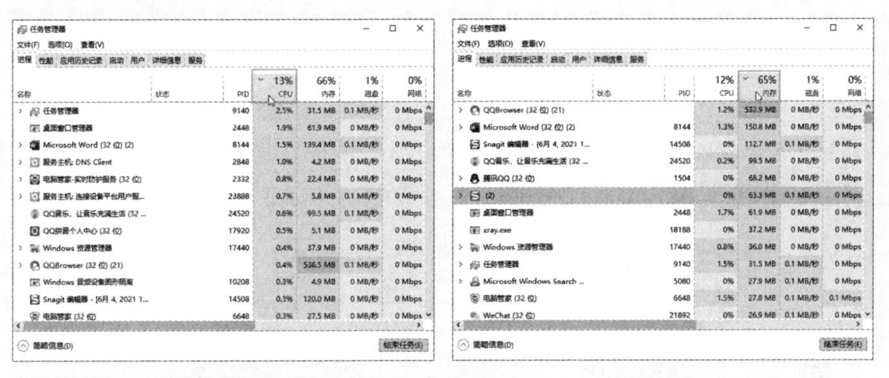

图4-3　　图4-4

STEP03：单击程序或进程前的“>”符号，展开该程序或进程，可以查看其包含的程序及进程，如图4-5所示。

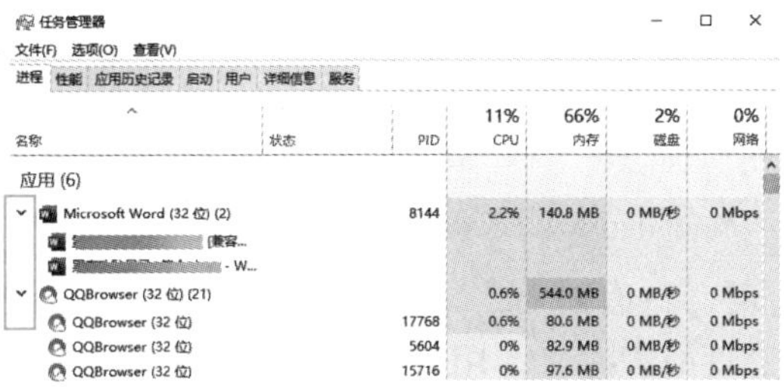

图4-5

此时可以看到，Word程序使用了1个进程，运行了2个程序。而QQ浏览器这个程序中含有多个相同子程序，每个程序都有1个进程。在有些程序中，可以含有多个不同的程序，每个程序都有自己的进程号，如图4-6所示。

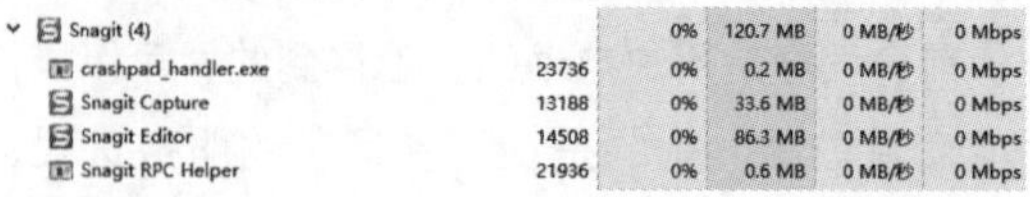

图4-6

（2）使用第三方工具查看进程

用户可以使用Process Explorer查看系统进程。Process Explorer是一款进程管理工具、免费专业增强型任务管理器、系统和应用程序监视工具。它能管理隐藏在后台运行的进程，监视、挂起、重启、强行终止任何程序，包括系统级不允许随便终止的关键进程等。

Process Explorer是由Winternals公司开发的Windows系统和应用程序监视工具，目前公司已并入微软旗下。它不仅结合了FileMon（文件监视器）和RegMon（注册表监视器）两个工具的功能，还增加了多项重要的增强功能，包括稳定性和性能改进、强大的过滤选项、进程树对话框（增加了进程存活时间图表）、可根据单击位置变换的右击菜单过滤条目、集成带源代码存储的堆栈跟踪对话框、更快的堆栈跟踪、可在64位Windows上加载32位日志文件的能力、监视映像（DLL和内核模式驱动程序）加载、系统引导时记录所有操作等。

软件本身不需要安装，双击即可启动，主界面中就可以查看到所有的进程信息，通过不同的背景颜色表示不同的进程类型，如图4-7所示。

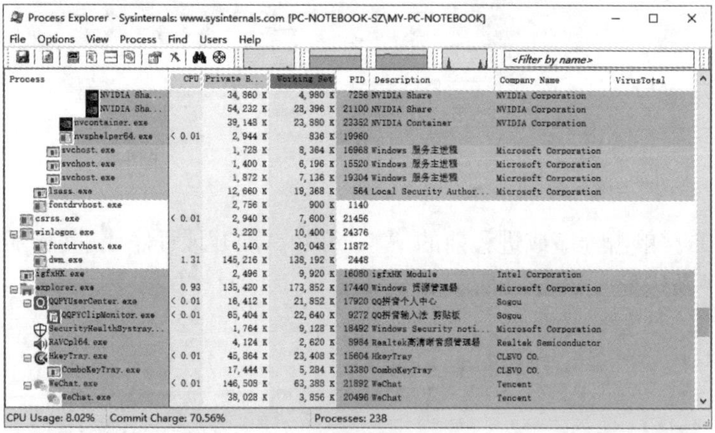

图4-7

其中，紫色代表“自有进程”，粉色代表“服务”，青色代表“虚拟进程”。用户选中某进程或程序，使用鼠标右键单击，选择“Properties...”选项，如图4-8所示，可以查看到该进程或程序的详细信息，如图4-9所示。

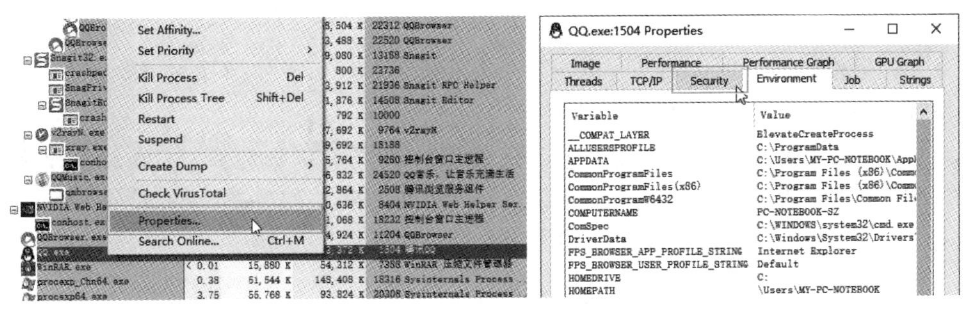

图4-8　　图4-9

4.1.3 可疑进程的判断

除使用杀毒软件和实时防御外，可以试试以下几种可疑进程的判断方法。

（1）可疑进程的几个特点

可疑进程有以下几个特点，但并不是说有这些特点就一定是可疑进程，还需要结合其他知识进行判断。

- 系统资源占用很大。包括CPU、内存、硬盘及网速。正常情况下，除一些正在运行的大型程序（如虚拟机、视频编辑软件、下载软件、设计软件等）占用资源较大外，一些陌生程序占用过多资源就需要警惕了。排除软件故障外，就是一些挖矿程序、肉鸡程序、木马程序等。
- 程序或进程名异常。这就需要经验的积累了，如常见的“explorer”，如果出现名称为“explerer”，就需要警惕了，这是一些木马程序伪造的，和一些钓鱼网站相似名称的作用类似。
- 系统进程变成其他进程。一些“system”进程变成了用户的进程或服务进程，就需要警惕了，这也是木马程序常用的手段。

（2）搜索进程名称了解详情

如果需要进一步确认一些进程，可以通过网络搜索该进程，了解其作用和详细信息，结合其他因素综合判断。在资源管理器的进程上使用鼠标右键单击，在弹出的快捷菜单中选择“在线搜索”选项，如图4-10所示，可以打开“Bing”并搜索该进程信息，如图4-11所示。

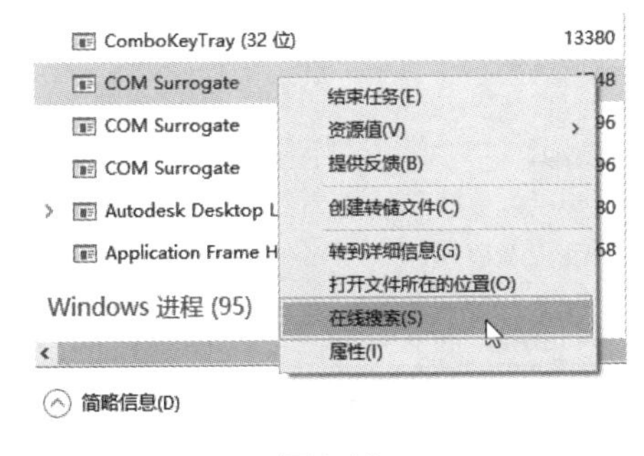

图4-10　　图4-11

（3）在线检测功能

如果使用了“Process Explorer”来查看进程，还可以使用其在线检测功能来检查进程并进行病毒或木马检测。

在程序上使用鼠标右键单击，在弹出的快捷菜单中选择“Check Virus-Total”选项，如图4-12所示，该软件会将计算该进程的程序进行Hash值计算，并上传到病毒库进行比较，如图4-13所示。

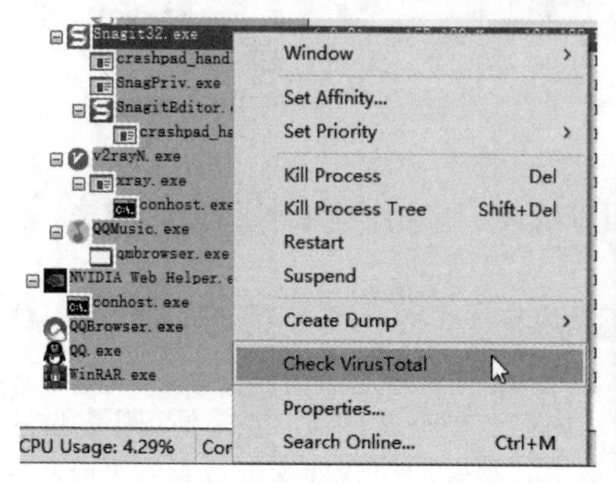

图4-12

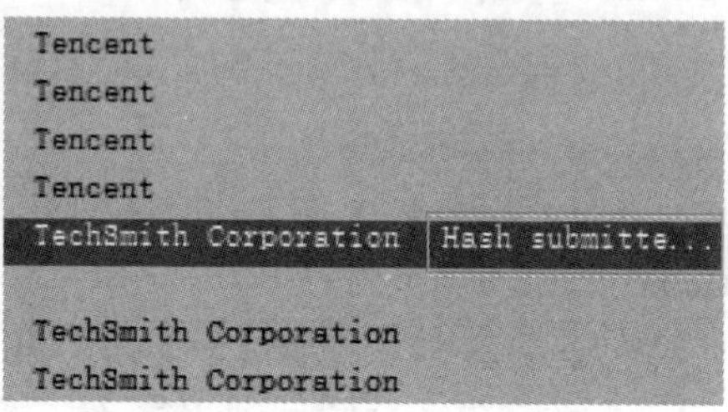

图4-13

接下来会显示出检测结果，如“0/74”代表74个引擎检测，有0个引擎检测出有异常，如图4-14所示。用户也可以单击该链接来查看详细结果，如图4-15所示。

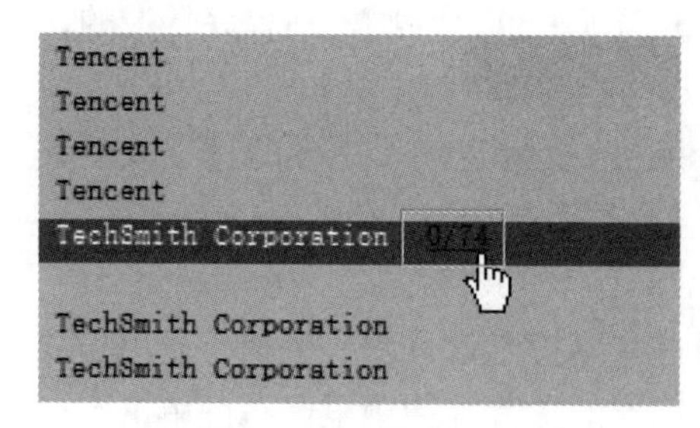

图4-14

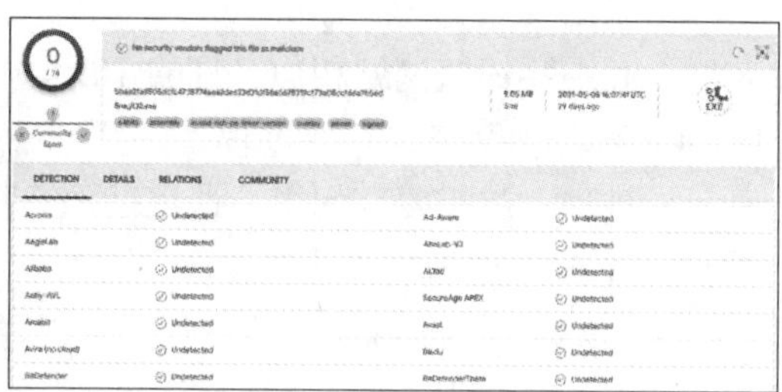

图4-15

如果发现异常，则会显示如图4-16所示信息。

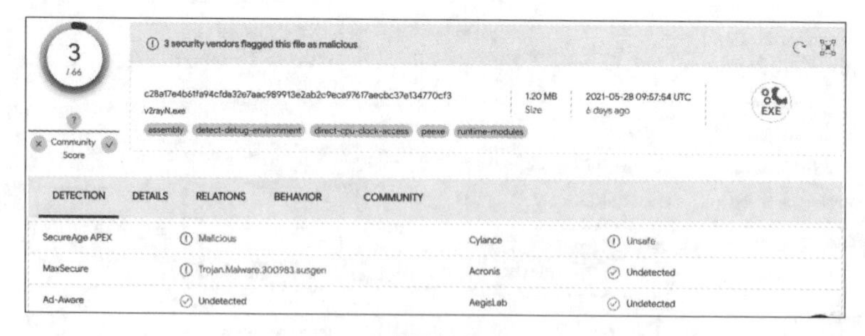

图4-16

新手误区 查出可疑立即删除可疑文件或重装系统

杀毒软件都凭借特征代码值来比对，进而判断是否是病毒，如果被少量杀毒软件检测出异常后，需要关注该进程或程序，再结合其他特征来判断。如果直接删除，可能会造成依赖该程序的程序或系统出现问题。

4.2 新建及关闭进程

下面介绍关于进程的一些操作，包括新建、查找和关闭进程。

4.2.1 新建进程

结合上面的介绍，启动一个程序就新建了一个进程。除使用程序的图标启动外，在任务管理器中，也可以使用命令来启动进程。

在“任务管理器”中，单击“文件”选项卡，选择“运行新任务”选项，如图4-17所示。在弹出的“新建任务”对话框中，输入需要启动的程序名称，如输入“lusrmgr.msc”（打开本地用户和组管理组件），单击“确定”按钮，如图4-18所示。

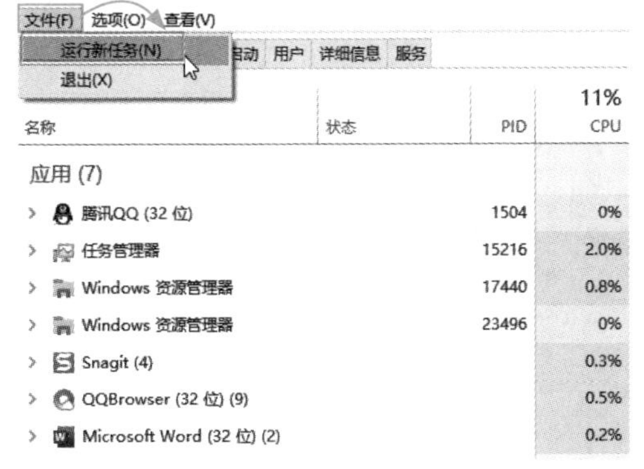

图4-17

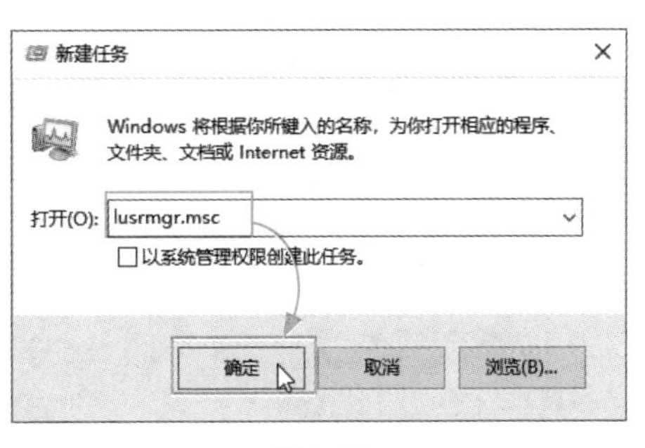

图4-18

术语解释 以系统管理权限创建此任务

其实就是以系统管理员权限运行程序，因为很多程序的运行需要用到系统的各种权限，所以需要用户给予其权限。

此时可以看到，“应用”中出现了“Microsoft 管理控制台”，如图4-19所示，也就是“本地用户和组”功能。使用“Win+R”组合键启动的“运行”对话框，也可以实现这种功能，如图4-20所示。

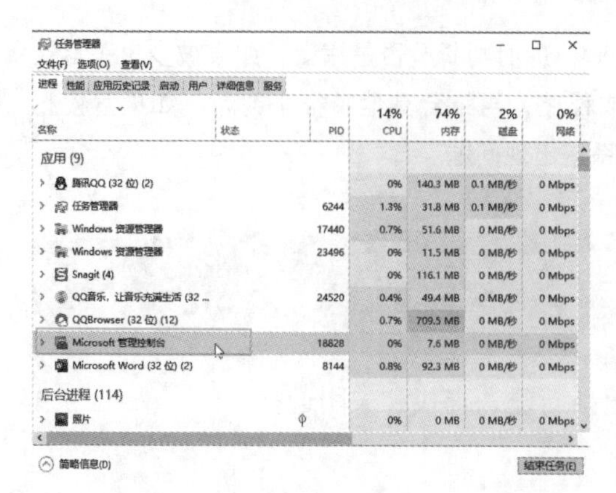

图4-19

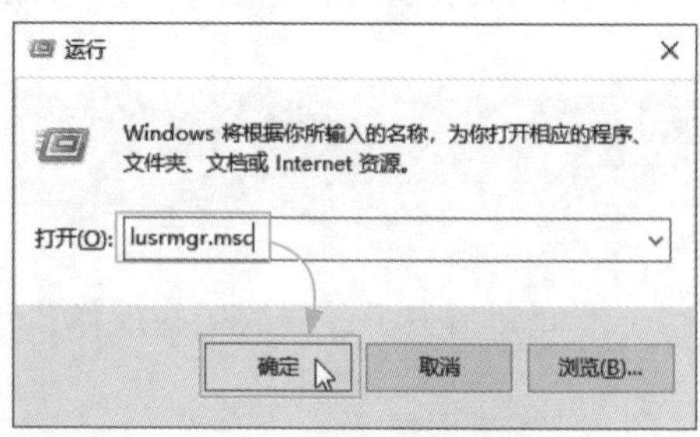

图4-20

认知误区 为什么输入“QQ”却不打开QQ?

其实这种打开方式默认使用的是“C:\Windows\System32”中的程序。这是由系统的“环境变量”所决定的，如图4-21所示。简单来说，就是系统设置的一些默认文件夹，如果输入命令后，Windows就会到这些文件夹中查找，如果有该程序就会启动，如果没有就会报错。而QQ文件夹并没有加入系统变量中，所以需要浏览或者输入完整路径后，才能打开，如图4-22所示。

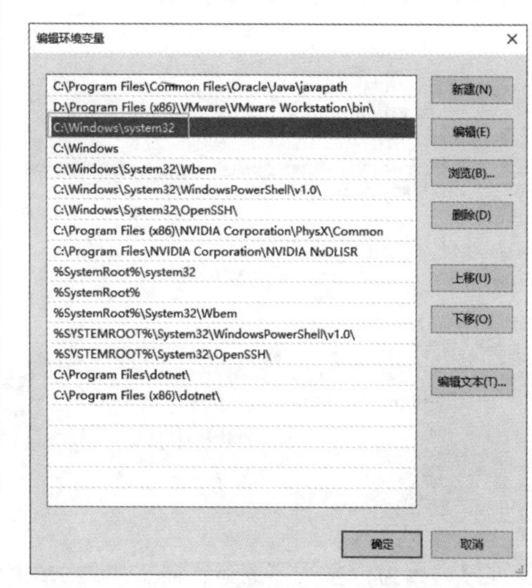

图4-21

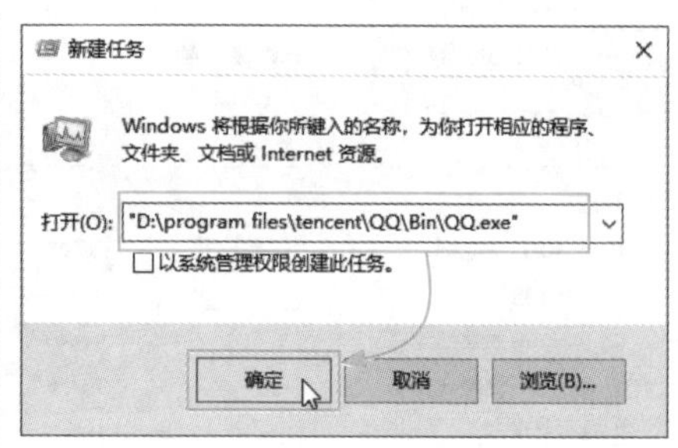

图4-22

案例实战：快速查找进程

前面介绍了根据端口号快速查询对应的PID号，找到进程并结束。在“任务管理器”中，也可以根据程序的名称快速找

到程序并结束进程。

如果使用了“Process Explorer”，还有一种特别的查找进程的方法。启动“Process Explorer”后，按住快捷按钮中的“⊕”按钮，然后拖动到需要了解进程的程序界面中，如图4-23所示，松开鼠标指针后，会自动定位到该程序所在的进程位置，如图4-24所示。

图4-23

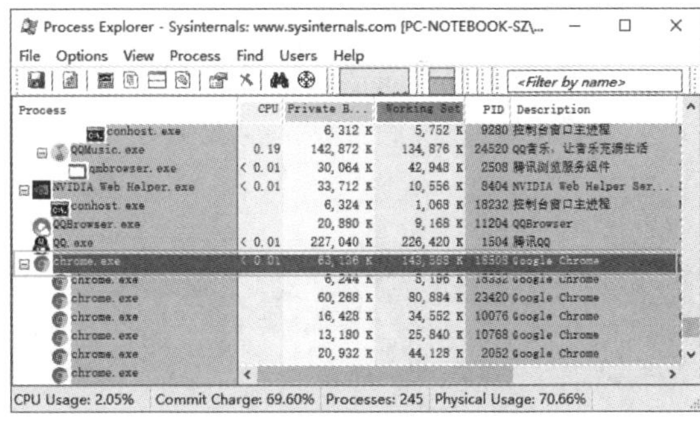

图4-24

4.2.2 关闭进程

关闭进程的方法有很多，可以在“任务管理器”中选择进程，使用鼠标右键单击，在弹出的快捷菜单中选择“结束任务”选项，如图4-25所示。

如果知道了PID号，还可以使用命令来结束进程。启动命令提示符界面后，使用命令“tasklist”来显示当前正在运行的进程信息，如图4-26所示。

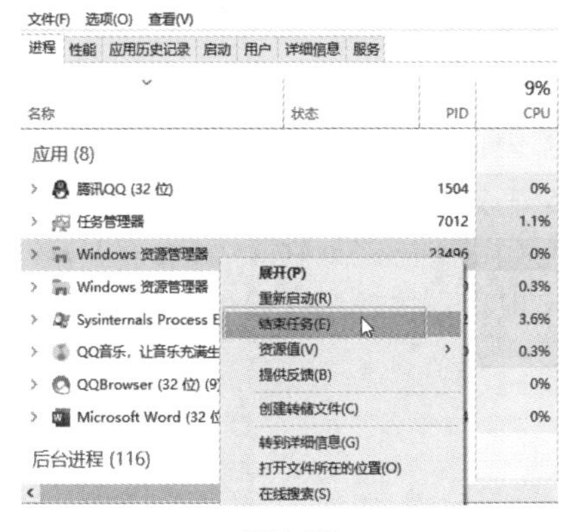

图4-25

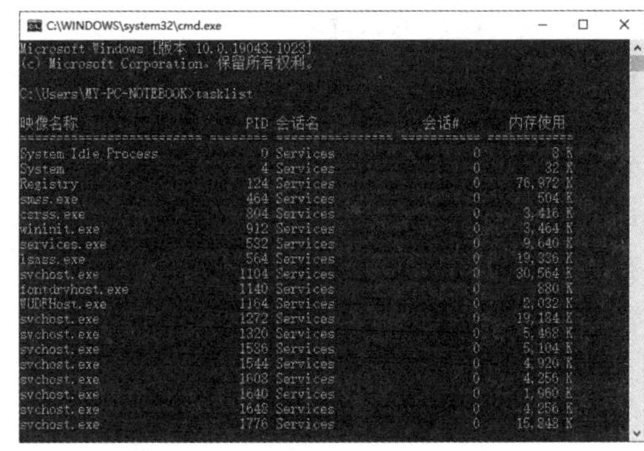

图4-26

在列表中找到进程的PID号，或者使用“任务管理器”找到PID号，或者通过端口命令找到PID号后，使用“taskkill /pid 进程号 /f”，即可结束相应的进程，如图4-27所示。

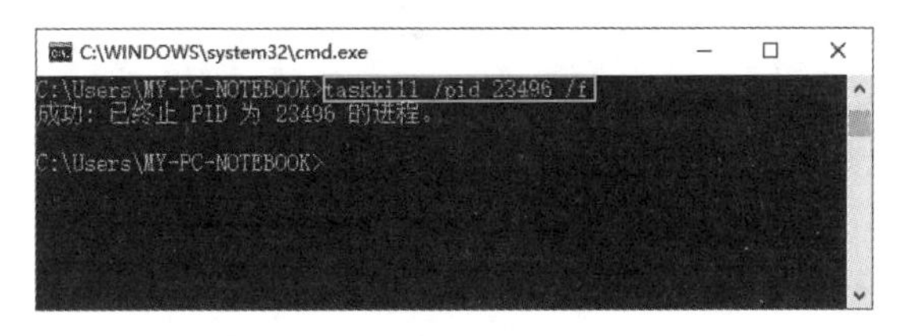

图4-27

如果使用了"Process Explorer"，可以在进程上使用鼠标右键单击，在弹出的快捷菜单中选择"Kill Process"来结束该进程，如图4-28所示。

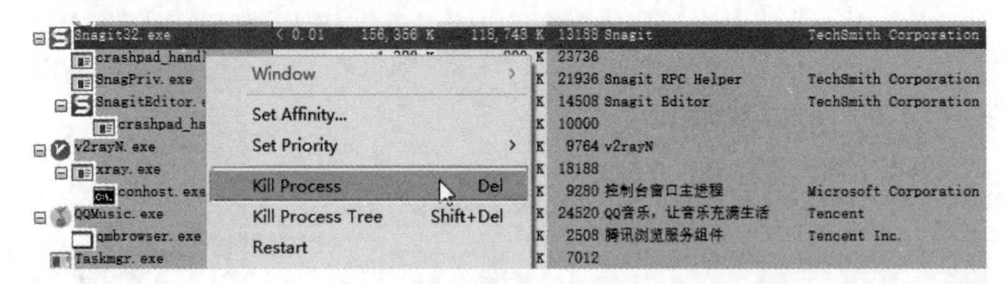

图4-28

4.3 计算机后门程序概述

黑客在入侵离开后，往往会在系统中留下后门程序，本节将向读者介绍后门的相关知识。

4.3.1 计算机后门简介

后门程序（后门）一般是指那些绕过安全软件而获取对程序或系统的访问权的方法。在一些软件的开发阶段，程序员常常会在软件内创建后门程序，以便可以远程修改程序设计中的缺陷。有些网络设备也会设置远程管理的端口，方便网络管理员远程调试设备。但如果这些后门被其他人知道，或是在发布软件之前没有删除后门程序，那么它就成了安全风险，容易被黑客当成漏洞进行渗透。

与木马程序不同之处在于，后门程序体积更小，且功能没有木马那么多，主要作用是潜伏在计算机中，用来收集资料并方便黑客与之连接。因为体积更小，功能单一，所以更容易隐藏，而不易被察觉。与病毒不同之处在于，后门程序没有自我复制的动作，不会感染其他计算机。它可以主动连接黑客设置的服务器或者其他终端，便于黑客使用。

4.3.2 计算机后门程序的分类

计算机后门按照使用条件和使用环境以及编写的方式，可以分为以下种类。

（1）网页后门

网页后门一般都被种植在网页服务器上，因为系统漏洞随着系统的完善越来越少，而且攻击难度也越来越高，所以黑客的专注点逐渐从系统漏洞转移到其他软件漏洞上。在服务器上，主要的漏洞来源包括数据库、网站软件、PHP套件等软件以及各种脚本漏洞。由于网站基本使用了ASP、CGI和PHP三大类脚本，所以现在的脚本后门主要集中在这三个方面。

（2）扩展后门

扩展后门可以看成是将非常多的功能组件集成到后门里，让后门本身就可以实现很多功能，方便直接控制肉鸡或者服务器。这类后门通常集成了文件上传下载、系统用户检测、HTTP访问、终端安装、端口开放、启动停止服务等功能，本身就是一个小的工具包，功能强大。但功能越多、体积越大，越不容易隐藏。

（3）线程插入后门

线程插入后门是利用系统自身的某个服务或者线程，将后门程序插入其中。这种后门在运行时没有进程，无法在进程中查看到异常或关掉，所有网络操作均插入其他应用程序的进程中完成。即使受控制端安装的防火墙具有“应用程序访问权限”的功能，也不能对这样的后门进行有效的警告和拦截，因此对它的查杀比较困难，这种后门本身的功能也比较强大。

（4）C/S后门

C/S后门采取客户端/服务器的控制模式，通过特定访问方式和暗号来启动后门进而控制计算机。

（5）账号后门

账号后门是指黑客为了长期控制目标计算机，通过后门在目标计算机中建立一个备用管理员账户的技术。一般采用克隆账户技术，克隆账户一般有两种方式：一种是手动克隆账户；另一种是使用克隆工具。

4.3.3 计算机后门重大安全事件

软件都是人编写的，无论什么软件，都可能包含后门程序，后门程序传播量越大，所造成的后果越严重。那么影响较大的后门安全事件都有哪些呢？

（1）棱镜门事件

最著名的后门安全事件要数棱镜门了，如图4-29所示。棱镜（PRISM）计划是一项由美国国家安全局（NSA）自2007年起开始实施的绝密电子监听计划。英国《卫报》和美国《华盛顿邮报》2013年6月6日报道，美国国家安全局（NSA）和联邦调查局（FBI）于2007年启动了一个代号为“棱镜”的秘密监控项目，直接进入美国网际网络公司的中心服务器里挖掘数据、收集情报，包括微软、雅虎、谷歌、苹果等在内的9家国际网络巨头皆参与其中。

图4-29

泄露的文件中描述，PRISM计划能够对即时通信和资料进行深度的监听。许可的监听对象包括任何在美国以外地区使用参与计划的公司的服务的客户，或是任何与国外人士通信的美国公民。美国国家安全局在PRISM计划中可以获得数据电子邮件、视频和语音交谈、影片、照片、VoIP交谈内容、档案传输、登入通知，以及社交网络细节。

根据斯诺登披露的文件，美国国家安全局可以接触到大量个人聊天日志、存储的数据、语音通信、文件传输数据、个人社交网络数据。

（2）Back Orifice

Back Orifice是史上第一个后门，公布该木马的黑客团体“死牛之祭”（The Cult of the Dead Cow, cDc）的标志如图4-30所示。是它使得人们开始意识到后门存在的可能性。Back Orifice可以让运行Windows的计算机被远程操控。Back Orifice用了一个迷惑人的名字——Microsoft Back Office服务器。

图4-30

（3）超百万用户可能感染恶意后门

2019年3月，俄罗斯卡巴斯基实验室发现了一项新型的复杂APT攻击行动，该行动通过一个后门应用程序可能感染了超过一百万的华硕（ASUS）用户。

2018年6月至11月期间，一群黑客成功劫持了ASUS Live自动软件更新服务器，并推动恶意更新，在全球超过一百万台Windows计算机上安装后门。

在分析了200多个恶意更新样本后，研究人员发现，黑客不希望以所有用户为目标，而只是针对由其唯一MAC地址识别的特定用户列表，这些用户被硬编码到恶意软件中。

根据卡巴斯基的说法，至少有57000名卡巴斯基用户下载并安装了ASUS Live Update的后门版本。卡巴斯基向华硕和其他反病毒公司通报了此次袭击事件的调查。

（4）盗版WordPress插件后门

WordPress图标如图4-31所示，其可能是世界上最流行的博客工具及内容管理系统。然而它的安全性问题一直不少。不少很隐蔽的漏洞来自一些盗版的商业插件，这些插件中被植入后门。有些后门即使WordPress专家级的用户也很难发现。

图4-31

（5）Joomla插件后门

Joomla图标如图4-32所示，它不是唯一被插件后门困扰的内容管理系统。例如，一些Joomla的免费插件中就存在后门。这种后门通常是让服务器去访问一个已经被入侵的网站。这样的攻击很隐蔽，因为很少有人会想到一个内容管理系统的插件会成为入侵的入口。

图4-32

（6）CCleaner后门事件

先前被黑客入侵，在官方网站提供的下载里混入有害程序的CCleaner（图4-33），被Cisco旗下的安全情报部门Talos查证是有害程序的实际攻击对象。目前CCleaner已推出最新版本，用户只要移除原程序，再安装新版本便可解决问题。但专家建议Intel、Sony、Samsung、Microsoft 等大机构的计算机，需要格式化硬盘，并重新安装OS操作系统。

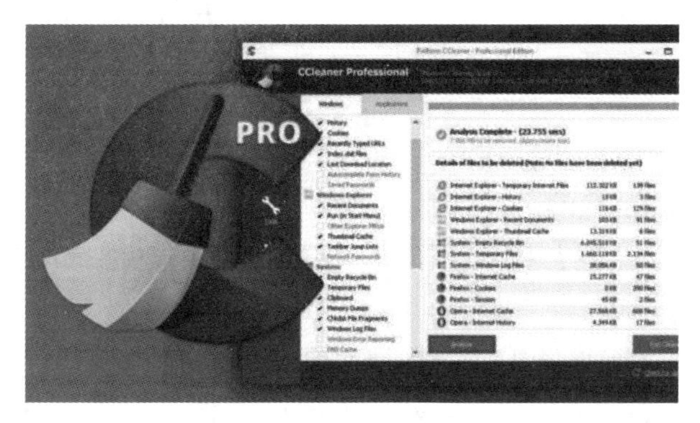

图4-33

（7）SolarWinds后门事件继续蔓延，微软、Cisco 也成为受害者

美国政府各大部门曾遭到黑客攻击，入侵方式是借由信息科技公司SolarWinds的网络管理软件Orion（图4-34）更新文件中夹带的后门。部分受害者包括美国的财政部、商务部、国土安全部、能源部的国家实验室，以及国家核安全管理局。在商业领域，安全公司FireEye也被黑客通过SolarWinds软件入侵，微软也承认在其网络上发现了恶意的SolarWinds文件，Cisco也称内部设备是黑客攻击目标。

图4-34

4.4 查看及清除系统日志

4.4.1 系统日志简介

系统日志是记录系统中硬件、软件和系统问题的信息，同时还可以监视系统中发生的事件。用户可以通过它来检查错误发生的原因，或者寻找受到攻击时攻击者留下的痕迹。系统日志包括系统日志、应用程序日志和安全日志。

4.4.2 查看系统日志

系统日志的查看方法如下。

STEP01：打开开始菜单，输入“事件查看器”，在结果中选择“打开”选项，如图4-35所示。

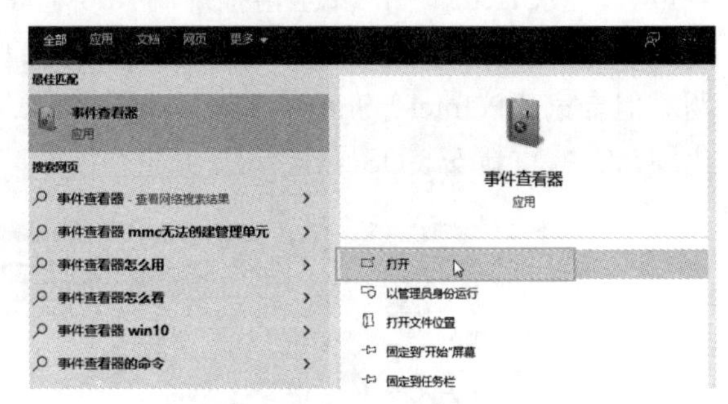

图4-35

STEP02：展开左侧的“Windows日志”选项，其下有“应用程序”“安全”“Setup”“系统”和“Forwarded Events”几个大类。用户可以选择某个选项，如“安全”选项，并从界面中间选择最近的安全事件来查看详细信息，如图4-36所示。

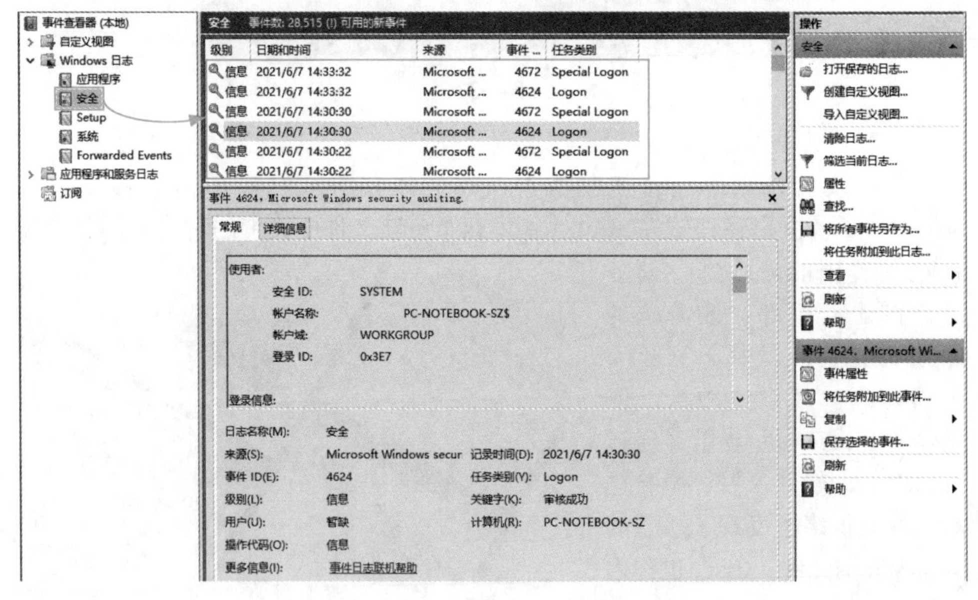

图4-36

案例实战：查看系统开机记录

日志非常多，用户可以筛选出需要的内容，如查看系统的开机记录信息。

STEP01：在“Windows日志”中，选择“系统”选项，单击右侧的“筛选当前日志”按钮，如图4-37所示。

图4-37

STEP02：在弹出的“筛选当前日志”对话框中，输入事件ID“30”，单击“确定”按钮，如图4-38所示。

图4-38

STEP03：在主界面中，列出了所有的事件ID为“30”的日志，也就是所有的开机记录，这样就可以知道什么时间计算机被启动了，如图4-39所示。

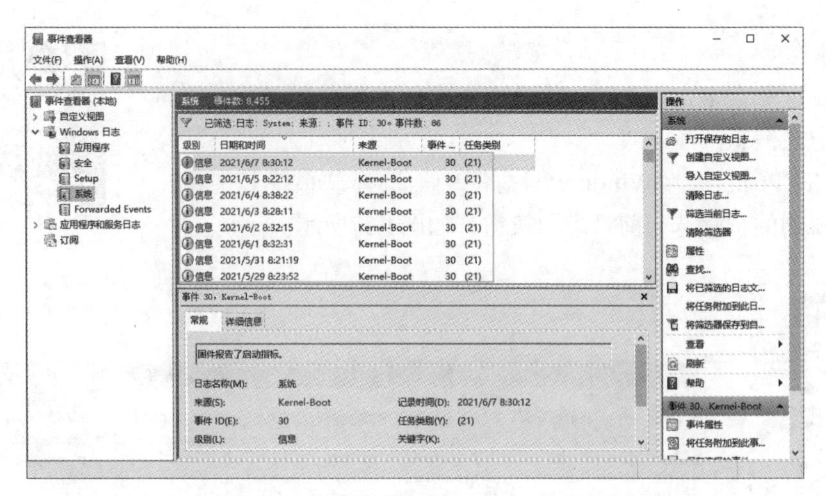

图4-39

4.4.3 清除系统日志

在清除日志前，可以查看日志的信息。

STEP01：使用“run event_manager -i”命令来查看目标的系统日志信息，如图4-40所示。

```
meterpreter > run event_manager -i
[*] Retriving Event Log Configuration

Event Logs on System
====================

 Name                     Retention  Maximum Size  Records
 ----                     ---------  ------------  -------
 Application              Disabled   20971520K     652
 HardwareEvents           Disabled   20971520K     0
 Internet Explorer        Disabled   K             0
 Key Management Service   Disabled   20971520K     0
 Media Center             Disabled   8388608K      0
 Security                 Disabled   20971520K     480
 System                   Disabled   20971520K     1469
 Windows PowerShell       Disabled   15728640K     0
```

图4-40

STEP02：使用“clearev”命令来清除日志，如图4-41所示。

```
meterpreter > clearev
[*] Wiping 652 records from Application...
[*] Wiping 1470 records from System...
[*] Wiping 480 records from Security...
```

图4-41

STEP03：清除完毕后，可以到“事件查看器”查看清除效果，如图4-42所示。

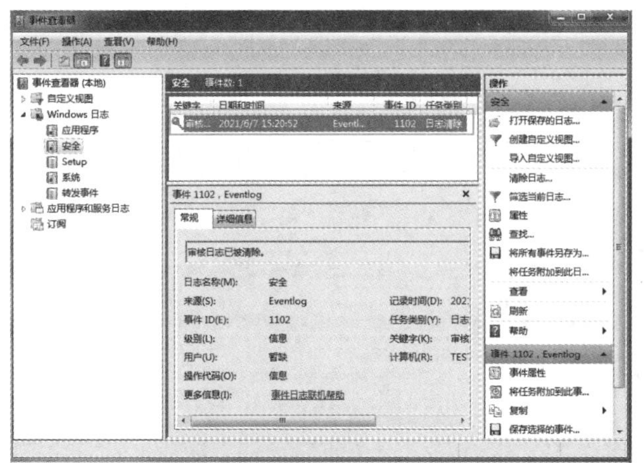

图4-42

知识拓展 其他清除方法

也可以使用“run event_manager -c”命令来清除，如图4-43所示。

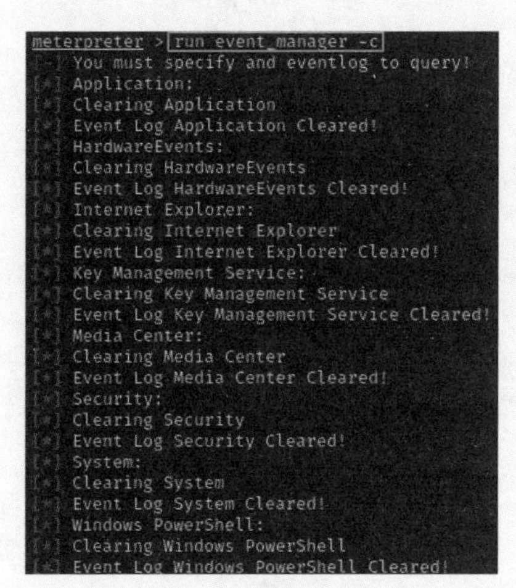

图4-43

知识拓展 其他常用的日志查看工具

Windows的日志查看工具比较全，但比较慢。用户也可以选用第三方的日志查看工具。

例如，常用的LogViewer Pro/Plus是一款比较轻量型的日志查看工具，它能够处理4G以上的日志文件，如图4-44所示。

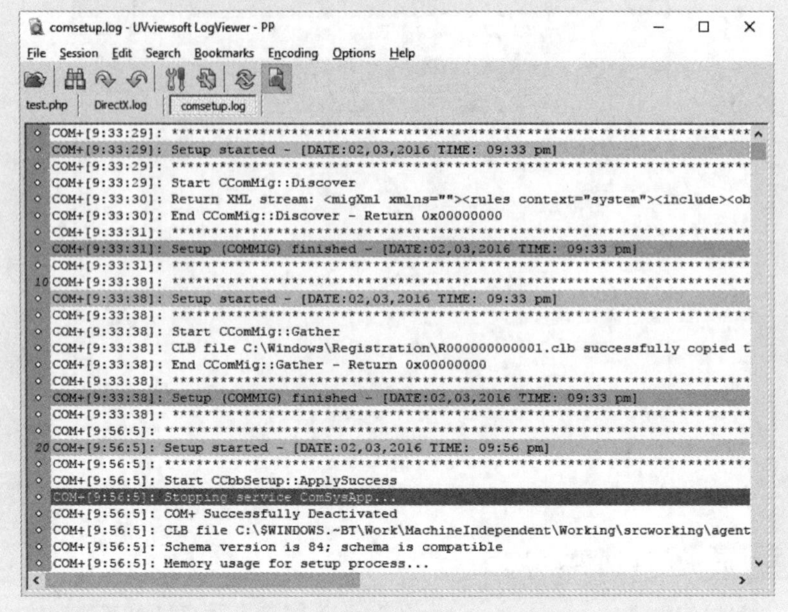

图4-44

还有常用的Hoo WinTail，它是一款Windows下的文件查看程序，有点类似Unix的“tail -f”，可以查看不断增大的文件尾部。它非常适合用于在文件生成的同时实时查看诸如应用程序运行记录或者服务器日志之类的文件，如图4-45所示。

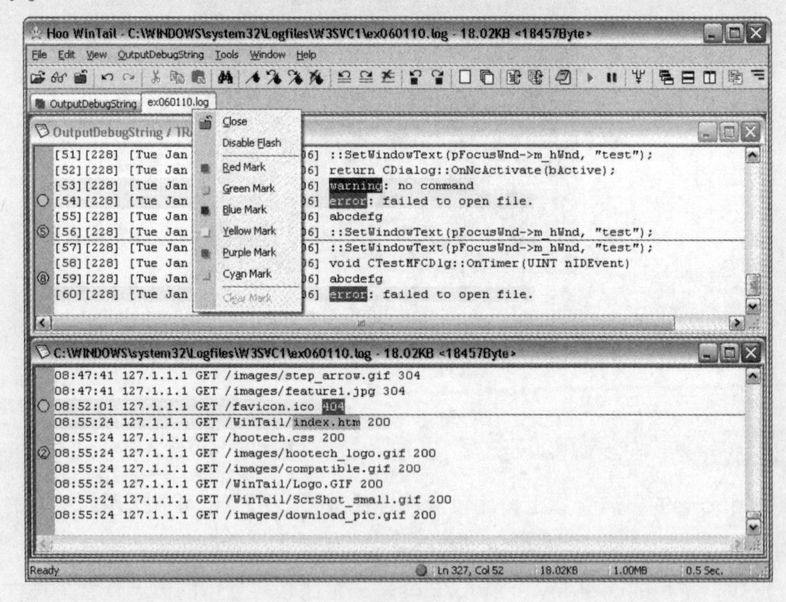

图4-45

专题拓展

QQ盗号分析及防范

经常看到有很多人的QQ号被盗，那么如何找回它呢？下面对一些常见的问题以及误区进行阐述。

（1）QQ盗号模式

现在的QQ盗号，无论什么盗号模式，往往采用广撒网、愿者上钩的套路。也就是说，盗号者并非一个个地去寻找。反过来也可以说，一对一的盗号难度不亚于入侵一个正常网站。

首先必须确保对方在线，然后要用尽各种办法让对方听话地下载、安装木马程序并运行，或者让对方自愿输入QQ信息，然后才能将对方的QQ号盗取过来。这些限制条件决定了一对一的可行性非常差。

（2）QQ的保护模式

申请QQ号的时候，就需要用手机注册，一般会设置密保手机、登录设备管理、密保问题、安全登录检查等，如图4-46、图4-47所示。有些被盗号求助的人，没有设置密保手机，手机号不是自己的或者根本不知道手机号，也没有其他资料可以提供，这种求助本身就没有任何意义，也无法正常找回QQ号。

图4-46　　图4-47

（3）QQ号被盗后的常规操作

如果确实是自己的QQ号被盗，并且这个QQ号自己使用了一段时间，有几个经常聊天的好友，则无论盗号方改没改密保手机，都是可以找回的。原则就是，你要比现在的使用者更能证明账号是自己的。作为第三方的腾讯，也是采取这个策略。下面以在计算机上进行申诉为例向读者介绍申诉步骤。而手机端可以在手机QQ或微信的QQ安全中心进行操作，基本步骤是一样的。

STEP01：进入“QQ安全中心”网页中，单击“密码管理”按钮，如图4-48所示。

STEP02：输入QQ号验证后单击“确定”按钮，如图4-49所示。

图4-48

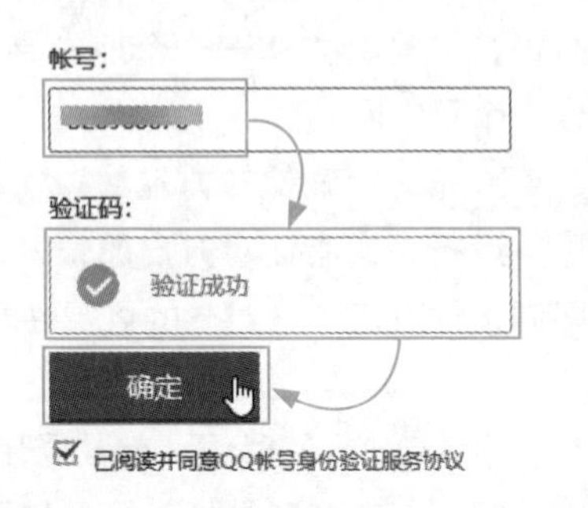

图4-49

STEP03：系统检查状态并弹出密保手机。如果被盗号方改了，单击“更换其他验证方式”超链接，如图4-50所示。

STEP04：选择“以上都不能用”超链接，如图4-51所示。

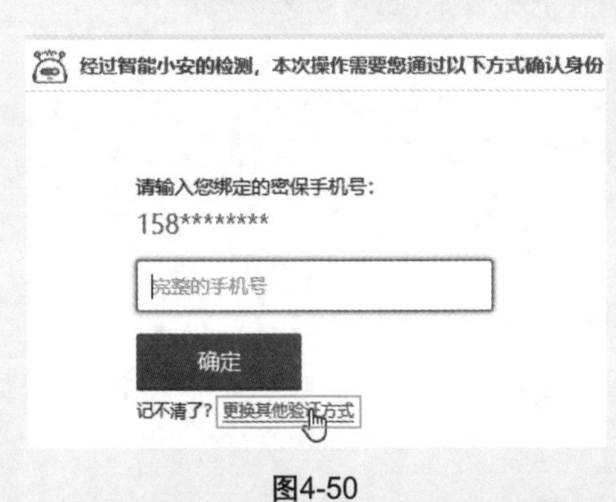

图4-50

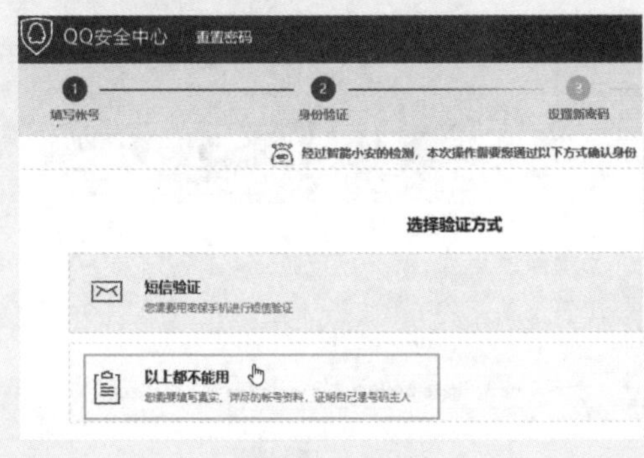

图4-51

STEP05：根据要求填写详细信息，曾用的手机号、绑定的邮箱、曾用过的密码、好友等都是最有力的证明，如图4-52、图4-53所示。尽量多填一些。

如果被系统验证通过了，可以直接修改登录密码；否则，需要使用好友辅助验证功能，给他们发送回执编号，让他们帮忙验证即可找回。

图4-52

图4-53

（4）QQ被盗号的原因及防范措施

① 钓鱼网站。通过钓鱼网站让用户主动填写QQ号。防御方法就是不打开陌生网站，使用手机QQ二维码进行网站登录验证，不直接使用密码登录。

② 木马程序。确实有木马程序可以盗号，但需要伪装，并结合各种钓鱼网站或通过欺骗的手段发送给用户。防御方法就是不接收及安装其他人发送的程序或App，使用主动防御软件或杀毒软件实时查杀。

③ 账号钓鱼。从一些非正规网站购买靓号、游戏等级高的号，但过不了几天号就被盗了。从前面的申诉流程可以知道，只要别人用得比你久，就可以随时拿回这个号，不管你改了密保还是密码，所以绝对不要购买此类账号。如果真的需要靓号，可以到QQ官网购买。

④ 撞库。前面提到了各种库的泄露，通过各种库的泄露信息进行比对，如果库中存放了明文密码，通过撞库来测试能不能登录QQ等，如果安全措施非常差，也会被盗号。所以不重要的注册，单独设置一个账号来登录。

⑤ 手机号被盗用。这种情况包括手机被盗；手机号注销但没有更换绑定，然后被新用户使用；手机号被其他人借用并修改QQ密保等信息。所以，一定要保管好手机，丢失后要尽快去运营商处补办手机卡。

⑥ 社工方式。不通过技术，只通过观察记住密码，或者通过其他方式获取到密码等信息。这种方式最难防御，因为人是最不可控的因素。所以不要随意告诉别人密码，在输入密码时，一定要确保安全。

除QQ号外，其他社交账号也需要注意以上几点。只要账号真的是自己的，且安全问题等设置很完善，又有良好的使用习惯，那么QQ号还是非常安全的。就算被盗取，也可以通过申诉非常快速地找回来。申诉都无法完成的，通常是因为资料不完善或者证据不足。

第5章 计算机病毒及木马

病毒和木马就像一对孪生兄弟，贯穿了计算机的发展历程。病毒和木马都是人编写的，不管编写人的目的如何，病毒和木马都是计算机的一大威胁。病毒可以破坏文件、破坏系统；木马可以控制计算机，盗取文件和用户账号等。本章将向读者详细介绍病毒和木马的危害以及防御手段。

本章重点难点：

- 病毒的特点及分类
- 常见的病毒及危害
- 木马的相关知识
- 中招后的表现
- 病毒与木马的查杀
- 防范病毒和木马

5.1 计算机病毒概述

其实现在的计算机病毒与木马的界限已经不那么明显了，通过病毒威胁和木马控制是主要的配合方式。

5.1.1 计算机病毒概述

病毒是指“编制者在计算机程序中插入的破坏计算机功能或者数据，影响计算机使用并且能够自我复制的一组计算机指令或者程序代码”。与医学上的病毒定义不同，计算机病毒是人为制造的，以破坏为主要目标，当然也可以是恶意加密，并且可以自我复制，通过各种途径感染其他计算机。它利用了计算机软硬件固有的脆弱性进行编制，有针对性地进行实时破坏，也可以根据设置，在满足触发条件（时间、程序等）时启动破坏，平时能稳定地潜伏在计算机正常的文件中。

5.1.2 病毒的特点

根据病毒的定义和实际的破坏效果，病毒一般具有以下特点。

（1）隐蔽性

计算机病毒具有很强的隐蔽性，在计算机中以可执行文件、动态链接库文件、VBS文件、BAT文件、图片、音乐、影片等格式存在，如图5-1所示。隐蔽性是指计算机病毒时隐时现、变化无常，处理起来非常困难。

百度.bat	2020-01-02	永久	78B
输入输出.vbs	2019-07-31	永久	86B
确认关机.vbs	2019-07-31	永久	80B
无限弹窗.vbs	2019-07-31	永久	94B
[illegible]打球.exe	2019-07-28	永久	19KB
文件删除.exe	2019-07-14	永久	1.83MB

图5-1

（2）破坏性

计算机中毒后，会篡改文件、删除文件，会导致正常的程序无法运行或按照设置的参数执行。除影响文件外，病毒还会破坏硬盘的引导扇区、软硬件运行环境等，如图5-2所示。

图5-2

（3）传染性

计算机病毒的传染性是指计算机病毒通过修改别的程序将自身的复制品或其变体传染到其他无毒的对象上，这些对象可以是一个程序，也可以是系统中的某一个部件。现在的网络环境也是病毒传染的温床。

（4）繁殖性

计算机病毒可以像生物病毒一样进行繁殖，当正常程序运行时，它修改程序，并启动复制功能。是否具有繁殖、感染的特征是判断某段程序为计算机病毒的首要条件。

（5）潜伏性

计算机病毒的潜伏性是指计算机病毒可以依附于其他媒体寄生的能力，侵入后的病毒潜伏到条件成熟才发作，会使计算机运行速度变慢。

（6）可触发性

编制计算机病毒的人，一般都为病毒程序设定了一些触发条件，例如，系统时钟的某个时间或日期、系统运行了某些程序等。一旦条件满足，计算机病毒就会“发作”，使系统遭到破坏。

5.1.3 病毒的分类

根据不同的标准，病毒也分为很多种类。

（1）按照感染对象划分

① 文件病毒。主要感染计算机中的文件，如EXE、DOCX、JPG、DLL等文件。

② 引导型病毒。主要感染启动分区（引导分区）。

③ 网络病毒。主要感染网络中智能终端中的文件。

④ 混合型病毒。以上三种的混合状态。

术语解释 宏病毒和脚本病毒

它是一种特殊的文件病毒，一些软件开发商在产品研发中引入宏语言，并允许这些产品在生成载有宏的数据文件之后出现，宏的功能十分强大。还有一种叫作脚本病毒：脚本病毒依赖一种特殊的脚本语言（如VBScript、JavaScript等）起作用，同时需要主软件或应用环境能够正确识别和翻译这种脚本语言中嵌套的命令。脚本病毒在某些方面与宏病毒类似，但脚本病毒可以在多个产品环境中进行，还能在其他所有可以识别和翻译它的产品中运行。脚本语言比宏语言更具有开放终端的趋势，使得病毒制造者对感染脚本病毒的机器有更多的控制力。

（2）按照算法划分

按照病毒文件的算法，可以分为以下几种病毒。

① 伴随型病毒。这类病毒并不改变文件本身，它们根据算法产生EXE文件的伴随体，具有同样的名字和不同的扩展名，例如，A.exe的伴随体是A.com。病毒把自身写入COM文件并不改变EXE文件，当加载文件时，伴随体优先被执行，再由伴随体加载执行原来的EXE文件。

② “蠕虫”病毒。“蠕虫”病毒并不会改变文件及资料信息，而是利用网络从一台机器的内存传播到其他机器的内存，计算机将自身的病毒通过网络发送。有时它们在系统中存在，一般除了内存不占用其他资源。如图5-3所示。

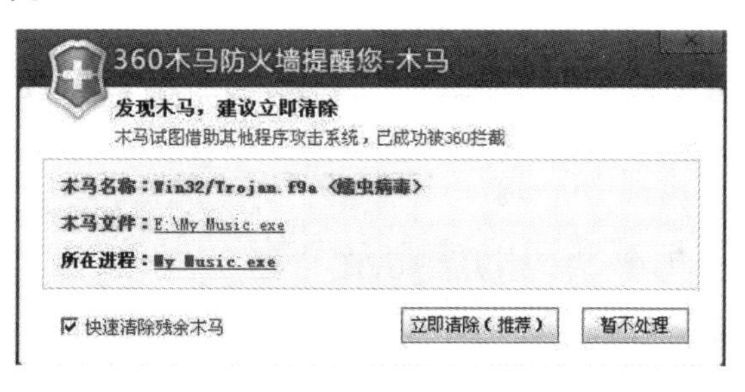

图5-3

③ 寄生型病毒。除上面两种外，其他病毒都可以叫作寄生型病毒。通常这种病毒依附在文件或者引导扇区中，通过各种方式进行传播。

知识拓展 寄生型病毒的分类

寄生型病毒按照算法，可以分为如下几类。

●练习型病毒：病毒自身包含错误，不能进行很好地传播，例如一些病毒在调试阶段。

●诡秘型病毒：它们一般不直接修改DOS中断和扇区数据，而是通过设备技术和文件缓冲区等对DOS内部进行修改，不易看到资源，使用比较高级的技术，利用DOS空闲的数据区进行工作。

●变型病毒（又称幽灵病毒）：这一类病毒使用复杂的算法，使自己每传播一份都具有不同的内容和长度。它们一般是由一段混有无关指令的解码算法和被变化过的病毒体组成。

（3）按照传播渠道划分

按照传播渠道，可以分为驻留型病毒及非驻留型病毒两种。

① 驻留型病毒。感染计算机后，把自身的内存驻留部分放在内存（RAM）中，这一部分程序挂接系统调用，合并到操作系统中去，处于激活状态，一直到关机或重新启动。

② 非驻留型病毒。在得到机会激活时并不感染计算机内存。一些病毒在内存中留有小部分，但是并不通过这一部分进行传染，这类病毒也被划分为非驻留型病毒。

（4）按照危害程度划分

按照危害程度，可以分为以下几种。

① 无害型。除传染时减少磁盘的可用空间外，对系统没有其他影响。

② 无危险型。这类病毒仅是减少内存、显示图像、发出声音等。

③ 危险型。这类病毒在计算机系统操作中造成严重的错误。

④ 非常危险型。这类病毒删除程序、破坏数据、清除系统内存区和操作系统中重要信息。

5.1.4 常见的病毒及危害

在实际使用计算机的过程中，经常遇到以下几种病毒。

（1）系统病毒

主要感染Windows系统文件以及引导扇区，还有EXE和DLL文件，并通过这些文件进行传播，如CIH病毒。

（2）蠕虫病毒

蠕虫病毒是一种通过间接方式复制自身的非感染型病毒。有些蠕虫病毒拦截E-mail系统并向世界各地发送自己的复制品；有些则出现在高速下载站点中同时使用两种方法与其他技术传播自身。它的传播速度相当惊人，成千上万的病毒感染造成众多邮件服务器先后崩溃，给人们带来难以弥补的损失。

知识拓展 WannaCry

熟悉安全领域的读者可能知道，这是一种“蠕虫式”的勒索病毒，利用的是永恒之蓝漏洞。而它所做的，就不是入侵这么简单了，而是直接进行勒索。

WannaCry主要利用微软Windows系统的漏洞，以获得自动传播的能力，能够在数小时内感染一个系统内的全部计算机。勒索病毒被漏洞远程执行后，会从资源文件夹下释放一个压缩包，此压缩包会在内存中通过密码解密并释放文件。这些文件包含了后续弹出勒索框的EXE文件、桌面背景图片的BMP文件，还包含各国语言的勒索字体，并有辅助攻击的两个EXE文件。这些文件会释放到本地目录，并设置为隐藏。

（3）脚本病毒

脚本病毒的前缀是Script。脚本病毒的共有特性是使用脚本语言编写，是通过网页进行传播的病毒，如红色代码（Script.Redlof）。脚本病毒还会有如下前缀：VBS、JS（表明是何种脚本编写的）。

（4）种植程序病毒

运行时会从病毒体内释放出一个或几个新的病毒到系统目录下，由释放出来的新病毒产生破坏，如冰河播种者（Dropper.BingHe2.2C）、MSN射手（Dropper.Worm.Smibag）等。

（5）破坏性程序病毒

破坏性程序病毒的前缀是Harm。这类病毒的共有特性是本身具有好看的图标来诱惑用户单击，当用户单击这类病毒时，病毒便会直接对用户计算机产生破坏，如格式化C盘（Harm.formatC.f）、杀手命令（Harm.Command.Killer）等。

（6）玩笑病毒

玩笑病毒的前缀是Joke，也称恶作剧病毒。这类病毒的共有特性是本身具有好看的图标来诱惑用户单击，当用户单击这类病毒时，病毒会做出各种破坏操作来吓唬用户，其实病毒并没有对用户计算机进行任何破坏，如女鬼（Joke.Girlghost）病毒。

（7）捆绑病毒

前缀是Binder。这类病毒的共有特性是病毒作者会使用特定的捆绑程序将病毒与一些应用程序捆绑起来，表面上看是一个正常的文件，当用户运行这些捆绑病毒的程序时，表面上运行这些应用程序，然而隐藏运行捆绑在一起的病毒，从而给用户造成危害，如捆绑QQ（Binder.QQPass.QQBin）、系统杀手（Binder.killsys）等。

5.2 计算机木马概述

计算机木马现在使用得更多，因为病毒只是破坏，无法带来经济价值，而木

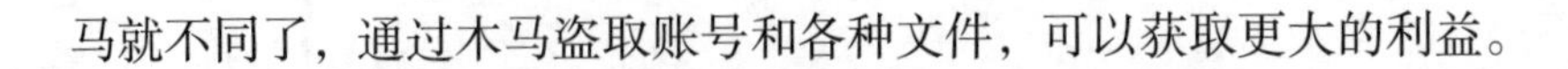

马就不同了，通过木马盗取账号和各种文件，可以获取更大的利益。

5.2.1 木马简介

计算机木马是一种特殊的程序，常被用作控制远程计算机的工具。木马源自其英文单词“Troj”，直译为“特洛伊”。

木马与一般的病毒不同，它不会自我繁殖，也并不刻意地去感染其他文件，它通过将自身伪装吸引用户下载执行，向施种木马者打开被种主机的门户，使施种者可以任意毁坏、窃取被种者的文件，甚至远程操控被种主机。木马的产生严重危害着网络的安全运行。

5.2.2 木马的原理

木马通常分为两部分：一部分种植在被控设备上，叫作被控端，被控端的作用一方面是收集计算机的各种数据，另一方面是等待主控端连接；另一部分是主控端，主控端是控制者使用的程序，一方面连接被控端，另一方面向被控端发送指令。

现在很多黑客并不主动连接被控端，以免暴露，而是通过在主控端和被控端之间架设服务器，利用服务器来按时获取被控端的各种数据，并定时将信息发送至主控端，或者在实时操作时，中转各种数据，也可以理解成代理（双向代理）。

5.2.3 木马的分类

和病毒一样，根据不同的条件，木马也分成很多种。

（1）信息收集型木马

信息收集型木马主要收集密码信息、键盘敲击信息等，然后将数据发给主控端。

（2）代理型木马

黑客将中该木马的主机作为跳板，通过其对其他肉鸡进行控制或者将其作为代理进而渗透或攻击其他设备，从而达到隐藏的目的。

（3）下载型木马

下载型木马的功能主要是能通过网络下载广告软件或其他病毒、木马。由于其体积很小，更加容易传播。通过这种木马完成各种后门程序的下载是黑客经常做的事情。

（4）FTP型木马

FTP型木马打开被控制计算机的21号端口，使每一个人都可以用一个FTP客户端程序连接到被控端计算机，并且可以进行最高权限的上传和下载，窃取受害者的机密文件。新FTP型木马还加上了密码功能，只有攻击者本人才知道正确的密码，从而限制其他人进入被控端计算机。

（5）反弹端口型木马

与一般类型的木马由主控端主动连接被控端不同，反弹端口型木马是被控端依据设置参数，主动连接主控端。这样控制起来更加灵活，而且连接的端口可以是主控端，也可以是代理服务器。如果改成连接主控端80端口，那么会更加隐蔽：根据端口来看，是正常的HTTP访问，但实际上是在连接木马主控端。上一章介绍的后门程序，其实也是一种反弹端口型木马。

（6）通信类木马

这类木马通过通信软件发送广告、病毒、垃圾信息等。

（7）网游木马

针对某类或某几类网游，进行数据记录，从而窃取各种游戏账号、密码和交易信息。

（8）网银木马

针对各种网上银行，目的是盗取用户卡号、密码和安全证书，危害更加直接。

（9）攻击型木马

该木马的作用是控制其他木马，并帮助黑客对各种网站进行DDoS攻击。

5.3 中招途径及中招后的表现

病毒和木马进入计算机中的途径有很多，病毒和木马虽然越来越隐蔽，但是有一定经验的系统使用者还是能够感觉出来的。下面就介绍一下中招的途径以及中招后的表现。

5.3.1 中招途径

计算机中病毒或被木马侵入的途径有很多，主要有以下几种。

（1）网页恶意代码

在网页中放置恶意代码，或者带有病毒或木马的网站，如图5-4所示，使得使用浏览器访问时自动下载并执行某一病毒或木马程序，这样在不知不觉中计算机就被人种上了病毒或木马。顺便说一句，很多人在访问网页后浏览器设置被修

图5-4

改甚至被锁定，也是网页上用脚本语言编写的恶意代码作怪。

（2）下载带病毒或木马的文件或程序

有些网站上的文件或程序被感染了病毒后，用户下载并打开时就会中招。也有很多网站是被种植了木马程序或者本身就是病毒或木马程序。学习黑客技术的同学经常在真机上做实验，会从网上下载的很多黑客软件，而其中很多软件本身就是病毒或者木马。

（3）通过邮件传播

人们有时会收到奇奇怪怪的邮件，强烈的好奇心会让人点开其中的链接或者下载附件后，这时就会中招。当然，网络钓鱼也是这个套路，如图5-5所示。

图5-5

（4）通过聊天工具传播

现在手机用得比较多，很多情况下，人们会被有恶意的人通过各种诱惑性的文件、图片、网址等信息诱导而下载了App或资源，运行或查看后就会中招。

5.3.2 中招后的表现

计算机中招后，往往会有一些与平时不同的表现，用户需要仔细观察判断。

（1）计算机无法启动

无法启动、无法引导、开机时间变长、开机出现乱码等情况，如图5-6所示，有可能就是病毒造成的。

图5-6

（2）运行不正常

速度变慢、程序加载慢，经常无故死机、蓝屏、重启，程序无法启动或启动报错，打开网页经常跳转还会频繁弹出广告等情况，也有可能是病毒所致。

（3）磁盘异常

磁盘变为不可读写状态，磁盘容量变成0（如图5-7所示），盘符被改变，占用率达到100%或无响应等。还有CPU持续被不明程序占用100%的情况。

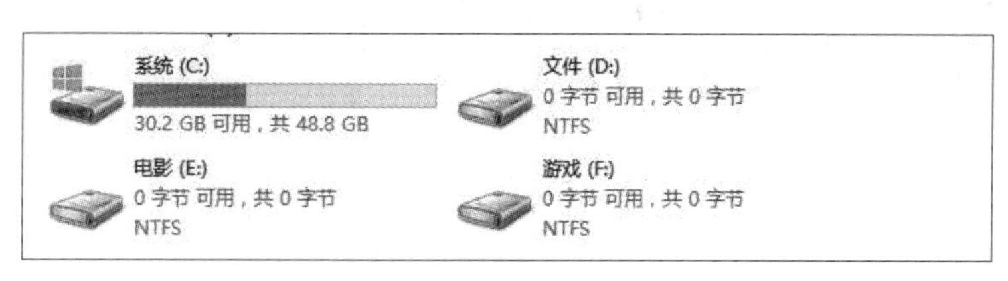

图5-7

（4）文件异常

文件图标改变，如图5-8所示，快捷方式图标异常，文件大小变化，内容或文件名变成乱码，文件消失或者隐藏了。

图5-8

（5）可疑启动项、可疑端口、可疑服务

突然出现一些不明的可执行程序开机启动了，如图5-9所示，查看端口时发现一些可疑的端口一直打开或一直有向外的持续型连接。在系统的服务中增加了一些可疑的服务程序等。

图5-9

（6）杀毒软件失效

杀毒软件无法开启，或开启后一会就报错或失去响应，这种瘫痪的症状很容易判断为是病毒所致。

5.4 病毒与木马的查杀和防范

一旦中了病毒和木马后，人们一般会想到使用杀毒软件进行查杀，但一些病毒非常顽固或者说已经渗透到系统中，通过正常的查杀很难根除，这时可以在安全模式中杀毒。

5.4.1 中招后的处理流程

现在杀毒软件都有主动防御系统，在运行病毒前，会有警告提示。如果病毒非常棘手，跳过了主动防御系统，在发现异常后，可以使用杀毒软件先在关键区域查杀，主要是系统分区和启动分区。如果发现病毒，那么接下来必须进行全盘杀毒。如果能确定是哪类病毒，还可以使用专杀工具查杀。

如果出现系统无法启动的情况，可以使用U盘进入PE模式进行查杀，再使用系统引导修复工具进行修复。

如果系统被破坏了分区表，需要使用分区软件进行分区的搜索和引导修复。

如果一款软件搞不定这些病毒，需要考虑使用其他杀毒软件进行查杀。

如果这些都不能完全清除病毒，那么只能考虑备份重要资料，然后全盘格式化，重新安装操作系统了。

5.4.2 进入安全模式查杀病毒木马

安全模式是一种特殊的系统模式。安全模式的工作原理是在不加载第三方设备驱动程序的情况下以最小模式启动计算机，不会运行太多文件，使计算机运行在系统最小模式，可以方便地检测与修复计算机。

如果计算机出现中毒的情况，可以进入安全模式进行杀毒；如果进不了正常系统、驱动有问题、注册表有问题，可以进入安全模式禁用驱动、修复注册表。一些黑屏、无限重启、蓝屏的情况，都可以进入安全模式修复。

STEP01：在系统中，使用“Win+I”组合键，进入Windows“设置”界面，单击“更新和安全”按钮，如图5-10所示。

STEP02：选择“恢复”选项，并单击“高级启动”中的“立即重新启动”按钮，如图5-11所示。

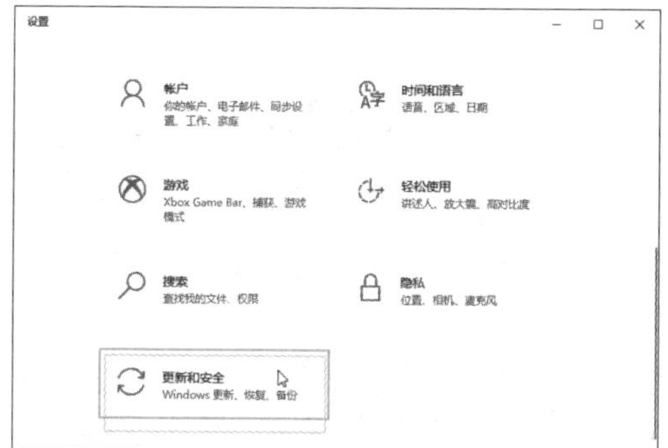

图5-10

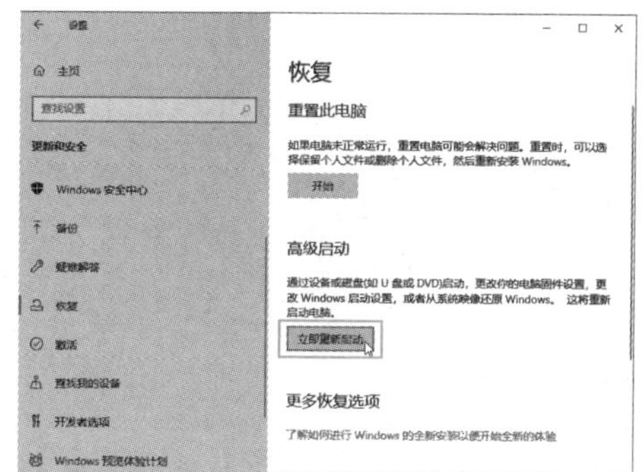

图5-11

STEP03：重启计算机，在“选择一个选项”下单击“疑难解答”按钮，如图5-12所示。

STEP04：单击“高级选项”按钮，如图5-13所示。

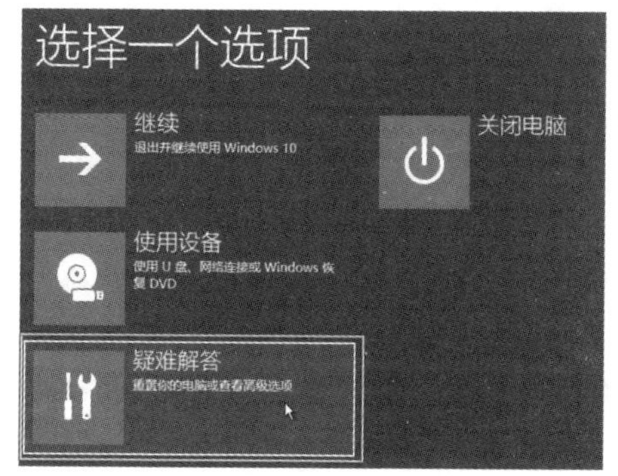

图5-12

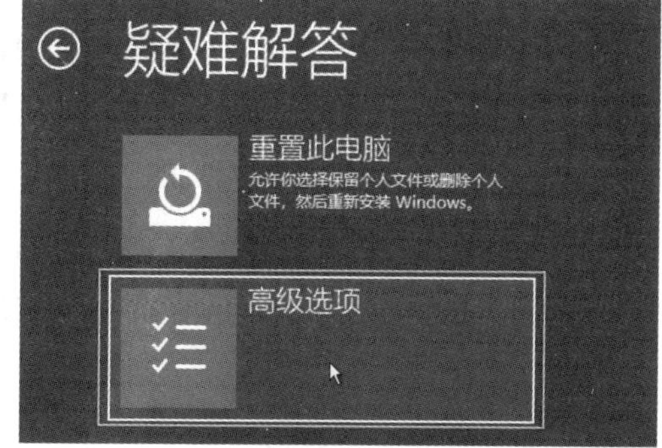

图5-13

STEP05：进入“高级选项”界面中，单击“启动设置”按钮，如图5-14所示，在接下来的界面中，单击“重启”按钮，如图5-15所示。

图5-14

图5-15

STEP06：重启计算机后，进入“启动设置”界面，使用F1～F9功能键选择模式。这里按F4键进入常见的“安全模式”，如图5-16所示。稍等片刻，就进入安全模式中了，如图5-17所示。

图5-16

图5-17

知识拓展 Windows 7进入安全模式

Windows 7在开机时，反复按F8键，就会弹出菜单项，选择“安全模式”即可。

5.4.3 使用火绒安全软件查杀病毒木马

火绒安全的最大优点就是干净，没有广告也没有第三方的全家桶软件，操作也非常方便。下面以火绒安全为例，向读者介绍如何查杀病毒木马。其他杀毒软件的操作都类似。

STEP01：下载并安装“火绒安全”软件后，进入主界面中，单击“病毒查杀”按钮，如图5-18所示。

STEP02：在弹出的查杀模式中，单击“全盘查杀”按钮，如图5-19所示。

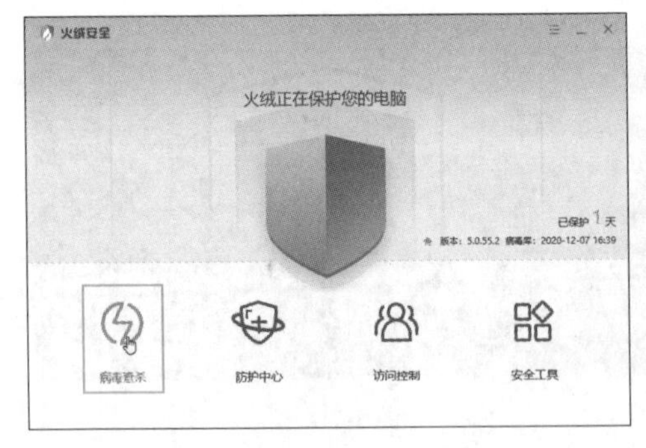

图5-18

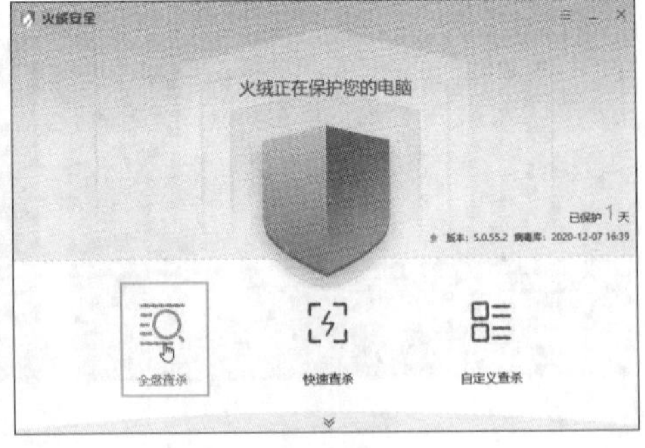

图5-19

术语解释 快速查杀、全盘查杀、自定义查杀

一般杀毒都有全盘、快速和自定义三种查杀模式。快速查杀是查杀一些计算机关键区域，一般是系统的工作区。快速查杀可以在有需要的时候就启动查杀。全盘查杀主要针对计算机中所有文件进行查杀，比较费时间，建议定期做一下全盘查杀即可。自定义查杀是指根据实际情况，选择一些保存下载文件的目录进行查杀。

STEP03：软件会自动扫描当前磁盘的所有分区、目录及文件，同病毒库进行比对，也就是进行杀毒操作，如图5-20所示。

STEP04：如果没有问题，则会弹出完成提示，单击“完成”按钮，如图5-21所示。

图5-20

图5-21

案例实战：使用安全软件的实时监控功能

现在的杀毒软件基本上都支持实时监控功能，也就是时刻关注用户下载、接收文件及各种操作，如果发现有威胁计算机的病毒木马或行为，就会给予用户警告，或者直接隔离病毒文件。如果用户需要更详细的设置，可以按照下面的步骤进行操作。各杀毒软件的设置基本类似。

STEP01：启动电脑管家，在“病毒查杀”选项卡中单击“实时保护你的电脑”超链接，如图5-22所示。

图5-22

STEP02：展开界面右侧的防护分类下拉按钮，这里可以关闭对应的防护功能，也可以单击“设置”按钮，进行更详细的设置，如图5-23所示。

STEP03：在弹出的设置中心中，可以设置下载保护内容，或者更改其他的监控内容等，如图5-24所示。

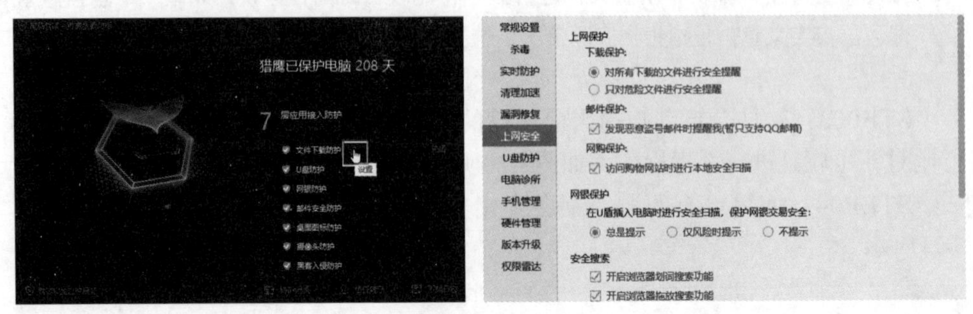

图5-23　　　　图5-24

5.4.4 使用专杀工具查杀病毒木马

如果知道是某类病毒木马，可以使用专杀工具查杀病毒木马，更有针对性，如图5-25所示。另外，现在针对勒索病毒，各杀毒工具都有专项的文档守护功能，如图5-26所示。

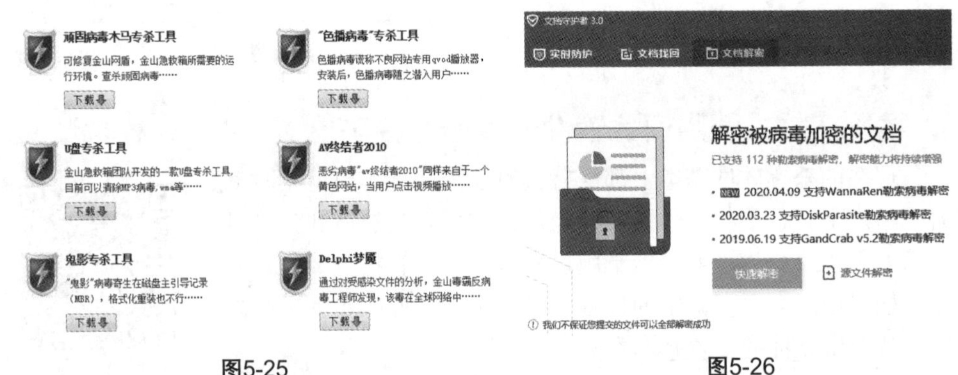

图5-25　　　　图5-26

5.4.5 病毒及木马的防范

病毒和木马的防范远远比中招后再处理要有必要得多。一个好的计算机使用习惯可以避免大量的损失。下面总结了一些常见的防范措施。

- 培养防毒杀毒习惯，学习有关病毒与反病毒知识。
- 不要随便下载网上的软件，尤其是一些破解软件和绿色软件，不要去非官网的网站或论坛下载免费软件。
- 支持使用正版软件，防范盗版软件的病毒和木马。
- 不要随便使用别人的U盘，即使使用，也要提前做好杀毒工作。

- 使用新设备和新软件之前要检查，可以使用多种杀毒引擎，也可以使用在线查杀功能。
- 使用杀毒软件时，及时升级病毒库，开启病毒实时监控。
- 养成备份文件的好习惯，重要数据要做到多处备份（如硬盘、网盘、光盘等）。
- 制作一个维护系统的U盘，放上杀毒软件，妥善保管，以便应急。
- 定期备份一些系统文件，如硬盘主引导区信息、其他引导区信息，制作系统备份镜像也是非常保险的做法。
- 经常观察，注意计算机有没有异常症状，结合多种异常，判断是否采取措施。
- 若硬盘资料已经遭到破坏，不必急着格式化，病毒不可能在短时间内将全部硬盘资料破坏，可利用“灾后重建”程序加以分析和重建。

网络病毒和木马的防治主要遵循以下要点。

（1）基于计算机的防治技术

计算机防治病毒和木马的方法：一种是软件防治，即定期或不定期地用杀毒软件检测计算机的病毒和木马感染情况。软件防治可以不断提高防治能力。还有一种是在网络接口卡安装防病毒芯片。它将计算机存取控制与病毒防护合二为一，可以更加实时有效地保护计算机及通向服务器的桥梁。实际应用中应根据网络的规模、数据传输负荷等具体情况确定使用哪一种方法。

（2）基于服务器的防治技术

网络服务器是计算机网络的中心，是网络的支柱。网络瘫痪的一个重要标志就是网络服务器瘫痪。目前基于服务器的防治病毒和木马的方法大都采用防病毒可装载模块，以提供实时扫描病毒和木马的能力，从而切断病毒和木马进一步传播的途径。

（3）加强计算机网络的管理

计算机网络病毒和木马的防治，单纯依靠技术手段是不可能十分有效地杜绝和防止其蔓延的，只有把技术手段和管理机制紧密结合起来，提高人们的防范意识，才有可能从根本上保护网络系统的安全运行。首先应从硬件设备及软件系统的使用、维护、管理、服务等各个环节制定出严格的规章制度，对网络系统的管理员及用户加强法制教育和职业道德教育，规范工作程序和操作规程，严惩从事非法活动的集体和个人。应由专人负责具体事务，及时检查系统中出现的病毒和木马的症状，在网络工作站上经常做好病毒和木马检测的工作。

制定严格的管理制度和网络使用制度，提高自身的防范意识；应跟踪网络病毒防治技术的发展，尽可能采用行之有效的新技术、新手段，建立“防杀结合、以防为主、以杀为辅、软硬互补、标本兼治”的最佳网络病毒和木马防范安全模式。

专题拓展

多引擎查杀及MBR硬盘锁恢复

（1）多引擎查杀

一般的杀毒软件有1～3个查杀引擎，这些查杀引擎可以是一家，也可能是多家。

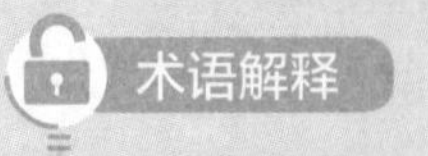

杀毒引擎

杀毒引擎就是一套判断特定程序行为是否为病毒程序（包括可疑的）的技术机制。

从原理上来说，查杀引擎越多，杀毒软件越多，查杀成功率就会越高。但对用户来说，一般一台计算机安装一款杀毒软件，最多两款，再多反而会影响计算机性能，并且杀毒软件之间还有兼容性的风险。

但是可以将准备运行的软件或者风险未知的文件上传至专业的在线多引擎杀毒网站，让网站对这些软件和文件进行在线查杀，不仅速度快，查杀率高，而且非常安全。

STEP01：进入多引擎在线杀毒页面中，单击“浏览”按钮，如图5-27所示。

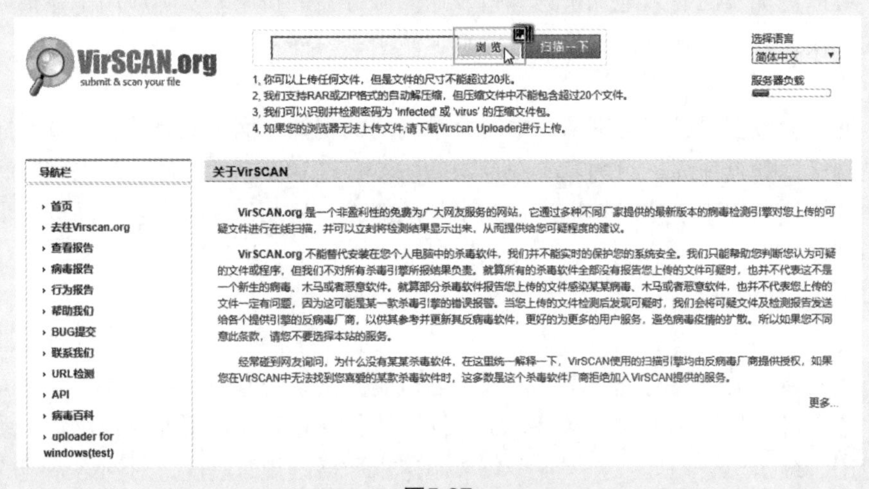

图5-27

STEP02：打开文件后，单击“扫描一下”按钮，如图5-28所示。

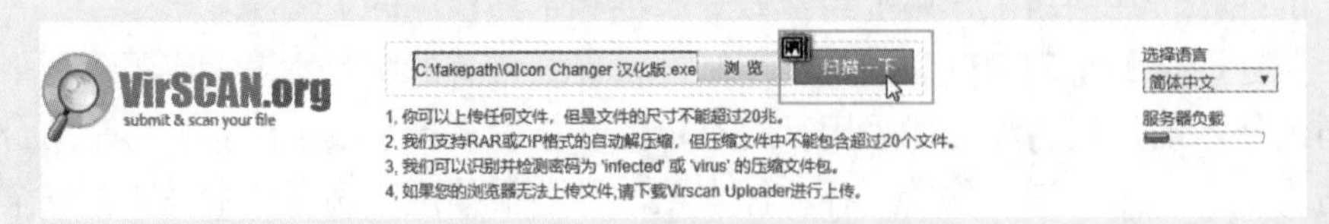

图5-28

STEP03：单击“重新扫描”按钮，如图5-29所示。

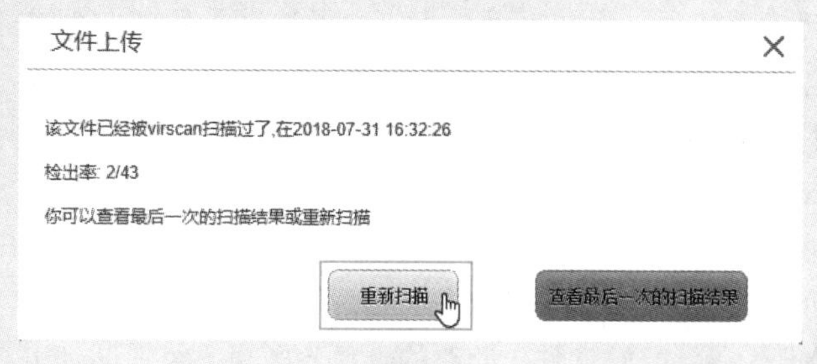

图5-29

知识拓展 查看最后一次的扫描结果

如果没有被扫描过，会自动使用所有引擎进行扫描，如果其他用户上传并扫描过，则会记录该信息，并提醒用户，是否直接查看扫描结果，这样可以节省时间。

STEP04：扫描完毕，会弹出报告，这里50个引擎只有两个报毒，如图5-30所示，基本排除病毒的可能，可以正常使用。至于其他软件，用户需要综合判断。

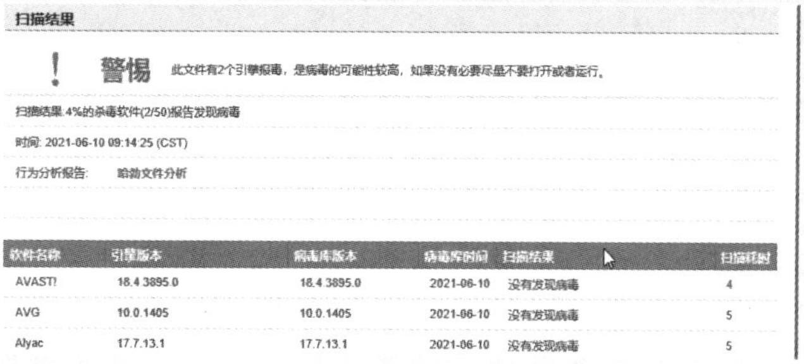

扫描结果

! 警惕 此文件有2个引擎报毒，是病毒的可能性较高，如果没有必要尽量不要打开或者运行。

扫描结果 4%的杀毒软件(2/50)报告发现病毒

时间: 2021-06-10 09:14:25 (CST)

行为分析报告: 哈勃文件分析

软件名称	引擎版本	病毒库版本	病毒库时间	扫描结果	扫描耗时
AVAST!	18.4.3895.0	18.4.3895.0	2021-06-10	没有发现病毒	4
AVG	10.0.1405	10.0.1405	2021-06-10	没有发现病毒	5
Alyac	17.7.13.1	17.7.13.1	2021-06-10	没有发现病毒	5

图5-30

知识拓展 腾讯哈勃分析系统

如果上面的结果比较简单，还可以使用腾讯哈勃的分析系统，对文件进行更详细的分析，如图5-31所示。手机的APK文件也可以进行分析。

图5-31

（2）MBR硬盘锁修复

被MBR硬盘锁感染后，开机后无法引导，无法进入系统，在屏幕上会弹出红色的文字让中招者联系作者，进而进行勒索。

因为使用的是MBR硬盘分区表，所以中毒多发生在Windows 7。建议大家安装UEFI模式的Windows 10，分区表使用更加安全的GPT分区。

如果遇到该种病毒不必联系对方，而且联系对方也无法直接解开（这是病毒，不是木马），可以按照下面的方法修复。

启动并进入PE，启动DG软件。此时的硬盘分区表已经损坏，也看不出分区的内容了。单击“搜索分区”按钮，如图5-32所示，搜索整个硬盘，并保留搜索到的分区，如图5-33所示。

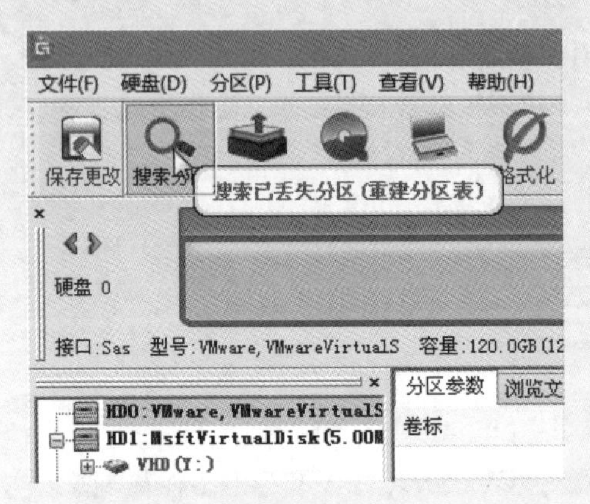

图5-32

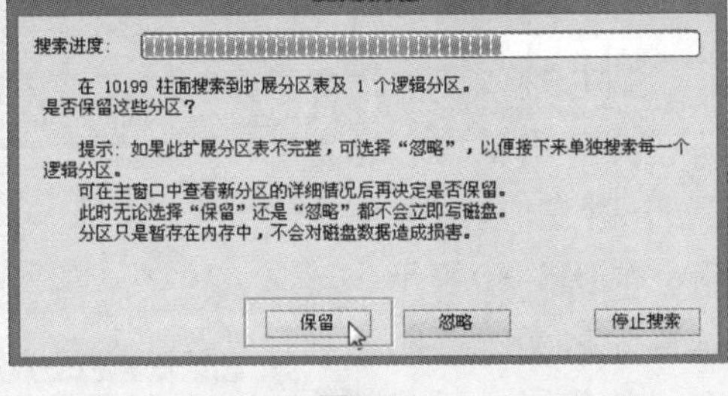

图5-33

搜索完成后，单击“重建主引导记录”选项，如图5-34所示。最后，使用系统引导修复工具再修复引导即可，如图5-35所示。

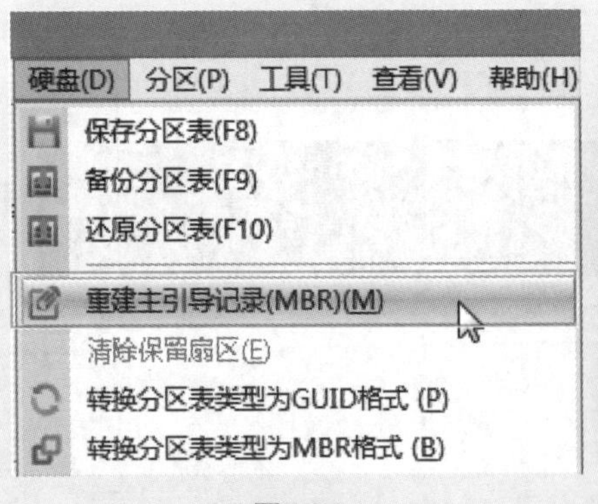

图5-34

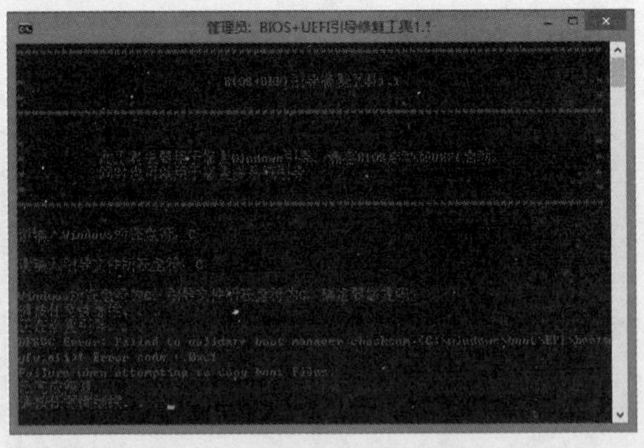

图5-35

第6章 加密、验证及解密

在前面介绍的使用抓包软件抓到的数据包中，可以查看到基本的网络参数以及应用层的各种参数，甚至可以读出数据，但却无法知道这些数据代表的含义，这是因为有数据加密技术。面对越来越多的网络威胁，明文传输已经基本看不到了，取而代之的就是各种加密技术以及验证机制。本章将向读者介绍数据加密原理、验证机制、加密的破解等知识。

本章重点难点：

- 数据加密技术
- 对称与非对称加密
- 公钥与私钥
- 常见加密算法
- 身份验证机制
- 数据完整性校验
- 对文件进行加密
- 对加密文件进行破解
- 字典的生成

6.1 加密技术概述

加密技术其实遍及了所有的数据通信，如网络支付、浏览网页、登录各种客户端等。首先介绍加密技术的一些基础知识。

6.1.1 加密简介

信息加密技术是利用数学或物理手段，对电子信息在传输过程中和存储体内进行保护，以防止泄露的技术。通过密码算术对数据进行转化，使之成为没有正确密钥任何人都无法读懂的报文。而这些以无法读懂的形式出现的数据一般被称为密文。为了读懂报文，密文必须重新转变为它的最初形式——明文，而含有用来以数学方式转换报文的双重密码就是密钥。在加密情况下，即使信息被截获并被阅读，也是毫无利用价值的。实现这种转化的算法标准，据不完全统计，到现在为止已经有200多种。

就像以前战争时期的电报人员，所有的数据内容都在公共频道中传输，别人也能截获，但必须有密码本才能读懂电报内容。当然，现在的加密算法更加复杂，而且有很多防范措施。

6.1.2 算法与密钥的作用

加密技术主要由两个元素组成：算法和密钥。密钥是一组字符串，是加密和解密的最主要的参数，是由通信的一方通过一定标准计算得来的。而算法是将正常的数据（明文）与字符串进行组合，按照算法公式进行计算，从而得到新的数据（密文）。而没有密钥和算法的话，这些数据没有任何意义，从而起到了保护数据的作用。

6.1.3 对称与非对称加密技术

加密的算法有很多，但根据密钥的使用进行分类，可以将其分为对称算法和非对称算法。

（1）对称加密

对称加密也叫私钥加密算法，就是数据传输双方均使用同一个密钥，双方的密钥都必须处于保密的状态，因为私钥的保密性必须基于密钥的保密性而非算法，收发双方都必须为自己的密钥负责。对称加密算法使用起来简单快捷，密钥较短，破译困难。

但对称加密对私钥的管理和分发十分困难和复杂，而且所需的费用十分庞大。例如，一个有n个用户的网络就需要派发$n(n-1)/2$个私钥，特别是对于大型网络来说，其管理是一个十分困难的过程。这决定了私钥算法的使用范围不能太大，而且私钥加密算法不支持数字签名。

另外，对称加密技术还有一个弊端——私钥的传递。在传递过程中，没有保护的话，私钥容易被截获及破解出来。

前面说的战争时的电报，采用的技术就是对称加密，而密钥就是密码本。现在国际上比较通行的DES、3DES、AES等算法都是对称算法。

（2）非对称加密

与对称加密不同，非对称加密需要两个密钥：公开密钥（publickey）和私有密钥（privatekey）。公开密钥与私有密钥是一对，如果用公开密钥对数据进行加密，只有用对应的私有密钥才能解密；如果用私有密钥对数据进行加密，那么只有用对应的公开密钥才能解密。因为加密和解密使用的是两个不同的密钥，所以这种算法叫作非对称算法。

例如，*A*和*B*在数据传输时，*A*生成一对密钥，并将公钥发送给*B*，*B*获得了这个密钥后，可以用这个密钥对数据进行加密并将其数据传输给*A*，然后*A*用自己的私钥进行解密就可以了，这就是非对称加密及解密的过程。

非对称算法密钥少，便于管理，分配简单，截获无意义。其虽然安全，但也有局限性，那就是效率非常低，比对称算法慢了很多，所以不太适合为大量的数据进行加密。

术语解释 数字签名

数字签名用来校验发送者的身份信息。在非对称算法中，如果使用私钥进行加密，再用公钥进行解密，当可以解密时，说明该数据确实是由正常的发送者发送的，间接证明了发送者的身份信息，而且签名者不能被否认或者说难以被否认。这种技术可以作为身份验证的手段。

（3）两者综合使用

在保证安全性的前提下，为了提高效率，出现了两种算法结合使用的方法，原理就是使用对称算法加密数据，使用非对称算法传递密钥。整个过程如下。

① *A*与*B*沟通，需要传递加密数据，并使用对称算法，要*B*提供协助。

② *B*生成一对密钥，一个公钥，一个私钥。

③ *B*将公钥发送给*A*。

④ *A*用*B*的公钥，对*A*所使用的对称算法的密钥进行加密，并发送给*B*。

⑤ *B*用自己的私钥进行解密，得到*A*的对称算法的密钥。

⑥ *A*用自己的对称算法密钥加密数据，再把已加密的数据发送给*B*。

⑦ *B*使用*A*的对称算法的密钥进行解密。

6.2 常见的加密算法

上面提到的一些加密算法，如DES、3DES、AES等是对称算法，RSA是非对称算法。它们都是可逆算法，即通过密钥可以从密文返回明文。

6.2.1 DES

DES全称为Data Encryption Standard，即数据加密标准。DES算法的入口参数有3个：Key、Data、Mode。其中Key为8个字节共64位（56位的密钥以及附加的8位奇偶校验位，产生最大64位的分组大小），是DES算法的工作密钥；Data也为8个字节64位，是要被加密或被解密的数据。

这是一个迭代的分组密码，使用称为Feistel的技术。将加密的文本块分成两半，使用子密钥对其中一半应用循环功能，然后将输出与另一半进行“异或”运算；接着交换这两半，这一过程会继续下去，但最后一个循环不交换。DES使用16个循环。攻击DES的主要形式被称为蛮力的或彻底密钥搜索，即重复尝试各种密钥，直到有一个符合为止。如果 DES使用56位的密钥，则可能的密钥数量是2^{56}个。随着计算机系统能力的不断发展，DES的安全性比它刚出现时弱得多，然而，从非关键性质的实际出发，仍可以认为它是足够的。但是，DES现在仅用于旧系统的鉴定，而现在更多地选择新的加密标准——高级加密标准（Advanced Encryption Standard，AES）。

Mode为DES的工作方式，它有加密或解密两种。步骤分成初始置换和逆置换两步。

（1）初始置换

初始置换是把输入的64位数据块按位重新组合，将输入的第58位换到第1位，第50位换到第2位……依此类推，最后一位是原来的第7位。L0、R0则是换位输出后的两部分，L0是输出的左32位，R0是右32位。例如：置换前的输入值为D1D2D3…D64，则经过初始置换后的结果为L0=D58D50…D8；R0=D57D49…D7。

（2）逆置换

经过16次迭代运算后，得到L16、R16，将此作为输入，进行逆置换，逆置换正好是初始置换的逆运算，由此得到密文输出。

6.2.2 3DES

3DES是DES加密算法的一种模式，它使用3条64位的密钥对数据进行三次加密。比起最初的DES，3DES更为安全。3DES（即Triple DES）是DES向AES过渡的加密算法（1999年，NIST将3DES指定为过渡的加密标准），是DES的一个更安全的变形。它以DES为基本模块，通过组合分组方法设计出分组加密算法，其具体实现如下：设Ek（ ）和Dk（ ）代表DES算法的加密和解密过程，k代表DES算法使用的密钥，k1、k2、k3分别代表3个密钥，P代表明文，C代表密表，这样3DES加密过程为C=Ek3（Dk2（Ek1（P））），3DES解密过程为P=Dk1（（Ek2（Dk3（C）））。k1、k2、k3决定了算法的安全性，若三个密钥互不相同，本质上就相当于用一个长为168位的密钥进行加密。多年来，它在对付强力攻击时是比较安全的。若数据对安全性要求不那么高，k1可以等于k3。在这种情况下，密钥的有效长度为112位。

6.2.3 AES

AES（Advanced Encryption Standard）是高级加密标准，速度快，安全级别高。AES算法基于排列和置换运算。排列是对数据重新进行安排，置换是将一个数据单元替换为另一个。AES使用几种不同的方法来执行排列和置换运算。AES是一个迭代的、对称密钥分组的密码，它使用128、192和256位密钥，并且用128位（16字节）分组加密和解密数据。

6.2.4 RSA

前面的都是对称算法，RSA是一种非对称算法。为提高保密强度，RSA密钥至少为500位长，一般推荐使用1024位，这就使加密的计算量很大。由于进行的都是大数计算，使得RSA最快的情况也比DES慢上好几倍。无论是软件还是硬件实现，速度一直是RSA的缺陷，一般来说只用于少量数据加密。RSA的速度比对应同样安全级别的对称算法要慢1000倍左右。

知识拓展 其他常见的非对称算法

- DSA：DSA是基于整数有限域离散对数难题的。DSA的一个重要特点是两个素数公开，这样，当使用别人的p和q时，即使不知道私钥，也能确认它们是否是随机产生的，还是做了手脚。这一点RSA算法做不到。相比于RSA，DSA 只用于签名，而RSA可用于签名和加密。
- ECC：1985年，N.Koblitz和 Miller提出将椭圆曲线用于密码算法，全称Elliptic Curve Cryptography，缩写为ECC，根据是有限域上的椭圆曲线上的点群中的离散对数问题（ECDLP）。ECDLP是比因子分解问题更难的问题，它是指数级的难度。

随着安全等级的增加，当前加密方法的密钥长度也会成指数增加，而ECC密钥长度却只是成线性增加。例如，128位安全加密需要3072位RSA密钥，却只需要一个256位ECC密钥。增加到256位安全加密需要15360位RSA密钥，却只需要512位ECC密钥。ECC具有如此卓越的按位比率加密的性能，预计其特点将成为安全系统关注的重点。

6.2.5 哈希算法

哈希算法（Hash Algorithm）又称散列算法、散列函数、哈希函数，是一种从任何一种数据中创建小的数字“指纹”的方法。哈希算法将数据打乱混合，重新创建一个哈希值。哈希函数常见的如MD5、SHA，没有加密的密钥参与运算，而且也是不可逆的。哈希算法具有以下特点。

- 正向快速。原始数据可以快速计算出哈希值。
- 逆向困难。通过哈希值基本不可能推导出原始数据。
- 输入敏感。原始数据只要有一点变动，得到的哈希值差别很大。
- 冲突避免。很难找到不同的原始数据得到相同的哈希值。

哈希算法主要用来保障数据真实性（即完整性），即发信人将原始消息和哈希值一起发送，收信人通过相同的哈希函数来校验原始数据是否真实。

哈希算法主要有MD4、MD5、SHA。

- MD4。1990年设计，输出128位（已经不安全）。
- MD5。1991年设计，输出128位（已经不安全）。
- SHA-0。1993年发布，输出160位（发布之后很快就被NSA撤回，是SHA-1的前身）。
- SHA-1。1995年发布，输出160位（已经不安全）。
- SHA-2。包括SHA-224、SHA-256、SHA-384和 SHA-512，分别输出224位、256位、384位、512位（目前安全）。

6.2.6 常见的加密应用

在日常生活中，很多地方都用到加密算法，如数字证书等。

（1）数字证书

数字签名和数据完整性校验在技术上可以确保发送方的真实性和数据的完整性。但是，对请求方来说，如何确保其收到的公钥一定是由发送方发出的，而且没有被篡改呢?

这时候，需要一个权威的值得信赖的第三方机构（一般是由政府审核并授权的机构）来统一对外发放主机机构的公钥，这样就能避免上述问题的发生。这种机构被称为证书权威机构（Certificate Authority, CA），它们所发放的包含主机机构名称、公钥在内的文件就是人们所说的“数字证书”。

数字证书的颁发过程：用户首先产生自己的密钥对，并将公共密钥及部分个人身份信息传送给认证中心。认证中心在核实身份后，将执行一些必要的步骤，以确信请求确实由用户发送而来，然后，认证中心将发给用户一个数字证书，该证书内包含用户的个人信息和他的公钥信息，同时还附有认证中心的签名信息。用户就可以使用自己的数字证书进行相关的活动。数字证书由独立的证书发行机构发布。数字证书各不相同，每种证书可提供不同级别的可信度。用户可以从证书发行机构获得自己的数字证书。

（2）HTTPS与SSL

我们知道HTTP是超文本传输协议，传输的数据是明文，现在已经非常不安全了。取而代之的是HTTPS，也就是加密的超文本传输协议，它使用HTTP与SSL协议构建了可加密的传输、身份认证的网络协议。

SSL协议在握手阶段使用的是非对称加密，在传输阶段使用的是对称加密，也就是前面说的综合了两种算法。在握手过程中，网站会向浏览器发送SSL证书，SSL证书和日常用的身份证类似，是一个支持HTTPS网站的身份证明，SSL证书里面包含了网站的域名、证书有效期、证书的颁发机构以及用于加密传输密码的公钥等信息。SSL协议主要确保了以下安全问题。

- 认证用户和服务器，确保数据发送到正确的客户端和服务器。
- 加密数据以防止数据中途被窃取。
- 维护数据的完整性，确保数据在传输过程中不被改变。

HTTPS的主要缺点就是性能问题。造成HTTPS性能低于HTTP的原因有两个：一个是对数据进行加解密决定了它比HTTP慢；另外一个重要原因的是HTTPS禁用了缓存。

案例实战：计算文件完整性

在下载文件时经常看到文件中有一些校验代码，如图6-1所示，其实这就是使用了哈希算法来校验发布的文件的完整性，防止文件在保存位置被更改，间接起到了校验功能。那么这些值如何使用呢?

文件名（☑显示校验信息）	发布时间	ED2K	BT
Windows 10 (business edition), version 21H1 (x64) - DVD (Chinese-Simplified) 文件：cn_windows_10_business_editions_version_21h1_x64_dvd_57455ea1.iso 大小：5.3GB MD5：E2B67B11553F15802E4708A786A715BD SHA1：D35C56C76F9C5D0F03CAB06926035BB9536B7A25 SHA256：F1FA599DA150F0443BF4ED01895AA5B1F447855934B12A0D750A74A69DC263D7	2021-05-18	复制	复制

图6-1

STEP01：下载该文件，并下载校验工具“Hasher Lite”，将文件拖动到工具中，如图6-2所示。

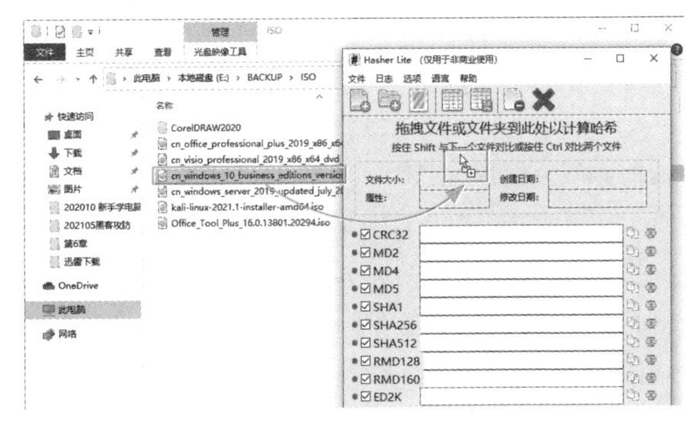

图6-2

STEP02：软件开始计算各值，稍后显示计算结果，如图6-3所示。用户可以和文件页面的MD5、SHA1和SHA256进行比较，如果一样，说明文件未被更改。

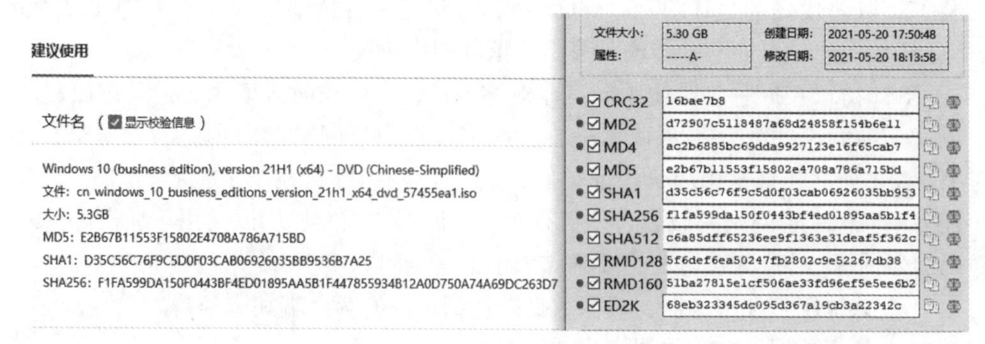

图6-3

为了演示完整功能，这里计算了所有的值，用户可以根据实际情况，勾选需要计算的Hash值。计算的时长主要与文件的大小和CPU处理速度有关系。

6.3 使用软件对文件进行加密

除网络传输的数据和网上认证系统外，本地存储的文件及文件夹也可以使用加密技术提高文件的安全性，以防被恶意更改或拷贝。

6.3.1 文件加密原理

现在很多加密软件使用的是文件保护技术，也就是对文件设置安全密码，文件本身并没有加密，原则上通过技术，可以绕过密码直接读取。这种保护技术的特点是加密速度快，操作方便灵活。

另一种是对文件整体的二进制内容进行加密转换，从而编成密文。这种方法是比较安全的，但由于是整体都加密，所以加密时间较长。

很多加密软件采用了折衷的办法，将文件头进行加密，文件体没加密。文件头是位于文件开头的一段承担一定任务的数据，一般都在开头的部分，简单的加密软件只对文件起始部分进行了加密，所以用户是打不开文件的，但是通过二进制读取工具，把文件头换成标准的内容后就可以打开了。

专业的加密软件都有透明加密的功能，实际上类似于杀毒软件，通过驱动层监控每个进程操作文件。对于授信的进程，在进程访问加密文件时，把密文转成明文后传给进程，这样进程访问的明文就能打开文件了。对于不授信的进程，访问密文时，无法打开文件。保存文件时也是这样。

知识拓展 视频加密技术

视频加密的技术大致有如下几种。

① 防盗链技术。这种技术严格来说，不属于视频加密，只是想办法防止视频被下载，只允许在线播放，很容易被绕过去。可以伪装自己是浏览器拿到url，然后伪装浏览器的各种referer等信息，欺骗防盗链系统，从而下载到视频。

② HLS加密技术。也可以称之为m3u8切片加密，这是目前H5时代广泛使用的技术。该加密本身是很安全的，基于AES加密算法。但有一个致命的问题：别人很容易拿到密钥进行解密。因为算法是公开的，并且如果不保护好密钥文件，很多工具软件均可拿到密钥对视频进行还原。如果只是采用单纯的HLS加密技术，可以说极其不安全。幸好，近几年国内很多厂商在标准HLS加密的基础上，对m3u8文件中的密钥等做了防盗处理，这种两者结合，效果就好很多。

③ 视频文件内容采用私有算法真正逐帧加密。这种方式一般是基于不公开的算法，对视频文件、直播流、m3u8中的ts数据等，均可实现实时逐帧加密。但加密后的视频需要专用特定播放器才可以播放。由于采用私有算法，其他播放器无法进行播放，增强了安全性，但也带来了一定的不方便，就是必须安装专用软件。

但再好的加密，也都怕一件事情：录制。防录屏一般有以下策略。

① 阻止录屏软件常用的API使用。

② 黑白名单。把常见的录屏软件的特征通过数据库记录下来，检测到后就无法继续播放。

③ 水印。这个相对要好一些，使用一些随机的水印，播放时显示在视频的随机位置，录制后可以知道是谁泄露的。

6.3.2 使用Windows自带的功能对文件进行加密

这种加密是限制文件只能在本机、本账户打开，其他账户登录或者其他计算机都是不能打开的，这对于PE（预安装环境）可以跳过账户访问、自由访问文件来说，是一个解决文件安全性的好办法。

STEP01：在要加密的文件夹上使用鼠标右键单击，在弹出的快捷菜单中选择“属性”选项，如图6-4所示。

STEP02：在“属性”界面中，单击“高级”按钮，如图6-5所示。

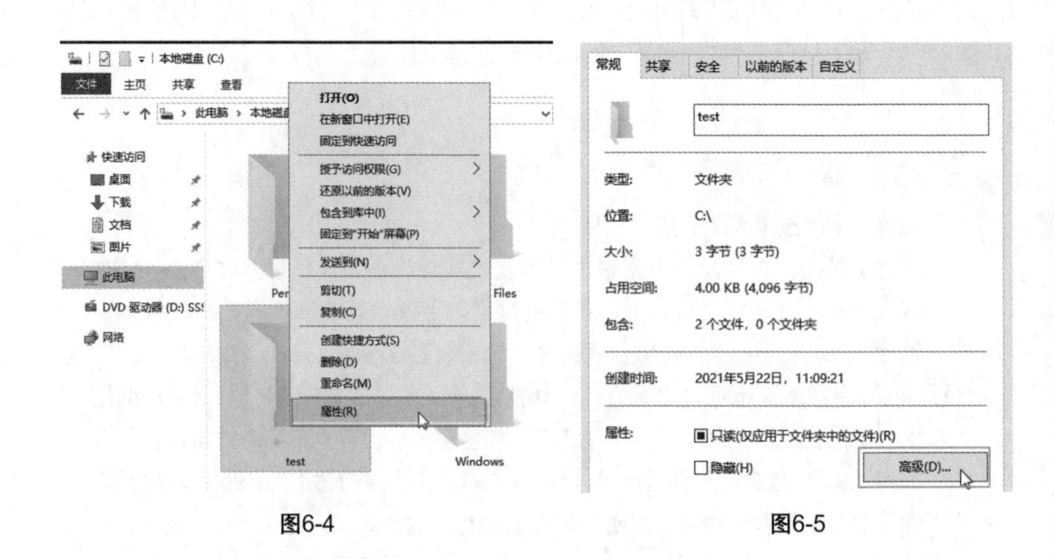

图6-4　　图6-5

STEP03：勾选“加密内容以便保护数据”复选框，单击“确定”按钮，如图6-6所示。

STEP04：返回上一级并单击“确定”按钮，会弹出“确认属性更改”对话框，单击“确定”按钮，如图6-7所示。

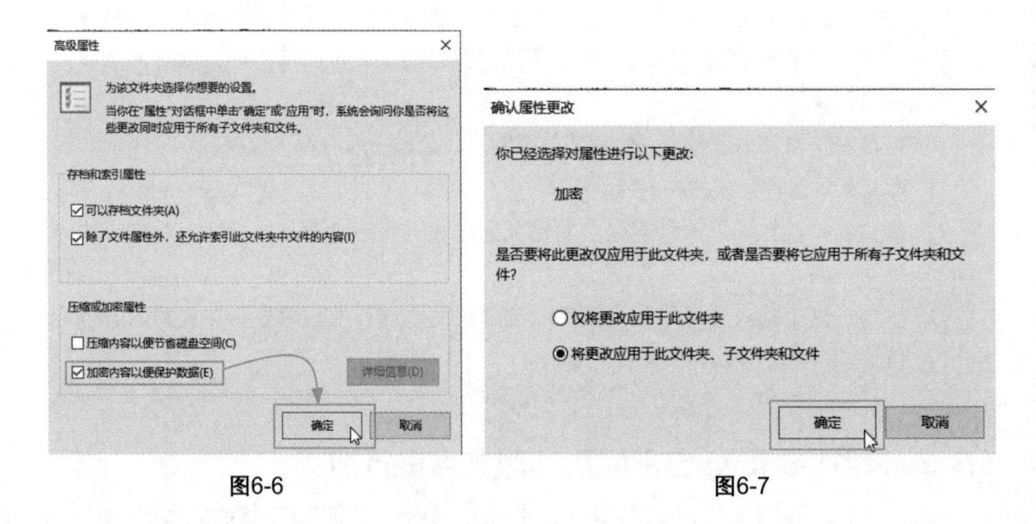

图6-6　　图6-7

STEP05：进入文件夹后，可以查看到加密标志，如图6-8所示。

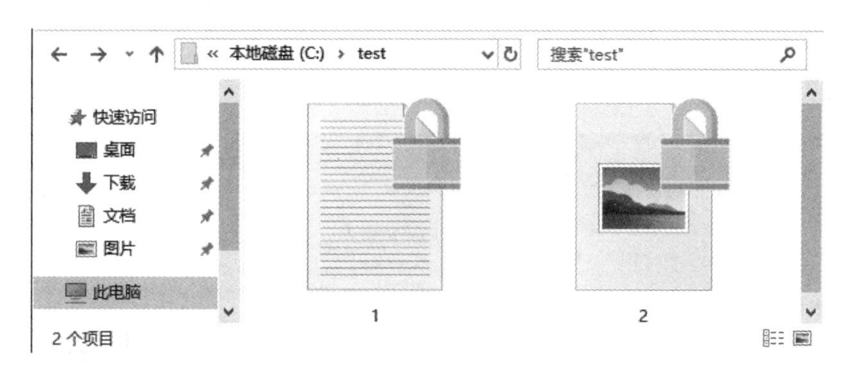

图6-8

如果使用其他用户账户访问，打开文件时会弹出提示信息，如图6-9所示。

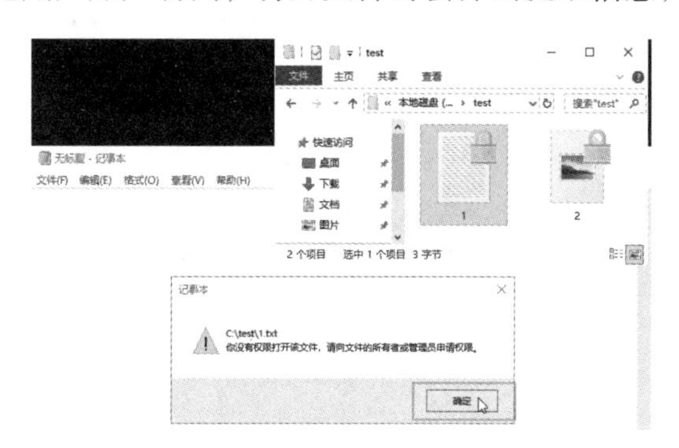

图6-9

6.3.3 使用文件夹加密软件对文件及文件夹进行加密

现在的加密软件非常多，操作方法也类似。下面以一款小型加密工具为例，向读者介绍加密软件的使用步骤。

STEP01：双击启动软件，单击“加密其他文件夹”按钮，找到并选择需要加密的文件夹，单击“确定”按钮，如图6-10所示。

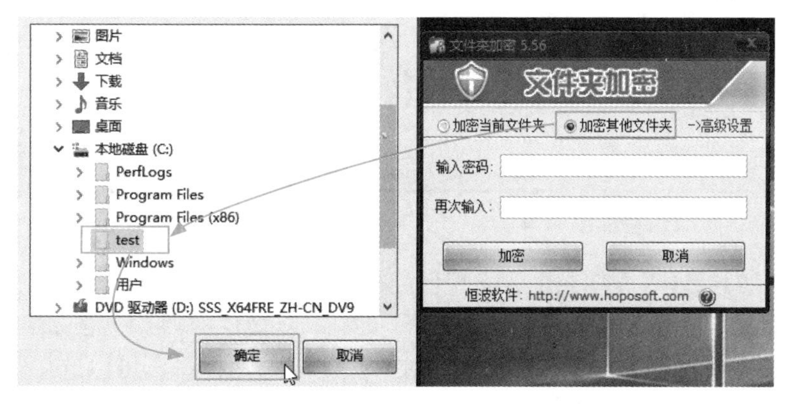

图6-10

STEP02：单击“高级设置”超链接，在弹出的“高级设置”对话框中，设置“加密强度设置”为“强度：最高”，单击“确定”按钮，如图6-11所示。

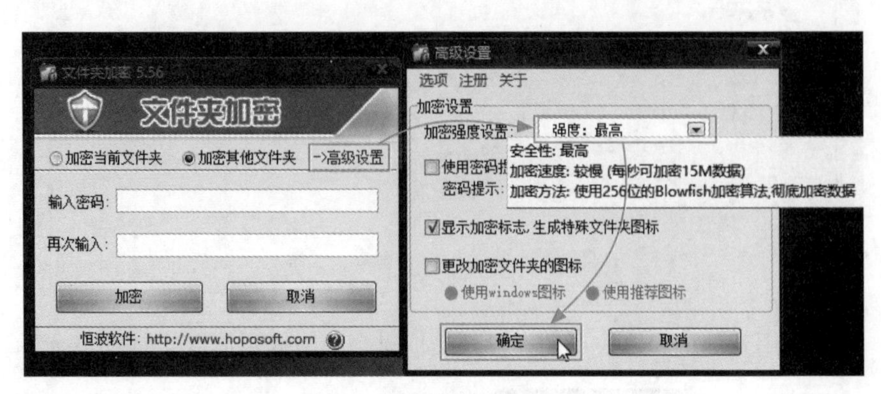

图6-11

术语解释　Blowfish加密算法

Blowfish算法是一个64位分组及可变密钥长度的对称密钥分组密码算法，可用来加密64位长度的字符串。32位处理器诞生后，Blowfish算法因其在加密速度上超越了DES而引起人们的关注。Blowfish算法具有加密速度快、紧凑、密钥长度可变、可免费使用等特点，已被广泛使用于众多加密软件。

STEP03：返回主界面中，输入加密密码，单击“加密”按钮，如图6-12所示。完成加密后，弹出提示信息，单击“确定”按钮，如图6-13所示。

图6-12

图6-13

STEP04：进入文件夹中，发现已经被加密，双击图标后，弹出“文件夹解密”对话框，输入密码后，单击“解密”按钮，如图6-14所示，完成解密并可以查看文件夹中内容，如图6-15所示。在“解密”对话框中，可以选择解密后的操作。

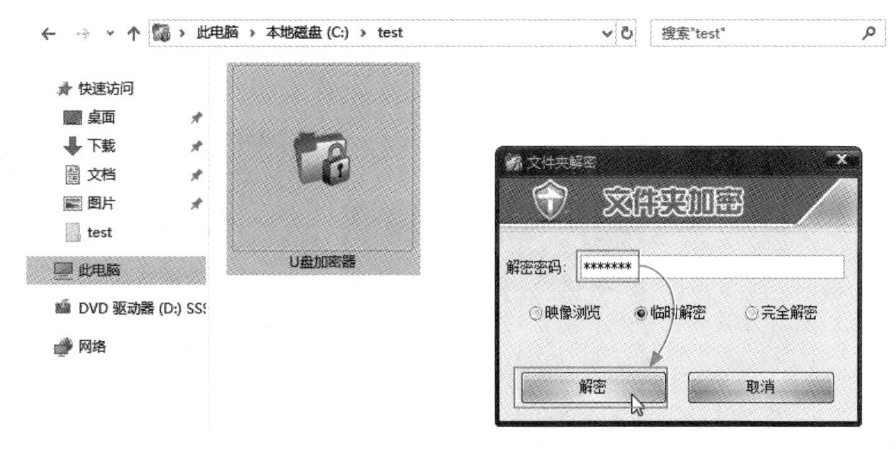

图6-14

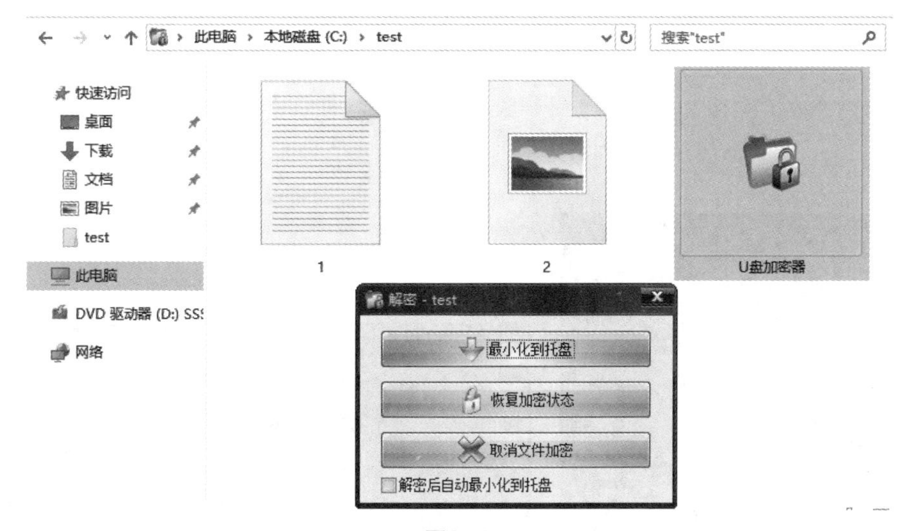

图6-15

案例实战：使用Encrypto对文件或文件夹进行加密

该软件非常小，支持Windows和MAC平台，功能就是加密。该软件使用了全球知名的高强度AES-256加密算法，这是目前密码学上最流行的算法之一，被广泛应用于军事科技领域，普通的压缩包加密技术无法与AES-256相提并论，文件被破解的可能性几乎为零，安全性极高，所以安全方面不用担心。速度方面，因为这种运算比较复杂，所以加密大文件需要一定的时间。

STEP01：安装并启动该软件，将需要加密的文件夹拖入其中，如图6-16所示。

STEP02：设置加密密码，因为只能输入一次，所以不要输错，完成后，单击“Encrypt”按钮，如图6-17所示。

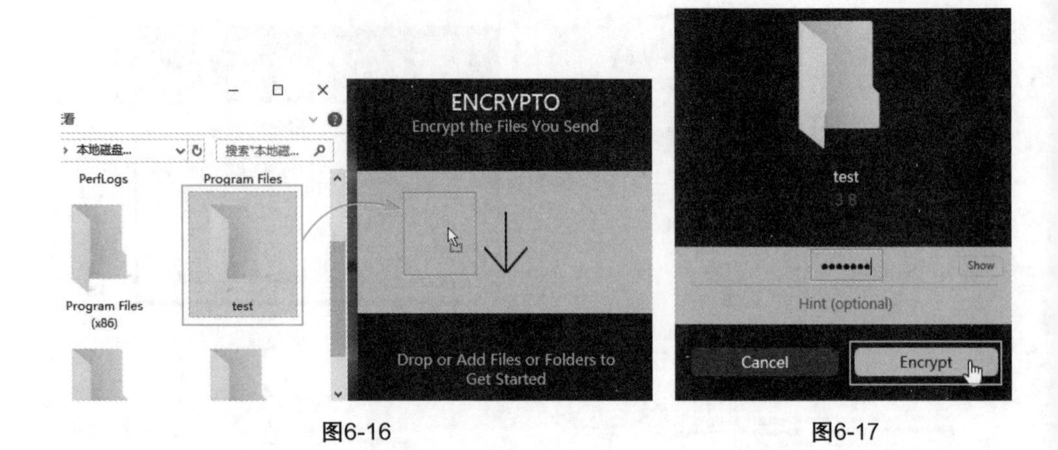

图6-16　　图6-17

STEP03：完成加密后，单击“Save As...”按钮，将加密后的文件另存，如图6-18所示。加密后的文件如图6-19所示。

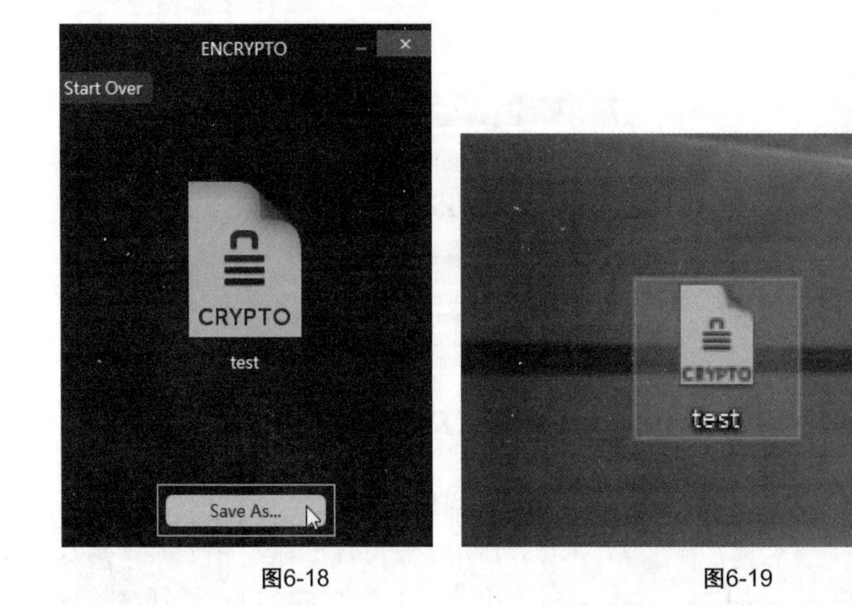

图6-18　　图6-19

STEP04：如果要解密，双击该文件，在弹出的界面上输入密码，单击“Decrypt”按钮，如图6-20所示，单击“Save As...”按钮，如图6-21所示，选择位置保存即可。

图6-20

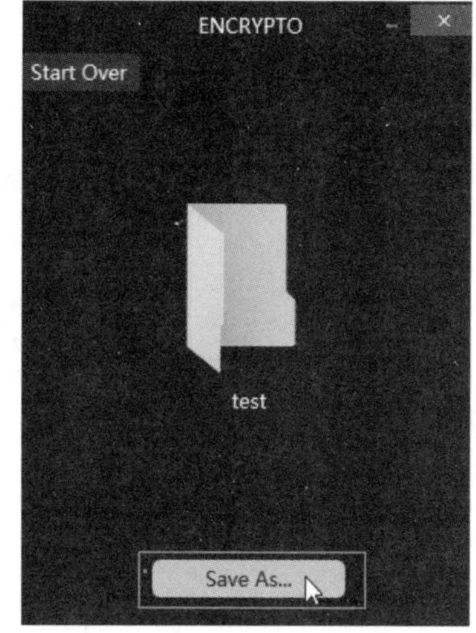

图6-21

6.4 常用加密的破解

一些常用软件的加密是可以进行破解的。下面介绍一些常见的加密破解过程。

6.4.1 密码破解

破解密码无外乎使用各种密码组合去尝试。尝试的时间与密码的复杂程度和算法有关。从原理上来说，密码都是可以被破解的，但时间过长，就认为密码是安全的，不可破解的。网络上的账号密码，也可以暴力破解，为了防止被暴力破解，出现了验证码。现在验证码的发展已经和人工智能相关联了，在尝试一定次数后，会被禁止尝试，从暴力破解的角度来说已经越来越难，所以出现了很多钓鱼、嗅探、木马、键盘监控等，进行密码的盗取。越来越多的密码获取来源于撞库。因为很多人在不同的网站使用相同的账号和密码，所以通过撞库，可以尝试得到其他网站的密码。

对于用户来说，尽可能使用复杂密码，而且针对网站要分等级，普通网站使用一些可以随时丢弃的账号密码组合，以免被盗殃及其他含有重要资料的网站。

6.4.2 Office文件加密的破解

Office组件中经常使用的包括Word、Excel和PowerPoint，都可以在对应的软件中设置加密，以防止被别人查看内容。它们解密不需要验证码，也就是可以使用第三方软件进行密码的暴力破解。这里以破解Word密码为例，向读者进行演示。

STEP01：打开破解软件“Passper for Word”，单击“恢复密码”按钮，如图6-22所示。

STEP02：选择文件后，单击“字典破解”按钮，单击“恢复”按钮，如图6-23所示。

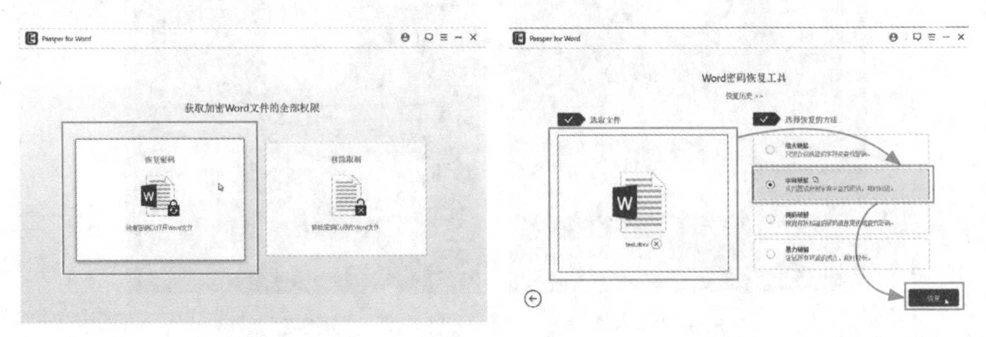

图6-22　　图6-23

STEP03：软件会自动生成字典，并按照字典条目进行比对进行破解，如图6-24所示。

STEP04：如果破解出了正确密码，会显示到主界面中，如图6-25所示。

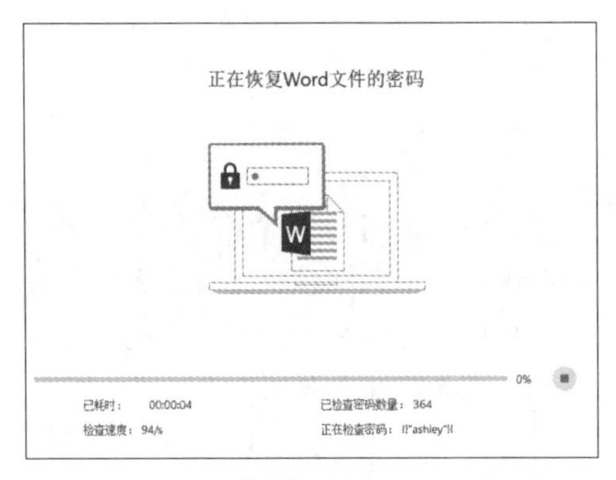

图6-24

图6-25

知识拓展　几种模式的不同

如果用户知道密码的一些信息，可以使用“组合破解”或者“掩码破解”。“字典破解”相对于“暴力破解”速度要快一些，这两种模式主要针对不知道密码组成的情况。Excel和PowerPoint的破解选项与Word的破解选项类似，这里就不再介绍了，用户可以自己创建并加密文档，然后用软件进行暴力破解测试。

案例实战：RAR格式文件的破解

RAR是压缩文件常用的格式，针对RAR文件也有类似的破解方法。如果什么都不知道，可以尝试“字典破解”或者“暴力破解”。如果知道密码的一部分，可以使用下面的方法。

STEP01：启动“Passper for RAR”程序，进入主界面选择文件后，单击“组合破解”按钮，单击“下一步”按钮，如图6-26所示。

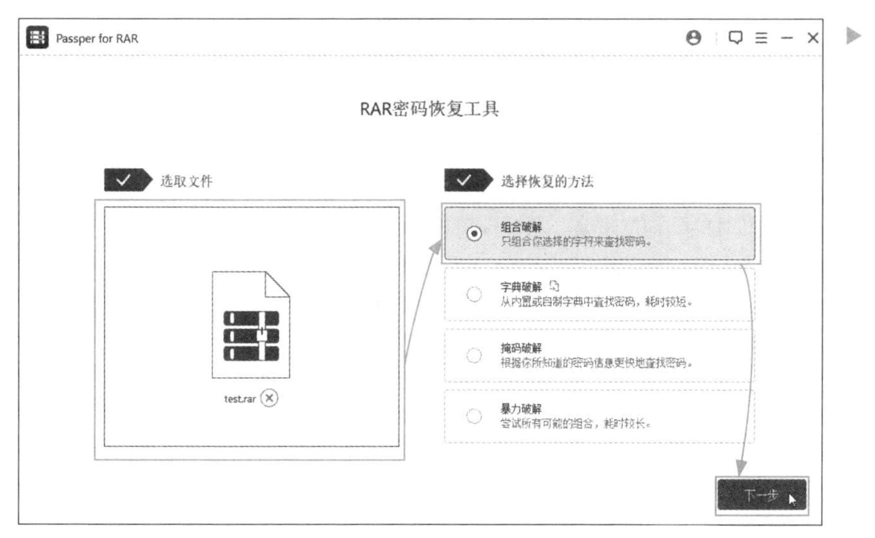

图6-26

STEP02：根据提示设置密码长度、前后缀、是否有大小写字母、数字、符号。不知道可以不填或选择全部。最后查看“概要”，无误后，单击“恢复”按钮，如图6-27所示。

图6-27

知道的越多，破解的时间就越短。最后破解出的密码会显示出来，如图6-28所示。

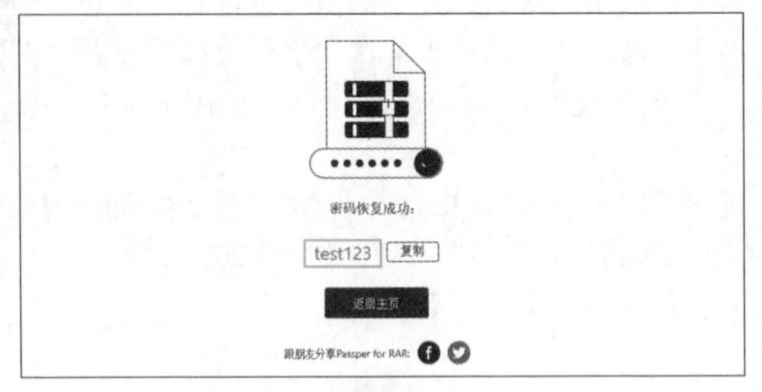

图6-28

6.4.3 Hash密文破解

现在网站中存在的密码，并不是以明文密码的形式存放，而是在用户注册时，将密码进行加密运算后，存放在数据库中。用户登录时，也是将密码进行加密运算后，与数据库中的密码进行比对，如果两者一致，说明密码输入正确，就允许登录，否则拒绝登录。

常用的密码加密算法，可以使用MD5、SHA、Bcrypt等。如果用户获取到网站中存放的加密密码，可以使用John the Ripper进行运算，以获取明文。

John the Ripper是一款速度很快的密码破解工具，目前可用于Unix、macOS、Windows、DOS、BeOS与OpenVMS等多种操作系统。最初其主要目的是检测弱Unix密码，而现在除了支持大多数加密算法外，John the Ripper "-jumbo"版本还支持数百种其他哈希类型和密码。

以John the Ripper的Windows版本"john-1.9.0-jumbo-1-win64"为例（以下简称john），向读者介绍在Windows中如何使用该软件计算出Hash加密前的明文。

为了方便演示，这里使用比较简单的"SHA-224"算法，MD5时间较长，有兴趣的读者可以自己尝试下。随便搜索一个Hash加密计算的网站，输入明文密码，单击"SHA224"按钮，计算出加密密文，如图6-29所示。

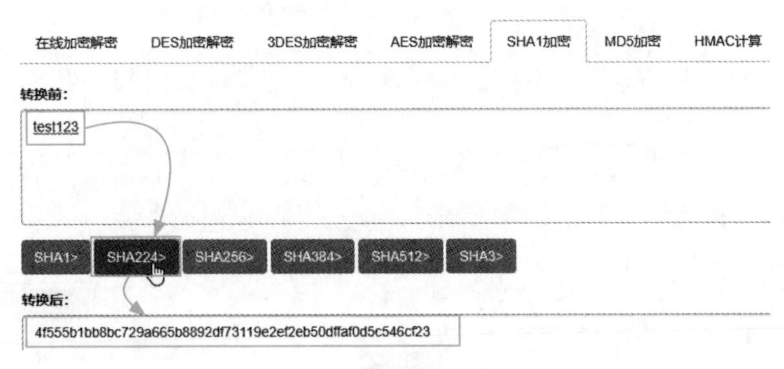

图6-29

STEP01：下载“john-1.9.0-jumbo-1-win64”，解压放置在任意文件夹中。在根目录新建一个记事本文档，重命名为“test.txt”，打开后将前面的SHA-224密文复制到其中并保存，如图6-30所示。

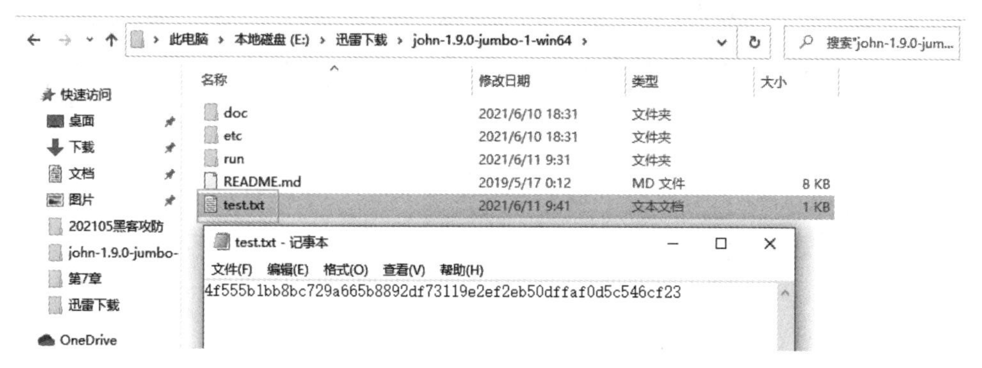

图6-30

STEP02：启动命令提示符界面，用“CD”命令切换到john的run文件夹中，如图6-31所示。

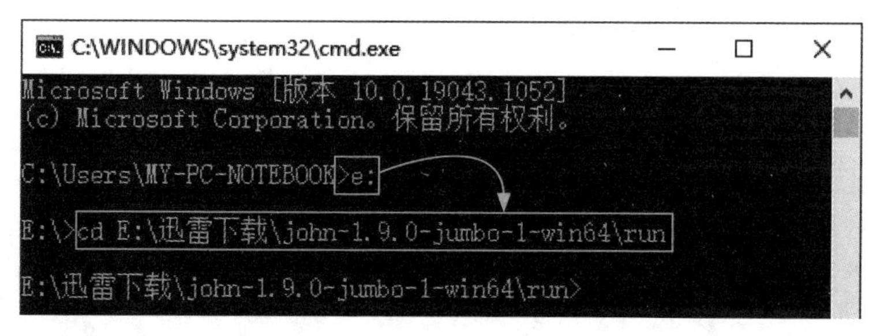

图6-31

新手误区 不能直接使用CD切换当前目录吗?

不可以，CD是在同一分区中使用，如果要跨分区，需要先切换到对应分区，再使用CD切换当前目录。

需要注意，这里的目录路径根据用户存放的位置不同而变化。不要照着图中的路径输入，否则肯定会报错。

STEP03：使用“john ../test.txt”命令，启动破解。如果比较简单，会很快看到结果，如图6-32所示。如果比较复杂，需要很长时间。

```
E:\迅雷下载\john-1.9.0-jumbo-1-win64\run>john ../test.txt
Using default input encoding: UTF-8
Loaded 1 password hash (Raw-SHA224 [SHA224 256/256 AVX2 8x])
Warning: poor OpenMP scalability for this hash type, consider --fork=8
Will run 8 OpenMP threads
Proceeding with single, rules:Single
Press 'q' or Ctrl-C to abort, almost any other key for status
Almost done: Processing the remaining buffered candidate passwords, if any.
Proceeding with wordlist:password.lst, rules:Wordlist
test123          (?)
1g 0:00:00:00 DONE 2/3 (2021-06-11 09:57) 10.10g/s 165494p/s 165494c/s 165494C/s 123456..faithfaith
Use the "--show" option to display all of the cracked passwords reliably
Session completed
```

图6-32

知识拓展 目录的表示方法

“../”代表当前目录的上一级目录，是相对路径的写法。用户也可以使用全路径，也就是“E:\迅雷下载\john-1.9.0-jumbo-1-win64\test.txt”。

知识拓展 无法进行计算

如果用户在破解时显示了如图6-33所示代码，代表该密码已经被破解出来了，用户可以到“run”目录中找到并打开“john.pot”文件来查看已经破解出来的明文，如图6-34所示。如果需要重新计算，只要删除“john.pot”文件即可。

```
E:\迅雷下载\john-1.9.0-jumbo-1-win64\run>john ../test.txt
Using default input encoding: UTF-8
Loaded 1 password hash (Raw-SHA224 [SHA224 256/256 AVX2 8x])
No password hashes left to crack (see FAQ)

E:\迅雷下载\john-1.9.0-jumbo-1-win64\run>
```

图6-33

$SHA224$4f555b1bb8bc729a665b8892df73119e2ef2eb50dffaf0d5c546cf23:test123

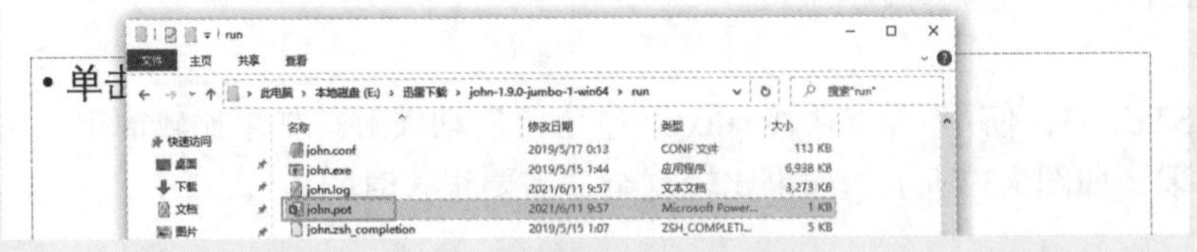

图6-34

知识拓展 使用PowerShell启动命令

Windows PowerShell是一种命令行外壳程序和脚本环境，使命令行用户和脚本编写者可以利用.NET Framework的强大功能。

用户可以在“john.exe”所在的“run”文件夹中，按住“Shift”键，使用鼠标右键单击，在弹出的快捷菜单中选择“在此处打开Powershell窗口”选项，如图6-35所示。然后在弹出的类似命令提示符界面中，使用命令即可。但命令的执行方法和上面介绍的有所不同，需要使用“.\命令”，而不能像命令提示符那样直接使用命令，如图6-36所示。

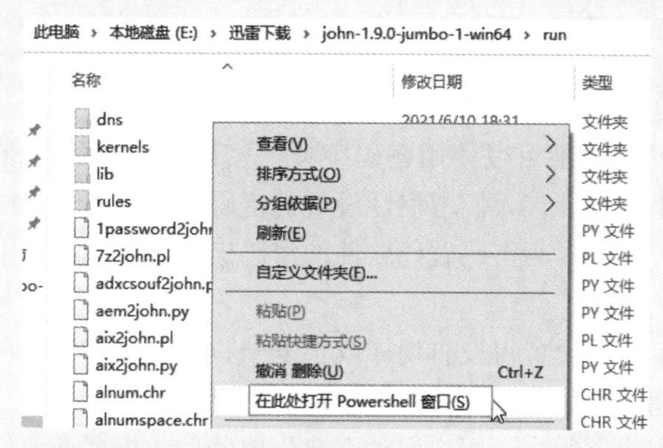

图6-35

```
PS E:\迅雷下载\john-1.9.0-jumbo-1-win64\run> .\john ../test.txt
Using default input encoding: UTF-8
Loaded 1 password hash (Raw-SHA224 [SHA224 256/256 AVX2 8x])
Warning: poor OpenMP scalability for this hash type, consider --fork=8
Will run 8 OpenMP threads
Proceeding with single, rules:Single
Press 'q' or Ctrl-C to abort, almost any other key for status
Almost done: Processing the remaining buffered candidate passwords, if a
Proceeding with wordlist:/run/password.lst, rules:Wordlist
test123          (?)
1g 0:00:00:00 DONE 2/3 (2021-06-11 10:20) 9.615g/s 157538p/s 157538c/s 1
Use the "--show" option to display all of the cracked passwords reliably
Session completed
PS E:\迅雷下载\john-1.9.0-jumbo-1-win64\run>
```

图6-36

知识拓展 使用在线破解功能

在线破解如果说是破解倒不如说是撞库，也就是通过计算对比结果，相同则说明是同一个明文，所以现在很多在线网站计算并收集了大量的明文以及与之对应的密文，用户可以到这些网站通过密文查找有没有对应的明文，这样可以节省大量的时间，如图6-37所示。但很多网站是收费的。

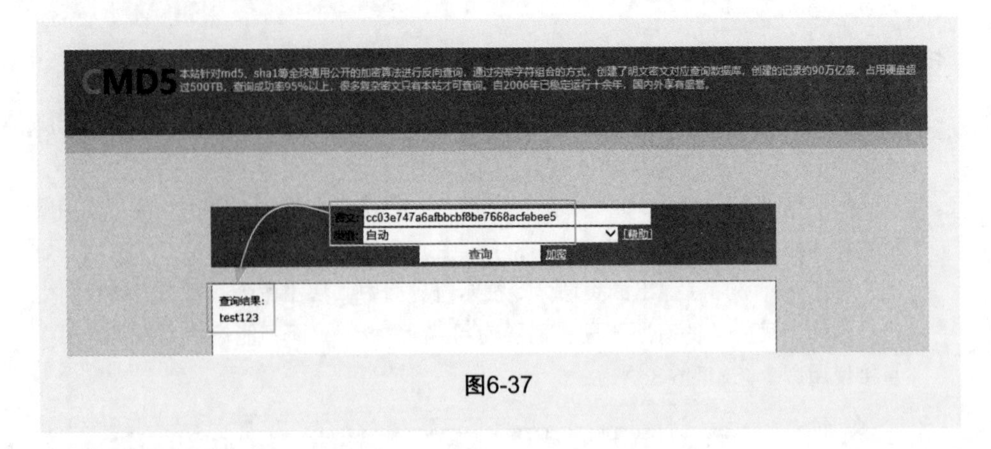

图6-37

6.4.4 密码字典生成及使用

其实前面的破解都可以使用密码字典，密码字典是配合密码破译软件使用的。密码字典里包含许多人们习惯性设置的密码，在破解时，按照密码字典中的数据顺序进行，可以提高密码破译软件的密码破译成功率和命中率，缩短密码破译的时间。

但如果一个密码设置得没有规律或很复杂，也就是未包含在密码字典里，这个字典就没有用了，甚至会延长密码破译所需要的时间。

现在字典生成器很多，用户启动字典生成器后，根据选项勾选或设置需要的组合然后生成即可，如图6-38所示，选项越多、包含的内容越多，生成的字典就越大。

在使用时，根据选项，选择字典文件即可，如图6-39所示。

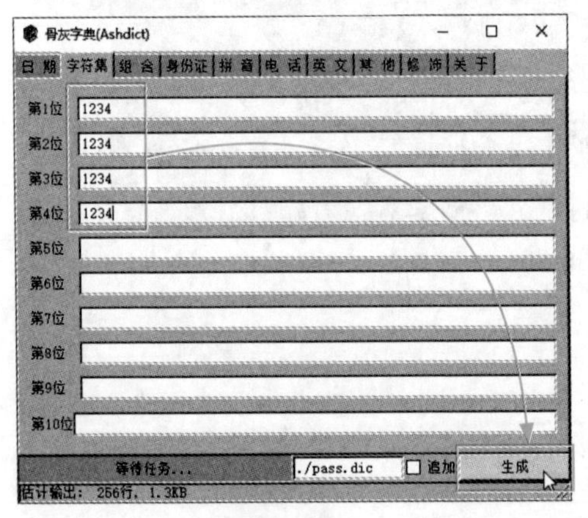

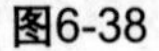
图6-38

图6-39

专题拓展

Windows激活技术

用户在安装好Windows操作系统后，都面临一件事情，就是激活。Windows激活后，可以获取Windows提供的系统漏洞补丁，用来保证计算机的安全性。“Windows更新”还提供了各种硬件的驱动程序，可以通过更新来安装计算机以及新加硬件的驱动。

不激活的话，很多功能会被限制，如“个性化”“主题”等。激活后可以使用全部功能。而且长时间不激活，桌面背景会变成黑色，还会在界面右下角显示提示水印，如图6-40所示。

图6-40

所以，建议用户使用“激活”功能来打开全部功能以及“Windows更新”。

Windows激活需要使用密钥，也就是常说的“KEY”。不管哪种激活方式，都需要“KEY”，只不过是“KEY”的种类和激活方式有关。

（1）Windows零售版与VL版本

零售版（Retail）：微软将产品通过零售市场，销售给个人使用，一个拷贝有一个唯一的产品密钥（在产品包装上可以找到），用户可以联网或者通过电话激活。

VL版（Volume License，批量授权许可，也可称为Vol版）：微软提供给企业、学校、机关等需要大批量授权激活的用户的版本。

两种情况分别对应不同的Windows安装镜像。一般来说，Consumer镜像包含家庭版、专业版、教育版、家庭单语言版、专业工作站版、专业教育版，主要针对零售市场，也就是零售版（Retail）；Business镜像包含专业版、企业版、教育版、专业工作站版、专业教育版，通过VL激活方式进行激活。

（2）KEY与激活方式

不同版本的系统对应着不同的KEY，也对应着不同的激活方式。常见的有以下几种版本。

零售版：使用自带的KEY进行激活，可以反复使用。

OEM版：主要是给品牌机厂商，用于其产品（品牌台式机、品牌笔记本）开机联网后自动激活使用。这种激活，只要是相同系统，重新安装后，可以自动联网激活。

MSDN版：面向微软MSDN订阅用户（付费的），然后会得到微软的最新系统的体验资格以及对应的各种KEY，现在网上很多激活KEY都是基于MSDN用户的。

VL版：VL版的激活方式是大部分用户使用的方法，根据销售策略和渠道的不同，也分成几项。

① MAK（Multiple Activation Key）。统一使用一个KEY，对应的，该KEY在微

软服务器有一个点数池，用一次减一个。

② GVLK（Generic Volume License Key，批量授权许可密钥）。这种KEY用于KMS激活，但是要用微软的KMS授权激活服务器才可以。KMS激活一般是45～180天，到期前会自动续期。

数字权利激活：激活时会把CPU和主板等硬件信息做一个运算，存储在服务器中，重装时，会再计算一遍，再与服务器存在的条目进行比较，满足条件就直接激活了。只要不换主板，就是永久激活。强烈建议使用这种激活方式。

升级（洗白）：为了占有市场，盗版升级变正版，自动加持数字权利激活。

（3）手动进行KMS激活

其实不需要使用第三方工具，只要有KMS对应的KEY，然后找一个KMS服务器就可以用命令激活。下面介绍手动进行KMS激活的步骤。

① 通过“slmgr.vbs /upk”命令卸载当前的KEY。

② 通过“slmgr /ipk ×××××-×××××-×××××-×××××-×××××”命令来安装新的KEY。

③ 如果使用的是GVLK，还需要设置KMS服务器地址进行验证。命令就是“slmgr /skms *a.b.c.d*”，其中*a.b.c.d*就是服务器的域名或IP地址。

④ 使用“slmgr /ato”命令来执行激活，然后查询时间。

（4）查询激活

用“Win+R”键调出“运行”窗口，输入“slmgr.vbs -dlv”命令并按查询激活信息，如图6-41所示。用“winver”命令查询系统版本，如图6-42所示。使用“slmgr.vbs -xpr”命令查询激活时间，如图6-43所示。

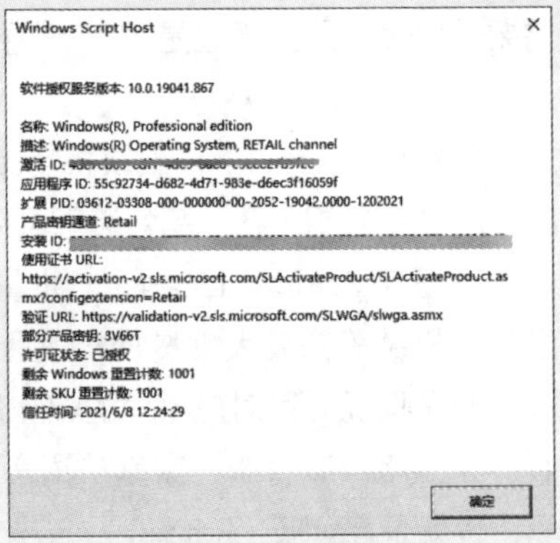

Windows Script Host

软件授权服务版本: 10.0.19041.867

名称: Windows(R), Professional edition
描述: Windows(R) Operating System, RETAIL channel
激活 ID:
应用程序 ID: 55c92734-d682-4d71-983e-d6ec3f16059f
扩展 PID: 03612-03308-000-000000-00-2052-19042.0000-1202021
产品密钥通道: Retail
安装 ID:
使用证书 URL:
https://activation-v2.sls.microsoft.com/SLActivateProduct/SLActivateProduct.asmx?configextension=Retail
验证 URL: https://validation-v2.sls.microsoft.com/SLWGA/slwga.asmx
部分产品密钥: 3V66T
许可证状态: 已授权
剩余 Windows 重置计数: 1001
剩余 SKU 重置计数: 1001
信任时间: 2021/6/8 12:24:29

确定

图6-41

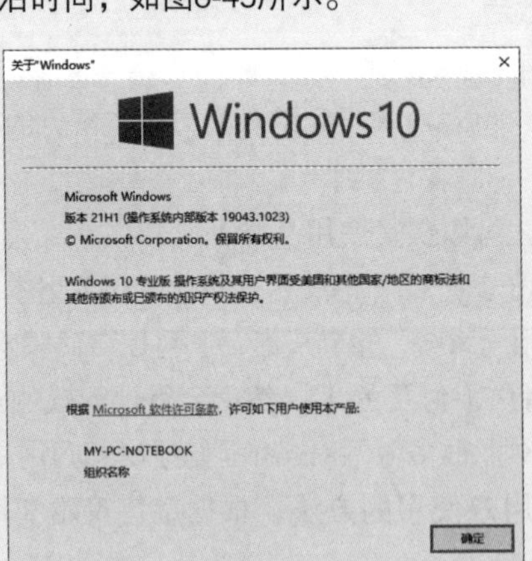

图6-42

Windows Script Host

Windows(R), Professional edition:
计算机已永久激活。

确定

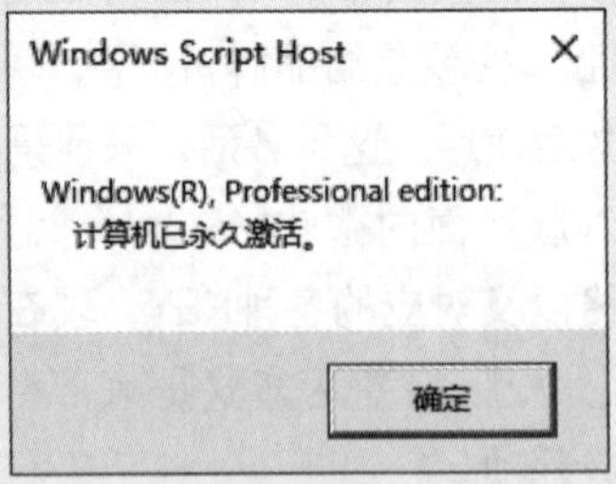

图6-43

第7章 远程控制及代理技术

在介绍入侵时，我们知道通过命令可以实现上传下载文件、查看系统信息、远程运行程序、查看系统进程和服务等，还可以远程查看对方桌面，这些都属于远程控制技术。远程控制技术除黑客比较热衷外，在实际工作中，也会经常使用，如远程办公、远程会议、远程协助等。

代理技术大家接触得不多。黑客通过代理技术，可以对自己进行伪装，而大型企业用户可以使用代理技术打造公司与分公司之间的安全连接以及内网的代理访问安全控制等。

本章主要向读者介绍两者的知识点和主要应用。

本章重点难点：

- 远程控制概述
- 远程控制软件的使用
- 虚拟专用网
- 隧道技术
- 代理技术简介
- 常见的代理协议
- 代理软件的使用

7.1 远程控制技术概述

其实使用木马控制远程计算机也属于远程控制的一种方式。接下来介绍一些常见的远程控制技术和应用。

7.1.1 远程控制技术简介

从狭义上理解，远程控制是指管理人员通过网络，连通需被控制的计算机，将被控计算机的桌面环境显示到自己的计算机上，通过本地计算机对远程计算机进行配置、安装程序、修改等工作，其实就是远程桌面。从广义上来说，远程控制并不一定需要桌面环境，就如同入侵一样，只要能远程下达管理指令即可。

以前的远程控制多使用木马来实现，现在逐渐将远程控制应用于远程管理，通过服务器、客户端程序，对公司内部的各种设备进行部署，可以统一进行控制。单纯的木马控制技术已经逐渐被正规化、更多功能的远程管理程序所替代，如图7-1所示。

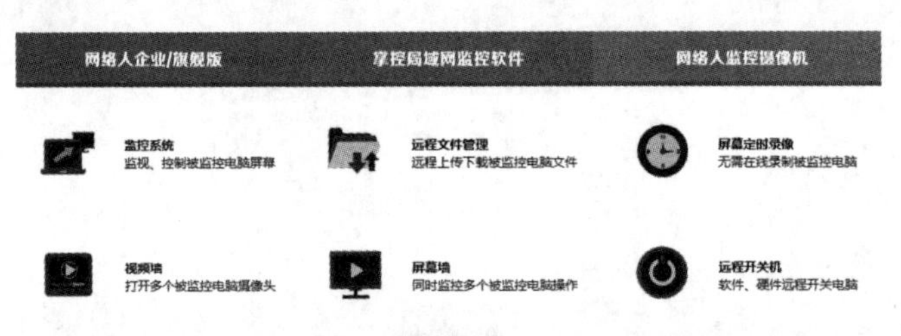

图7-1

在所有被控计算机上安装管理程序的服务端，再在主控计算机上安装主控端，就可以利用软件的各按钮及模块实现远程管理功能了，如图7-2、图7-3所示。

图7-2　　图7-3

本章并不介绍更高级的远程控制技术，而主要讲解远程管理软件的使用。

7.1.2 常见的远程桌面实现方法

作为职场人士，经常会用到多台计算机办公。例如，在家处理文档后，到公司发现拷贝的文件忘记带了，或者需要的资料在另外一台计算机上，或者系统管理员突然被要求远程调试一些软件，这时候就要用到远程桌面的功能了。

远程桌面的实现，主要通过软件，一般而言，主要有以下几种主流的软件可以实现远程桌面。

（1）使用Windows自带的远程桌面连接

Windows本身就自带了远程桌面连接，主要针对局域网环境，可以高效快速地连接。本例使用Windows 10控制Windows Server 2019。

STEP01：在Windows Server 2019中，要启用远程桌面功能，在“此电脑”上使用鼠标右键单击，在弹出的快捷菜单中选择“属性”选项，如图7-4所示，在弹出的界面中选择“高级系统设置”并在弹出的“系统属性”对话框中单击“允许远程连接到此计算机”单选按钮，单击“确定”按钮，如图7-5所示。

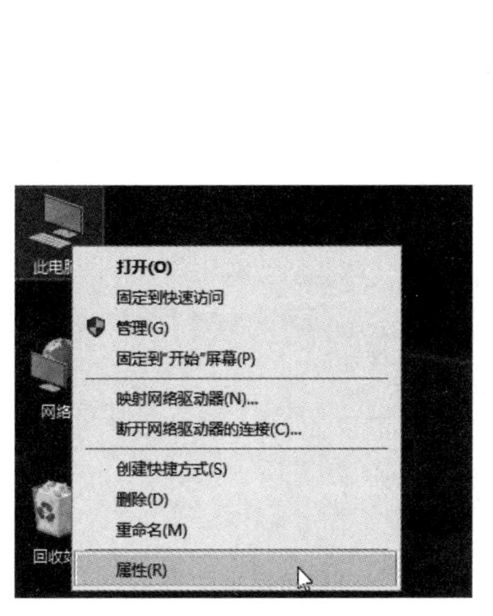

图7-4

图7-5

知识拓展 其他系统怎么设置

这里是在Windows Server 2019中的设置，其他的操作系统，如Windows 10作为被控端，可以在“此电脑”的“属性”中找到并启动“远程桌面”功能，在“远程桌面”界面中，开启“启用远程桌面”开关，并在“选择可远程访问这台电脑的用户”中查找并选择一个用于远程访问的账户，如图7-6所示。如果没有，可以新建一个，另外需要设置密码。

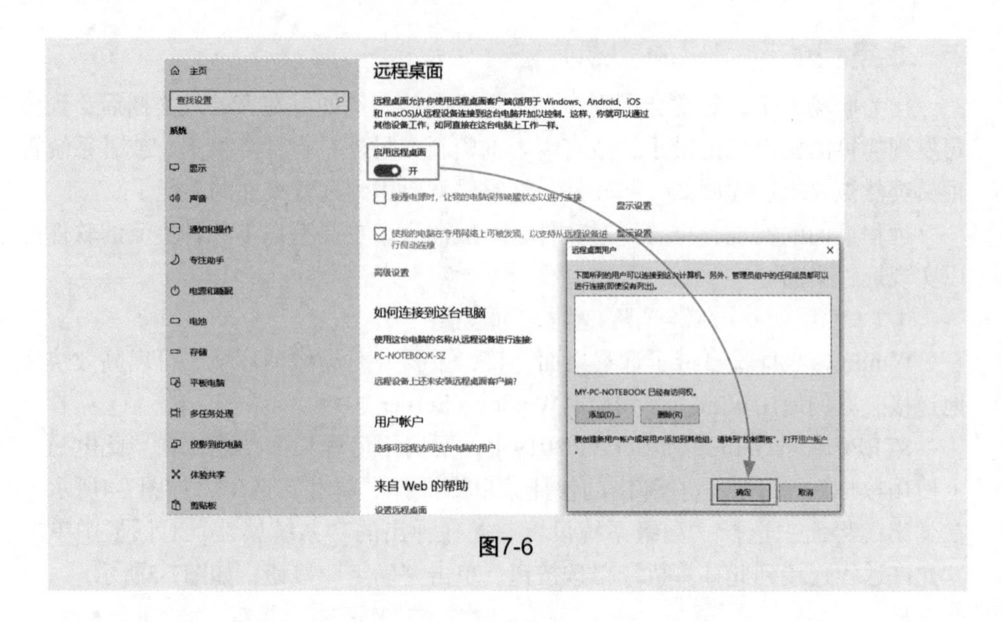

图7-6

STEP02：在Windows 10中，搜索并打开“远程桌面连接”，如图7-7所示。

STEP03：输入IP地址后，单击“连接”按钮，如图7-8所示。

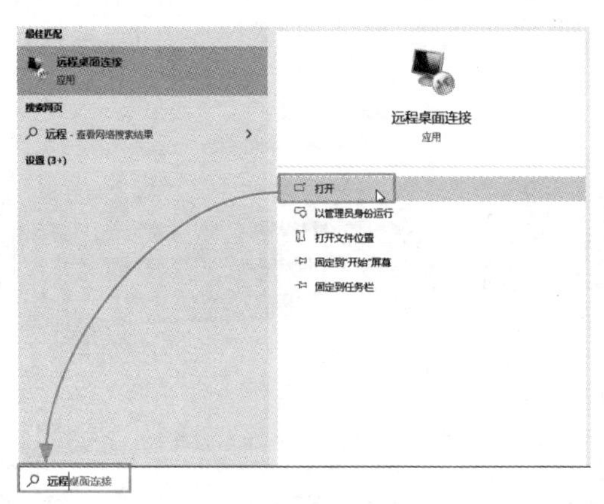

图7-7

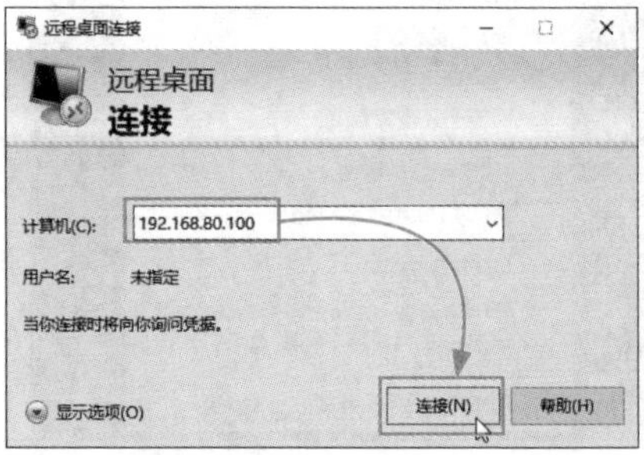

图7-8

STEP04：在弹出的界面中，输入Windows Server 2019中的账户和密码，勾选“记住我的凭据”复选框，单击“确定”按钮，如图7-9所示。

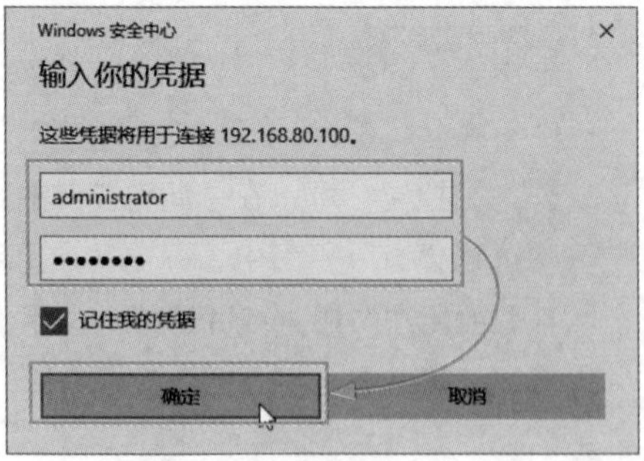

图7-9

STEP05：勾选“不再询问我是否连接到此计算机”复选框，单击“是”按钮，如图7-10所示。接下来在Windows 10中打开了远程桌面界面，如图7-11所示。

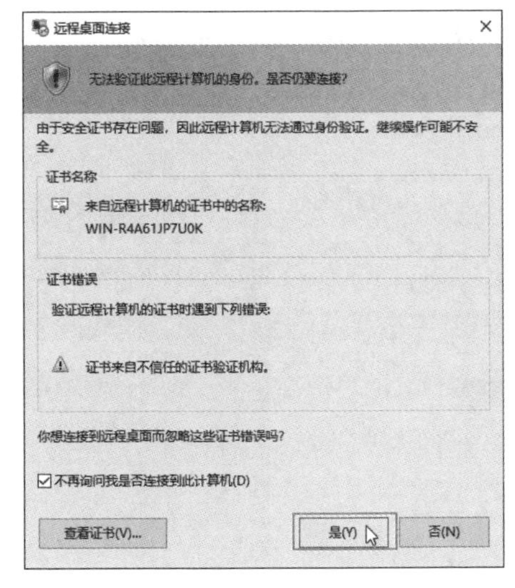

图7-10

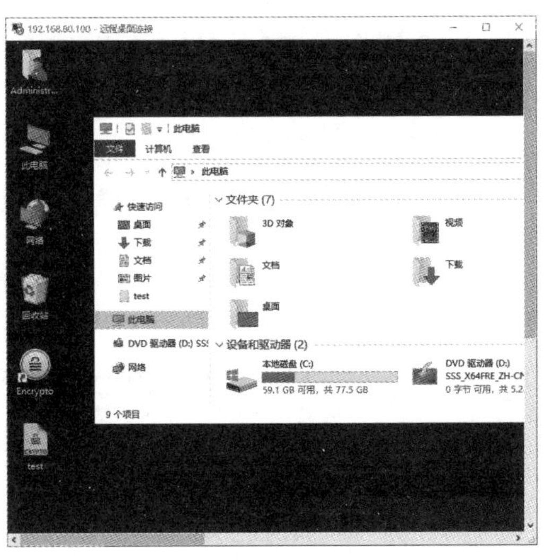

图7-11

 认知误区 为什么被远程后，桌面被注销了?

Windows默认一个账户只能有一个桌面环境，所以远程后，本地账户就会注销掉，但是可以使用其他账户继续登录计算机。

（2）使用QQ远程协助

可以直接使用QQ的远程协助功能来实现远程控制。在与好友的对话框中，单击界面右上角“…”展开功能，可以选择从本地邀请对方协助，也可以请求控制对方电脑，如图7-12所示。过程非常简单，只要对方确定就可以了。

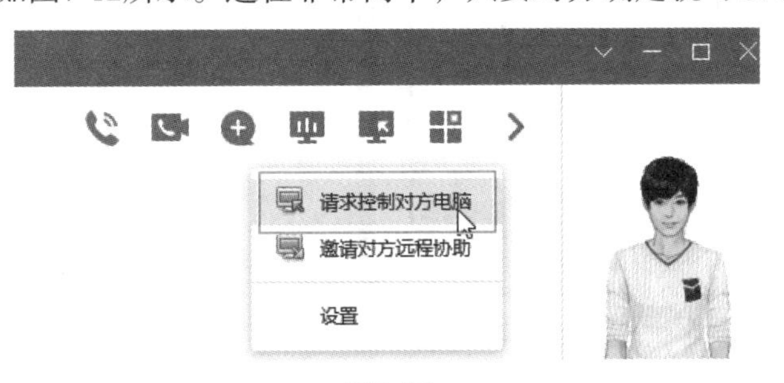

图7-12

QQ远程协助可以实现无人值守，可以允许某个好友在不经过自己的允许下控制本人的计算机，如图7-13、图7-14所示。

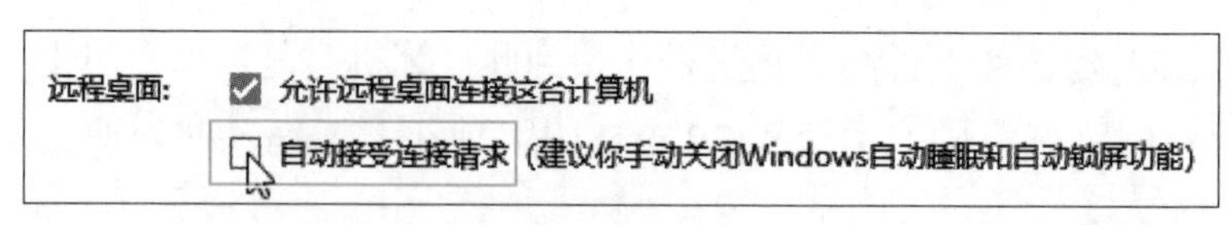

图7-13

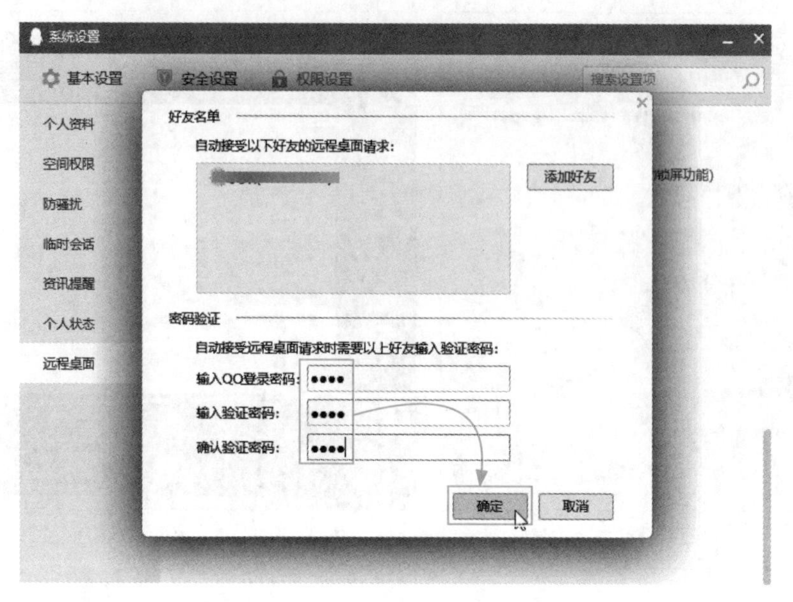

图7-14

这样，可以在一台需要经常被控制的计算机上登录QQ并按前述内容进行设置，然后，在其他计算机上使用该用户的好友登录，输入验证密码后，就可以随时控制该计算机了。控制以后，可以在其上演示文档、分享屏幕、使用演示白板等功能，如图7-15、图7-16所示。

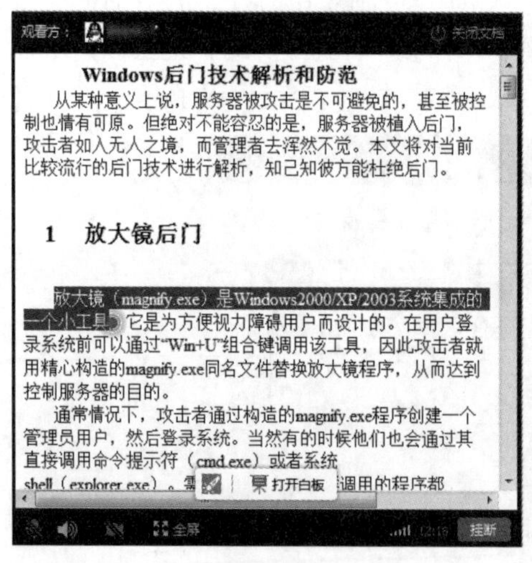

Windows后门技术解析和防范

从某种意义上说，服务器被攻击是不可避免的，甚至被控制也情有可原。但绝对不能容忍的是，服务器被植入后门，攻击者如入无人之境，而管理者去浑然不觉。本文将对当前比较流行的后门技术进行解析，知己知彼方能杜绝后门。

1 放大镜后门

放大镜（magnify.exe）是Windows2000/XP/2003系统集成的一个小工具，它是为方便视力障碍用户而设计的。在用户登录系统前可以通过"Win+U"组合键调用该工具，因此攻击者就用精心构造的magnify.exe同名文件替换放大镜程序，从而达到控制服务器的目的。

通常情况下，攻击者通过构造的magnify.exe程序创建一个管理员用户，然后登录系统。当然有的时候他们也会通过其直接调用命令提示符（cmd.exe）或者系统shell（explorer.exe）。需……调用的程序都

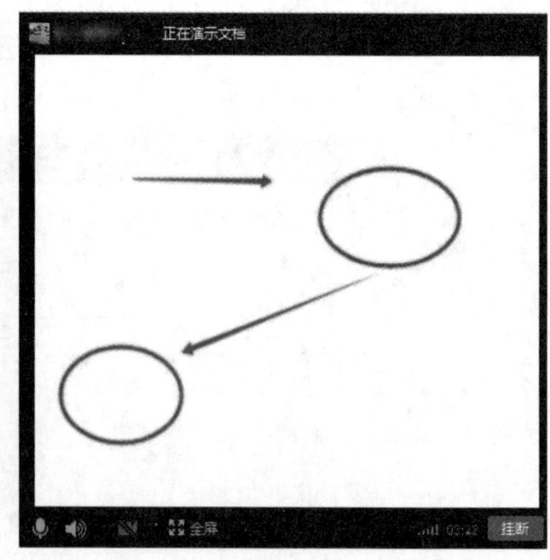

图7-15　图7-16

（3）使用ToDesk实现远程桌面

TeamViewer（简称TV）由于销售和使用策略的问题，建议由公司及专业人员使用。而普通用户，可以使用向日葵系列远程软件，或者使用ToDesk这款性价比更高，而且操作与TV类似的软件来实现远程桌面功能。

ToDesk（以下简称TD）提供了端到端的加密，安全可靠、使用简单、画质清晰、连接迅速、高效稳定，会使用TV的用户可以直接上手，操作非常简单。用户可以到官网直接下载客户端软件。ToDesk客户端已经涵盖了Windows、iOS、Android、macOS、Linux。

在两台计算机上都安装ToDesk软件，在主控端输入被控端的控制码（ID），单击“连接”按钮，如图7-17所示。如果有密码，输入对方当前的临时密码即可连接。

图7-17

如果两台计算机都是用户自己的，还可以通过注册账号和密码，将两台计算机加入进客户端，在设备列表中可以查看计算机的状态，上线会提醒，双击可以直接连接，如图7-18所示。

图7-18

临时密码和安全密码

在“高级设置”的“安全设置”选项卡中，可以设置“临时密码”和“安全密码”。临时密码默认每次远程控制后会自动更换。安全密码是用户手动设置的，不会变化。

TD还有很多其他的功能，如可以传输文件、远程观看学习，可以使用代理跳过一些公司限制，可以远程关机、重启、锁定，可以进行文字聊天。基本上远程需要的功能都可以实现。

TD的多终端还可以实现手机操作计算机的功能，如图7-19所示。

图7-19

7.2 虚拟专用网

虚拟专用网（Virtual Private Network）技术，也就是常说的VPN，和代理技术其实是不同的，它是一种安全传输数据的手段和技术。学习黑客知识，必须了解和掌握VPN的相关知识。

7.2.1 虚拟专用网概述

虚拟专用网的功能是通过对网络数据的封包和加密传输，使在公网上传输私有数据达到私有网络的安全级别，利用公共网络资源为客户组建专用网。其在企业网中有广泛应用。VPN网关通过对数据包的加密和数据包目标地址的转换实现远程访问。

由于兼有了公网和专用网的许多特点，VPN可以将公网的可靠性、扩展性、丰富的功能与专用网的安全、灵活、高效结合在一起，不但可以降低用户网络设备的投入和线路的投资、缩减用户每月的通信开支，同时也使网络的使用与维护变得简单，便于管理和扩展，降低了网络运维与管理的人力、物力成本。

例如，公司和分公司地理位置跨度很大，使用普通的协议，如果被截获或破解，很容易造成巨大损失，尤其是一些互联网门户公司。大型公司可以租用各种专线，保证安全性。而一些小型公司，很难付出如此高昂的网络通信和维护费用，但仍需要在不安全的网络上实现安全的传输，这时就可以使用VPN了。

还有，如员工在外地出差，需要公司内部的各种资料。一些大型的公司也会使用VPN技术，通过加密及身份验证机制，让出差员工可以像在局域网中一样获取需要的各种资料。

知识拓展 深入了解虚拟与专用

虚拟，即表示不需要设置专门的物理连接，利用的是公共网络资源，只要有连接公网的物理资源即可。

专用，即表示具备专网的特性，可以实现合理配置公共资源与专用资源。

（1）虚拟专用网的隧道协议

VPN将数字加密后进行传输，从逻辑角度，就像在一条安全的隧道中，直接将两端连接起来，并在隧道中进行数据传输。构建这种隧道的技术主要有三种：PPTP、L2TP和IPSec。其中PPTP和L2TP属于数据链路层，也叫第二层隧道协议；IPSec属于网络层，是第三层隧道协议。

（2）虚拟专用网按应用分类

- Access VPN（远程接入VPN）：客户端到网关，使用公网作为骨干网在设备之间传输VPN数据流量。
- Intranet VPN（内联网VPN）：网关到网关，通过公司的网络架构连接来自同公司的资源。
- Extranet VPN（外联网VPN）：与合作伙伴企业网构成Extranet，将一个公司与另一个公司的资源进行连接。

（3）虚拟专用网实现的设备

- VPN服务器：在大型局域网中，可以通过在网络中心搭建VPN服务器的方法实现VPN。
- 软件VPN：可以通过专用的软件实现VPN。
- 硬件VPN：可以通过专用的硬件实现VPN。
- 集成VPN：某些硬件设备，如路由器、防火墙等，都含有VPN功能，但是一般拥有VPN功能的硬件设备比没有这一功能的要贵。

7.2.2 隧道技术简介

隧道技术是一种通过使用互联网络的基础设施在网络之间传递数据的方式。使用隧道传递的数据可以是不同协议的数据帧或包。隧道协议将这些其他协议的数据帧或包重新封装在新的包头中发送。新的包头提供了路由信息，从而使封装的负载数据能够通过互联网络传递。被封装的数据包在隧道的两个端点之间通过公共互联网络进行路由。被封装的数据包在公共互联网络上传递时所经过的逻辑路径称为隧道。一旦到达网络终点，数据将被解包并转发到最终目的地。注意：隧道技术包括数据封装、传输和解包在内的全过程。

隧道技术是VPN技术的基础，在创建隧道过程中，隧道的客户机和服务器双方必须使用相同的隧道协议。按照开放系统互联参考模型（OSI）的划分，隧道技术可以分为第二层和第三层隧道协议。第二层隧道协议使用帧作为数据交换单位。PPTP、L2TP都属于第二层隧道协议，它们都是将数据封装在点对点协议（PPP）帧中通过互联网发送的。第三层隧道协议使用包作为数据交换单位。IPoverIP和IPSec隧道模式都属于第三层隧道协议，它们都是将IP包封装在附加的IP包头中通过IP网络传送。下面介绍几种常见的隧道协议。

（1）PPTP

PPTP（Point-to-Point Tunneling Protocol，点对点隧道协议）是PPP（点对点协议）的扩展，并协调使用PPP的身份验证、压缩和加密机制。它允许对IP、IPX或NetBEUI数据流进行加密，然后封装在IP包头中通过诸如Internet这样的公共网络发送，从而实现多功能通信。

（2）L2TP

L2TP（Layer Two Tunneling Protocol，第二层隧道协议）是基于RFC的隧道协议。该协议依赖于提供加密服务的Internet安全协议（IPSec）。该协议允许客户通过其间的网络建立隧道。L2TP还支持信道认证，但它没有规定信道保护的方法。

（3）IPSec协议

IPSec协议是由IETF（ Internet Engineering Task Force，互联网工程任务组）定义的一套在网络层提供IP安全性的协议。它主要用于确保网络层之间的通信安全。使用IPSec协议集保护IP网和非IP网上的L2TP业务。在IPSec协议中，一旦IPSec通道建立，在通信双方网络层之上的所有协议（如TCP、UDP、SNMP、HTTP、POP等）都要经过加密，而不管这些通道构建时所采用的安全和加密方法如何。

7.2.3 虚拟专用网的架设

使用Windows Server 2019，可以直接架设VPN服务器。首先准备两个网卡，IP地址分别是192.167.80.100和192.167.90.100，分别代表两个网络。然后按照以下流程进行操作。

STEP01：在默认的仪表板上单击“添加角色和功能”超链接，如图7-20所示。

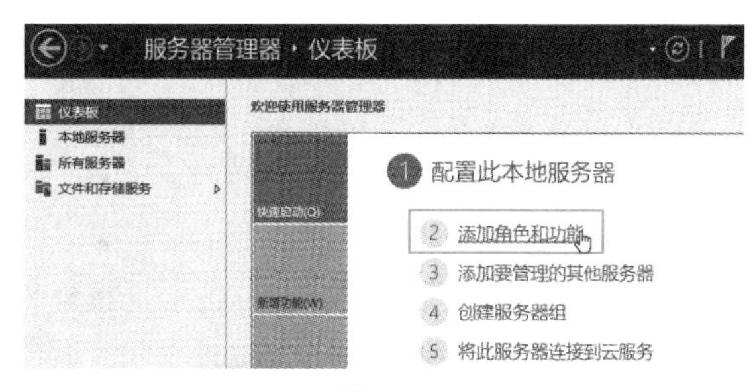

图7-20

STEP02：添加“远程访问”角色，如图7-21所示，选择“角色服务”为“DirectAccess和VPN（RAS）”，如图7-22所示。其余保持默认安装即可。

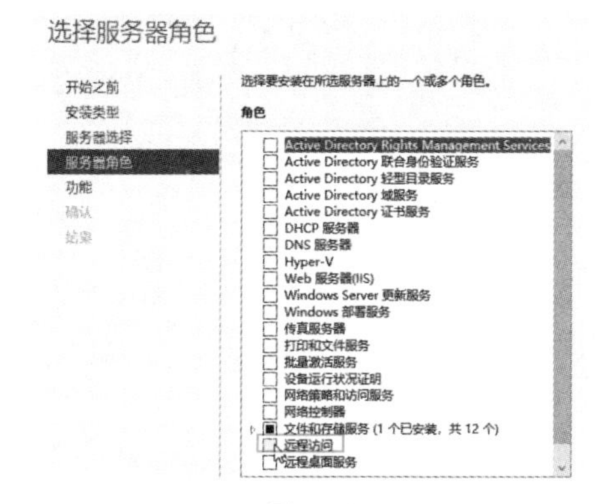

图7-21

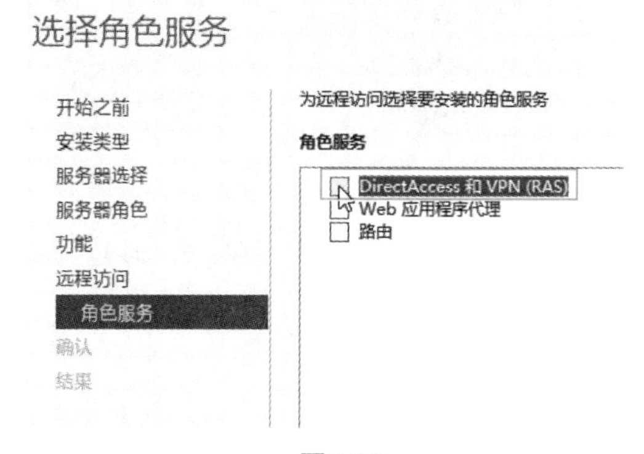

图7-22

STEP03：完成安装后，从“工具”中选择“远程访问管理”选项，如图7-23所示。

STEP04：启动向导后，选择“仅部署VPN”选项，如图7-24所示。

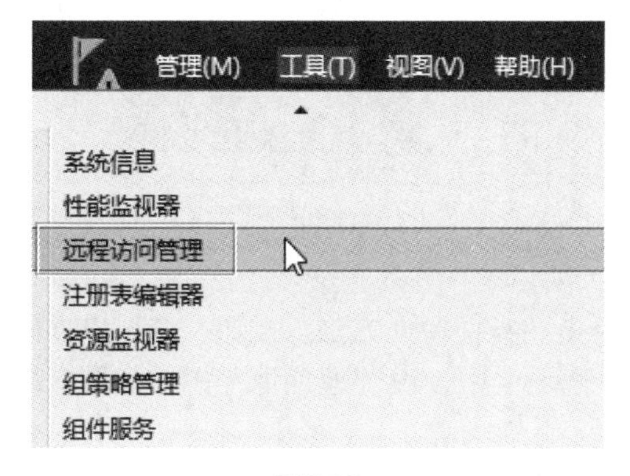

图7-23

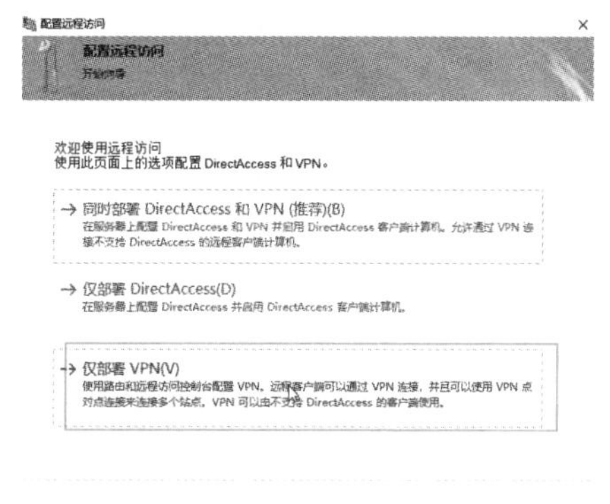

图7-24

STEP05：在服务器上使用鼠标右键单击，在弹出的快捷菜单中选择“配置并启用路由和远程访问”选项，如图7-25所示。勾选“VPN”和“拨号”复选框，单击“下一页”按钮，如图7-26所示。

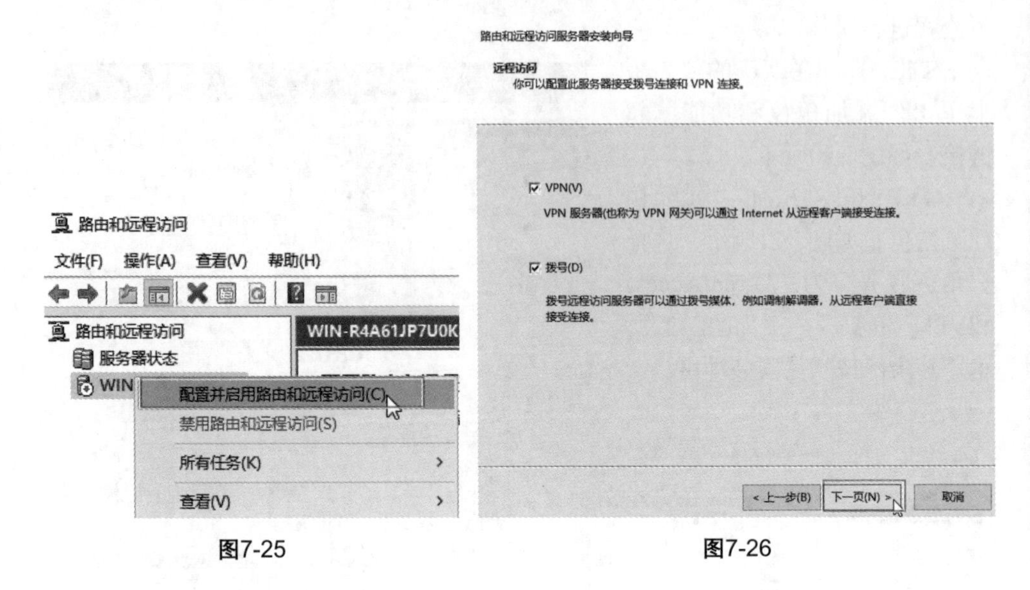

图7-25　　图7-26

STEP06：选择VPN的监听网口，如图7-27所示，其他保持默认。完成设置后，再在服务器上使用鼠标右键单击，在弹出的快捷菜单中选择“属性”选项，如图7-28所示。

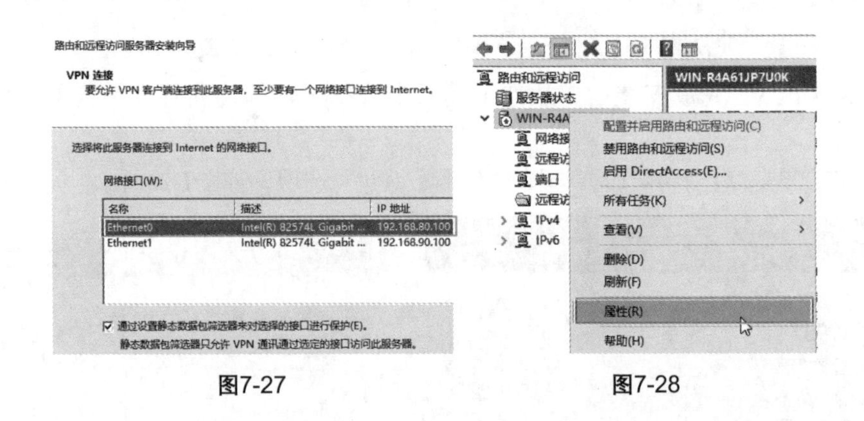

图7-27　　图7-28

STEP07：在“安全”选项卡中，单击“身份验证方法”按钮，全选以方便查看结果，如图7-29所示。在“IPv4”选项卡中，设置地址池范围，如图7-30所示。

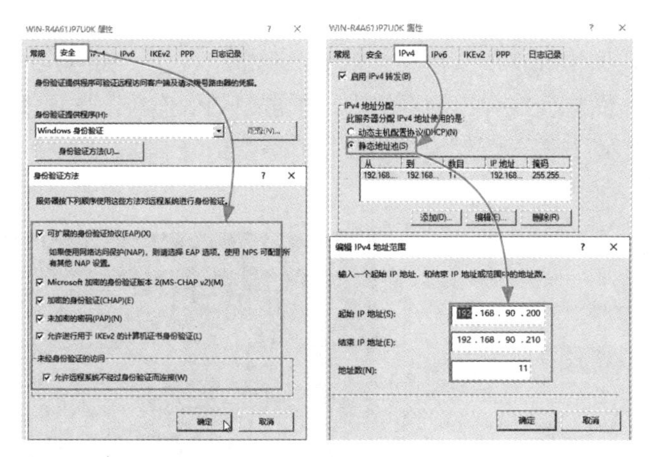

图7-29　　　　图7-30

STEP08：在客户机上，创建一个“连接到工作区”的拨号连接，如图7-31所示，并选择“使用我的Internet连接（VPN）”选项，如图7-32所示。

图7-31

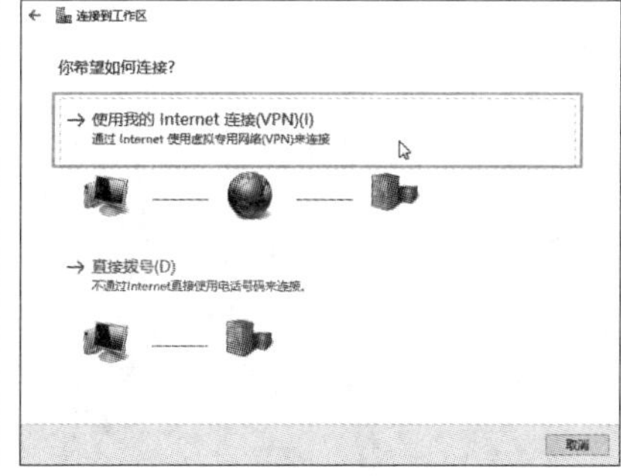

图7-32

STEP09：输入服务器的IP地址，单击“创建”按钮，如图7-33所示。进入“网络连接”界面，使用鼠标右键单击“VPN连接”图标，在弹出的快捷菜单中选择“属性”选项，如图7-34所示。

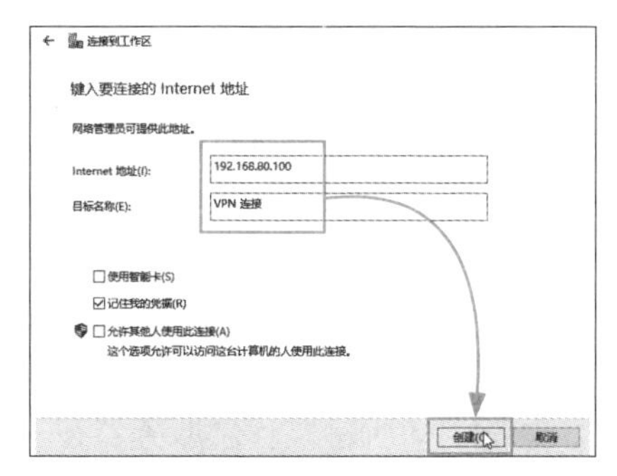

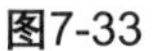

图7-33　　　　图7-34

STEP10：在“安全”选项卡中，选择“数据加密”为“可选加密”，在“允许使用这些协议”中勾选所有协议，单击“确定”按钮，如图7-35所示。单击右下角的“网络”图标，在弹出的网络中，单击“VPN连接”选项中的“连接”按钮，如图7-36所示。

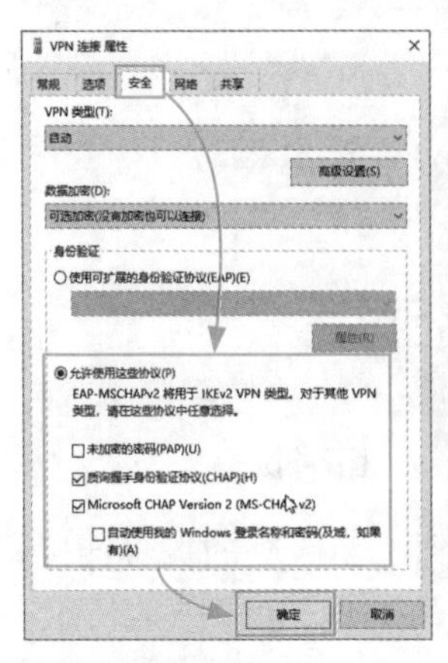

图7-35

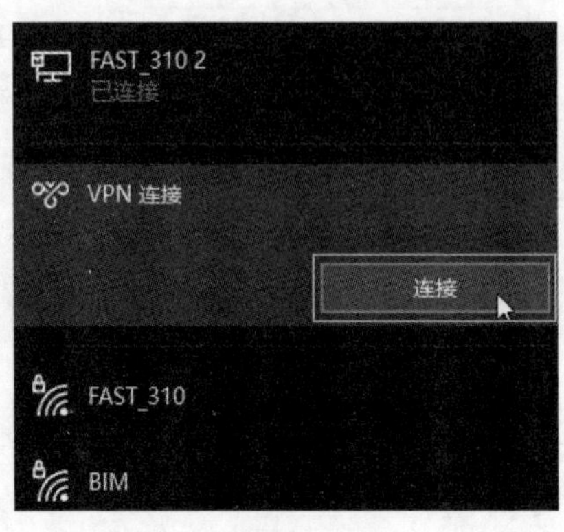

图7-36

接下来会自动连接和校验，并获取内网的IP地址，如图7-37、图7-38所示。

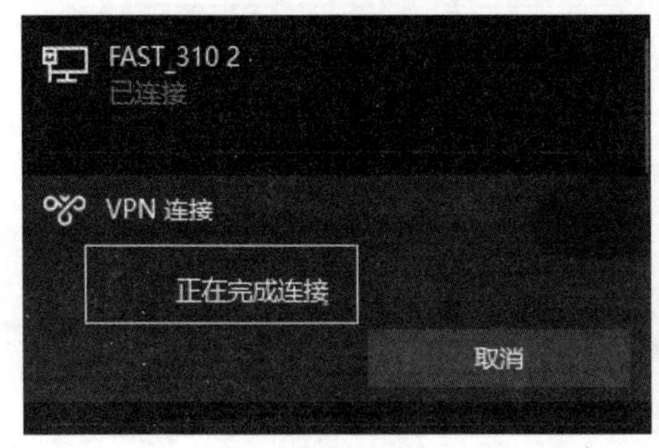

图7-37

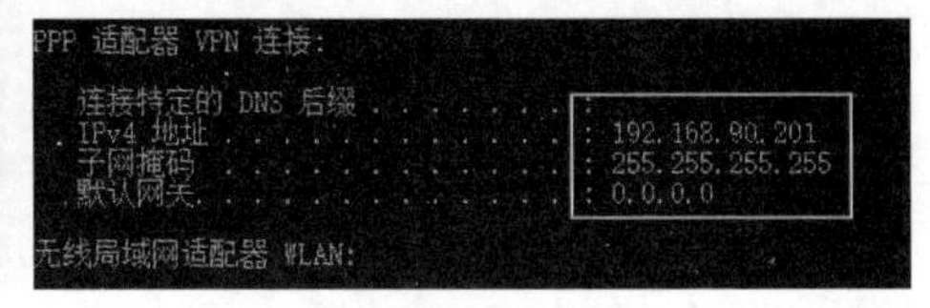

图7-38

7.3 代理技术及应用

代理技术也是一种服务器技术，主要是代替其客户完成各种网络申请。下面介绍代理技术的概念。

7.3.1 代理技术简介

代理服务器英文全称是Proxy Server，其功能就是代替网络用户去取得网络信息。形象地说，它是网络信息的中转站，如图7-39所示。代理服务器在实际应用中发挥着极其重要的作用，它可用于多个目的，最基本的功能是连接。此外，还包含安全性、缓存、内容过滤、访问控制管理等功能。

图7-39

7.3.2 常见的代理应用

仅从作用来看，代理功能其实非常简单，简单到用起来只要配置好代理IP地址和端口即可。从代理的应用来看，代理遍布网络中，基本上每天都能用得着。

（1）网关代理

其实就是网关，除了局域网的访问，其他网络访问都靠它。例如，访问Internet上的网站、下载、网络聊天、网络游戏，都需要网关才能实现。网关的NAT服务就是专门为了代理局域网内部访问外部而设计的。

（2）DNS代理

查询域名对应的IP地址需要DNS服务器，而DNS服务器就是帮助用户查询，并将最后的IP地址返回给用户的代理服务器。

（3）Web访问代理

现在的代理，用得最多的就是Web服务代理，服务器接收用户请求，帮助用户调取网页资源，再返回给用户。一般在Web浏览器中进行设置即可。

（4）反向代理

和网关代理正好相反，反向代理一般用在网站中，网站内的局域网中有多台服务器，用户访问时，反向代理帮助用户从局域网获取资源再发送给用户。

（5）应用代理

应用代理包括游戏、App等各种软件的代理，专门用来代理其访问或联网的数据信息。除传输数据外，游戏代理主要为了解决数据传输速率方面的问题。

这几种代理经常使用而且可能一次使用多个代理功能。

认知误区 代理服务器就是VPN

VPN主要用来在两台设备之间建立隧道，运用各种加密算法，使之在传递数据时更加安全。而代理技术主要用来代替客户端去实现一些数据传输方面的功能，而并不着重于数据的加密技术。

之所以混淆，是因为在使用时，两者经常结合起来，客户端和代理服务器使用VPN技术进行连接，以达到隐匿地址、隐匿访问内容等目的。

7.3.3 代理的使用目的和利弊

使用代理可以满足用户的以下需求。

（1）隐匿访问身份

使用代理后，在目的服务器看来，源地址就是代理服务器地址了，这样做可以隐匿访问者的真实IP地址，截获的数据也看不到真实的源IP地址。这在黑客进行渗透和攻击时，经常遇到。常说的肉鸡，其实也包含代理的功能。

（2）跳过限制

很多公司或局域网禁止访问一些网站或服务器。而使用代理，在公司网关看来，客户端和代理之间通信，不在禁止范围内，从而放行。代理服务器就在用户和目标之间进行数据的中转，从而达到跳过限制的目的，这是使用代理的最主要功能。

而有一些应用服务器的策略，只允许某些地区的IP地址访问，使用这些地区的代理服务器就可以访问这些应用服务器了。

（3）加快访问速度

在互联网上，*A*点到*B*点的直连可能并不是最快的，因为跨运营商、跨防火墙、多重策略等问题，使*A*点到*C*点快，*B*点到*C*点也快，就可以在*C*点建立一个代理，这样*A*—*C*—*B*，要比*A*—*B*快很多。这在一些跨区游戏中经常使用。

代理技术最大的弊端是安全，因为数据都要经过代理服务器。前面讲过，使用网络软件就可以抓取这些数据。也就是说，在一定技术条件下，用户做了什么，代理服务器全都知道。如果这个代理服务器是黑客搭建的，那么后果可想而知。

7.3.4 常见的代理协议

代理需要使用协议才能通信，常见的代理协议及特点有以下几种。

（1）HTTP代理

能够代理客户机的HTTP访问，主要是代理浏览器访问网页，它的端口一般为80、8080、3128等。

（2）HTTPS代理

HTTPS代理比HTTP代理在数据传输方面更加安全，使用的端口是443。

（3）SOCKS代理

SOCKS代理与其他类型的代理不同，它只是简单地传递数据包，而并不关心是何种应用协议，既可以是HTTP请求，也可以是其他请求。所以SOCKS代理服务器比其他类型的代理服务器速度要快得多。SOCKS代理又分为SOCKS4和SOCKS5。

两者不同之处是：SOCKS4代理只支持TCP（即传输控制协议），而

SOCKS5代理既支持TCP又支持UDP（即用户数据报协议），还支持各种身份验证机制、服务器端域名解析等。例如，常用的聊天工具QQ使用代理时就要求用SOCKS5代理，如图7-40所示，因为它需要使用UDP来传输数据。有些软件的代理只要填入地址和端口即可，如果代理服务器需要用户名和密码校验，就需要填入用户名及密码，如图7-41所示。

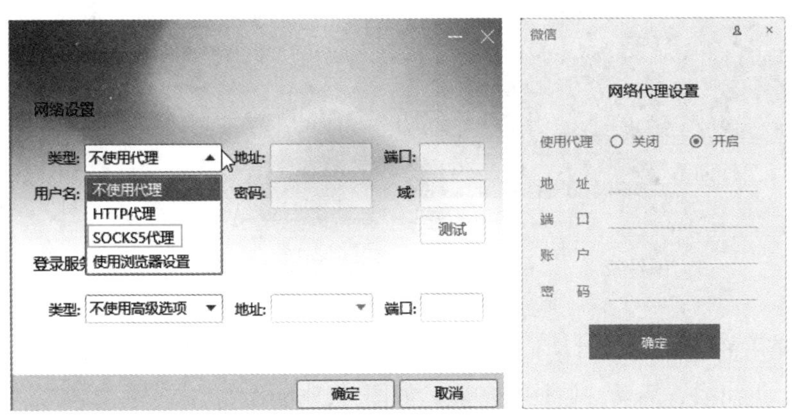

图7-40　　图7-41

7.3.5 代理常用的加密方法、协议、混淆方法及验证

客户端和服务器端之间的通信可以使用各种加密方法，类似于隧道技术，通常加密方法包括aes-128-gcm、aes-192-gcm、aes-256-gcm、chacha20-poly1305等。

混淆技术（obfs）主要是防止从应用层获取信息，从而避免被拦截或侦测到真实内容。不同的协议有不同的混淆方法。

协议包括TCP、KCP、WS、H2C、QUIC、gRPC等，混淆方法有HTTP、SRTP、UTP、WeChat-Video、DTLS、WireGuard、TLS等，还可以使用伪装域名等方法。

为了确定身份，除使用用户名密码外，还经常使用用户ID号，根据不同ID号可以设置不同的策略和等级。

7.3.6 搭建代理服务器

代理服务器的搭建，可以使用第三方软件，也可以使用服务器系统自带的软件。在服务器上搭建代理服务器可以使用很多一键搭建程序，如V2Ray、SS、SSR、Clash等。

本节将使用第三方软件在本地搭建Web代理服务器，用来测试代理的效果。这里使用的是CCProxy 8.0。在官网下载并安装后，双击启动该软件，单击“设置”按钮，如图7-42所示。

在“设置”界面中，设置代理的类型、局域网的IP地址、各协议的接口号，完成后，单击“高级”按钮，如图7-43所示。

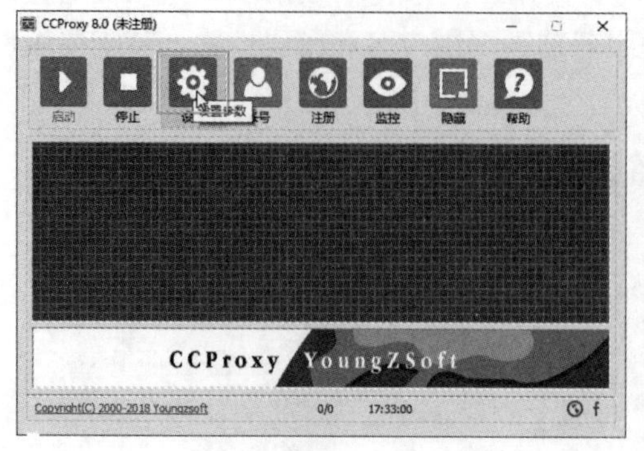

图7-42

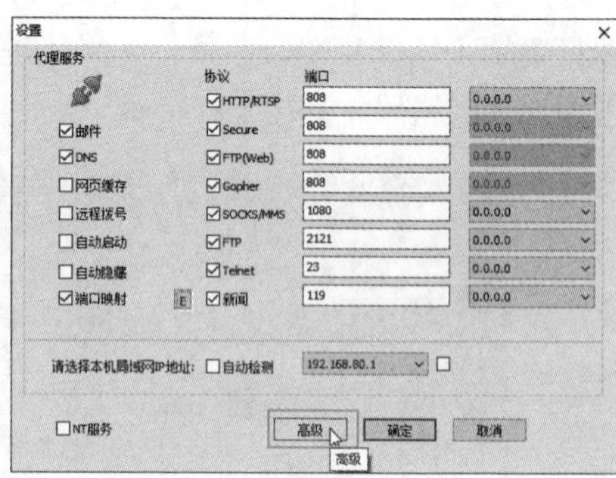

图7-43

在弹出的“高级”对话框中，可以设置一些高级参数，如图7-44所示。按“确定”退出后，启动“监控”功能，如图7-45所示。

图7-44

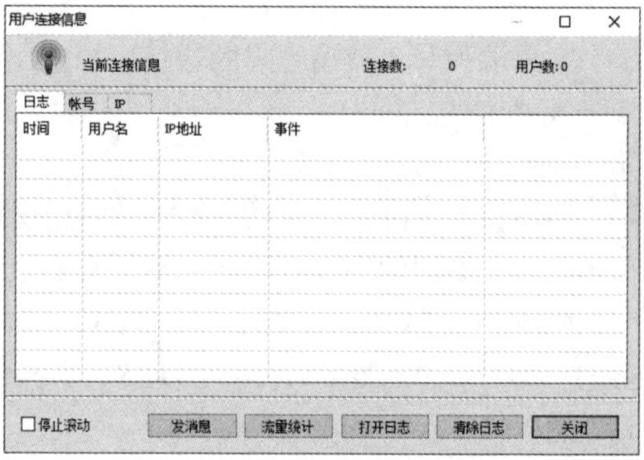

图7-45

7.3.7 设置客户端程序连接代理服务器

下面介绍如何使用客户端连接代理服务器。首先打开Google浏览器，并安装代理插件“SwitchyOmega”。当前客户端使用DHCP获取IP地址，而且是使用NAT上网，所以手动配置客户端的IP地址，不配置网关和DNS，如图7-46所示。此时浏览器无法浏览网页，如图7-47所示。

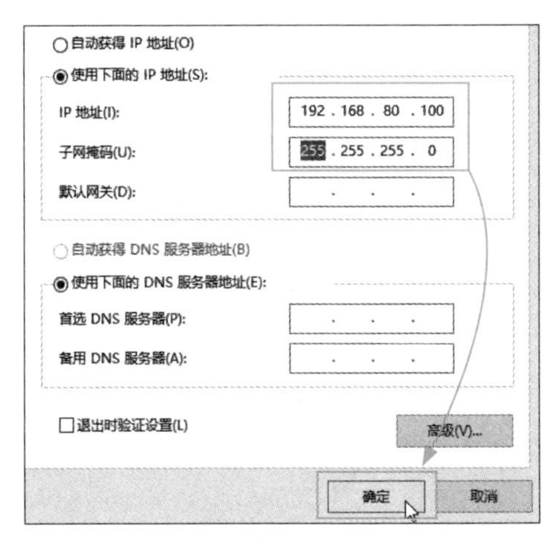

图7-46

图7-47

认知误区　不配置网关和DNS，没法上网吧

因为设置代理的客户端只要能连接到代理主机即可，所以局域网内部如果有代理，只要配置IP和子网掩码即可。如果是在外网的代理，还需要配置网关，因为没有网关就无法连接到外网的代理。而DNS一般会被公司禁用掉，所以配置也没有用。

接下来在浏览器右上角单击代理图标，选择“选项”选项，如图7-48所示。在配置界面中，选择“proxy”选项，选择代理模式为“HTTP”，地址为代理服务器的IP地址，端口根据CCProxy中内容进行设置，如图7-49所示。

图7-48

图7-49

返回Google浏览器主界面，单击代理图标，选择刚才设置的“proxy”选项，如图7-50所示。访问一下网页，发现可以正常访问了，如图7-51所示。

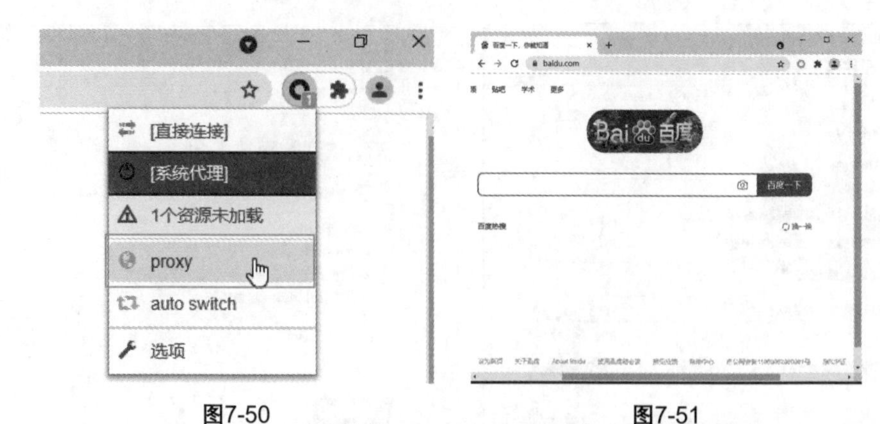

图7-50　　　　图7-51

最后来到CCProxy的监控界面中，可以看到当前代理访问的内容，如图7-52所示。如果需要对访问者添加访问限制，例如需要用户名密码才能访问，可以在“帐号管理”对话框中进行设置，如图7-53所示。

图7-52

图7-53

知识拓展 专业的代理客户端软件

这里的客户端，指的是连接到外网的一些专业代理服务器的客户端，它们在本地主机上使用，并且按照各种协议与服务器进行连接，并代理所有本地的Web请求。浏览器可以配置并使用本地的这些代理软件。这样的专业软件有很多，如V2Ray、Clash、SSR等，如图7-54所示。

图7-54

专题拓展

无人值守及远程唤醒的实际应用方案

上面介绍了远程软件，无人值守就是可以直接控制，而不需要人为确认访问。QQ设置好友的自动连接请求算是比较常见的无人值守方式。TD也可以设置远程连接密码，从而达到无人值守的目的，如图7-55所示。

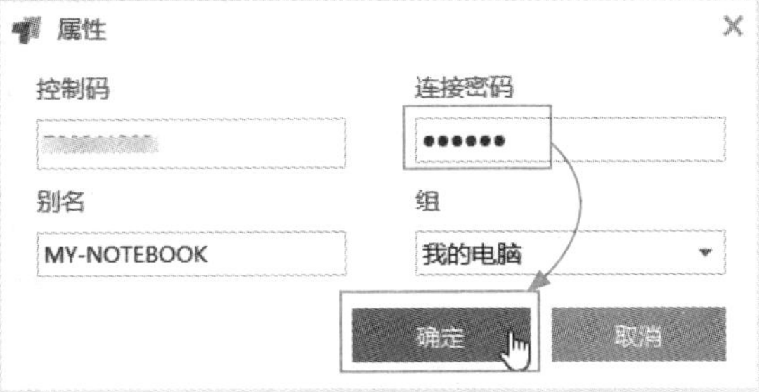

图7-55

还有别忘了允许程序开机启动，QQ不仅需要开机启动，而且还要设置自动登录才能做到无人值守。

那么接下来牵扯到一个问题，就是远程开机了。因为前面所有的无人值守的前提条件就是计算机是开机状态，并运行了相应的程序。服务器可以做到长时间不关机，而普通计算机长时间不关机比较费电，也无法做到长时间稳定运行，所以要打造一个完美的远程控制方案，远程开机是必不可少的。

现在的远程开机方案主要有2种：一种是使用网络唤醒（WOL）来开机，路由器发送唤醒包给局域网，这里需要路由器安装App且有对应的支持功能；如果局域网有多台主机需要分别唤醒，可以购买开机棒及授权，连接方式如图7-56所示。

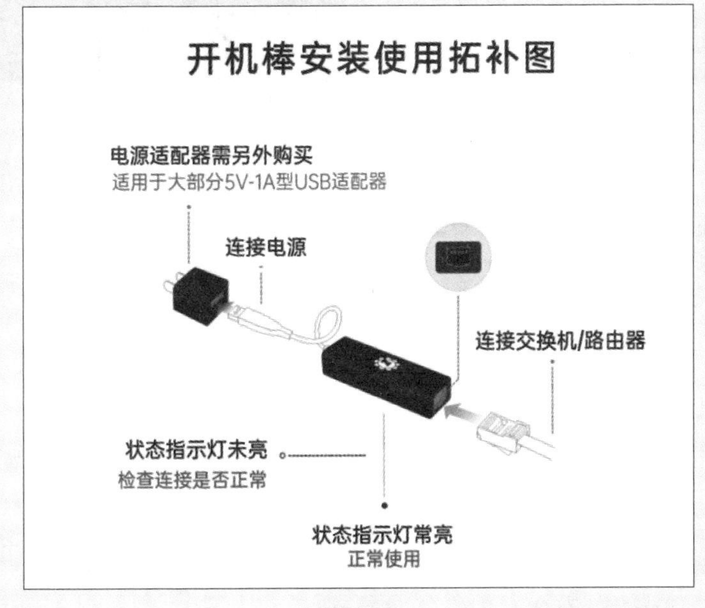

图7-56

如果仅需要控制1～2台主机，可以使用更简单的来电唤醒。只需配备Wi-Fi插座，如图7-57所示，并在主板中设置来电操作开机即可。现在的Wi-Fi插座还支持定时和电量统计功能，如图7-58所示，还有USB接口，应用范围很广，非常方便。

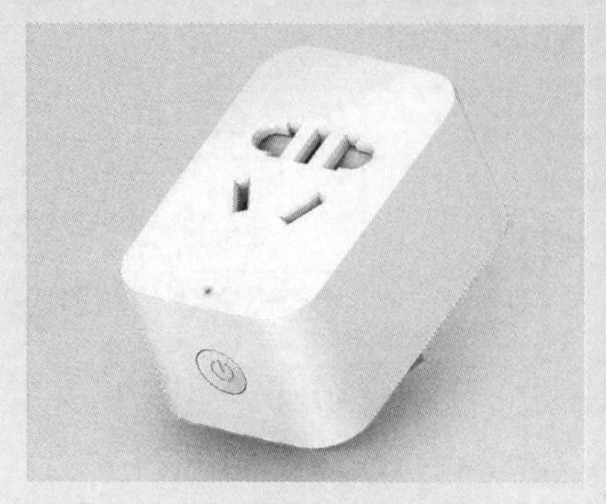

图7-57

图7-58

根据不同主板，在BIOS中找到来电启动计算机的选项并打开。在BIOS的"电源管理"中找到"电源恢复时系统状态选择"选项，将"永远关闭"改为"永远启动"即可，如图7-59所示。不同的BIOS可能名称不同、位置不同，用户可以参考主板说明书调节。

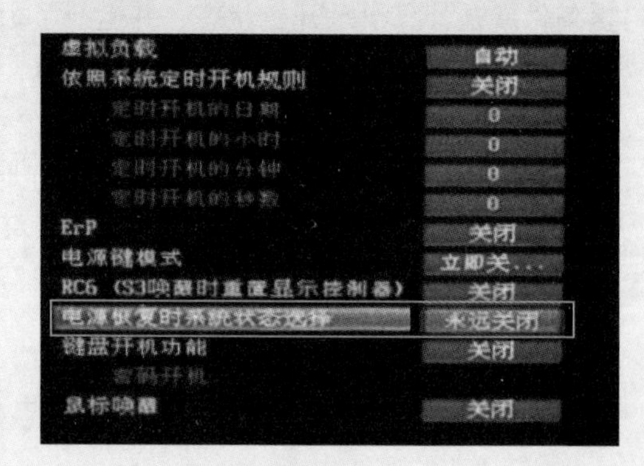

图7-59

最后别忘了在TD的"高级设置"中勾选"开机自动启动"复选框，如图7-60所示。

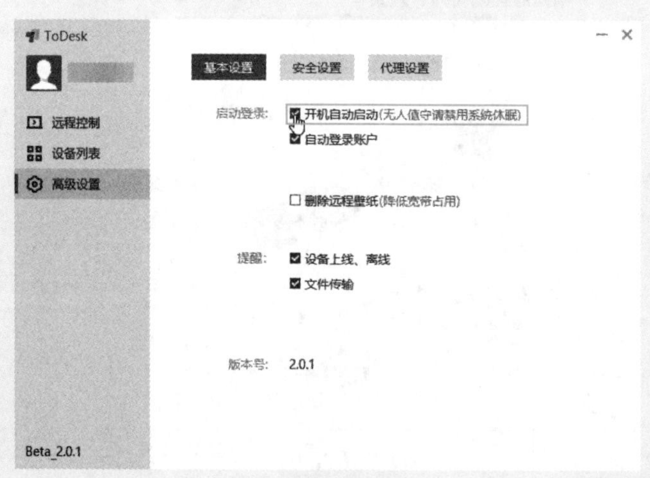

图7-60

Wi-Fi插座断电后，等待大概10s再打开电源（关闭后马上打开有可能启动不了）。建议有刚性需求的用户，或者需要非常高稳定性的用户，选择2款不同的远程软件一起使用，做到冗余备份。

整个无人值守和远程唤醒的网络拓扑如图7-61所示。

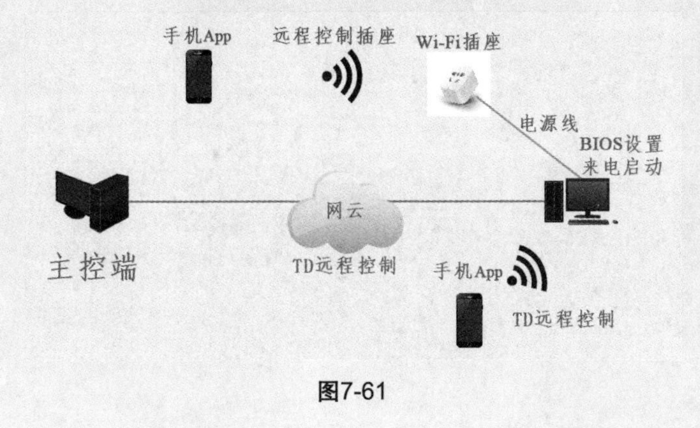

图7-61

第8章 网站及入侵检测技术

现在黑客的主要攻击对象就是网站，除攻击网站本身外，还可以通过恶意代码或其他技术，间接攻击访问网站的主机，这样可以节省大量入侵其他系统以及寻找肉鸡的时间。而有一定经验的公司或网站服务提供商常使用入侵检测系统来防御黑客。本章将着重介绍以上各知识点的内容。

本章重点难点：

- 网站简介
- 常见的网站攻击方式
- 网页恶意代码
- 入侵检测技术
- 网站抗压测试
- 网站目录扫描

8.1 网站概述

前面在介绍黑客攻击时，常以网站为目标。不管是本地网站还是因特网上的网站，都可以被攻击，所以这里首先介绍网站的基础知识。

8.1.1 网站简介

网站（Website）是指在因特网上根据一定的规则，使用HTML（标准通用标记语言）等工具制作的用于展示特定内容相关网页的集合。简单地说，网站是一种沟通工具，人们可以通过网站来发布自己想要公开的信息，或者利用网站来提供相关的网络服务。人们可以通过网页浏览器来访问网站，获取自己需要的信息，或者享受其他网络服务。

术语解释 百度站长平台

百度站长平台如图8-1所示，是全球最大的面向中文互联网管理者、移动开发者、创业者的搜索流量管理的官方平台。提供有助于搜索引擎抓取收录的提交和分析工具、SEO的优化建议等；面向移动开发者提供百度官方的API接口，以及多端适配的能力和服务；及时发布百度数据、算法、工具等升级推新信息。其通过线上与线下多种互动渠道，为互联网多端载体增加用户和流量的同时，也为用户创造更良好的搜索体验，在移动互联时代双方携手共创绿色搜索生态圈。

图8-1

8.1.2 网站的分类

网站按照不同的标准分成不同的类别。

按照编程语言，可以分为ASP网站、PHP网站、JSP网站、ASP.NET网站等。

按照客户端，可以分为计算机上访问的常规网站和手机上查看的H5网站。

按照网站产生方式，可以分为静态的网站和现在使用脚本语言的动态网站。

8.2 常见的网站攻击方式及防御手段

黑客攻击网站通常使用以下技术手段。

8.2.1 流量攻击

流量攻击也就是第1章介绍的拒绝服务攻击，包括SYN泛洪攻击、Smurf攻击及DDoS攻击，如图8-2所示。因为在服务器看来这都是正常的访问，所以最不容易做防御策略。理论上除非带宽足够大，否则所有网站都是可以被攻击的。当然，服务器可以在被攻击时关闭服务、拒绝服务，但黑客的目的就是让正常用户的访问受阻或受限。

对于正常用户来说，这种攻击会使网页无法正常打开，而在网站看来，会发生网站程序停止服务、无法抓取网站、清空索引和排名、流量下滑等。

防御手段除选择有大型安全防火墙的主机服务商（如阿里云）外，还需要网站有监控系统、CDN防护及服务器自身的安全防护等（安全狗）。

图8-2

8.2.2 域名攻击

域名攻击包括域名所有权和域名注册商被恶意转移、DNS域名劫持等方法，以阻止域名解析或者解析到黑客设置的服务器或钓鱼网站中从而获利。

所以用户需要选择大型知名的域名注册商，填写真实信息并锁定域名，禁止转移，保证域名注册手机、邮箱的安全，并且定时查询域名的状态，如图8-3所示。

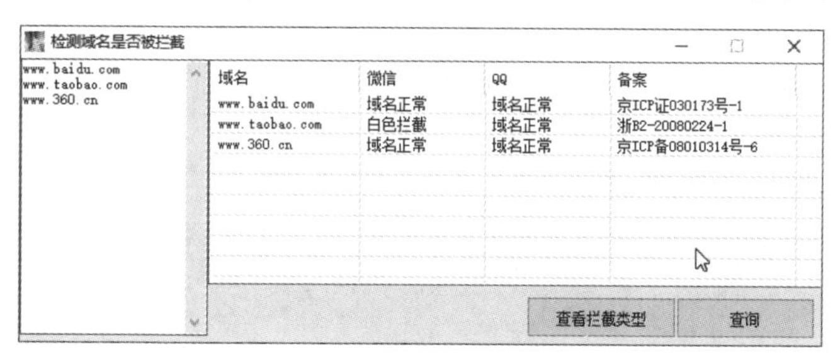

图8-3

8.2.3 恶意扫描

前面介绍扫描端口和漏洞时，以本地主机和网站为目标。如果扫描其他互联网上的网站，就属于恶意扫描了。通过扫描发现开放的端口和漏洞，可以入侵网站系统。

针对恶意扫描，要做到除了必需的端口，其他程序修改为默认端口，并选择有专业防火墙的主机商，并在网站主机中采用安装安全狗等安全防范措施。

8.2.4 网页篡改

网页篡改是针对网站漏洞，植入木马（webshell，跨站脚本攻击），篡改网页，添加黑链接或者嵌入非本站信息。网站信息被篡改，本站访客将不信任网站，搜索引擎（百度为例）和安全平台（安全联盟为例）检测到用户的网站被挂马，会在搜索结果提示安全风险，搜索引擎和浏览器都会拦截访问。

这种情况需要更新补丁、修补漏洞、经常备份，并经常使用第三方的检测平台进行检测，如图8-4所示。

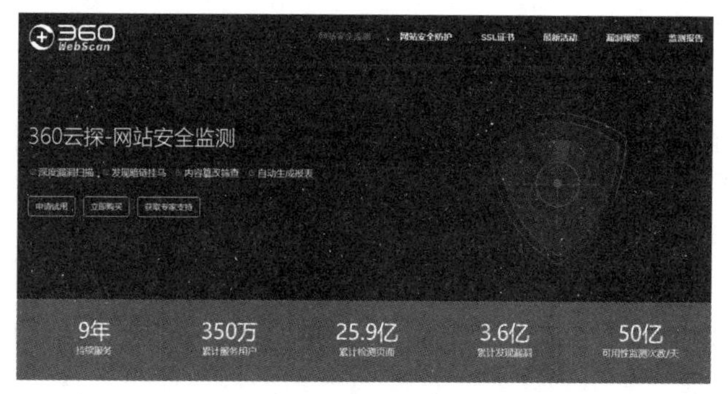

图8-4

8.2.5 数据库攻击

常说的SQL注入攻击是通过把SQL命令插入Web表单提交或输入域名或页面请求查询字符串，最终达到欺骗服务器执行恶意的SQL命令目的。

数据库被入侵后，会造成用户信息泄露，数据表被篡改，被植入后门。数据库被篡改比网页文件被篡改危害大得多，因为现在基本上都是动态网站，而这些网页都是通过数据库生成的。

防范措施除选择带有强大防火墙的主机商外，还要配备数据库防火墙以及在表单提交处设置验证。

8.3 网页恶意代码攻防

网页恶意代码也称网页病毒，它主要是利用软件或操作系统平台等的安全漏洞，通过将Java Applet应用程序、JavaScript脚本语言程序、ActiveX嵌入在网页HTML超文本标记语言内并执行，强行修改用户操作系统的注册表配置以及系统程序，甚至可以对被攻击的计算机进行非法控制系统资源、盗取用户文件、删除硬盘中的文件、格式化硬盘等恶意操作。

知识拓展 网页恶意代码的特征

① 目的恶意。
② 本身是程序。
③ 通过执行发生作用。

8.3.1 网页恶意代码的发展趋势

随着网页恶意代码的发展，网页恶意代码更加注重隐藏、干扰，以逃过防火墙、检测系统的检测。这些隐藏技术当中，加密、混淆代码技术的使用给检测带来了困难。现在的恶意代码的发展已经有了新的趋势。

（1）种类更模糊

恶意代码的传播混合了软件漏洞以及社会工程中多种技术，例如蠕虫产生寄生的文件病毒、木马程序、口令窃取程序、后门程序，进一步模糊了病毒和木马的区别。

（2）混合传播模式

“混合病毒威胁”和“收敛威胁”成为新的病毒术语，它们的特点都是利用漏洞，病毒的模式从引导区方式发展为多种类病毒蠕虫方式所需要的时间并不长。

（3）多平台

多平台攻击开始发展，因为浏览器的协议是相同的，所以只要编程语言是通用的就可以感染多个平台。例如来自Windows的蠕虫可以利用Apache的漏洞，而Linux蠕虫会派生EXE格式的木马。

（4）传播手段更加多样

一方面利用受害者的邮箱实现最大数量的转发，另一方面是引起受害者的兴趣，让受害者进一步对恶意文件进行操作。黑客可以同时使用网络探测、电子邮件脚本嵌入和其他不使用附件的技术来达到自己的目的。

黑客可能会将一些有名的攻击方法与新的漏洞结合起来。对于防病毒软件的制造者，改变自己的方法去对付新的威胁则需要不少的时间。

（5）服务器和客户机同样遭受攻击

对于恶意代码来说，服务器和客户机的区别越来越模糊，客户机和服务器如果运行同样的应用程序，将会同样受到恶意代码的攻击。

（6）Windows操作系统遭受的攻击最多

Windows操作系统更容易遭受恶意代码的攻击，它也是病毒攻击最集中的平台，病毒总是选择配置不好的网络共享和服务作为切入点。如溢出问题，包括字符串格式和堆溢出，仍然是病毒入侵的基础，病毒的攻击点和附带功能都是由其作者来选择的。另外一类缺陷是允许任意或者不适当地执行代码。

8.3.2 网页恶意代码的检测技术

常见的恶意代码检测技术有如下几种。

（1）人工检测

人工查看网页源文件，看是否包含恶意代码，但局限性很大。

（2）基于特征码的检测法

此方法和杀毒软件类似，检测软件将当前的文件与特征码库进行对比，判断是否有文件片段与已知特征码匹配，这是将网页挂马的脚本按脚本病毒进行检测。但是网页脚本变形方式、加密方式比起传统的PE格式病毒更为多样，检测起来也更加困难。

（3）启发式检测法

这种方法的思想是为恶意代码的特征值设定一个阈值，由扫描器分析，当文件的特征值类似恶意代码的特征程度，就将其看作是恶意代码。例如，对于某种恶意代码，一般都会固定地调用一些特定的内核函数（尤其是那些与进程列表、注册表和系统服务列表相关的函数），通常这些函数在代码中出现的顺序有一定的规律，因此可以通过对某种恶意代码调用的内核函数的名称和次数进行分析来检测。

(4)基于行为的检测法

这种方法包括基于行为的精确匹配和模糊匹配。精确匹配主要针对一些比较直接的恶意行为，如在注册表启动项里添加项目，修改系统文件夹下的内容等。模糊匹配为主要的判别方法，大部分恶意程序在运行时调用的API函数都是一些普通程序所用到的，但是对比一下就能发现，恶意程序会以异常的频率调用某些特殊的或平时较少见到的API函数，或者以某种特定组合调用相关函数。模糊匹配就是基于此点来进行判断，这种方法可与启发式检测法结合使用。

知识拓展 新的检测方法和手段

现在比较流行的检测方法包括“蜜罐技术”和“沙盒过滤技术”。“蜜罐技术”是通过精心布置网络陷阱来吸引黑客入侵，以前主要是在服务器上使用。而恶意代码主要在客户端，所以出现了客户端蜜罐技术。同其他蜜罐技术类似，其通过研究代码产生的效果，判断是否为恶意代码，并研究解决方案。“沙盒过滤技术”是通过内置的HTML以及JavaScript解析引擎在一个虚拟环境中对网页的JavaScript进行实际的解析执行，并在解析执行过程中跟踪JavaScript代码的行为，例如创建ActiveX控件并集中大量的申请内存等，从而准确识别恶意网页。这种检测方法称为沙盒检测（Sandbox），理论上检测率是很高的。

8.3.3 常见的恶意代码的作用

常见的恶意代码主要针对注册表进行修改，进而影响浏览器及系统等，主要包括以下几种情况。

(1)篡改浏览器默认主页

使用浏览器的设置，恢复默认主页不起作用，代码将浏览器主页进行了锁定。

(2)浏览器右键菜单被修改

浏览器右键菜单被修改，显示为一些垃圾链接或者一些功能被禁用。

(3)系统启动时弹窗

系统启动时弹出一些广告或者弹窗消息。

(4)注册表被禁用

注册表编辑器无法打开，被禁用掉了。

案例实战：浏览器被篡改的恢复

一般来说，第三方的安全软件都会有浏览器防护功能，如果遇到有程序或代码篡改主页时，会弹出提示信息。浏览器主页被篡改后，也可以通过这些软件将其修改回来。下面以电脑管家为例，向读者介绍浏览器被篡改后如何进行恢复。

图8-5

启动电脑管家后，在“工具箱”选项卡中找到并双击“浏览器保护”按钮，如图8-5所示。

在弹出的“电脑管家－浏览器保护”对话框中，单击“默认主页设定”后的图标，如图8-6所示，在“解除锁定”对话框中，单击“自定义网址”单选按钮，并输入主页内容，单击“锁定”按钮，如图8-7所示。

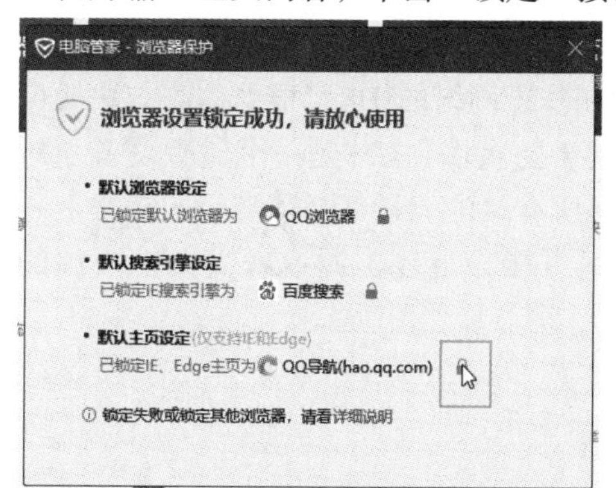

图8-6

图8-7

此时，主页就被锁定为用户修改的页面了，如图8-8所示。还可以修改“默认浏览器设定”以及“默认搜索引擎设定”，只要在修改前解锁就可以再修改了，如图8-9所示。设置完毕后，单击“一键锁定”按钮，以防止其他程序修改。

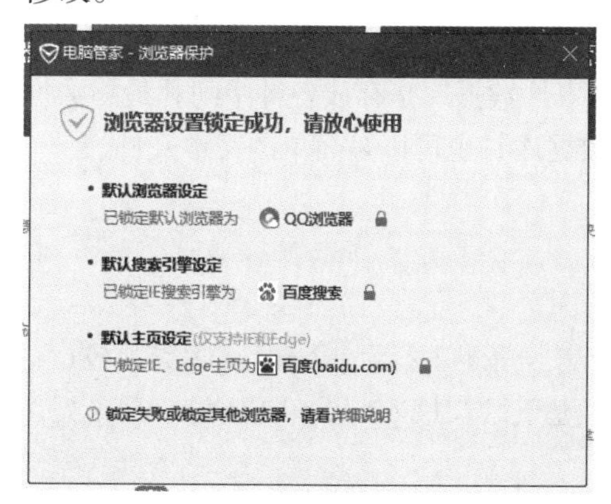

图8-8

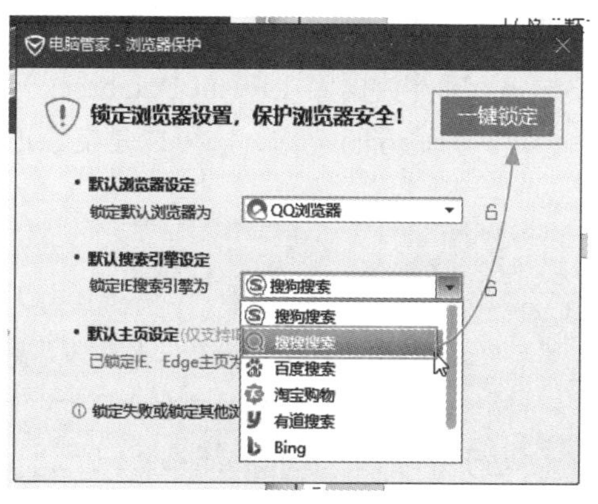

图8-9

8.4 入侵检测技术

入侵检测技术是预防和判断网站或主机被入侵的一种检测手段。本节将着重介绍入侵检测技术及其应用。

8.4.1 入侵检测系统概述

入侵检测系统（Intrusion Detection System，IDS）是一种对网络传输进行即时监视，在发现可疑传输时发出警报或者采取主动应激措施的网络安全设备。它与其他网络安全设备的不同之处在于，IDS是一种积极主动的安全防护技术。IDS最早出现在1980年4月。20世纪80年代中期，IDS逐渐发展成为入侵检测专家系统（IDES）。1990年，IDS分化为基于网络的IDS和基于主机的IDS。后又出现分布式IDS。目前，IDS发展迅速，已有人宣称IDS可以完全取代防火墙。

根据信息来源可分为基于主机的IDS和基于网络的IDS，根据检测方法又可分为异常入侵检测和误用入侵检测。不同于防火墙，IDS是一个监听设备。对IDS的部署唯一的要求是：IDS应当挂接在所有关注流量都必须流经的链路上。IDS在交换式网络中的位置一般选择在尽可能靠近攻击源或者受保护资源的位置。

8.4.2 入侵检测系统的组成

入侵检测系统通常分为四个组件。

- 事件产生器（Event Generators）。它的作用是从整个计算环境中获得事件，并向系统的其他部分提供此事件。
- 事件分析器（Event Analyzers）。它经过分析得到数据，并产生分析结果。
- 响应单元（Response Units）。它是对分析结果做出反应的功能单元，可以做出切断连接、改变文件属性等强烈反应，也可以只是简单的报警。
- 事件数据库（Event Databases）。事件数据库是存放各种中间和最终数据的地方的统称，它可以是复杂的数据库，也可以是简单的文本文件。

知识拓展 主要的检测技术

对各种事件进行分析，从中发现违反安全策略的行为是入侵检测系统的核心功能。从技术上入侵检测分为两类：一类基于标志（signature-based）；另一类基于异常情况（anomaly-based）。

对于基于标志的检测技术来说，首先要定义违背安全策略的事件的特征，如网络数据包的某些头信息。检测主要判别这类特征是否在所收集到的数据中出现。此方法非常类似杀毒软件。

而基于异常情况的检测技术则是先定义一组系统“正常”情况的数值，如CPU利用率、内存利用率、文件校验和等，然后将系统运行时的数值与所定义的“正常”情况比较，得出是否有被攻击的迹象。这种检测方式的核心在于如何定义所谓的“正常”情况。

两类检测技术的方法、所得出的结论有非常大的差异。基于标志的检测技术的核心是维护一个知识库。对于已知的攻击，它可以详细、准确地报告出攻击类型，但是对未知攻击却效果有限，而且知识库必须不断更新。基于异常情况的检测技术则无法准确判别出攻击的手法，但它可以判别更广泛甚至未发觉的攻击。

8.4.3 常见的检测软件

下面介绍几种具有检测功能的软件，读者可以从中了解一些网络入侵检测的原理。

（1）Easyspy

Easyspy 是一款网络入侵检测和流量实时监控软件，支持Cut-Off动作，通过Cut-Off动作和“数据包事件”可以实现常见的防火墙功能，如对端口/IP地址的封堵，通过灵活的事件规则，可以封堵P2P应用，如eMule/eDonkey/BitTorrent，当然还可以封堵其他任何应用。

作为一个入侵检测系统，用来快速发现并定位诸如ARP攻击、DoS/DDoS攻击、分片IP报文攻击等恶意攻击行为，帮助发现潜在的安全隐患。Easyspy又是一款嗅探软件，用来进行故障诊断，快速排查网络故障，准确定位故障点，评估网络性能，查找网络瓶颈，从而保障网络质量。采用嗅探优先的协议识别方式，这样就解决了一些协议采用知名端口来躲避识别的问题。

下载并安装后，双击软件图标启动，设置需要监控的网卡，如图8-10所示。

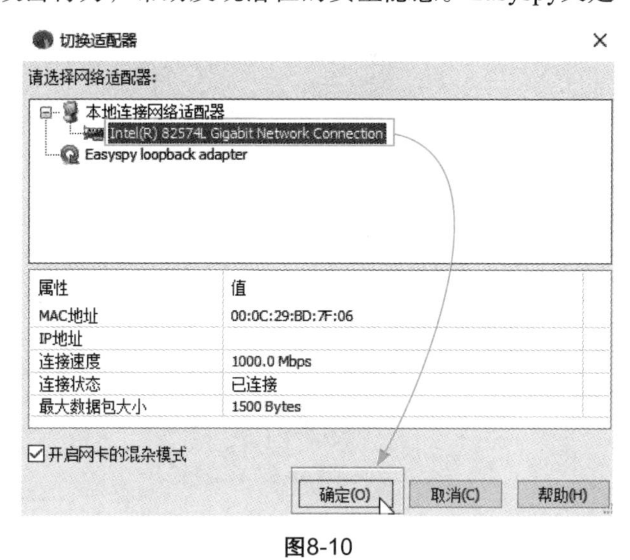

图8-10

在主界面中，可以通过图形界面监控当前的网络利用率、包的大小分布、当前连接的状态以及通信最多的几台主机。物理层、网络/传输层和应用层的状态如图8-11所示。

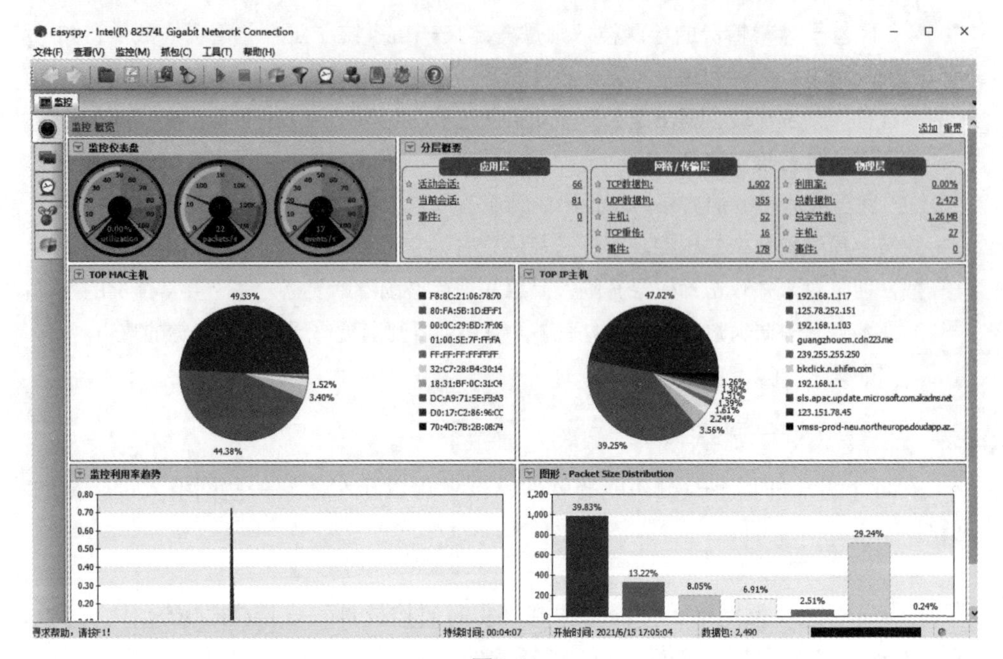

图8-11

和其他抓包软件类似，用户可以查看当前各种实时的统计信息，如图8-12、图8-13所示。

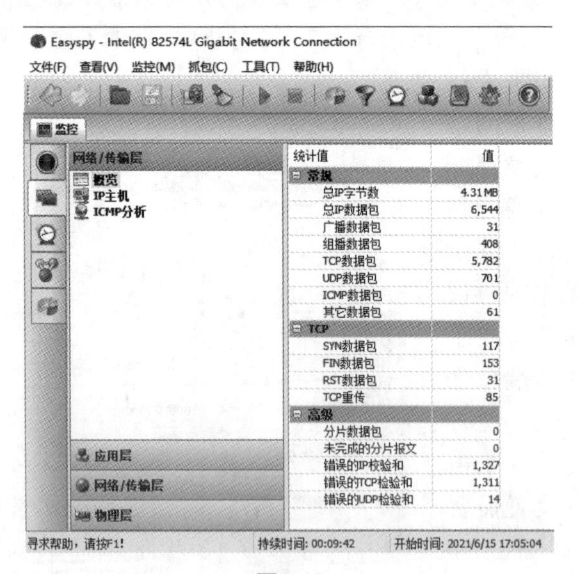

图8-12

监控

应用层

- 概览
- 协议
  - DNS - 名字解析 (26)
  - HTTP - 万维网 (47)
  - QQ - 腾讯即时通讯 (7)
  - POP3 - 接收邮件
  - SMTP - 发送邮件
  - Telnet - Telnet
  - BOOTP - BOOTP (1)
  - Exchange - MS Email
  - Quicktime
  - SIP
  - X Windows
  - Yahoo Messenger
  - TFTP - Trivial File Transfer
  - SMB
  - Oracle
  - H.323
  - FTP - File Transfer
  - Kerberos
  - NTP - Network Time Protocol (1)
  - NetBIOS (14)
  - SNMP - Network Management

协议	字节数%
DNS - 名字解析	0.155%
HTTP - 万维网	89.578%
QQ - 腾讯即时通讯	1.146%
POP3 - 接收邮件	0.000%
SMTP - 发送邮件	0.000%
Telnet - Telnet	0.000%
BOOTP - BOOTP	0.008%
Exchange - MS Email	0.000%
Quicktime	0.000%
SIP	0.000%
X Windows	0.000%
Yahoo Messenger	0.000%
TFTP - Trivial File Transfer	0.000%
SMB	0.000%
Oracle	0.000%
H.323	0.000%
FTP - File Transfer	0.000%
Kerberos	0.000%
NTP - Network Time Protocol	0.004%
NetBIOS	0.133%
SNMP - Network Management	0.000%
BGP - Border Gateway Protocol	0.000%

图8-13

（2）Abelssoft HackCheck

这是一款个人使用的黑客入侵检测软件，是功能强大的黑客入侵检测工具。它内置的黑客攻击预警系统，可以对所有的账户信息进行监控，一旦发现有黑客对用户的计算机进行攻击或者窃取数据，就会在第一时间发出警报，这样用户就可以断开网络，达到防御黑客、保护计算机的作用。

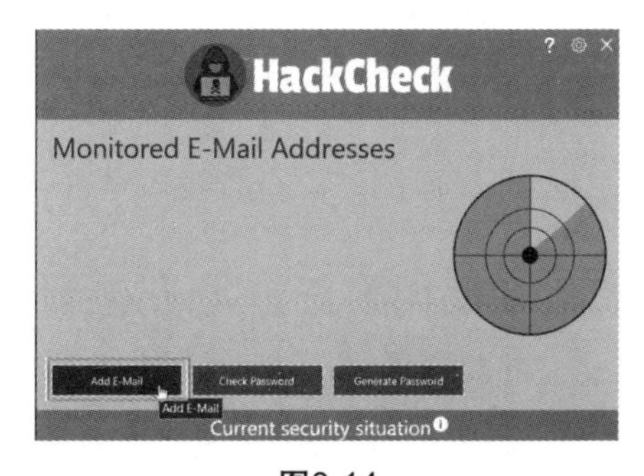

图8-14

下载并安装该软件后，双击启动，它会像杀毒软件一样实时监控。用户可以单击“Add E-Mail”按钮来添加监控的邮箱，如图8-14所示，还可以检查密码复杂性和生成常用密码，如图8-15所示，在下方还有一些安全信息，如图8-16所示。

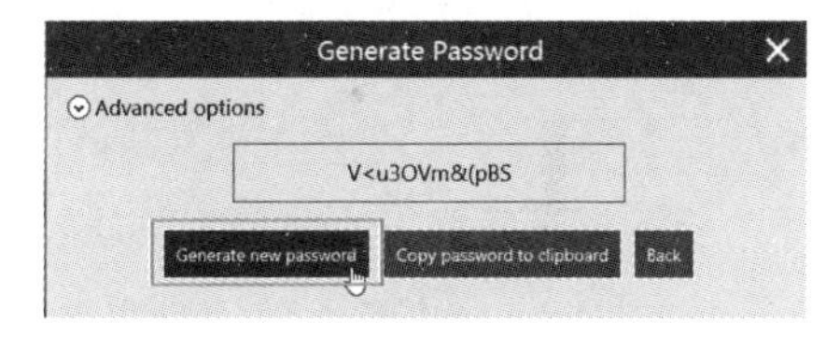

图8-15

图8-16

8.5 使用第三方网站或软件检测网站抗压性

通常使用第三方软件来进行网站的抗压性测试，来查看网站是否有漏洞、抵御进攻的能力到底怎么样。

8.5.1 网站测试内容

在网站制作好或者上线后，需要进行测试。网站的测试主要包括以下几种。

- UI测试。测试网站页面的美观度和合理性等。
- 链接测试。查看链接是否正常，会不会报错等。
- 表单测试。各种表单是否满足要求，会不会冲突，采集的数据能不能正常存储等。
- 兼容性测试。不同的平台、不同的系统是不是都能正常访问等。
- 网络配置测试。查看网速，查看不同网络是否都能访问等。
- 负载测试。查看多个用户同时访问时能不能正常提供服务等。
- 压力测试。查看几百、几千、几万人同时访问，网站是否能正常应对等。
- 安全测试。查看各种安全信息以及脚本语言是否有漏洞等。
- 接口测试。查看接口是否有问题等。

8.5.2 使用第三方网站进行压力测试

可以使用第三方网站进行在线压力测试。这些网站可以提供正常的压力测试，如模拟1000人次请求，并发数100，如图8-17所示。

图8-17

得到测试结果后，可以进行分析，如图8-18、图8-19所示。

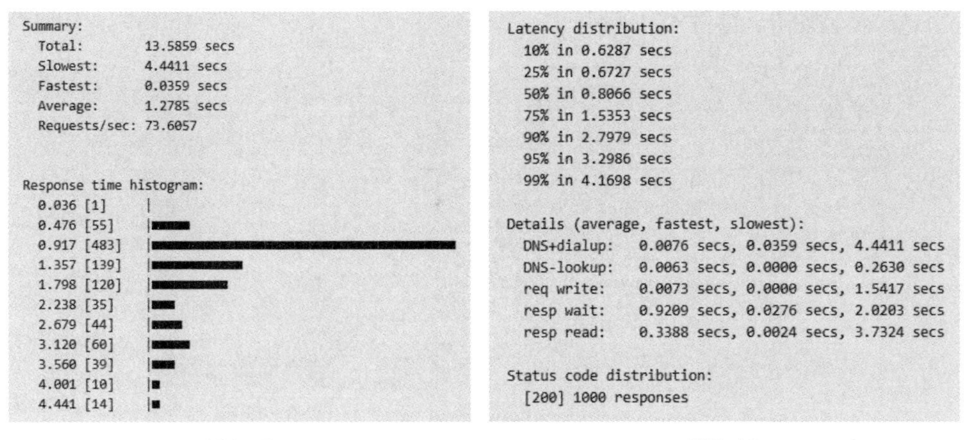

图8-18　　图8-19

除了测试网站链接性能，还可以进行端口扫描，如图8-20所示。

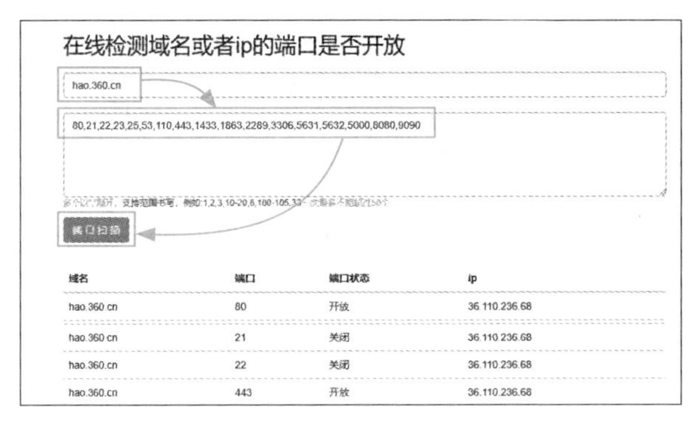

图8-20

8.5.3 使用第三方软件进行网站抗压测试

除使用在线工具外，也可以使用第三方软件进行网站的抗压测试，测试更加专业，选项和得到的数据也更加全面。

（1）使用软件爬取网站目录

前面介绍漏洞扫描时，可以使用Brup Suite对网站的目录进行扫描。下面介绍几款专业的网站目录扫描软件，例如使用DirBuster进行扫描。

DirBuster支持全部的Web目录扫描方式。它既支持网页爬虫方式扫描，也支持基于字典的暴力扫描，还支持纯暴力扫描。该工具使用Java语言编写，提供命令行（Headless）和图形界面（GUI）两种模式。其中，图形界面模式功能更为强大。用户不仅可以指定纯暴力扫描的字符规则，还可以设置以URL模糊方式构建网页路径。同时，用户还可以对网页解析方式进行各种定制，提高网址解析效率。

软件是绿色版，打开软件后，输入网站的完整域名，设置线程数，单击

“Browse”按钮，如图8-21所示。

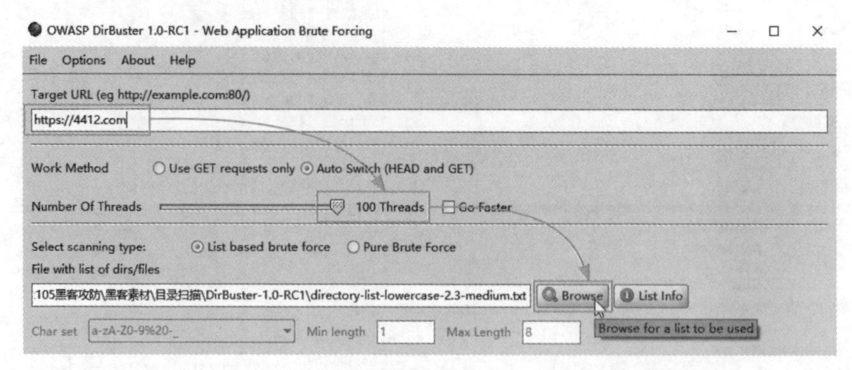

图8-21

选择目录字典文件，常用的是“directory-list-lowercase-2.3-medium.txt”，完成后，单击“Select List”按钮，如图8-22所示。

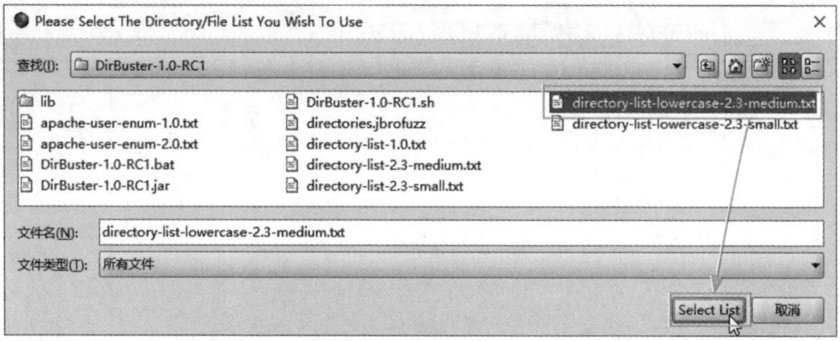

图8-22

返回后，单击“Start”按钮，启动扫描，如图8-23所示。

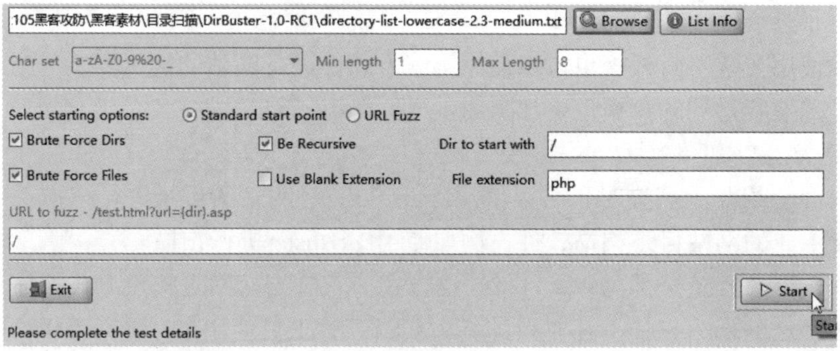

图8-23

没有“Start”按钮

因为对话框大小的关系，“Strat”按钮可能不会显示，将对话框放大就可以看到了。

最后可以查看到该网站的目录内容，如图8-24所示。

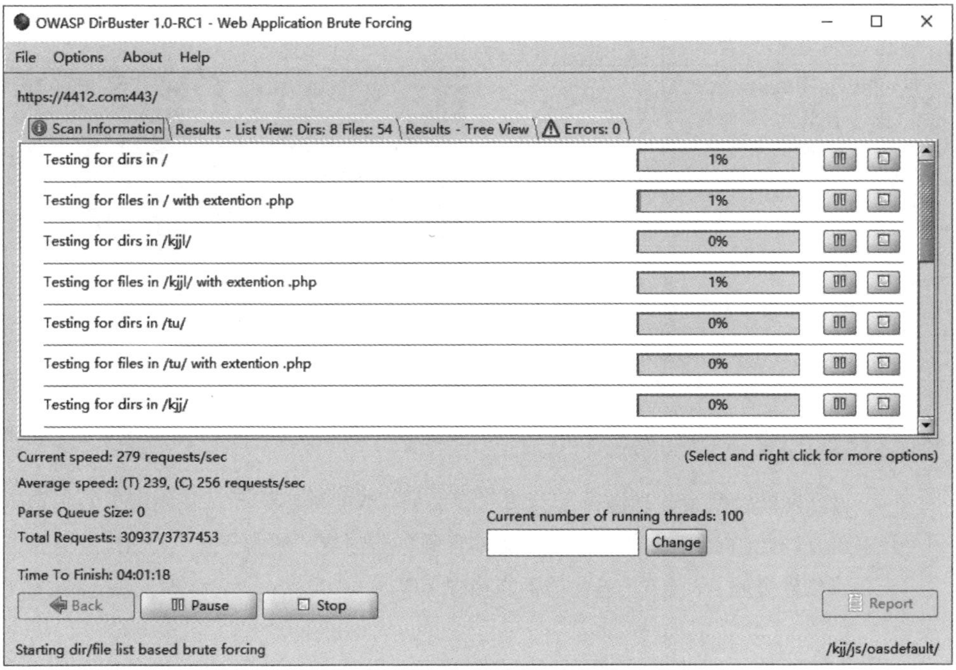

图8-24

案例实战：使用第三方工具进行网站目录扫描

除了DirBuster，还可以使用一些国内的软件，如“御剑WEB目录扫描优化版”。启动软件后，在“扫描域名”中输入域名，设置“线程”以及扫描的字典，单击“开始”按钮，如图8-25所示。

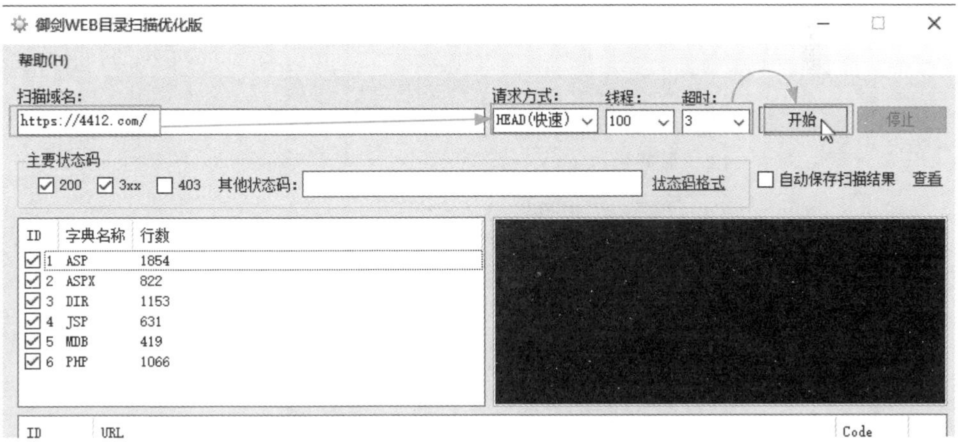

图8-25

稍等一会就会显示扫描的结果，包括网站中的目录，因为设置的显示状态码为“200”，所以会筛选一部分结果，如图8-26所示。

图8-26

状态码为200

代表网站该目录成功进行了反馈、该目录有效且能够访问。其他常见的状态码还有3xx（重定向）、201（请求成功并且服务器创建了新的资源）、202（接受请求但没创建资源）、403（服务器拒绝请求）等。

（2）使用fu-tao ddos进行压力测试

fu-tao ddos攻击软件使用大量的代理主机进行DDoS攻击。前面介绍了DDos攻击的原理，下面介绍攻击的流程。该软件使用Java语言编写，使用时，需要安装Java环境，也就是需要安装JAD文件。

进入fu-tao ddos攻击软件的目录中，按住“Shift”键，使用鼠标右键单击，在弹出的快捷菜单中选择“在此处打开Powershell窗口”选项，如图8-27所示。

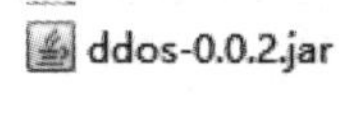

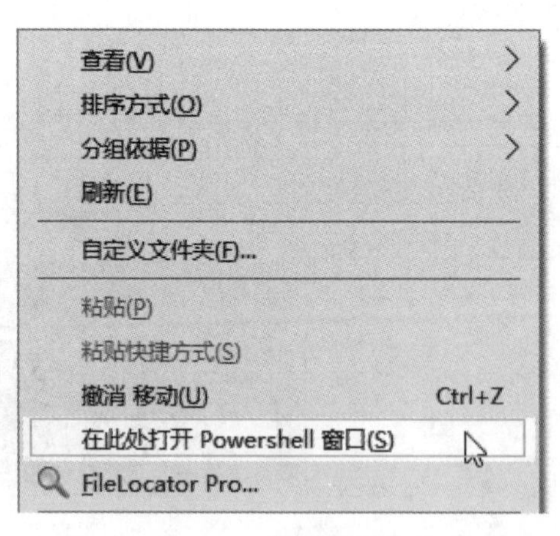

图8-27

使用“java -jar 软件包名称 ddos 攻击的网站 客户端请求数”这种格式命令启动DDoS攻击，如图8-28所示。

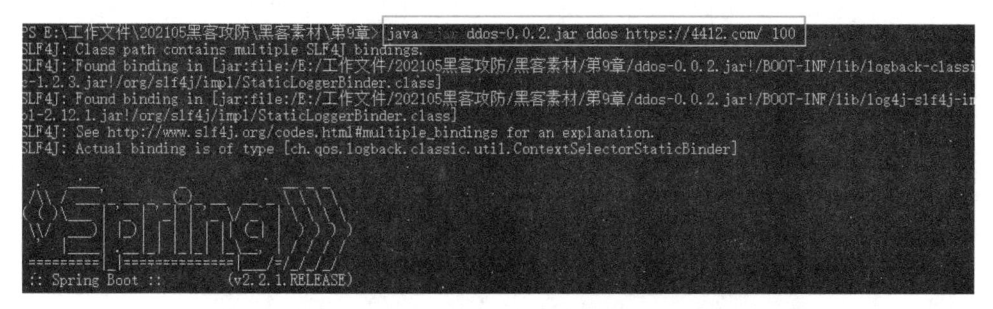

图8-28

接下来，软件会自动连接各代理服务器，并发起DDoS攻击，如图8-29所示。

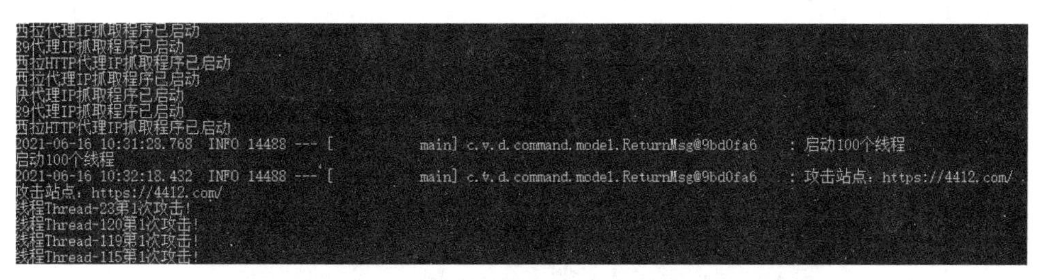

图8-29

用户可以在浏览器中使用“http://localhost:8090/ip”查看当前IP池状态，使用“http://localhost:8090/status”查询当前系统状态，如图8-30、图8-31所示。

localhost:8090/ip

当前可用IP：66 个

协议	IP	端口	来源	连接失败次数	连接成功次数	最后使用时间
HTTP	27.192.200.7	9000	西拉HTTP	3	0	2021-06-16 10:39:00
HTTP	61.37.223.152	8080	西拉HTTP	3	13	2021-06-16 10:39:00
HTTP	104.254.238.122	20171	西拉HTTP	5	4	2021-06-16 10:39:00
HTTP	149.5.37.113	8080	西拉HTTP	1	2	2021-06-16 10:39:00
HTTP	185.23.83.23	8080	西拉HTTP	3	2	2021-06-16 10:39:00
HTTP	109.127.82.50	8080	西拉HTTP	4	2	2021-06-16 10:39:00
HTTP	185.179.30.130	8080	西拉HTTP	5	2	2021-06-16 10:39:00
HTTP	190.2.209.58	999	西拉HTTP	2	2	2021-06-16 10:39:00
HTTP	178.62.56.172	80	西拉HTTP	6	2	2021-06-16 10:39:00
HTTP	178.134.208.126	50824	西拉HTTP	9	3	2021-06-16 10:39:00

图8-30

localhost:8090/status

系统启动时间:	2021-06-16 10:30:58
成功访问目标次数:	235次
代理连接不上次数:	588次
目标网站500错误次数:	0次
攻击目标网站次数:	963次
已启用代理:	[西拉代理 ,快代理 ,89代理 ,西拉HTTP代理 ,]
西拉代理:	最后执行时间：2021-06-16 10:39:46
89代理:	最后执行时间：2021-06-16 10:39:46
快代理:	最后执行时间：2021-06-16 10:39:46:出现异常null
西拉HTTP代理:	最后执行时间：2021-06-16 10:39:46

图8-31

结束攻击

结束攻击可以使用“Ctrl+C”组合键。

（3）使用LOIC进行DDoS攻击

用户可以使用LOIC进行DDoS攻击。LOIC是一款专注于Web应用程序的DoS/DDoS攻击工具，它可以用TCP数据包、UDP数据包、HTTP请求对目标网站进行DDoS测试。不怀好意的人可以利用LOIC构建僵尸网络。

使用方法很简单，启动软件后，输入攻击网站的URL，单击“Lock on”按钮，会自动解析出IP地址，如图8-32所示，也可以直接输入IP地址。

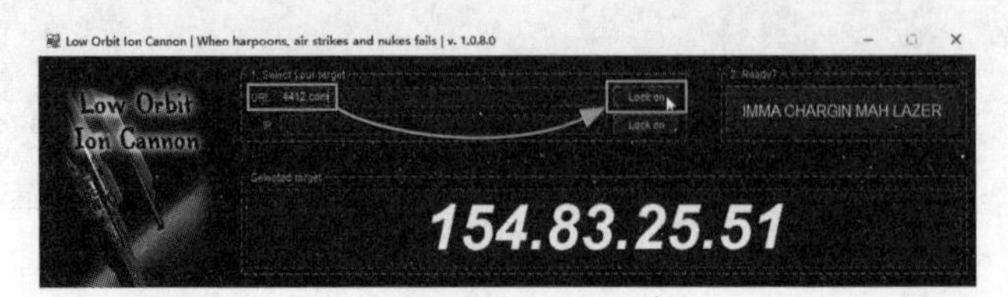

图8-32

设置端口、协议和线程数后，单击“IMMA CHARGIN MAH LAZER”按钮，如图8-33所示。

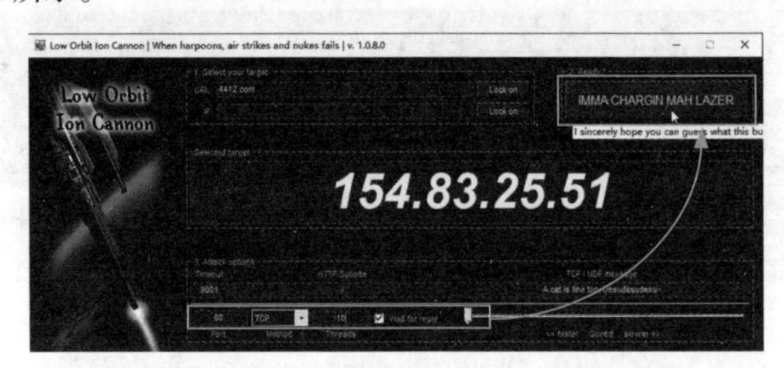

图8-33

接下来，软件会自动对目标主机的对应端口进行DDoS攻击。

（4）使用DDOSER进行DDoS攻击

另一款非常有名的DDoS攻击测试工具是DDOSER。用户下载并启动该软件后，弹出命令提示符界面，输入要攻击的网站，然后按回车键，如图8-34所示。

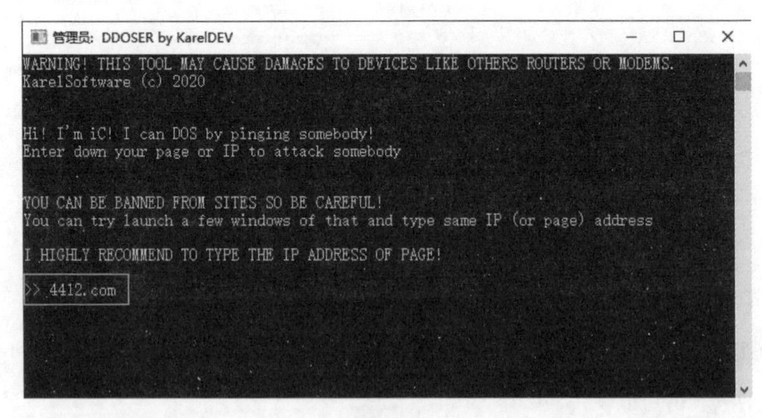

图8-34

输入攻击的端口号，因为是网站，填写“80”，按回车键，如图8-35所示。

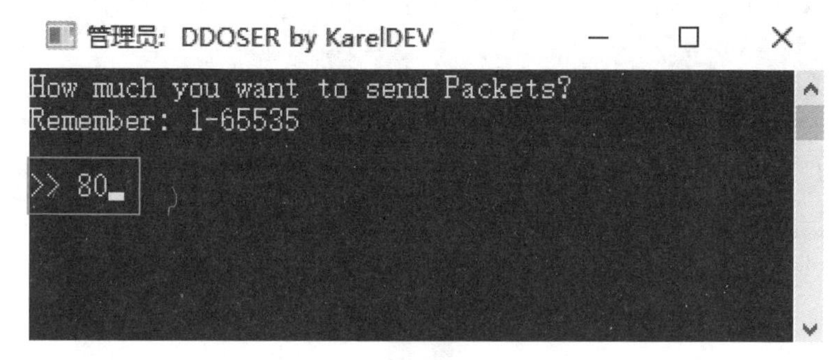

图8-35

软件询问是否确定攻击，输入“Y”后按回车键，如图8-36所示。

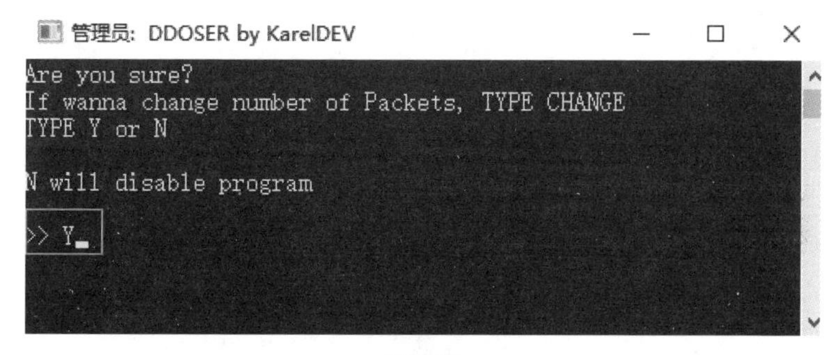

图8-36

接下来软件启动攻击，如图8-37所示。

```
DOSING...
Thanks for using my DDOSING software!
(C) Karel Software

Recommended to left it for 2 to 5 hours to start killing servers!

正在 Ping 4412.com [154.83.25.51] 具有 80 字节的数据:
```

图8-37

案例实战：使用Zero测试网站抗压性

下载解压后，进入目录中，双击Zero.exe文件，启动程序，输入要攻击的网站域名，单击“FIND”按钮，解析出IP地址，如图8-38所示。输入端口号后，单击“LAUNCH”按钮，启动攻击，如图8-39所示。

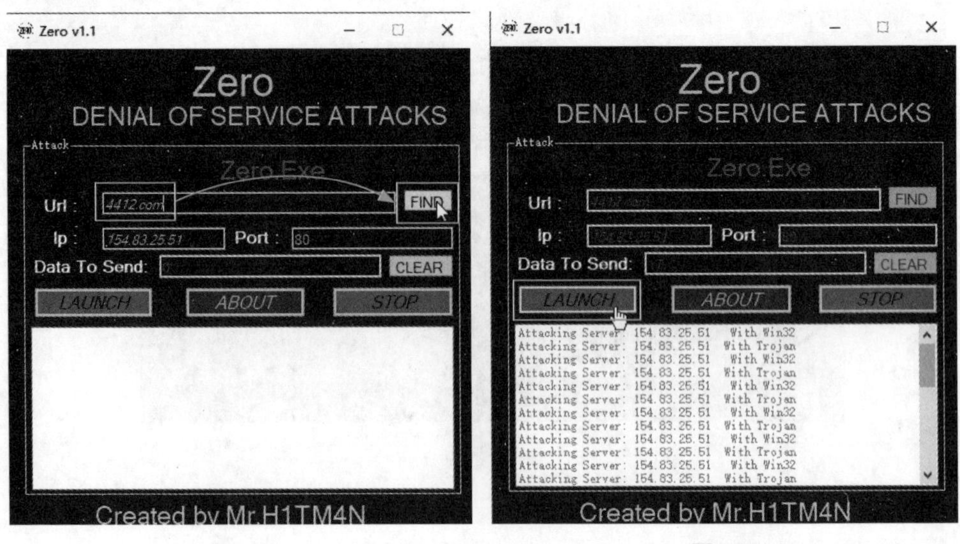

图8-38　　图8-39

专题拓展

黑客常用命令及用法

其实这些命令并不是黑客专属，而是用于测试网络环境的命令，所以任何人都可以使用这些命令来进行各种测试。

（1）ping命令

ping是用来检查网络是否通畅或者网络连接速度的命令。常用的参数“-t”代表不断地Ping，直到使用“Ctrl+C”组合键取消；“-n”用于设置发送包的数量，默认为3，如图8-40所示。

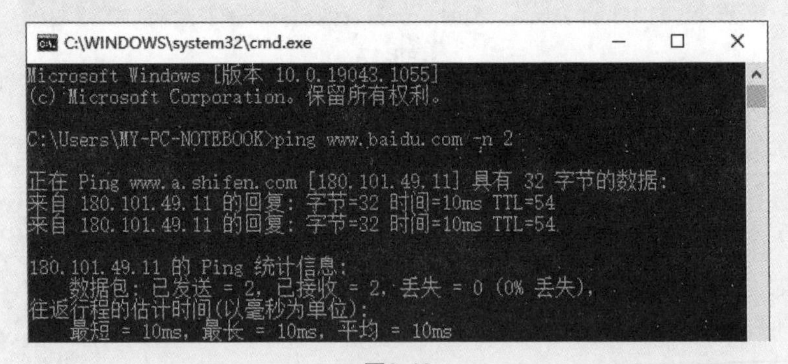

图8-40

（2）netstat命令

netstat是用于监控TCP/IP网络的命令，使用该命令可以显示协议统计，查看路由表、实际网络连接以及每一个网络接口设备的状态信息。“-a”用于查看本地计算机所有开放端口；“-n”以数字形式显示地址和端口号；“-o”显示PID号。用法如图8-41所示。

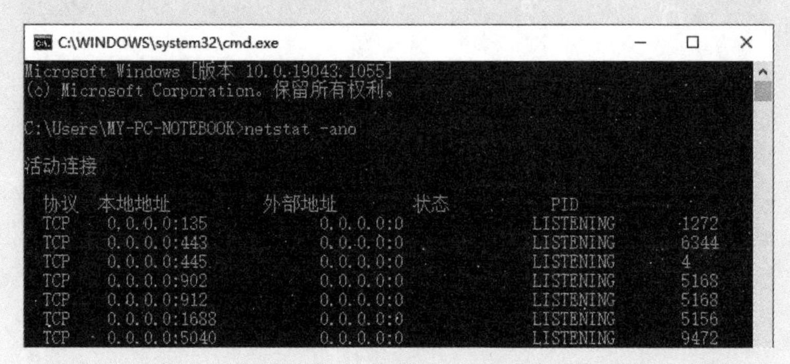

图8-41

（3）tracert命令

tracert命令用于跟踪路由信息。使用此命令可以查出数据从本地机器传输到目的主机经过的所有途径，这对了解网络布局和结构很有帮助。用法如图8-42所示。

图8-42

（4）ipconfig命令

ipconfig命令用于查看当前计算机的TCP/IP配置的预设值，刷新动态主机配置协议和域名系统设置。通过查看信息，用户可以检查手动配置的TCP/IP参数是否正确。用法如图8-43所示。

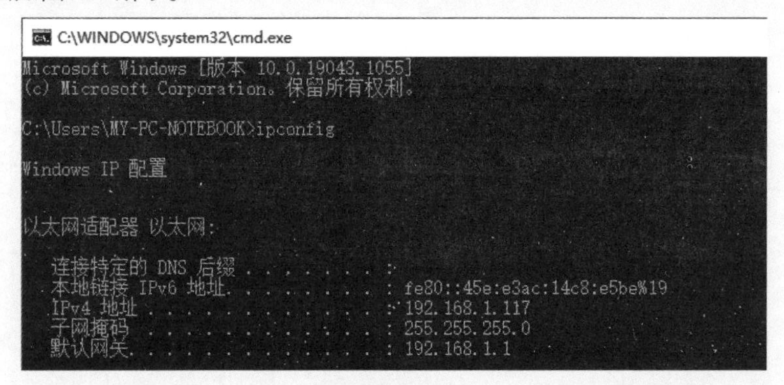

图8-43

另外，如果是自动获取IP地址，可以使用“ipconfig/release”释放地址，“ipconfig/renew”重新获取地址，“ipconfig/flushdns”清空DNS缓存。

（5）arp命令

arp命令可以查看计算机ARP表，如图8-44所示。

```
C:\Users\MY-PC-NOTEBOOK>arp -a

接口: 192.168.1.117 --- 0x13
  Internet 地址         物理地址              类型
  192.168.1.1           f8-8c-21-06-78-70     动态
  192.168.1.101         dc-a9-71-5e-f3-a3     动态
  192.168.1.102         18-31-bf-0c-31-c4     动态
  192.168.1.109         70-4d-7b-b5-e7-79     动态
  192.168.1.112         d0-17-c2-86-96-cc     动态
  192.168.1.113         00-0c-29-bd-7f-06     动态
```

图8-44

（6）nslookup命令

nslookup是用来监测网络中的DNS服务器是否能正确实现域名解析。黑客可以通过此命令探测一个大型网站究竟绑定了多少IP地址。用法如图8-45所示。

```
C:\Users\MY-PC-NOTEBOOK>nslookup www.baidu.com
服务器:  dns1.ctcdma.com
Address:  218.2.2.2

非权威应答:
名称:    www.a.shifen.com
Addresses:  180.101.49.11
          180.101.49.12
Aliases:  www.baidu.com
```

图8-45

第9章 无线局域网攻防

由于无线技术的普及，开始有了无线局域网，包括家庭局域网、各种规模的企业局域网、网吧、校园网等。黑客要入侵某台设备，首先就需要从外部进入这些局域网中。所以局域网的各种网络设备的安全性就显得尤为重要了。本章将介绍无线局域网的组成、常见的攻击及防御以及安全注意事项。

本章重点难点：

- 无线局域网简介
- 无线局域网技术
- 无线局域网常用设备
- 家庭局域网的组建
- 无线局域网常见攻击方式
- Wi-Fi密码的破解
- 无线设备安全配置

9.1 无线局域网概述

无线局域网就是在典型局域网环境中加入无线技术。下面介绍局域网和无线技术的知识。

9.1.1 局域网简介

局域网（LAN）指在小范围内，将各种计算机终端及网络终端设备通过有线或者无线的传输方式组合成的网络，用来实现文件共享、远程控制、打印共享、电子邮件服务等功能。其特点是分布距离近、用户数量相对较少、传输速率快。

术语解释 城域网、广域网

城域网，采用的技术和局域网类似，可以是几栋办公楼，也可以是一座城市，传输距离稍长，覆盖范围更广。而广域网，可以连接多个城市或者国家，甚至跨洲连接。广域网的通信子网可以利用公用分组交换网、卫星通信网和无线分组交换网达到资源共享的目的。广域网的特点是覆盖范围最广、通信距离最远、技术最复杂，当然，建设费用也最高。Internet就是广域网的一种。

9.1.2 无线技术

无线技术是相对于有线技术而言，人们最常接触的无线技术就是WLAN。无线网络可以使用的介质包括无线电波、微波和红外线等。现在可见光和激光也可以进行无线传输。

无线局域网具有灵活性和可移动性、安装便捷、易于调整和规划、故障定位容易、易于扩展等优点。

现在的无线局域网的无线技术主要以802.11为标准。其定义了物理层和MAC层规范，允许无线局域网及无线设备制造商建立互操作网络设备。基于IEEE 802.11系列的WLAN标准包括21个标准，其中802.11、802.11a、802.11b、802.11g、802.11n、802.11ac和802.11ax最具代表性。

术语解释 Wi-Fi6

Wi-Fi6，其实就是第6代无线技术——IEEE 802.11 ax。IEEE 802.11工作组从2014年开始研发新的无线接入标准802.11ax，并于2019年中正式发布，是IEEE 802.11无线局域网标准的最新版本，提供了对之前网络标准的兼容，也包括现在主流的802.11n/ac。如果要使用Wi-Fi6，除路由器外，用户还需对应的Wi-Fi6终端。

9.1.3 常见无线局域网设备及作用

常见的组成无线局域网的设备主要有以下几种。

（1）无线路由器

无线局域网的核心设备是无线路由器，如图9-1所示，其主要作用是网关，代理内网用户访问外网，另外实现内网设备之间的数据转发功能。无线路由器通过有线接口接入网线，通过无线功能连接其他无线设备。

图9-1

（2）交换机

交换机工作在数据链路层，负责数据的快速转发。因为家庭局域网现在主要使用无线设备，所以小型交换机使用得很少。而在政府和企业中，很多设备需要有线连接，局域网内部也需要快速地传递数据，所以需要更专业的交换设备，如图9-2所示。

图9-2

术语解释 POE交换机

POE交换机使用网线，既传输数据，也传输电能。POE交换机主要用在监控等设备需要供电，但又不方便从附近取电的情况。供电有专门的标准，如IEEE 802.3 bt/at/af，POE交换机和设备需要同时支持该协议才能稳定供电，否则会烧毁设备。

（3）网卡

有线网卡可以使用主板自带的，或者使用PCI-E接口的，如图9-3所示。无线网卡可以使用USB接口的，或者PCI-E接口的，如图9-4所示。

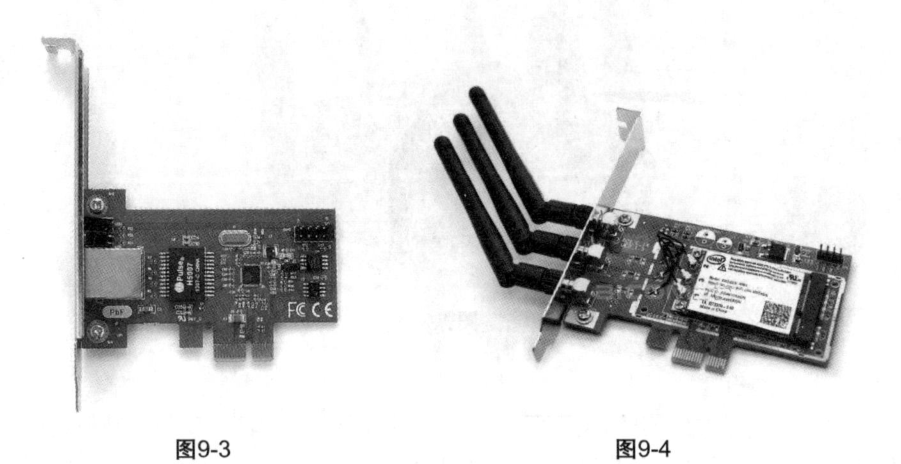

图9-3　　图9-4

（4）传输介质

主要指有线连接的传输介质，最普遍的就是光纤（图9-5）以及双绞线（网线，如图9-6所示）。

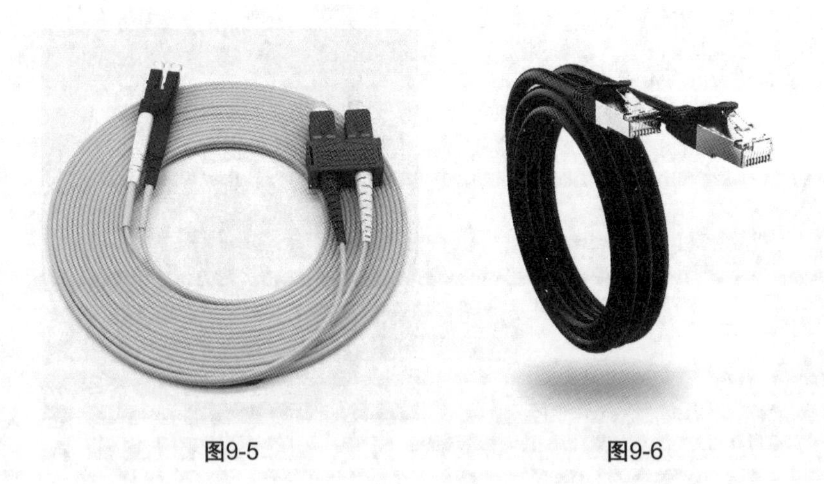

图9-5　　图9-6

新手误区 为什么我的宽带不是300M

有些用户办理了200M及以上的宽带，但是在使用时发现只有100M。但光纤猫和路由器都是1000M的。问题就出在最不起眼的网线上。现在使用的超5类线，如果质量好而且距离短，也是可以达到千兆的，但最稳妥的是使用6类及以上的网线。一般情况下超5类可以满足100M的带宽。所以，如果宽带带宽不够，可以先检查网线。

（5）无线AP

无线接入点（AP）是无线局域网的一种典型应用。AP是Access Point的简称，就是所谓的“访问节点”。无线AP主要是提供无线工作站和有线局域网之间的互相访问。在AP信号覆盖范围内的无线工作站可以通过它相互通信。常见的无线AP设备如图9-7所示。无线AP分为胖AP（带有管理功能）和瘦AP（类似于天线的作用）。室外AP比较大，如图9-8所示，这样可以提供更大范围的信号覆盖，以便接入更多的设备。

图9-7

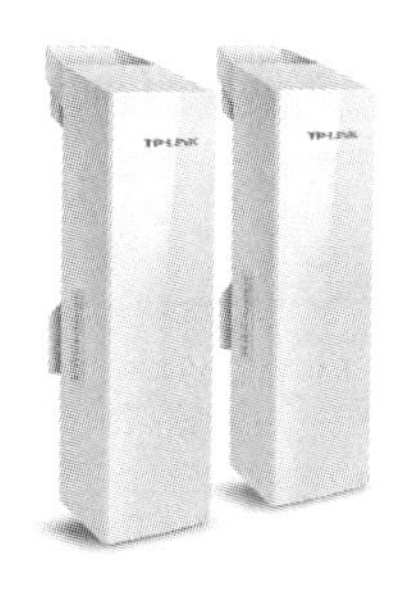

图9-8

（6）无线控制器

无线控制器（Wireless Access Point Controller）也叫无线AC，用来集中化控制无线AP，是一个无线网络的核心，负责管理无线网络中的所有无线AP。对无线AP的管理包括下发配置、修改相关配置参数、射频智能管理、接入安全控制等。无线AC和无线AP尽量选择一家厂商的产品，以防止由于兼容性问题造成故障或达不到速率要求。无线AC可以单独购买，也可以购买POE、AC一体化的路由器，用来远程给无线AP供电，如图9-9所示。

图9-9

9.1.4 家庭局域网的组建

家庭中一般会配备信息盒，负责放置设备。光纤入户后，进入光猫中，从光猫出来的网线接入路由器的WAN口中。从路由器LAN口出来的网线接入交换机中，再将其他房间的网线接到交换机中即可。这种方案简单，但是无线信号可能会不好。

另一种方案，客厅到信息盒布置两条线，无线路由器放置在客厅中，这两条线，一条连接光猫和路由器的LAN口，另一条连接路由器和交换机，其他网线接入交换机，然后进行无线路由器的设置即可。

家庭局域网的拓扑图如图9-10所示。按照拓扑图进行连接即可。

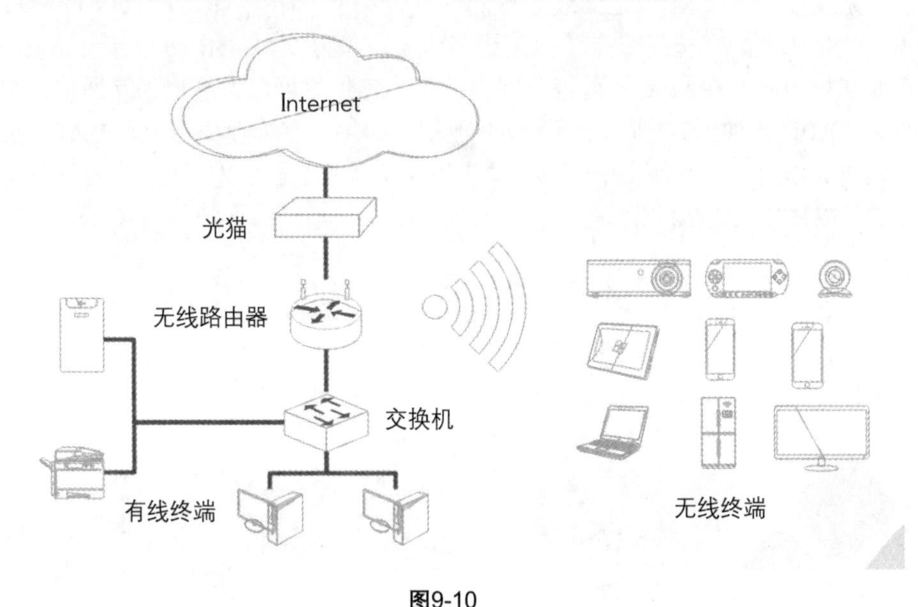

图9-10

知识拓展 房间没有布置网线怎么办

如果使用无线网络玩游戏，而无线信号不好，或者无线信号的稳定性不高或延时较大，此时还是需要有线连接。如果房间没有布置网线，使用电力猫通过电力线进行数据信号的传送，也是一种解决方案。

9.2 局域网的常见攻击方式

在局域网中进行攻击要比在Internet上省事不少，因为跳过了防火墙。在局域网中，黑客有更大的发挥空间，所以，局域网的安全形势也日趋严峻。

9.2.1 ARP攻击

第1章介绍的ARP欺骗属于ARP攻击的范畴。通过伪装的方式，黑客可以在局域网中伪装成任意设备，通过欺骗的手段，截获、修改、破译数据包的内容，进而实现各种目的。另外，ARP也可以进行局域网的管理，如限制网速、通过ARP伪造的方式制造IP冲突，从而阻止某客户端上网。

而要防止ARP攻击，主要是预防ARP欺骗，可以采用绑定的方法，也就是在设备上，将其他设备，尤其是网关设备的MAC地址和IP地址绑定。只要IP地址不发生变化，在传输数据时，就不会进行ARP请求，也就不会发生欺骗了。

更简单的方法是安装ARP防火墙。ARP防火墙通过在系统内核层拦截虚假ARP数据包以及主动通告网关本机正确的MAC地址，可以保障数据流向正确，不经过第三者。常见的计算机防御软件，如电脑管家中，可以搜索到“ARP防火墙”，单击后会下载。单击“立即安装”按钮，可以安装该防火墙，如图9-11所示。

图9-11

安装完毕后会自动启动该防火墙，如图9-12所示。用户可以在“设置”选项卡中查看到当前的绑定，如图9-13所示。

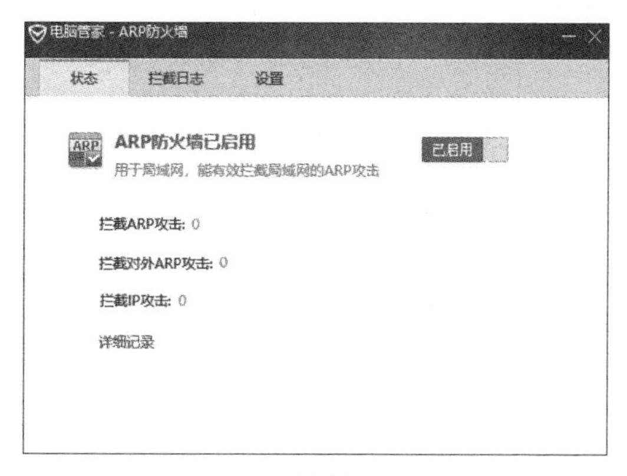

图9-12

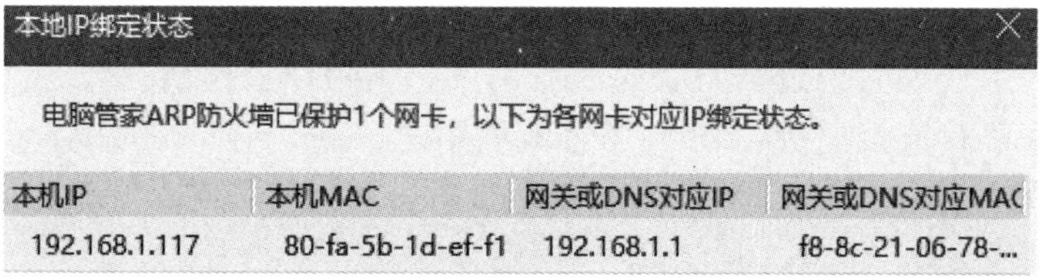

本地IP绑定状态

电脑管家ARP防火墙已保护1个网卡，以下为各网卡对应IP绑定状态。

本机IP	本机MAC	网关或DNS对应IP	网关或DNS对应MAC
192.168.1.117	80-fa-5b-1d-ef-f1	192.168.1.1	f8-8c-21-06-78-...

图9-13

9.2.2 广播风暴

广播风暴是在交换网络中出现大量的广播包，占据大量的网络流量和设备资源，造成网络堵塞或者设备因资源耗尽而宕机。

造成广播风暴的原因有多种，如网线短路、网络中存在环路、网卡损坏，与黑客相关的就是黑客使用蠕虫病毒等引发广播风暴。当局域网中某主机感染了Funlove、震荡波、RPC等蠕虫病毒时，会导致当前计算机网卡的发送数据包和接收数据包快速增加，并通过网络传播，损耗大量的网络宽带，引发网络堵塞，从而导致广播风暴。

针对黑客引起的广播风暴，需要从网络设备层面着手，一方面提前进行虚拟局域网的划分，让一个大广播域变成多个小广播域，另一方面还需要增加设备实时防御的安全技术。

9.2.3 DNS及DHCP欺骗

第1章介绍了DNS欺骗的原理，如果要防御，可以手动指定DNS服务器的IP地址，不通过DHCP获取。如果局域网存在威胁，可以手动配置IP地址、网关和DNS地址，如图9-14、图9-15所示，而后进行局域网排查，直到找到黑客的设备。

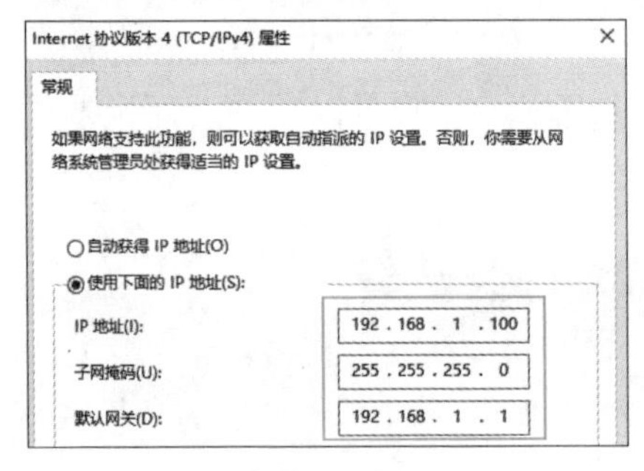

图9-14

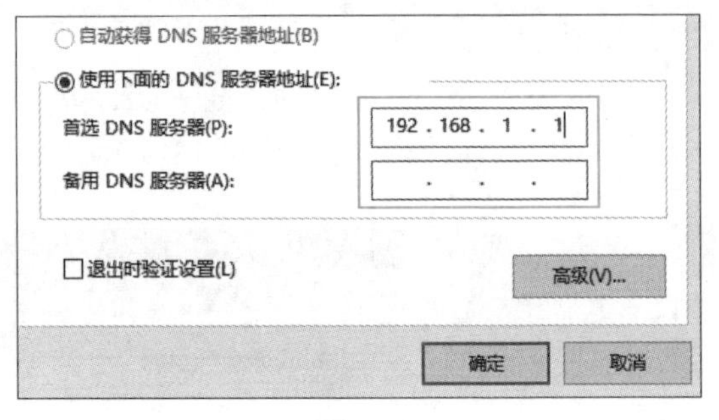

图9-15

9.2.4 窃取无线密码

黑客可以使用工具检测当前的无线路由器的信号，通过收集路由器特定的数据包进行无线密码的破译，最后进入用户的无线局域网环境中。

用户需要提高路由器的安全性。在后面会详细介绍无线路由器的安全设置。

9.2.5 架设无线陷阱

前面介绍代理时说过，只要控制了网关，就可以收集所有流经网关的数据包。很多人喜欢连接免费Wi-Fi，黑客就利用这一点，架设无线接入点，收集用户的各种数据包。还可以通过伪造和劫持技术，通过挂马网页或者钓鱼网站获取用户的各种信息。

所以，用户不要随意接入开放的无线网络中。

术语解释 伪基站

伪基站通过干扰网络信号、任意模拟号码，发送诈骗信息、垃圾短信等。当用户手机出现信号不稳定、无法拨打电话和上网，同时又收到各种垃圾信息或者金融行业发送的信息，就需要提高警惕，这有可能是伪基站所为。

9.3 破解Wi-Fi密码

Wi-Fi密码的破解其实也算是一种暴力破解，下面介绍使用Kali进行密码破解的步骤。

9.3.1 Wi-Fi加密方式

发展到现在，Wi-Fi加密方式主要有WEP、WPA/WPA2、WPA-PSK/WPA2-PSK。

（1）WEP

WEP是一种老式的加密方式，由于其安全性存在好几个弱点，很容易被专业人士攻破，在2003年就被WPA加密所淘汰。由于WEP采用的是IEEE 802.11技术，而现在无线路由设备基本都是使用IEEE 802.11n技术，因此，当使用WEP加密时会影响无线网络设备的传输速率。

（2）WPA/WPA2

WPA/WPA2是一种最安全的加密类型，但是，由于此加密类型需要安装Radius服务器，因此，一般普通用户用不到，只有企业用户为了无线加密更安全才会使用此种加密方式，在设备连接无线Wi-Fi时，需要Radius服务器认证，而且还需要输入Radius密码。

（3）WPA-PSK/WPA2-PSK

WPA-PSK/WPA2-PSK是现在最为普遍的加密类型，这种加密类型安全性能高，而且设置也相当简单。

知识拓展 WPA-PSK/WPA2-PSK加密算法

WPA-PSK/WPA2-PSK数据加密算法主要有两种——TKIP和AES。其中TKIP（Temporal Key Integrity Protocol，临时密钥完整性协议）是一种旧的加密协议，而AES（Advanced Encryption Standard，高级加密标准）不仅安全性更高，而且由于其采用的是最新技术，在无线网络传输速率上也要比TKIP更快，所以推荐使用。

9.3.2 破解的原理

Kali的Wi-Fi密码破解，主要使用的工具是基于Aircrack-ng的。

我用的“Wi-Fi万能钥匙”也是可以破解密码的

类似“Wi-Fi万能钥匙”这种工具，并不是真正的破解密码，而是记录别人的密码（主动获取或偷偷获取），其他人使用时，直接调取密码并连接即可。

WEP加密方式属于明文密码，很容易读取到，所以已经被淘汰了。而WPA-PSK/WPA2-PSK加密方式传输的密码是经过加密的，只能通过暴力破解。而暴力破解一般基于密码字典，运算后与其进行比对。网上有很多基于Wi-Fi密码的字典下载，集合了很多弱口令或者常用密码。

大部分的破解都是基于握手包的爆破。所谓握手包，是终端与无线设备（无线路由器）之间进行连接及验证所使用的数据包。Kali在侦听整个过程后，可以捕获到双方的数据，再通过暴力破解，计算出PSK，也就是密码。

破解的过程并不是单纯地使用密码去尝试连接，而是在本地对整个握手过程中需要的PSK进行运算。前提是终端在侦听过程中，有客户端进行连接，也就是有握手的过程，才能捕获握手包。如果没有怎么办？其实Kali的破解工具还可以强制该终端断开连接，然后其会重新连接，这样就能抓到握手包了。

为什么不直接在线暴力破解?

这种方法有可行性，而且现在路由器没有验证码。但是从路由器的策略考虑，有些路由器可以设置拒绝这种高频连接。最重要的其实是效率问题，在本地进行模拟破解，只要硬件够强，每秒可以比对相当多的字典条目，这是在线破解远远不能比拟的。

9.3.3 配置环境

在做实验前，需要准备一个破解的环境，不建议直接拿别人的Wi-Fi来进行破解。

① 准备一台正常工作的路由器（或者手机AP也可以），不用联网，只要无线配置完毕即可。

② 准备一台具有无线网卡的台式机或者笔记本，因为需要使用无线网卡侦听无线数据。需要注意的是，并不是所有网卡都可以在Kali中识别，即使识别到，还要确定其可以支持侦听模式。至于能不能用，需要用户测试下。如果不能用，可以购买支持侦听模式的网卡。

③ 在台式机或者笔记本上安装Kali系统，因为要使用Kali中的无线破解

程序。

如果以上都配置完毕，就可以进行无线密码的破解工作了。

9.3.4 启动侦听模式

这里使用的工具是Aircrack-ng，它是一款用于破解无线802.11WEP及WPA-PSK加密的工具，是一个包含了多款工具的无线安全审计套装。为了排除影响，将有线网卡禁用掉，插入无线网卡。启动侦听模式是破解的第一步，能够进入侦听模式才能尝试破解。

STEP01：在桌面上使用鼠标右键单击，在弹出的快捷菜单中选择“在这里打开终端”选项，如图9-16所示。

STEP02：使用“sudo -i”命令，输入登录密码后，切换到超级用户权限，如图9-17所示。

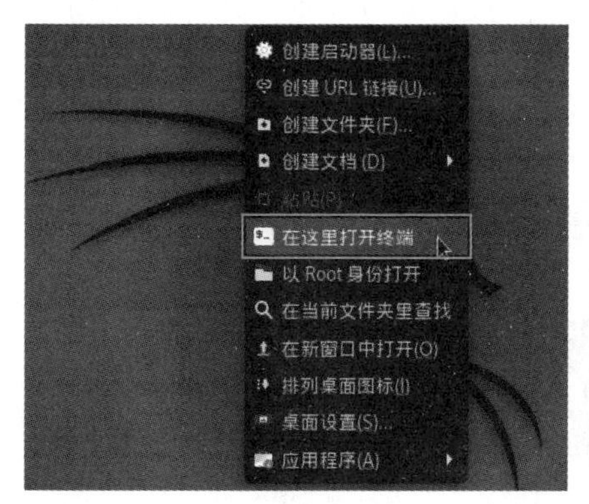

图9-16

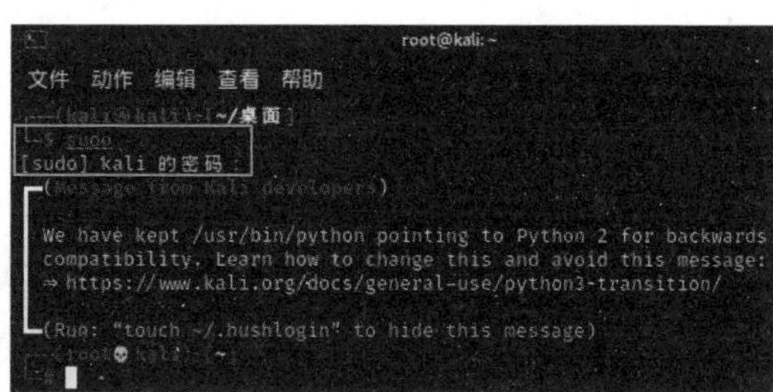

图9-17

STEP03：使用“ifconfig”命令查看当前网卡的状态，如图9-18所示。

```
ifconfig
eth0: flags=4099<UP,BROADCAST,MULTICAST>  mtu 1500
        ether 00:0c:29:9a:c4:b0  txqueuelen 1000  (Ethernet)
        RX packets 0  bytes 0 (0.0 B)
        RX errors 0  dropped 0  overruns 0  frame 0
        TX packets 0  bytes 0 (0.0 B)
        TX errors 0  dropped 0 overruns 0  carrier 0  collisions 0

lo: flags=73<UP,LOOPBACK,RUNNING>  mtu 65536
        inet 127.0.0.1  netmask 255.0.0.0
        inet6 ::1  prefixlen 128  scopeid 0x10<host>
        loop  txqueuelen 1000  (Local Loopback)
        RX packets 16  bytes 880 (880.0 B)
        RX errors 0  dropped 0  overruns 0  frame 0
        TX packets 16  bytes 880 (880.0 B)
        TX errors 0  dropped 0 overruns 0  carrier 0  collisions 0

wlan0: flags=4099<UP,BROADCAST,MULTICAST>  mtu 1500
        ether d6:3e:44:66:67:12  txqueuelen 1000  (Ethernet)
        RX packets 0  bytes 0 (0.0 B)
        RX errors 0  dropped 0  overruns 0  frame 0
        TX packets 0  bytes 0 (0.0 B)
        TX errors 0  dropped 0 overruns 0  carrier 0  collisions 0
```

图9-18

STEP04：使用“airmon-ng start wlan0”命令开启网卡监控，如图9-19所示。

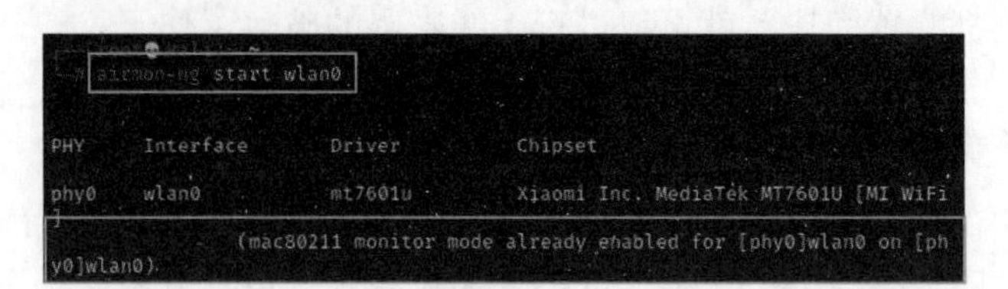

图9-19

知识拓展 不能显示无线网卡或侦听

如果无法显示无线网卡，可以使用“ifconfig wlan0 up”命令激活；如果仍无法显示，说明该网卡不被Kali支持，只能更换网卡或找驱动尝试。如果无法进入侦听状态，只能更换无线网卡再尝试。

知识拓展 无法看到wlan0mon虚拟网卡

正常情况下，启动侦听后，真实网卡会虚拟出一块“wlan0mon”来使用，如图9-20所示。

```
PHY     Interface       Driver          Chipset

phy0    wlan0           rt2800usb       Ralink Technology, Corp. RT2870/RT3070

                (mac80211 monitor mode vif enabled for [phy0]wlan0 on [phy0]wlan0mon)
                (mac80211 station mode vif disabled for [phy0]wlan0)
```

图9-20

笔者这款小米随身Wi-Fi（图9-19）无法虚拟出wlan0mon，但也可以侦听和破解，所以如果读者虚拟出了wlan0mon，那么下面内容中所有的wlan0需要更改为wlan0mon，才能使用。

STEP05：使用“airodump-ng wlan0”命令，启动Wi-Fi信号扫描，如图9-21所示。如果要停止信号扫描，使用“Ctrl+C”组合键即可。

```
CH 14 ][ Elapsed: 36 s ][ 2021-06-18 11:29

BSSID              PWR  Beacons    #Data, #/s  CH   MB   ENC CIPHER  AUTH ESSID

F8:8C:21:06:78:7Q  -40       17        1    0  11  540   WPA2 CCMP   PSK  FAST_310
78:02:F8:30:F0:53  -40       13        0    0  11  180   WPA2 CCMP   PSK  pytest
3C:F5:CC:1F:8E:45  -52       13        0    0   1  270   OPN              <length:  0>
AC:9E:17:A7:31:40  -59       12        5    0   4  195   WPA2 CCMP   PSK  lanxinhaibim
A8:E5:44:A7:AD:81  -59       15        0    0  11  130   WPA2 CCMP   PSK  <length:  0>
A8:E5:44:A7:AD:7D  -59       11        0    0  11  130   WPA2 CCMP   PSK  <length:  0>
A8:E5:44:A7:AD:7C  -59       15        2    0  11  130   WPA2 CCMP   PSK  BIM
3C:F5:CC:1F:8E:47  -63       13        1    0   1  270   WPA2 CCMP   PSK  qvit-wireless
E8:A1:F8:45:7A:28  -64       10        0    0   4  130   WPA2 CCMP   PSK  ChinaNet-UYaY
74:B7:B3:41:D2:B4  -63       14        0    0   2  130   WPA2 CCMP   PSK  ChinaNet-zxdA
D8:38:0D:4B:EB:61  -62       20        9    0   3  270   WPA2 CCMP   PSK  qvkj257
B8:DD:71:28:DE:E7  -66        2        0    0   4  360   WPA2 CCMP   PSK  yunxuntong1
0C:83:9A:27:EE:75  -66        2        0    0   6  360   WPA2 CCMP   PSK  <length:  0>
DC:71:37:D8:67:28  -66        9        0    0   9  130   WPA2 CCMP   PSK  ChinaNet-LVLb
```

图9-21

术语解释 各列都是什么含义

BSSID是AP（Access Point）的MAC地址；PWR代表信号水平，该值越高说明距离越近，但是注意，–1值说明无法监听；CH表示工作的信道号；ENC表示算法加密体系；CIPHER表示检测到的加密算法；AUTH表示认证协议；ESSID即SSID号，Wi-Fi的名称。

9.3.5 抓取握手包

图9-21中的“mytest”就是本次破解的目标，通过信号扫描，可以获取其信道和MAC地址。

STEP01：执行“airodump-ng -c 11 --bssid 78:02:F8:30:F0:53 -w /home wlan0”命令。其中“-c”后面为信道号；“--bssid”后面为监听的AP的MAC地址；“ /home”为握手包存放的位置；最后为网卡，本例为“wlan0”，前面解释过了，其他情况可能是“wlan0mon”。执行后如图9-22所示。

```
文件  动作  编辑  查看  帮助

CH 11 ][ Elapsed: 6 s ][ 2021-06-18 13:38

BSSID              PWR RXQ  Beacons    #Data, #/s  CH   MB   ENC CIPHER  AUTH ESSID

78:02:F8:30:F0:53  -28  81       38        0    0  11  180   WPA2 CCMP   PSK  mytest

BSSID              STATION            PWR   Rate    Lost    Frames  Notes  Probes
```

图9-22

STEP02：如果有终端连接到该AP，在界面中会有提示信息，如图9-23所示，代表已经抓取到握手包了。使用“Ctrl+C”组合键停止侦听，此时，握手包的存放在“/home-01.cap”文件中。

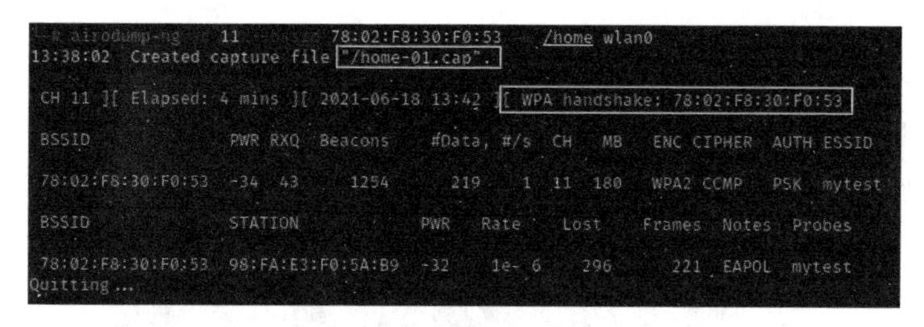

图9-23

知识拓展 如果一直没有人连接无线网络怎么办？

可以使用命令将已经连接到该无线网络的终端踢掉，然后让设备再重新连接一次即可。在监听状态时，下方显示了连接到该AP的所有终端的MAC地址，如图9-24所示。

```
CH 11 ][ Elapsed: 10 mins ][ 2021-06-18 14:30 ][ WPA handshake: A8:E5:44:A7:AD:7C

BSSID              PWR RXQ  Beacons    #Data, #/s  CH   MB   ENC CIPHER  AUTH ESSID

A8:E5:44:A7:AD:7C  -61  13     2718     1627    3  11  130   WPA2 CCMP   PSK  BIM

BSSID              STATION            PWR   Rate    Lost    Frames  Notes  Probes

A8:E5:44:A7:AD:7C  30:B4:9E:EA:CE:DF  -62    1e- 1e     0      452
A8:E5:44:A7:AD:7C  F8:E7:A0:93:40:11  -68    1e- 1      0     3574
A8:E5:44:A7:AD:7C  28:33:34:F4:FC:75  -68    1e- 1      0      370
A8:E5:44:A7:AD:7C  04:79:70:96:45:A9  -72    1e- 1e     0      308
A8:E5:44:A7:AD:7C  A8:9C:ED:27:6D:E3  -72    1e- 6e     0       51
A8:E5:44:A7:AD:7C  1C:CC:D6:CA:63:80  -70    1e- 1e     8        8
A8:E5:44:A7:AD:7C  1C:CC:D6:CA:5D:D2  -76    1e- 1e     0      265
A8:E5:44:A7:AD:7C  84:0D:8E:08:DE:48  -76    0 - 1e     0        5
```

图9-24

执行“aireplay-ng -0 0 -c F8:E7:A0:93:40:11 -a A8:E5:44:A7:AD:7C wlan0”命令。其中“-c”后跟的是终端的MAC地址；“-a”后跟的是AP的MAC地址；最后是网卡名。执行后，会强制无线终端断开网络，如图9-25所示，然后目标会重新连接，就可以获取握手包了。

这个踢掉无线终端的命令希望读者慎用，否则该终端会一直连不到无线网络。

```
/usr/share/wordlists
aireplay-ng   0    F8:E7:A0:93:40:11    A8:E5:44:A7:AD:7C  wlan0
14:28:10  Waiting for beacon frame (BSSID: A8:E5:44:A7:AD:7C) on channel 11
14:28:11  Sending 64 directed DeAuth (code 7). STMAC: [F8:E7:A0:93:40:11] [ 0
14:28:11  Sending 64 directed DeAuth (code 7). STMAC: [F8:E7:A0:93:40:11] [ 0
14:28:11  Sending 64 directed DeAuth (code 7). STMAC: [F8:E7:A0:93:40:11] [ 0
14:28:11  Sending 64 directed DeAuth (code 7). STMAC: [F8:E7:A0:93:40:11] [ 0
14:28:11  Sending 64 directed DeAuth (code 7). STMAC: [F8:E7:A0:93:40:11] [ 0
14:28:11  Sending 64 directed DeAuth (code 7). STMAC: [F8:E7:A0:93:40:11] [ 0
14:28:11  Sending 64 directed DeAuth (code 7). STMAC: [F8:E7:A0:93:40:11] [ 0
14:28:11  Sending 64 directed DeAuth (code 7). STMAC: [F8:E7:A0:93:40:11] [ 0
```

图9-25

9.3.6 密码破解

准备好字典文件，本例是“test.txt”，保存到“/usr/share/wordlists/”中，接下来就可以破解了。

STEP01：执行“aircrack-ng -w /usr/share/wordlists/test.txt /home-01.cap”命令。其中“-w”后带上了字典文件的路径和字典文件名，最后是握手包的位置，如图9-26所示。

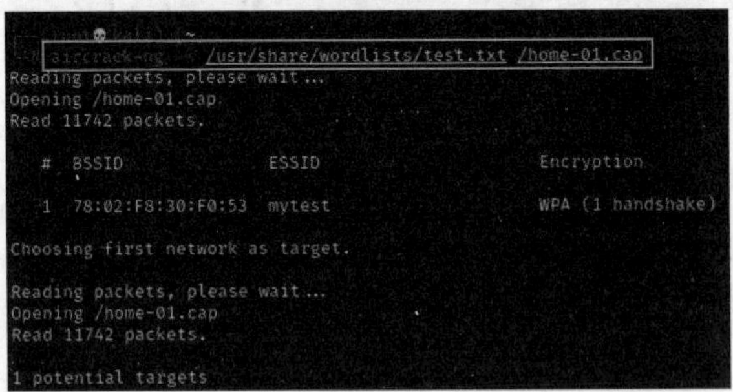

图9-26

STEP02：经过一段时间的暴力破解，如果字典中正好有匹配的密码，则会显示出来，如图9-27所示。

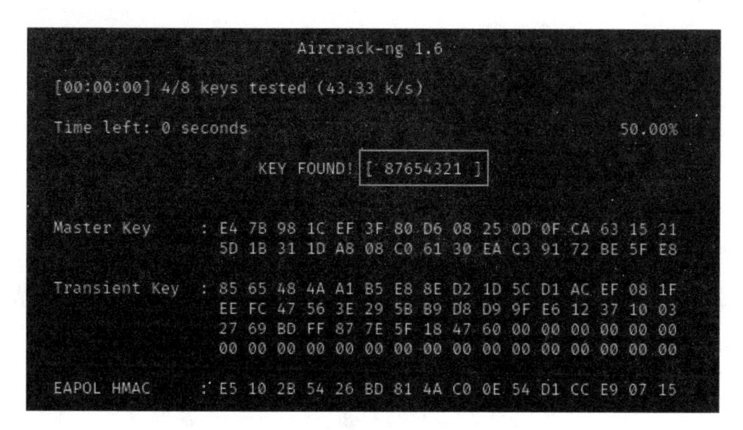

图9-27

接下来，用户可以使用该密码尝试登录AP进行验证了。密码破解到此完成。

知识拓展 破解无线密码的局限性

从这个例子可以看到，启动监听和抓取握手包并生成文件没有什么难度，但破解的成功率和字典有很大关系。理论上只要字典够全，时间也足够，都是可以破解的，但实际上非常费时，和社工的方法比起来，相当原始。所以从成本考虑，社工技术反而比暴力破解技术要实用得多。

9.4 常见设备安全配置

前面介绍了密码破解，其实在无线局域网中，很多设备都可以使用该方法进行破解，这也给我们敲响了警钟——无线局域网如何设置才能确保安全。

9.4.1 无线路由器的安全管理

无线路由器是无线局域网的核心，也是整个无线局域网安全的核心。要做到无线局域网的安全，首先要确保无线路由器的安全。

（1）隐藏无线SSID号

将SSID号隐藏掉，可以杜绝大部分软件的扫描。不同的路由器名称不同，用户找到类似“隐藏SSID号”“隐藏无线网络名称”等，选择后，就可以隐藏起来了，如图9-28所示。

开关
开启 关闭
MYHOME
名称
隐藏网络不被发现

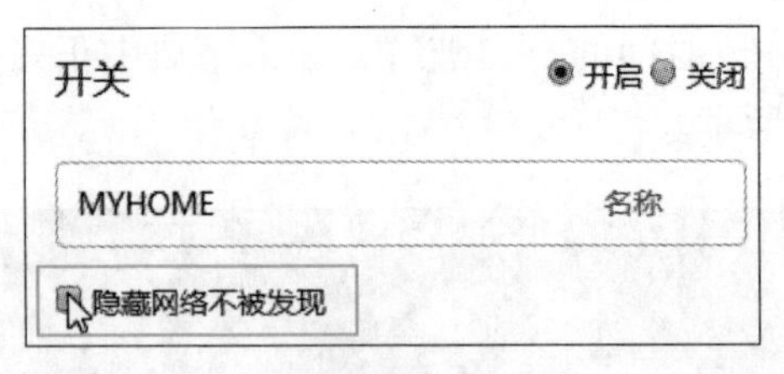

图9-28

（2）设置加密方式和密码

加密方式一般选择“WPA-PSK/WPA2-PSK”或“WPA/WPA2”即可。无线密码一定要满足复杂性要求，越复杂，破解的成本也就越高，可以设置复杂性高且长度长的密码，如图9-29所示。

混合加密(WPA/WPA2个人版)
加密方式
wissiwk8817die@$FF;,.

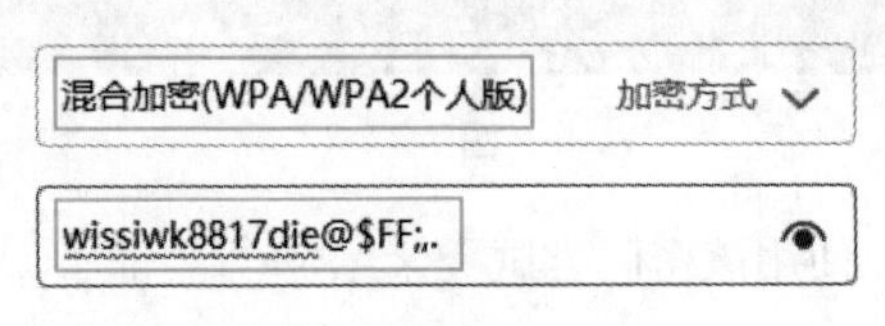

图9-29

术语解释 密码强度

所谓密码强度是指一个密码对抗猜测或是暴力破解的有效程度。一般来说，指一个未授权的访问者得到正确密码的平均尝试次数。密码的强度和其长度、复杂性及不可预测性有关。强密码应该包含8个字符或更长，由包括大小写字母、数字和符号组成。

（3）设置无线黑名单

对于未经授权，通过各种共享访问到路由器的终端，可以将其加入路由器的黑名单中，这些终端就无法再访问路由器了，如图9-30所示。

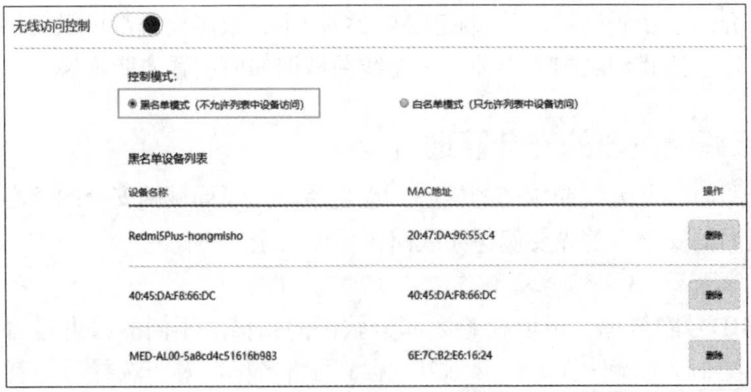

无线访问控制
控制模式:
黑名单模式（不允许列表中设备访问）
白名单模式（只允许列表中设备访问）
黑名单设备列表
设备名称
MAC地址
操作
Redmi5Plus-hongmisho
20:47:DA:96:55:C4
删除
40:45:DA:F8:66:DC
40:45:DA:F8:66:DC
删除
MED-AL00-5a8cd4c51616b983
6E:7C:B2:E6:16:24
删除

图9-30

当然，如果家里的设备不多，也可以将这些设备都加入白名单，只允许白名单访问，这样更加安全。

（4）设置无线路由器登录密码

无线路由器的管理员密码也要满足复杂性要求，这样即使连上了路由器，也无法进入管理界面，杜绝了恶意修改，如图9-31所示。

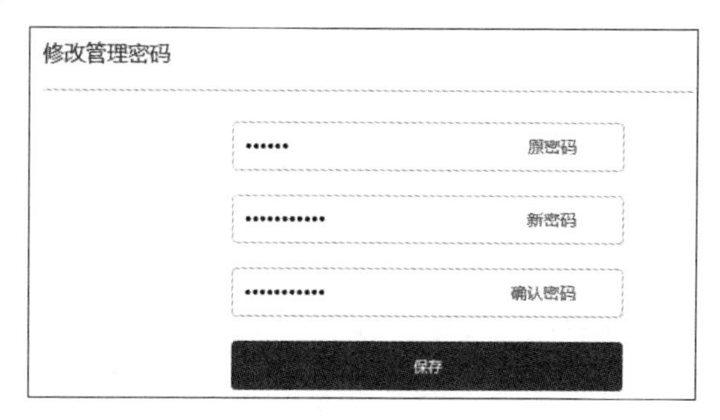

图9-31

（5）开启后台访问控制

开启后，只允许列表中的设备访问路由器，其他设备无法访问和管理路由器，如图9-32所示。

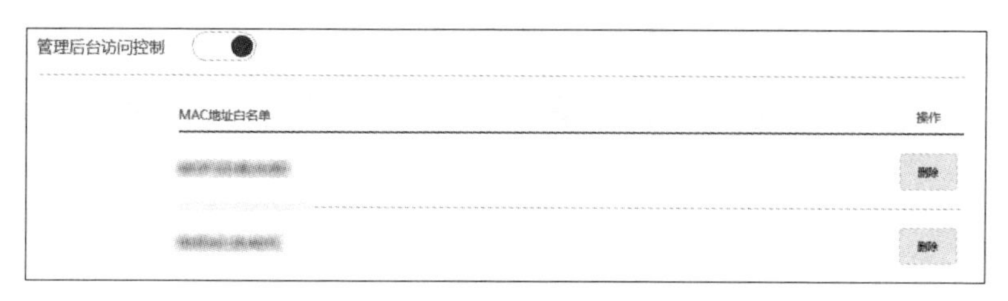

图9-32

（6）关闭端口转发

有技术的网络管理员常应用端口转发和DMZ设置，将内网的设备发布到外网，或者实现外网向内网的便捷访问。黑客也经常使用这个功能来创建后门的连接口。所以要经常观察路由器的端口是否被恶意打开，如果有，应马上关闭，如图9-33所示。

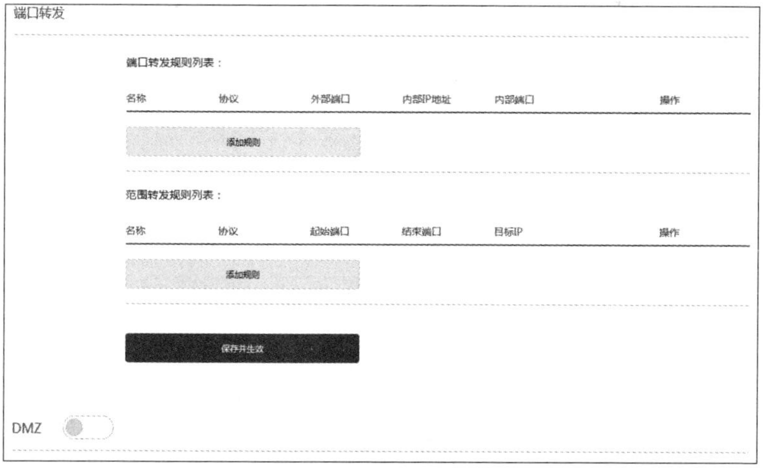

端口转发

端口转发规则列表：

名称 协议 外部端口 内部IP地址 内部端口 操作

添加规则

范围转发规则列表：

名称 协议 起始端口 结束端口 目标IP 操作

添加规则

保存并生效

DMZ

图9-33

（7）其他路由器安全设置

除以上设置外，还可以通过修改DHCP分配的网段来隐藏路由器的IP地址，或者直接关闭DHCP服务，手动配置各设备的IP地址和网关；通过授权模式，禁止某些设备连接路由器或者连接网络；设置儿童模式，控制设备联网时间；启动路由器防火墙和防御功能，抵抗网络入侵；设置联网设备的网速；修改路由器的远程管理端口，防止远程入侵等。

9.4.2 无线摄像头的安全管理

随着家庭安防意识的提高，摄像头已经进入了千家万户。而无线摄像头的安全也日趋严峻，很多黑客专门入侵摄像头，通过录像进行勒索。

（1）修改默认远程查看密码

很多摄像头使用了默认的管理员账户和密码，这本身就存在非常大的安全隐患，所以必须修改默认的查看密码，如图9-34所示。

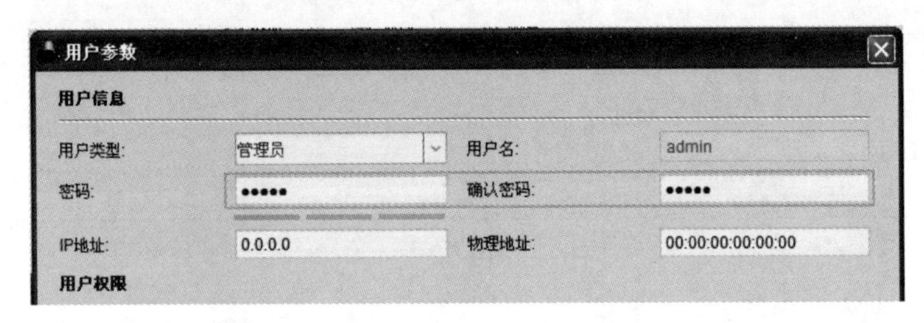

图9-34

（2）修改远程查看的端口号

除修改密码外，还要修改远程查看的端口号，以防止暴力破解，如图9-35所示。

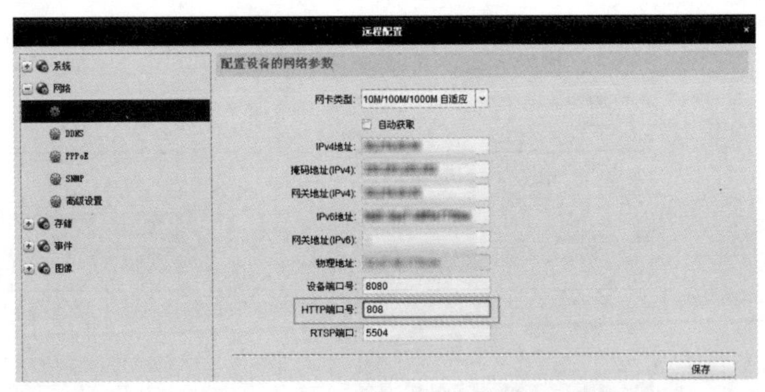

图9-35

（3）其他注意事项

除以上两点外，还可以设置摄像头的启动时间，在家里有人的情况下，关闭摄像头或者将摄像头调到没有人的角度，以便保护个人隐私。

专题拓展

局域网计算机文件共享的实现

除共享上网外，局域网的重要作用就是资源共享，用得最多的共享就是计算机文件共享。由于Windows策略的关系，很多情况下共享并不顺利或者无法共享。下面介绍一个简单的文件共享的实现方案。

首先要做的就是创建共享文件夹。选择并使用鼠标右键单击要共享的文件夹，在弹出的快捷菜单中选择“授权访问权限”级联菜单中的“特定用户”选项，如图9-36所示。默认情况下只有所有者，这里输入“Everyone”，单击“添加”按钮，如图9-37所示。

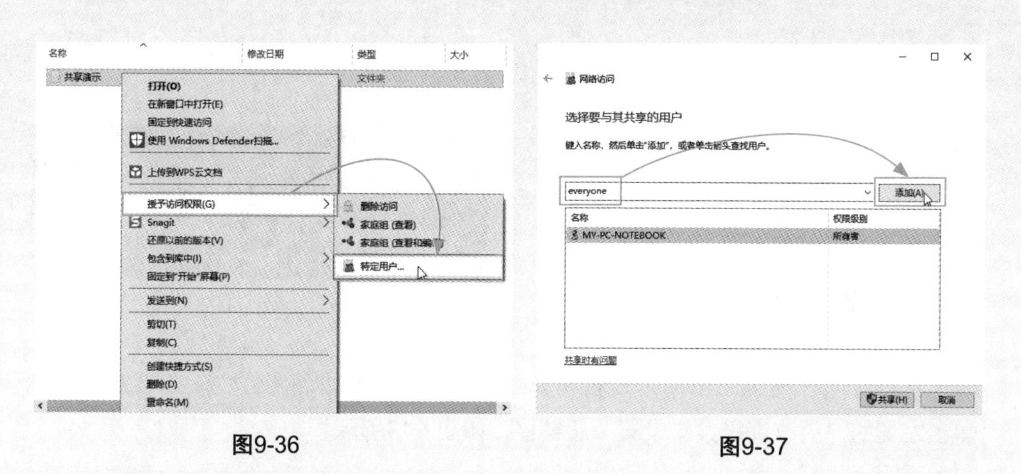

图9-36　　图9-37

将“Everyone”的权限设为“读取/写入”，单击“共享”按钮，如图9-38所示。共享成功后，会显示提示信息，并显示访问地址，单击“完成”按钮完成创建，如图9-39所示。

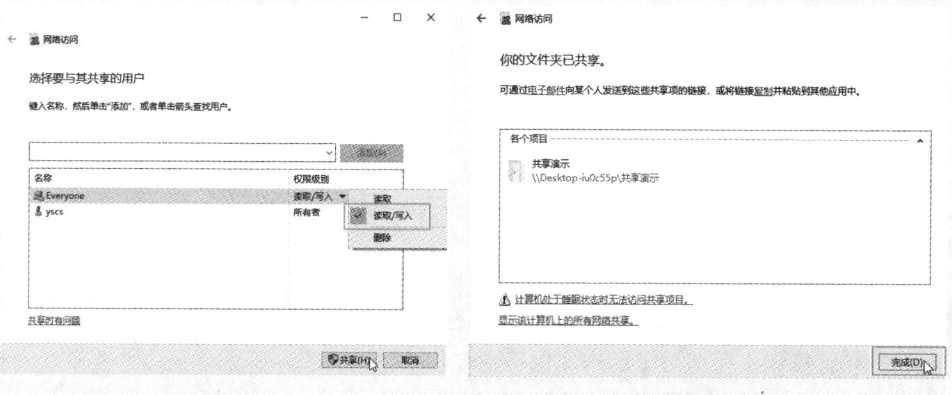

图9-38　　图9-39

共享问题在Windows中是比较复杂的问题，除以上设置外，还涉及权限问题和访问设置问题等。按照以下要点设置好以后，基本可以实现共享。

除启动共享外，还要取消网络访问验证，有些还要设置文件权限，否则会出现如图9-40所示的问题。

如果出现图9-40所示的情况，输入共享计算机中的一个用户名和密码，也是可以访问的，但创建用户、设置密码、其他设备访问都非常麻烦。

在桌面右下角的网络图标上使用鼠标右键单击，在弹出的快捷菜单中选择“打开“网络和Internet”设置”选项，如图9-41所示。

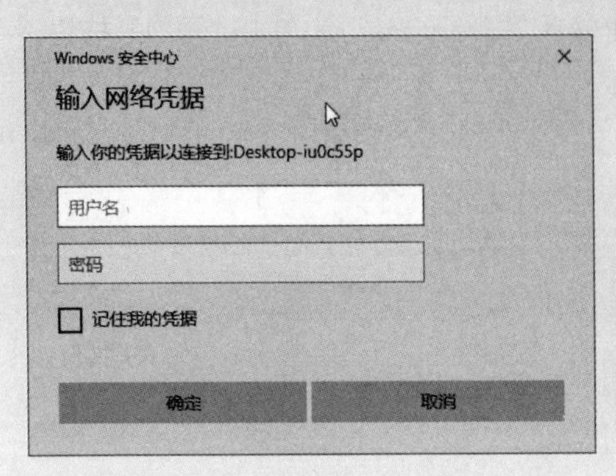

图9-40

图9-41

在打开的界面中，单击“网络和共享中心”超链接，如图9-42所示。启动后，单击左侧的“更改高级共享设置”超链接，如图9-43所示。

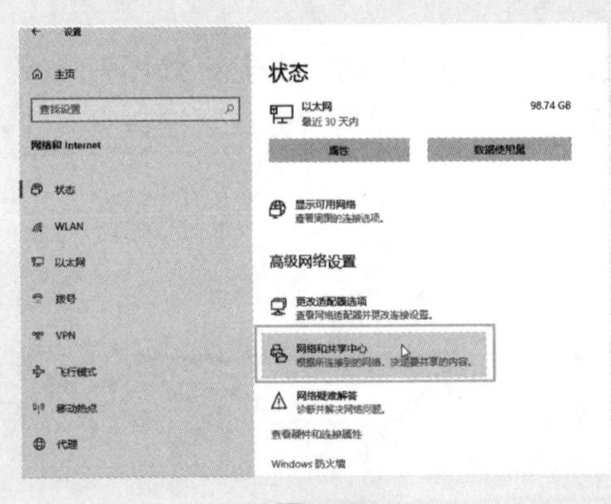

图9-42

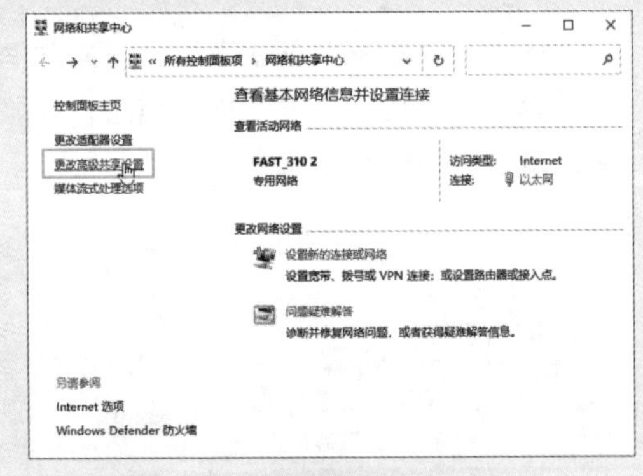

图9-43

在“专用”“来宾或公用”“所有网络”组中都启用网络发现协议，启用文件和打印机共享。在“高级共享设置”的“密码保护的共享”中单击“无密码保护的共享”单选按钮，完成后，单击“保存更改”按钮，如图9-44所示。

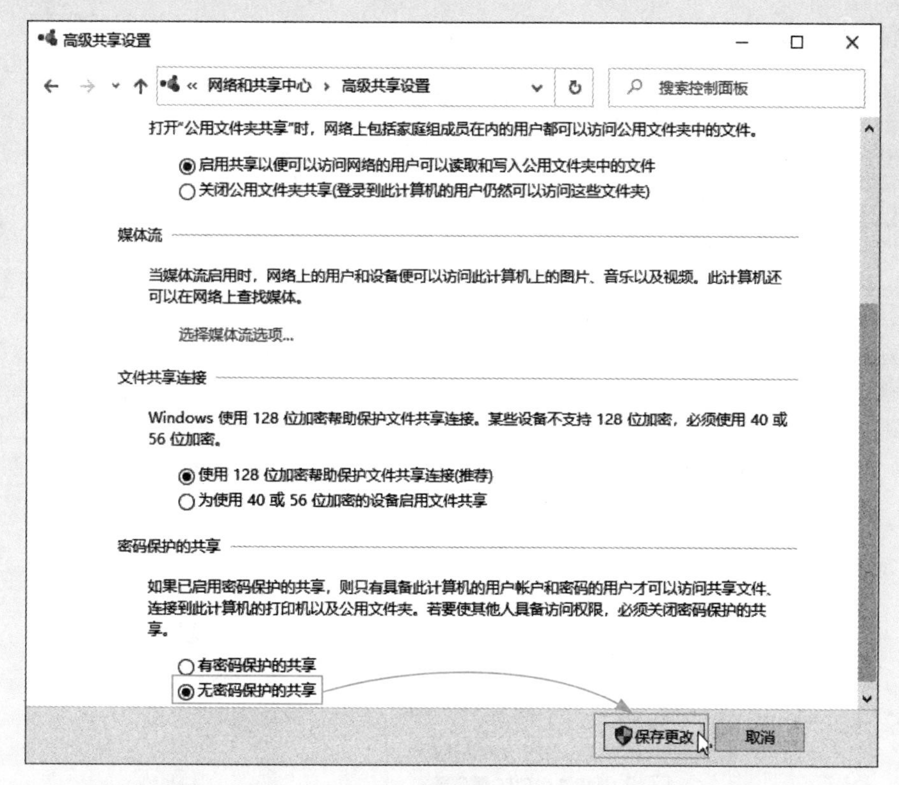

图9-44

此时，其他计算机可以通过桌面上的“网络”来发现并进入对应的共享中，如图9-45、图9-46所示。

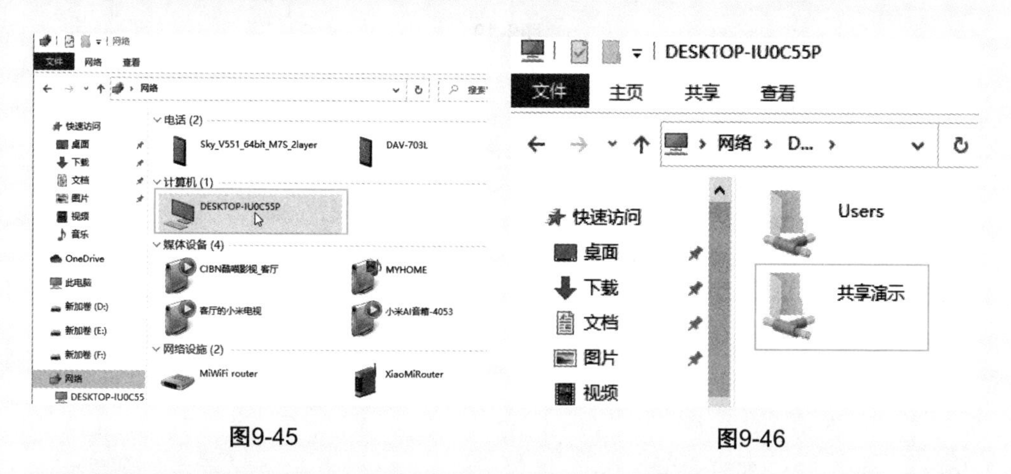

图9-45　　图9-46

如果客户机访问不了计算机的共享文件或者在“网络”中找不到设备，可以在客户机的“应用和功能”界面中单击“程序和功能”超链接，如图9-47所示，在弹出的界面中单击“启用或关闭Windows 功能”超链接，如图9-48所示。接下来安装并启动Windows的SMB服务器，如图9-49所示。

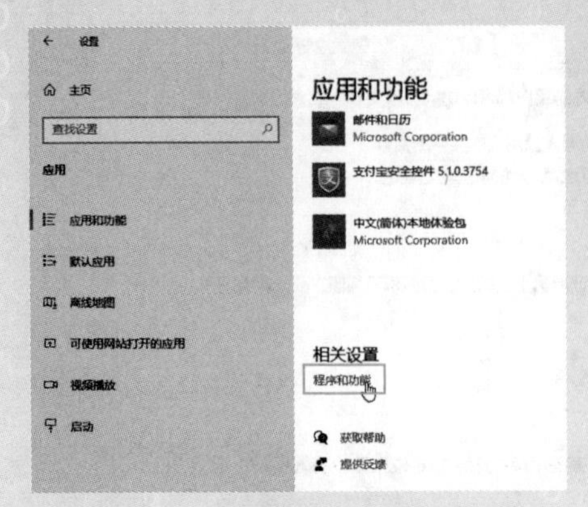

图9-47

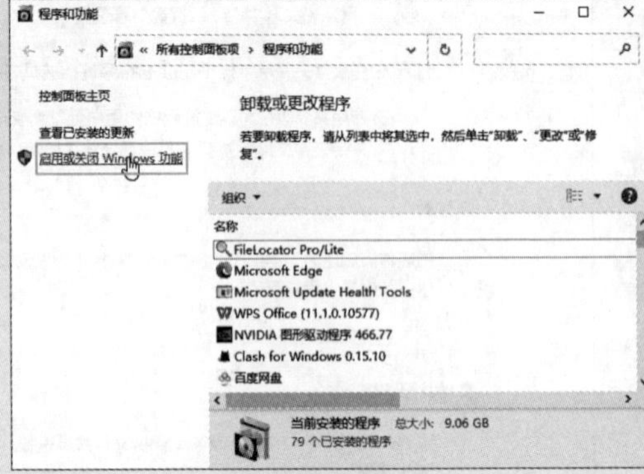

图9-48

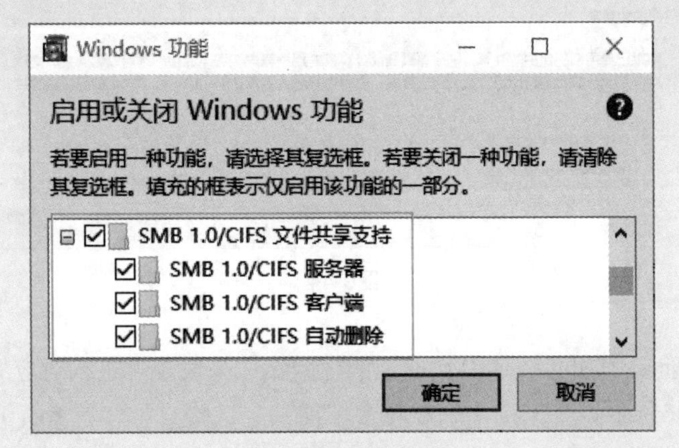

图9-49

第10章 Windows账户的安全

Windows的账户分为本地账户和Microsoft账户两种。Windows账户除区别使用者外，不同类型的账户还对应不同的系统权限。账户的安全性直接关系到Windows系统的安全。很多入侵都需要提升为管理员权限后才能进行进一步操作。本节将向读者介绍Windows账户的相关知识。

本章重点难点：

- Windows账户的作用
- Windows账户的分类
- 本地账户和微软账户的切换
- Windows账户的基本操作
- 夺取账户控制权
- Windows账户高级设置

10.1 Windows账户概述

用户在使用Windows时，必须使用Windows中存在的账户进行登录才能操作系统。

10.1.1 Windows账户的作用

Windows通过账户识别使用者，根据不同的账户保存不同的桌面环境，用户安装的软件也可以设置成只能在对应账户中使用。Windows根据账户类型的不同，设置了不同的权限，如访问本地文件的权限、设置系统功能的权限等。

10.1.2 Windows账户的分类

Windows账户按照账户的存储方式，分为本地账户和Microsoft账户。

（1）本地账户

本地账户是指账户的信息只保存在本地硬盘中，在重装系统或删除账户时，会完全消失。本地账户在创建时不需要联网，在安装操作系统时，取消Microsoft账户登录就可以创建本地账户了，如图10-1、图10-2所示。

图10-1

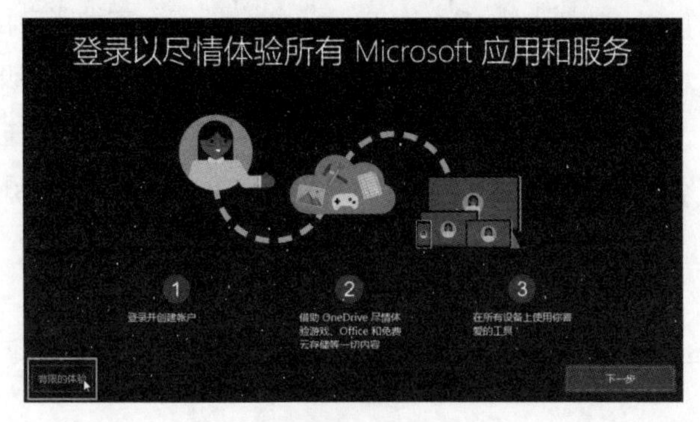

图10-2

术语解释 Administrator

Administrator，中文意思就是“系统管理员”，即所谓的“超级用户”，是Windows的一个非常特殊的账户。从Windows NT开始，该账户就作为系统默认管理员账户使用了，有时也简称Admin。该账户是Windows中权限最大的账户，在常用账户无法解决问题的情况下，可以切换到此账户进行操作。

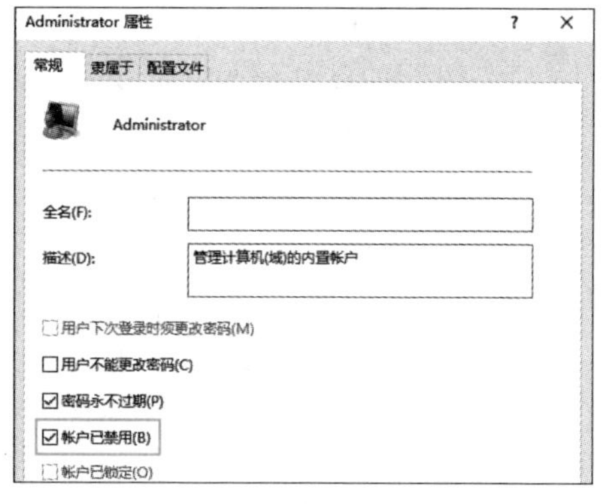

图10-3

黑客入侵的常用手段之一就是获得Administrator账户的密码。因为该账户在Windows系统中都存在，为了保证系统的安全，后来就将该账户禁用了，如图10-3所示。而每一台计算机至少需要一个账户拥有Administrator（管理员）权限，但不一定非用“Administrator”这个名称。所以在安装Windows时，需要设置一个新的Windows管理员名称。

（2）Microsoft账户

以前的Microsoft账户（微软账户）只用于微软的网站和微软的一些软件。从Windows 8开始，Windows支持使用Microsoft账户登录Windows系统，如图10-4所示。登录微软账户后，可以同步Windows旗下的所有消费者服务，包括Windows桌面、日历、密码、电子邮件、联系人、使用环境、设置、音乐、文档、微软商店的应用、Office网页版、Xbox Live、OneDrive等。

图10-4

术语解释 OneDrive

OneDrive的前身是SkyDrive。OneDrive相当于微软的网盘，提供以下服务。

相册的自动备份功能：无需人工干预，OneDrive自动将设备中的图片上传到云端保存，这样的话，即使设备出现故障，用户仍然可以从云端获取和查看图片。

在线Office功能：微软将万千用户使用的办公软件Office与OneDrive结合，用户可以在线创建、编辑和共享文档，而且可以和本地的文档编辑进行任意的切换——本地编辑在线保存或在线编辑本地保存。在线编辑的文件是实时保存的，可以避免本地编辑时宕机造成的文件内容丢失，提高了文件的安全性。

分享指定的文件、照片或者整个文件夹：只需提供一个共享内容的访问链接给其他用户，其他用户就可以且只能访问这些共享内容，无法访问非共享内容。

微软账户还可以在多种设备之间，包括其他计算机、手机、平板等设备之间同步各种信息和设置。如果用户忘记了密码，还可以在微软官网找回密码。

虽然Microsoft账户功能非常强大，但相对于本地账户来说，网上账户的通病，如安全问题、隐私问题则需要用户更加注意。

案例实战：本地账户和Microsoft账户的切换

在安装时，可以直接使用Microsoft账户登录，如图10-1所示。在正常使用时，也可以进行切换。

扫一扫 看视频

（1）本地账户切换为Microsoft账户

首先介绍本地账户切换成微软账户的步骤。计算机当前需要连接网络才能实现切换。

STEP01：打开“开始”菜单，单击当前的用户头像，选择“更改帐户设置”选项，如图10-5所示。

STEP02：在弹出的“帐户信息”界面中，单击“改用Microsoft帐户登录”超链接，如图10-6所示。

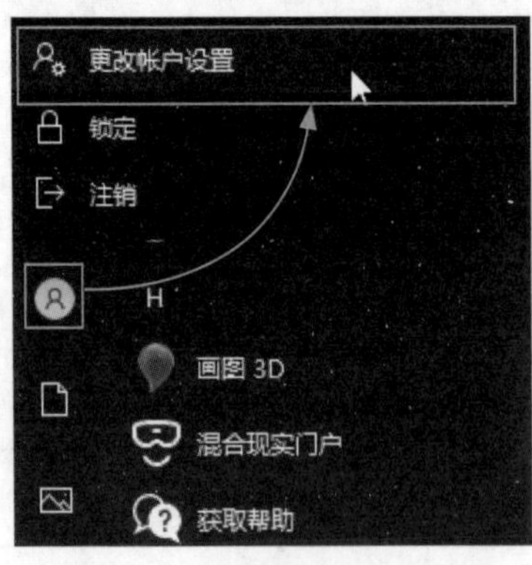

图10-5

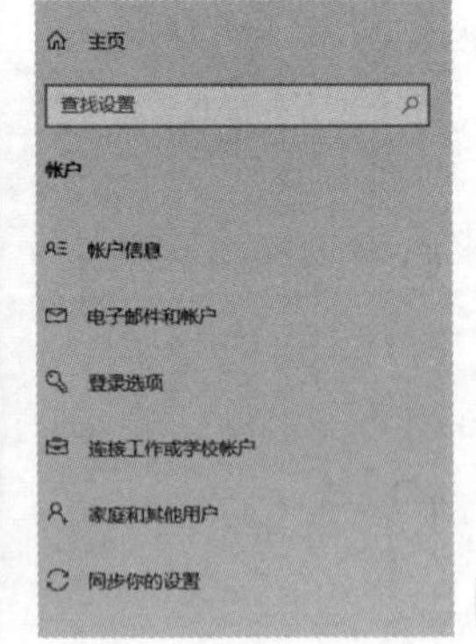

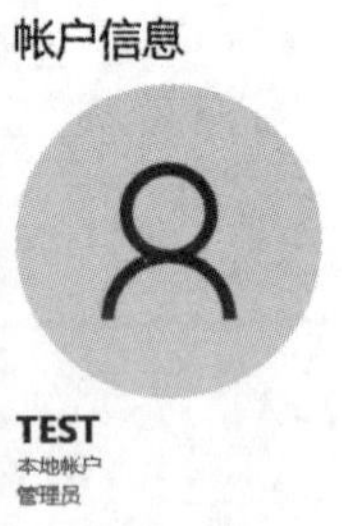

图10-6

STEP03：Windows系统弹出微软账户登录界面，输入登录的用户名，单击“下一步”按钮，如图10-7所示。

STEP04：输入密码，单击“登录”按钮，如图10-8所示。

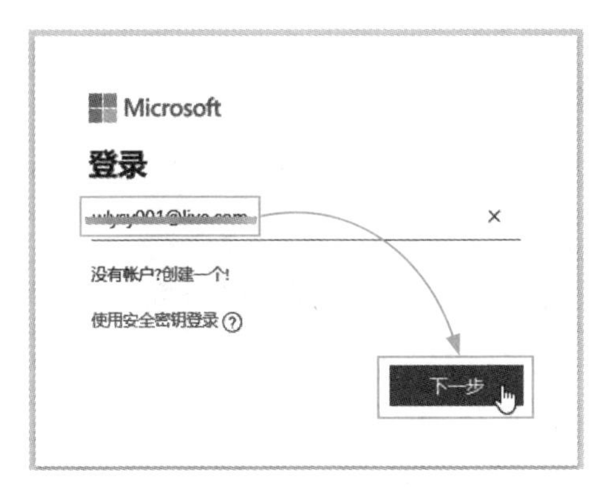

图10-7

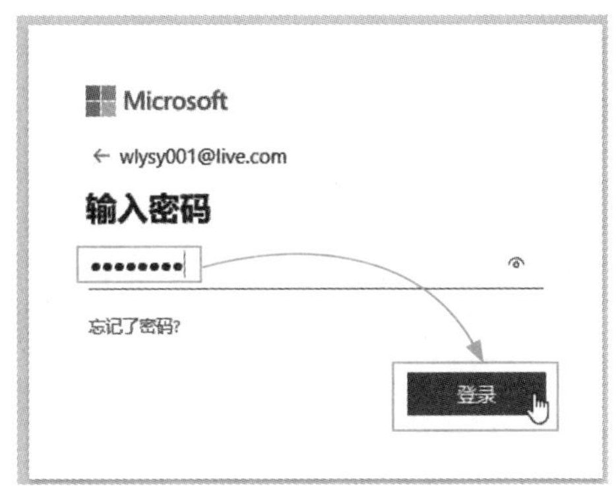

图10-8

STEP05：输入当前登录的本地账户密码，单击“下一步”按钮，如图10-9所示。

STEP06：接下来弹出创建PIN密码界面，单击“下一步”按钮，如图10-10所示。

图10-9

图10-10

PIN

以前可以在联网状态使用微软账户和密码登录，而设置了PIN，相当于设置了本地登录密码，在无法联网的情况下，可以使用PIN进行登录。

STEP07：勾选“包括字母和符号”复选框，设置PIN，单击“确定”按钮，如图10-11所示。

STEP08：稍等片刻，连接到微软网站并验证后，完成登录，如图10-12所示。

图10-11

图10-12

知识拓展 PIN怎么用

启动计算机或者注销后，就可以使用PIN登录了，登录界面如图10-13所示。

图10-13

（2）Microsoft账户切换为本地账户

如果需要将微软账户切换回本地账户，可以按照以下方法进行。

STEP01：和前面的方法一样，进入“帐户信息”界面中，单击“改用本地帐户登录”超链接，如图10-14所示。

STEP02：系统提示是否决定切换，单击“下一步”按钮，如图10-15所示。

STEP03：输入设置的PIN，进行身份验证，单击“确定”按钮，如图10-16所示。

STEP04：Windows弹出“输入你的本地帐户信息”界面，输入上一次的本地用户名，如果没有密码，可以不用输入，单击“下一步”按钮，如图10-17所示。

图10-14

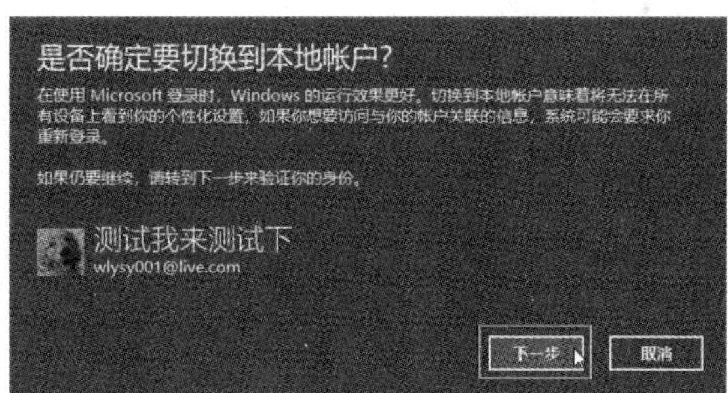

图10-15

图10-16

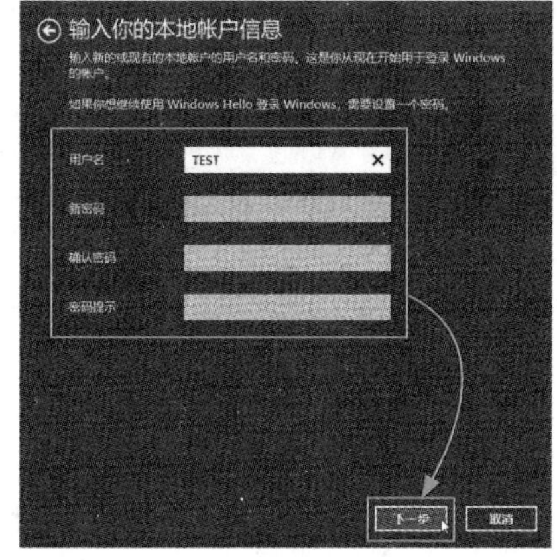

图10-17

知识拓展 账户合并

使用微软账户后，微软账户和本地账户进行了合并，查看用户时，可以看到合并状态，如图10-18所示。所以在切换回本地账户时，如果仍要使用原本的账户登录，在图10-17中就不能输入其他的用户名，否则相当于改名。

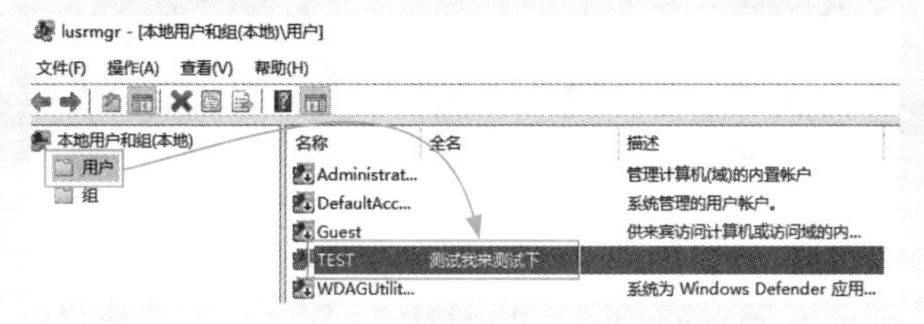

图10-18

STEP05：系统需要注销后才能使用本地账户登录。单击“注销并完成”按钮，如图10-19所示。

图10-19

切换回本地账户登录后，还是会留有一些微软账户的痕迹，例如头像、微软商店、OneDrive等登录信息。使用哪种账户登录，用户可以根据情况自由选择。

10.2 Windows账户的基本操作

对于Windows账户来说，基本操作包括账户的查看、更改、添加、修改、创建、隐藏、禁用、删除等。

10.2.1 使用命令查看当前系统中的账户信息

查看当前系统中的账户信息，不仅是管理员常用的命令，也是黑客的必备技能。首先介绍查看的方法。

（1）查看简略信息

进入命令提示符界面，使用“net user”命令，查看系统中的用户信息，如图10-20所示。

图10-20

（2）查看详细信息

使用“wmic useraccount list full”命令，可以查看所有账户更详细的信息，如图10-21所示。

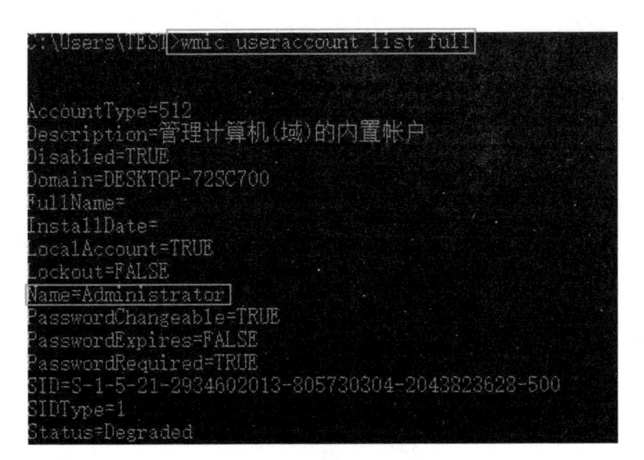

图10-21

10.2.2 使用图形界面查看用户账户

除命令外，用户也可以通过图形界面查看和管理Windows中的账户。

STEP01：搜索控制面板后，选择“打开”选项，如图10-22所示。

STEP02：将显示变为“小图标”，单击“用户帐户”按钮，如图10-23所示。

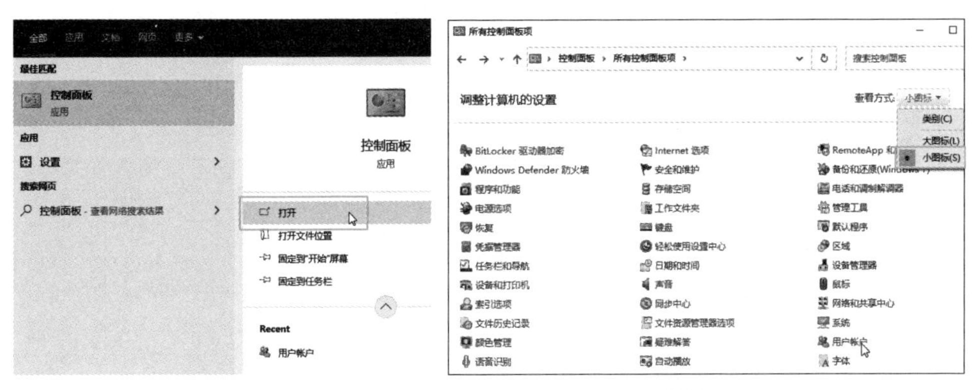

图10-22　　图10-23

STEP03：进入“用户帐户”后，单击“管理其他帐户”超链接，如图10-24所示。

STEP04：在弹出的界面中，查看到此时可以切换的用户，如图10-25所示。但这里不会显示禁用账户、其他系统账户，只显示能够切换、可以使用的账户。

图10-24

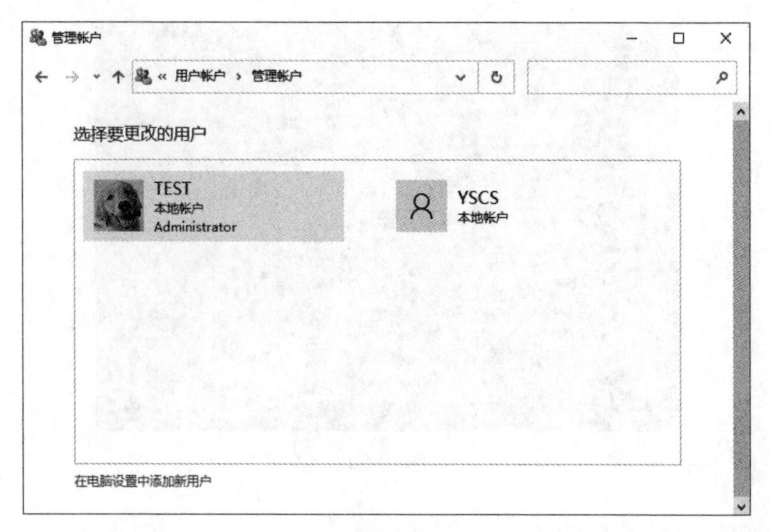

图10-25

10.2.3 更改账户名称

更改账户名称时，可以在图10-24中，单击“更改帐户名称”超链接，在弹出的界面中输入该用户的新用户名，然后单击“更改名称”按钮即可，如图10-26所示。

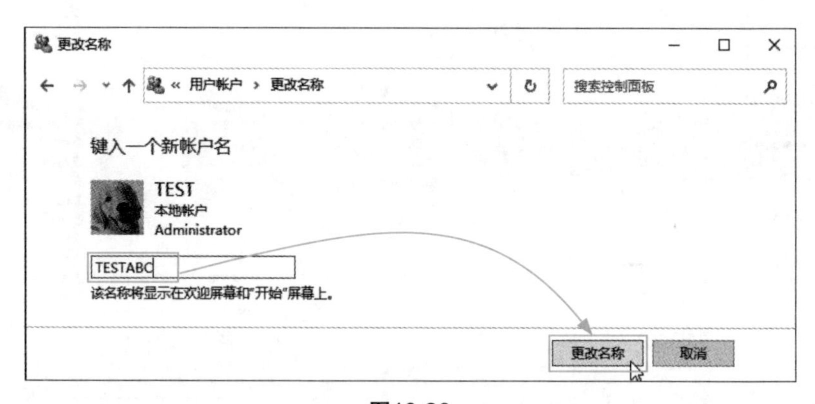

图10-26

10.2.4 更改账户类型

Windows中的账户类型有“标准”用户，也就是普通用户，以及“管理员”，也就是具有计算机完全控制权的账户。

在图10-25中，选择某个需要更改账户类型的账户，如“YSCS”账户，在弹出的界面中选择“更改帐户类型”超链接，如图10-27所示。在弹出的界面中，可以设置当前用户的类型，如单击“管理员”单选按钮，然后单击“更改帐户类型”按钮就可以了，如图10-28所示。

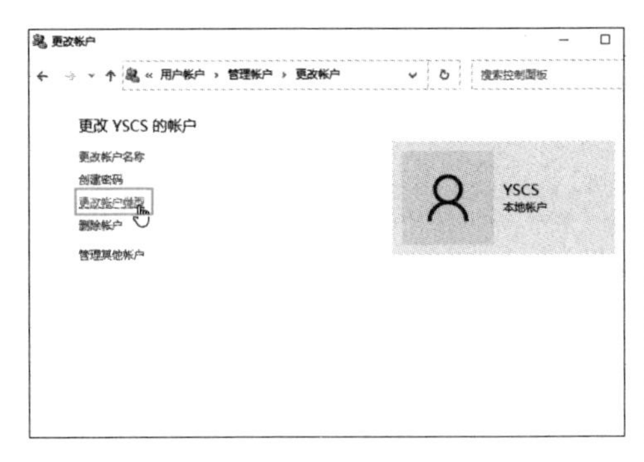

图10-27

图10-28

10.2.5 更改账户密码

如果没有密码，可以在图10-27中选择“创建密码”超链接；如果有密码，则会变成“更改密码”超链接，如图10-29所示。单击后，会弹出更改密码对话框，输入新密码和提示后，单击“更改密码”按钮，就完成了密码的更改，如图10-30所示。

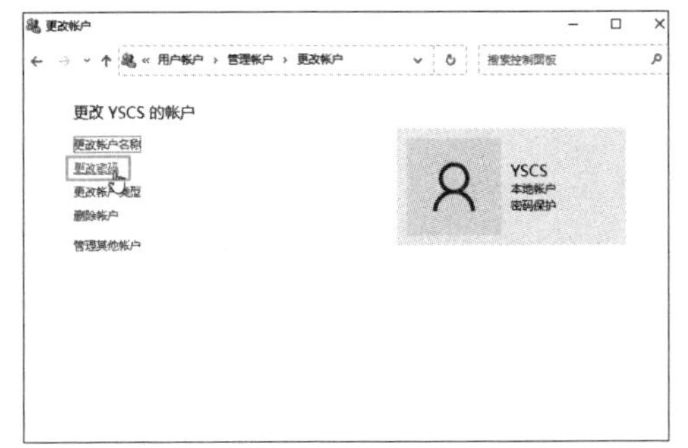

图10-29

图10-30

10.2.6 删除账户

删除账户时，需要创建并登录另一个具有管理员权限的账户，然后进入如图10-31所示界面中，单击“删除帐户”超链接，系统会提示是否保存该用户的文件，单击“删除文件”按钮就可以了，如图10-32所示。

图10-31

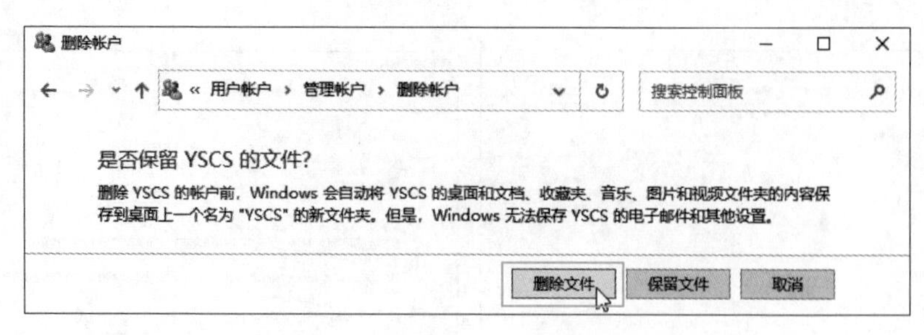

图10-32

10.2.7 添加账户

进入“管理帐户”界面中，单击“在电脑设置中添加新用户”超链接，如图10-33所示，在弹出的“家庭和其他用户”管理界面中，单击“将其他人添加到这台电脑”按钮，如图10-34所示。

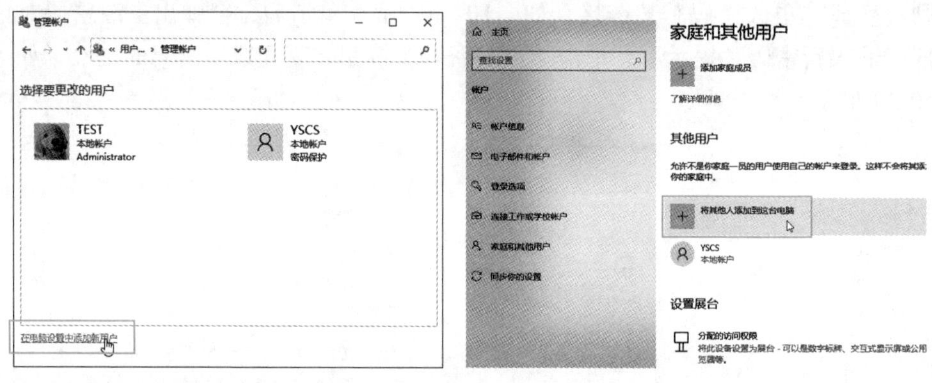

图10-33　　图10-34

在弹出的登录界面中，可以添加其他的微软账户，步骤和使用微软账号登录相同，这里讲解添加本地账户的步骤。单击“我没有这个人的登录信息”超链接，如图10-35所示。在下一个界面中，单击“添加一个没有Microsoft帐户的用户”超链接，如图10-36所示。

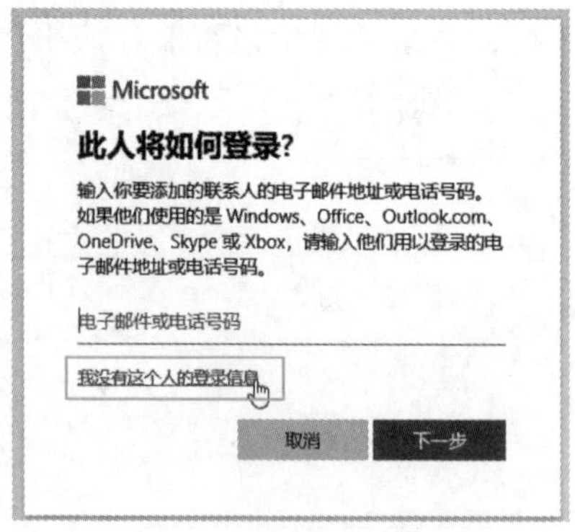

图10-35

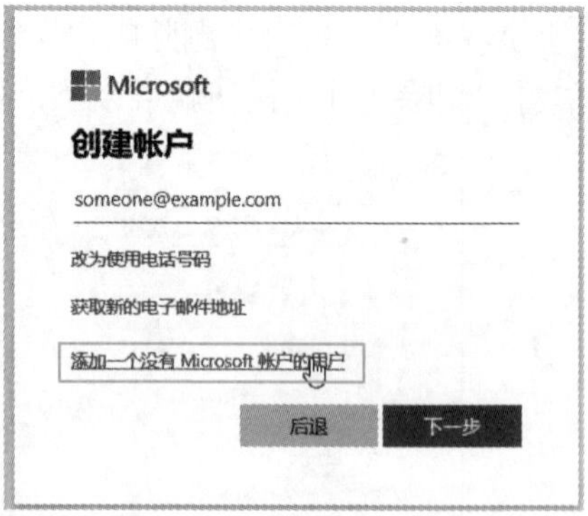

Microsoft

创建帐户

someone@example.com

改为使用电话号码

获取新的电子邮件地址

添加一个没有 Microsoft 帐户的用户

后退　下一步

图10-36

输入用户名和密码后，单击“下一步”按钮，如图10-37所示。完成后，可以在“其他用户”中查看到创建的本地账户，如图10-38所示。

图10-37

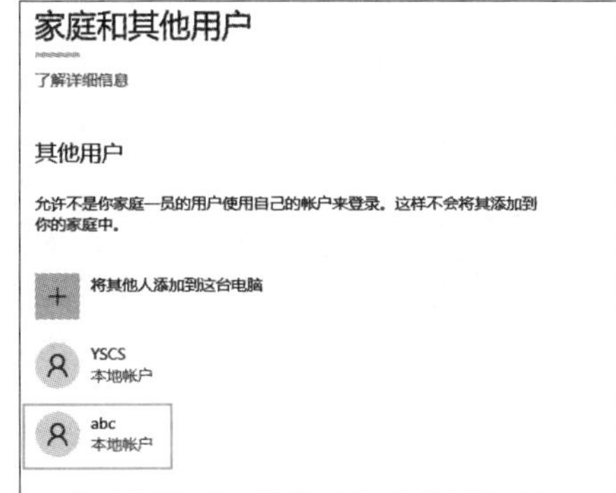

图10-38

10.2.8 使用命令添加账户

除使用这种常规方法外，用户也可以使用命令创建用户。

输入“cmd”搜索，并选择“以管理员身份运行”选项，如图10-39所示。进入命令提示符界面中，输入“net user zzz zzz /add”命令，如图10-40所示，就创建了一个用户名为zzz，密码为zzz的用户。

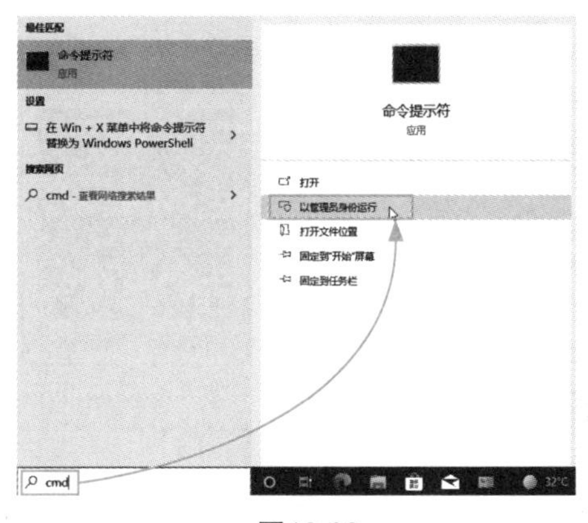

图10-39

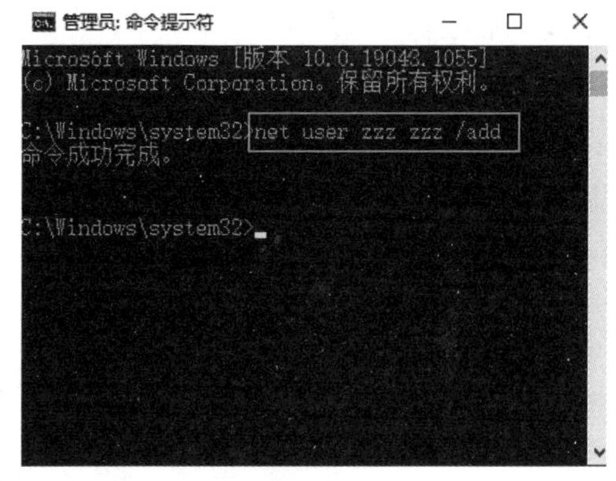

图10-40

使用“net user”命令可以查看到该用户，如图10-41所示。

图10-41

10.2.9 使用命令修改账户类型

默认情况下，使用命令创建的用户都是标准用户，用户可以使用命令将用户添加到管理员组中，该用户就拥有了管理员权限。

创建了用户zzz后，可以使用“net localgroup administrators zzz /add”命令将zzz添加到“administrators”组中，如图10-42所示。

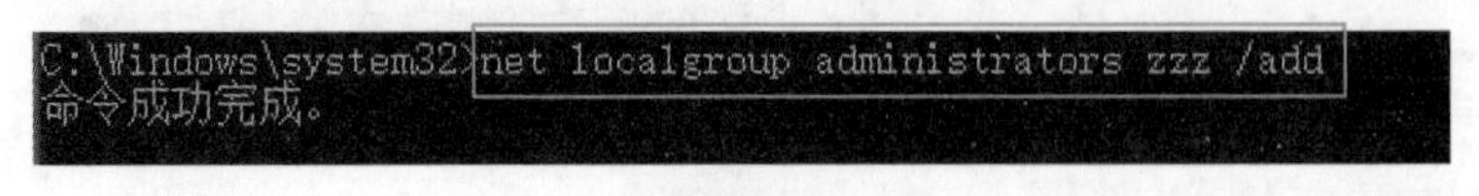

图10-42

用户可以查看该用户的状态，以确定是否更改成功，如图10-43所示。

图10-43

案例实战：更改用户账户控制设置

UAC（用户账户控制）是在用户使用管理员权限时弹出的必须选择的提示信息，如图10-44所示。有时候挺麻烦的，用户可以手动将其关闭掉。

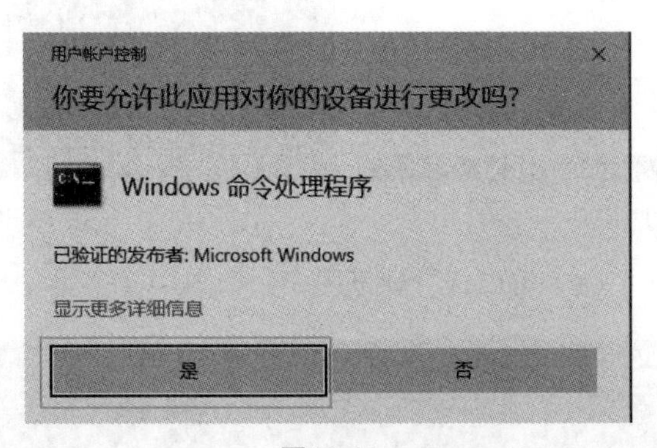

图10-44

从控制面板进入“用户帐户”界面后，单击“更改用户帐户控制设置”超链接，如图10-45所示。

图10-45

在弹出的“用户帐户控制设置”界面中，将通知拖到“从不通知”，单击“确定”按钮，如图10-46所示。在弹出的更改提示框中，单击“是”按钮，完成更改，如图10-47所示。

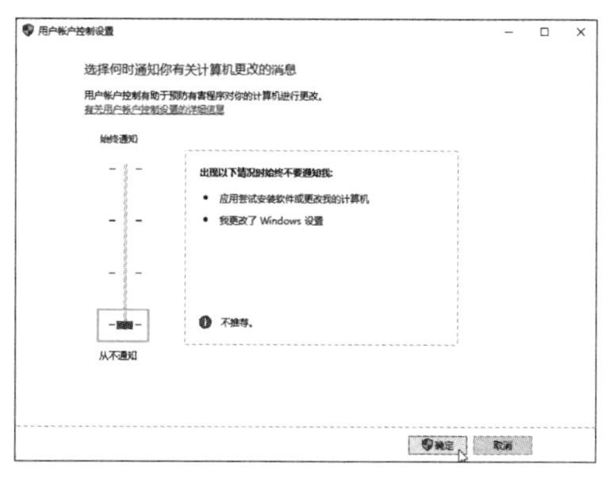

图10-46

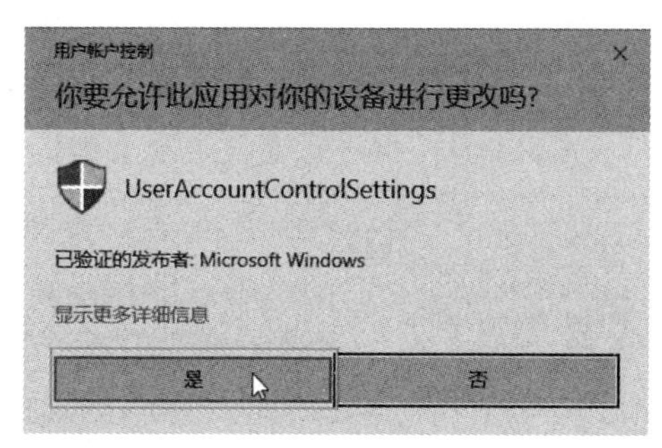

图10-47

10.3 Windows账户高级操作

前面介绍了Windows账户的常用操作，下面介绍设置及夺取所有权以及使用“本地用户和组”进行高级账户设置的操作。

10.3.1 设置所有权

在NTFS文件系统中，可以设置文件或文件夹的权限，让其他人无权访问。用户可以按照下面的方法进行设置。

STEP01：使用用户zzz登录计算机，新建文件夹“test”并在文件夹上使用鼠标右键单击，在弹出的快捷菜单中选择“属性”选项，如图10-48所示。

STEP02：切换到“安全”选项卡，单击“高级”按钮，如图10-49所示。

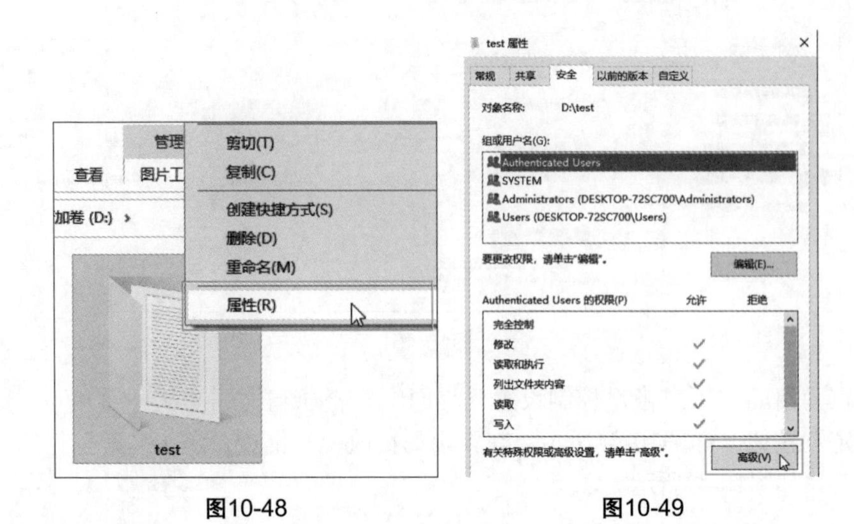

图10-48　　　　图10-49

STEP03：单击“禁用继承”按钮，并选择“从此对象中删除所有已继承的权限。”选项，如图10-50所示。完成后，确定返回即可。

STEP04：再进入文件夹时会被提示，单击“继续”按钮，如图10-51所示。

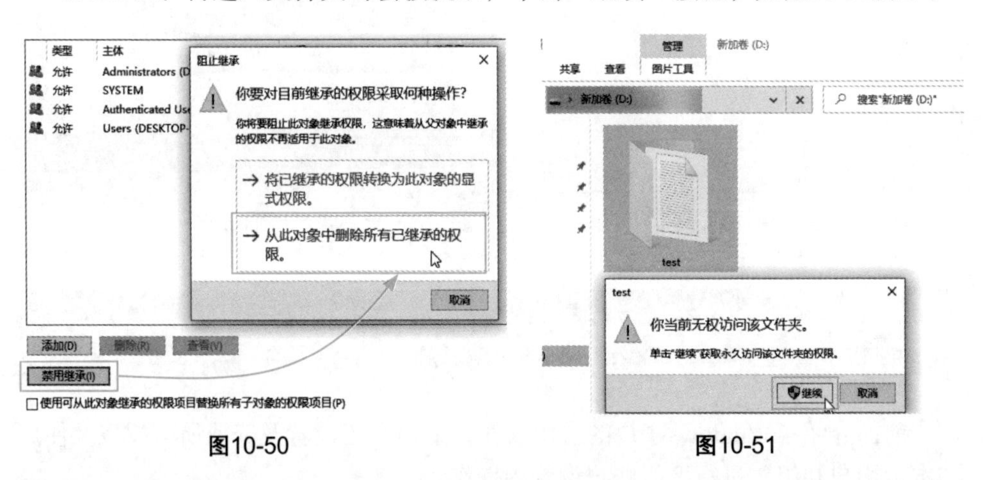

图10-50　　　　图10-51

再次查看该文件夹“安全”选项卡，发现只有“zzz”一个用户可以访问了，如图10-52所示。如果用其他账户登录，会被提示无权访问；如果单击“继续”按钮，会被提示拒绝访问。如图10-53所示。

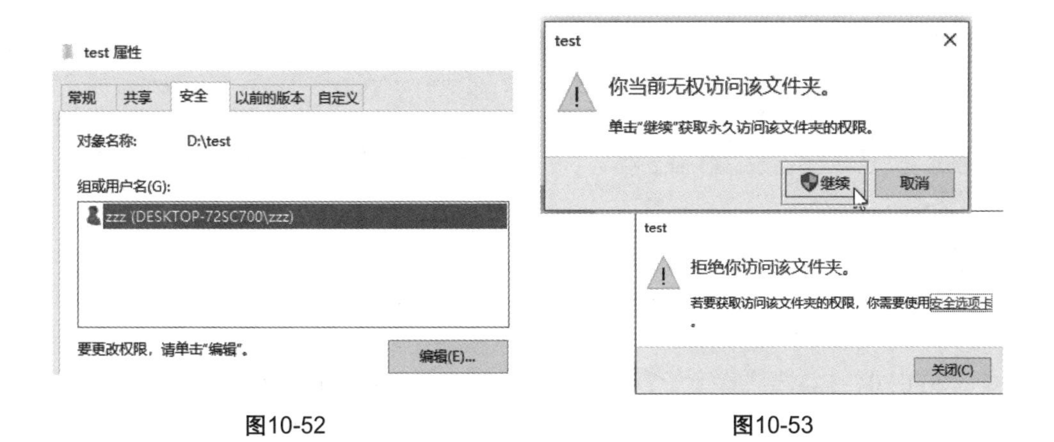

图10-52　　图10-53

10.3.2 夺取所有权

一般来说，Windows账户对应着Windows中的操作权限，例如标准用户A创建的文件夹，标准用户B无法修改其权限，因为权限为标准用户的权限。但是，对于管理员来说，可以通过夺取文件夹的账户控制权，将文件的所有人变为自己，这样就可以进行管理了。

STEP01：在文件夹“属性”的“安全”选项卡中，单击“高级”按钮，如图10-54所示。

STEP02：单击“所有者”后的“更改”超链接，如图10-55所示。

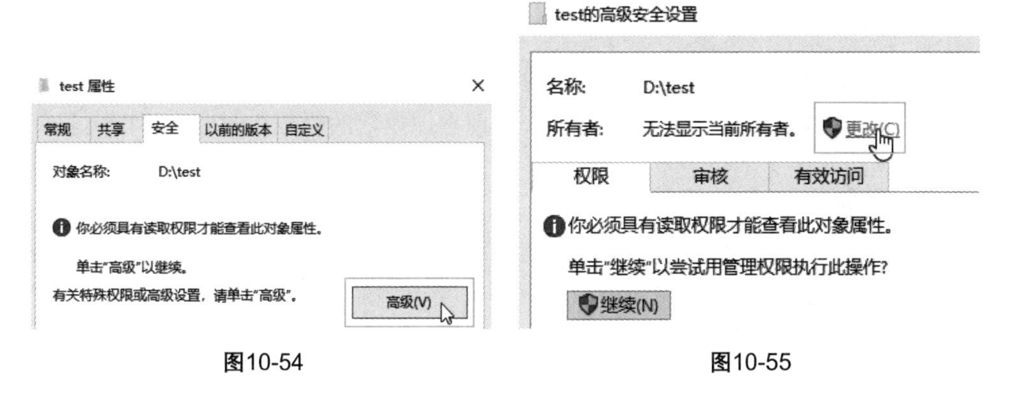

图10-54　　图10-55

STEP03：输入当前用户的名称，单击“检查名称”按钮，如图10-56所示，如果计算机中有该账户，会将名称补全。单击“确定”按钮，如图10-57所示。

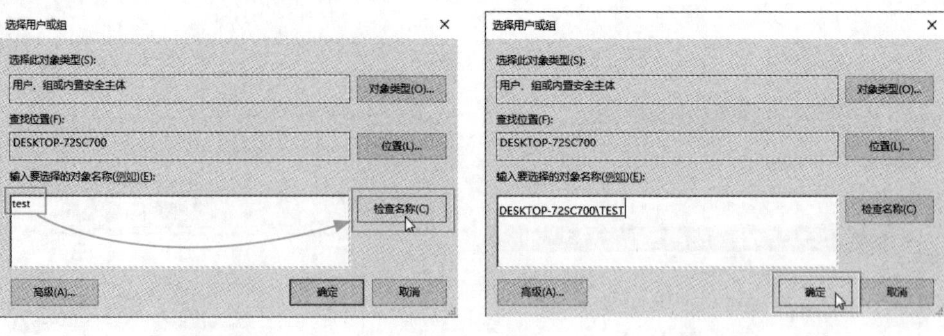

图10-56　　图10-57

STEP04：勾选“替换子容器和对象的所有者”复选框，单击“确定”按钮完成夺权，如图10-58所示。再用本用户访问文件夹时，就可以正常访问了。

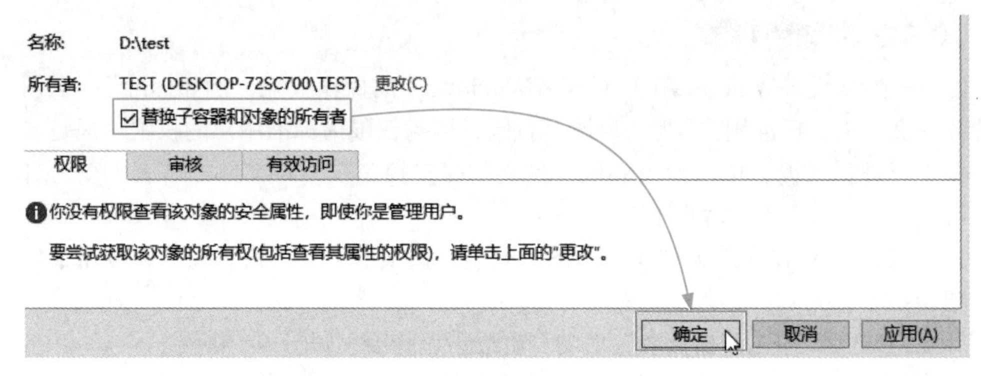

图10-58

10.3.3 使用“本地用户和组”功能管理账户

“本地用户和组”是Windows用来管理本地用户的管理控制台，可以实现普通方法无法实现的一些功能。

（1）启动“本地用户和组”

使用“Win+R”组合键，启动“运行”对话框，输入“lusrmgr.msc”，单击“确定”按钮进行启动，如图10-59所示。

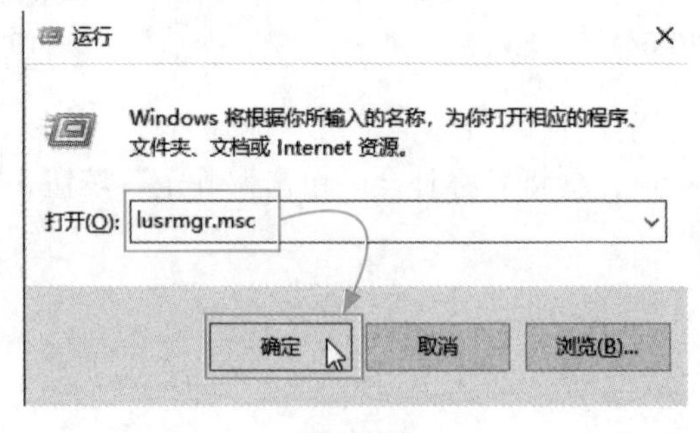

图10-59

（2）账户的一般操作

在“本地用户和组”界面中，选择“用户”选项，可以在右侧查看到系统中的所有用户，如图10-60所示，在用户名上使用鼠标右键单击，可以进行账户的一般操作。

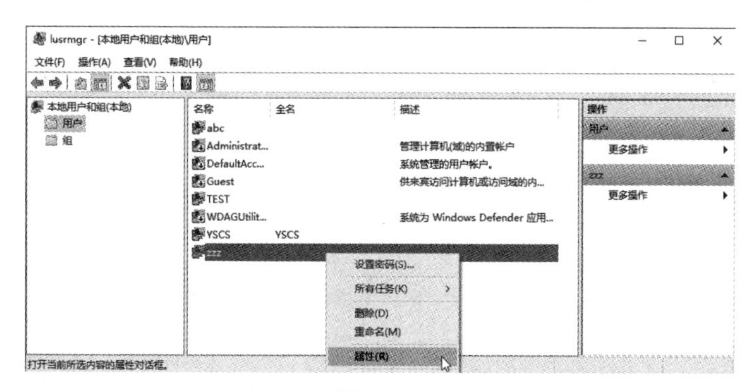

图10-60

知识拓展 各选项的作用

“设置密码”选项，可以为账户重置密码，不需要经过对方同意；“删除”选项可以删除账户；“重命名”选项可以对账户重命名。

（3）账户的高级操作

除上面的普通操作外，如果在图10-60中选择“属性”选项，则会弹出该用户的“属性”界面，如图10-61所示，可以进行更加高级的操作。在“隶属于”选项卡中，可以设置用户所在的组，如图10-62所示。

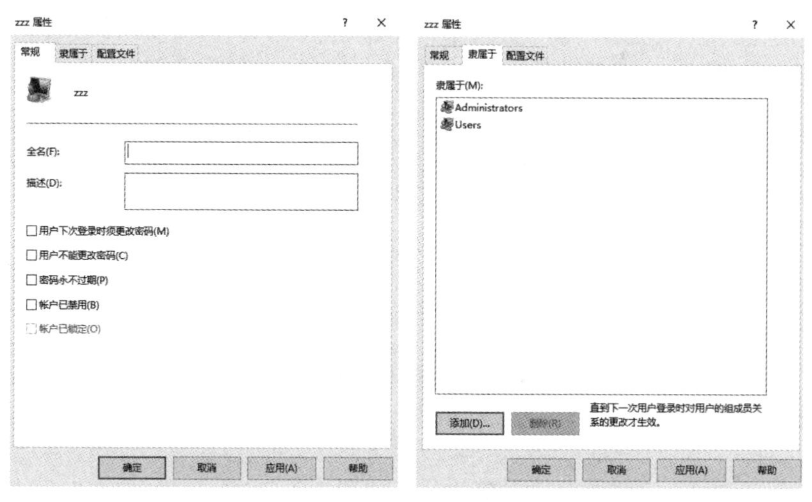

图10-61　　图10-62

知识拓展 各复选框的作用

“用户下次登录时须更改密码”：下次该用户登录时需要设置新密码。

“用户不能更改密码”：该用户不允许修改密码。

“密码永不过期”：密码没有过期时间。

“帐户已禁用”：不允许使用该帐户登录系统，在登录界面也找不到该用户。

案例实战：使用“本地用户和组”新建用户

使用“本地用户和组”功能，可以快速创建新用户。

STEP01：在“本地用户和组”中，选择“用户”选项，并在中间空白处使用鼠标右键单击，在弹出的快捷菜单中选择“新用户”选项，如图10-63所示。

STEP02：在弹出的“新用户”对话框中，输入用户名、密码，其他根据需要进行设置，然后单击“创建”按钮，如图10-64所示。

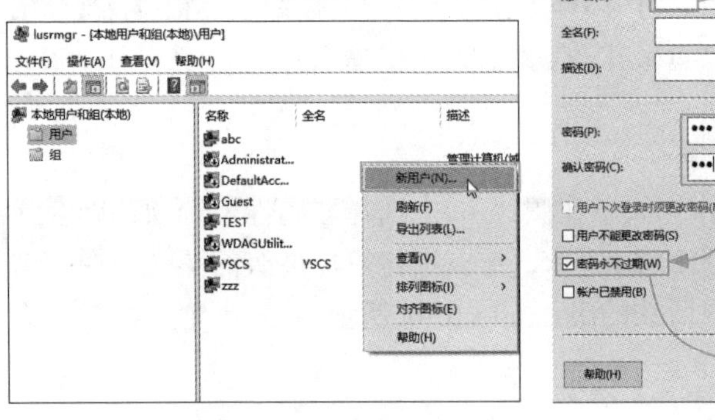

图10-63　　　　图10-64

完成后，单击“关闭”按钮。返回后，可以在主界面中查看到新建的用户，如图10-65所示。

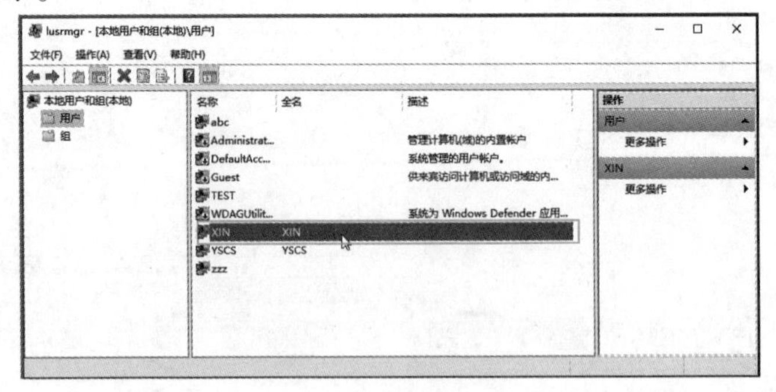

图10-65

专题拓展

清空账户密码

有时忘记了密码，无法登录系统，可以使用第三方工具清空账户密码，这样就可以登录了。用户需要准备可以启动计算机的U盘以及一个功能比较多的PE系统。因为PE不同，清空账户密码工具的位置和名称也不同。用户需要根据自己的PE进行查找。

STEP01：启动PE后，进入“开始”菜单中，找到并选择“6.Windows密码修改（NTPWEdit）”工具，如图10-66所示。

STEP02：在弹出的界面中，单击“打开”按钮，如图10-67所示。

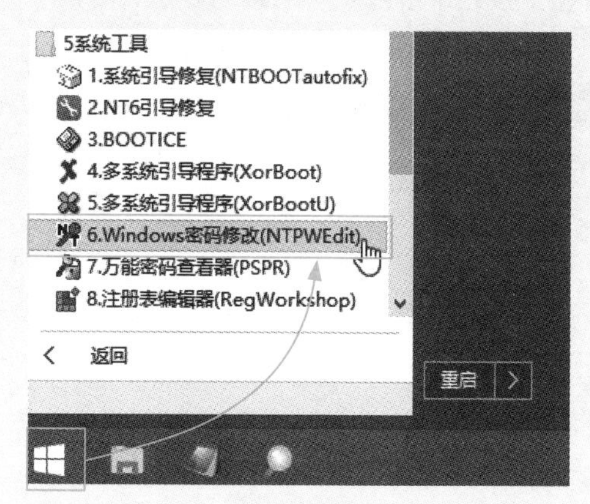

图10-66

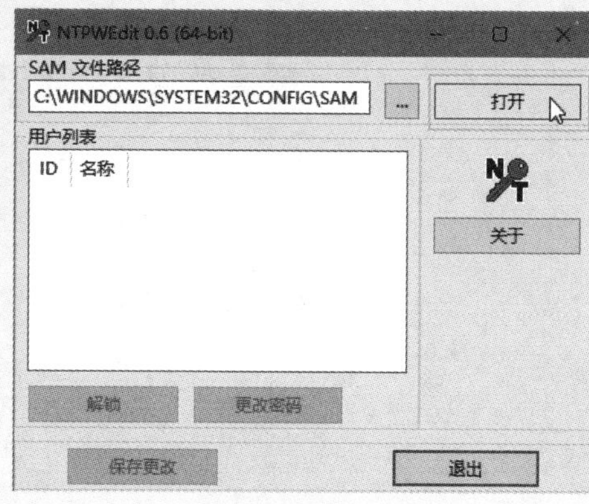

图10-67

STEP03：软件会查找SAM文件，并将其中的所有用户显示出来。选择需要清空或者更改密码的用户，单击“更改密码”按钮，如图10-68所示。

STEP04：输入新密码。如果要清空密码，不用输入，单击“确定”按钮，如图10-69所示。为了保证成功率，多执行几次。

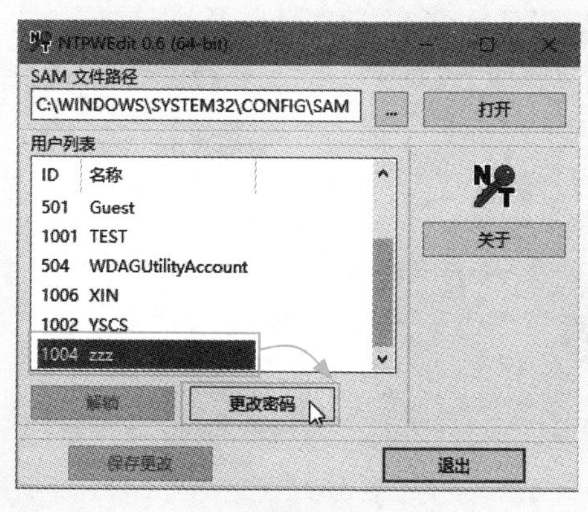

图10-68

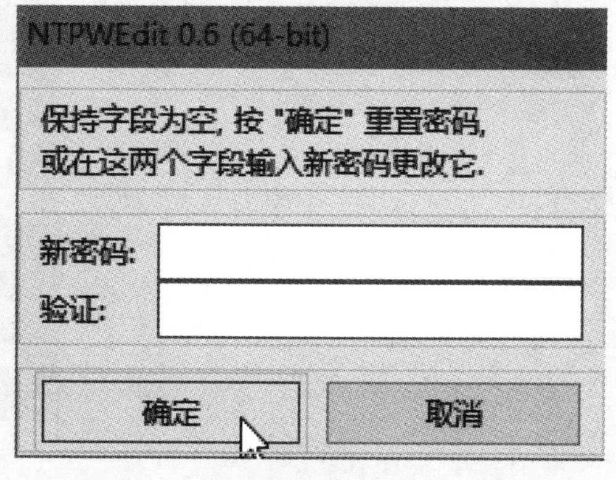

图10-69

术语解释 SAM文件

SAM的英文名称是Security Account Manager，中文名称是安全账户管理器。Windows中对用户账户的安全管理使用了安全账户管理器。SAM文件是Windows的用户账户数据库，所有用户的登录名及口令等相关信息都会保存在这个文件中。但保存的不是明文，而是加密后的信息。通过对SAM文件的修改，可以清空账户密码或者解除账户禁用状态，但是无法获取该账户的明文密码。

知识拓展 解除禁用状态

选中禁用的账户后，可以单击“解锁”按钮来解除账户的禁用状态，如图10-70所示。

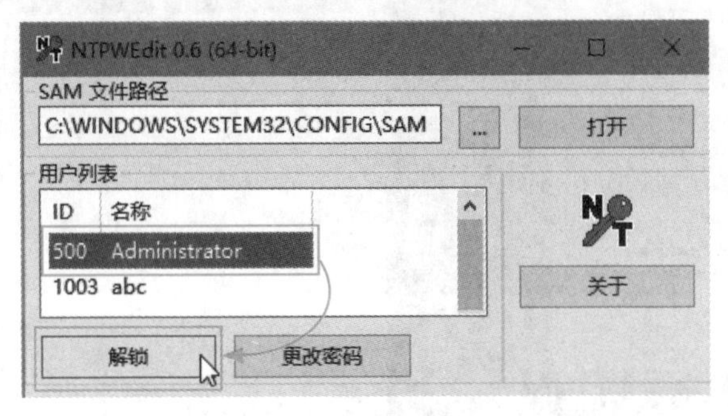

图10-70

STEP05：完成清空操作后，返回软件主界面，单击“保存更改”按钮，如图10-71所示，将所有修改写入SAM文件中。

STEP06：重启计算机，使用之前有密码的账户登录，发现不需要密码了，密码破解成功，如图10-72所示。

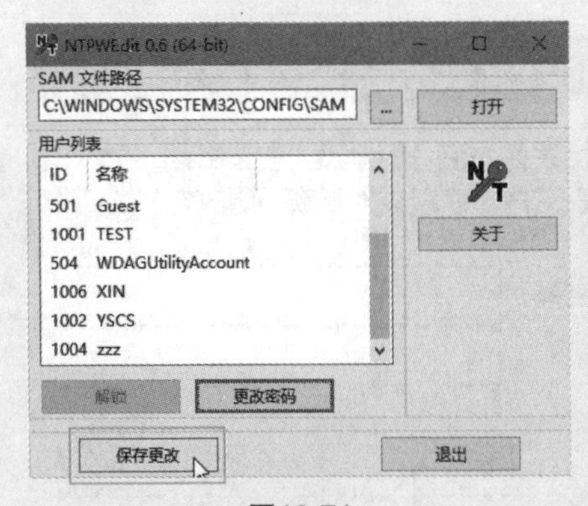

图10-71

图10-72

第11章 Windows 10 安全优化设置

对于计算机本身来说，除安装防毒软件外，系统本身的安全设置也非常重要。用户在使用计算机的同时，要不断提高自己的安全意识和操作系统的使用能力。虽然Windows 11已经面世，但目前使用最多的还是Windows 10。本章就将着重向读者介绍Windows 10的安全设置以及优化，还将向读者介绍系统的常见故障修复操作。

本章重点难点：

- 关闭及打开Windows Defender
- 查看并禁用自启动程序
- Windows 10权限及隐私设置
- 屏蔽弹窗广告
- 系统垃圾文件的清理
- 更改系统默认应用
- 存储感知配置
- 硬盘逻辑故障的修复
- Windows 10引导的修复
- Windows 10高级修复功能

11.1 Windows 10常见的安全设置

首先介绍在Windows 10中常见的安全设置。

11.1.1 关闭及打开Windows Defender

Windows Defender是Windows 10自带的杀毒软件，不仅提供杀毒功能，还可以进行实时防御，而且效果比一些第三方的安全软件更好。如果不喜欢第三方的安全软件，完全可以直接使用Windows Defender。在安装了第三方的安全软件后，Windows Defender会默认关闭，以免影响第三方安全软件的使用。

（1）关闭Windows Defender

如果用户不需要杀毒软件，或者感觉Windows Defender影响使用体验，可以手动将其关闭。

STEP01：单击桌面右下角的“隐藏”按钮，在弹出的图标中单击“Windows安全中心”图标，如图11-1所示。

图11-1

STEP02：单击“病毒和威胁防护”按钮，如图11-2所示。

STEP03：单击“‘病毒和威胁防护’设置”中的“管理设置”超链接，如图11-3所示。

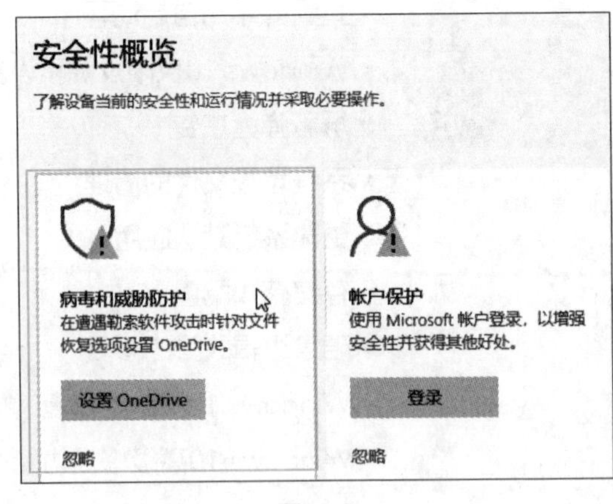

图11-2

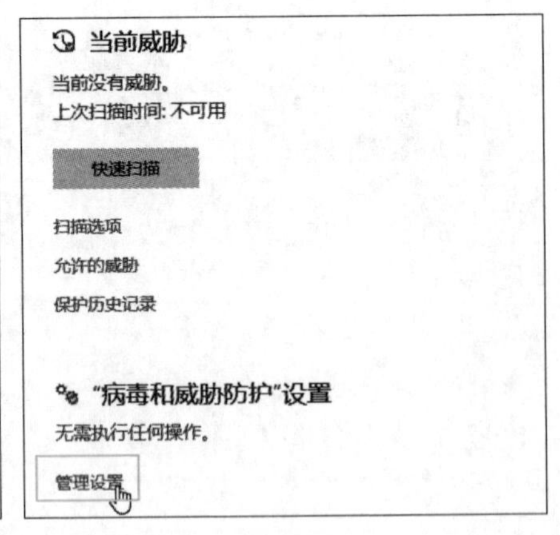

图11-3

STEP04：单击“实时保护”下的开关按钮，关闭实时防护功能，如图11-4所示。

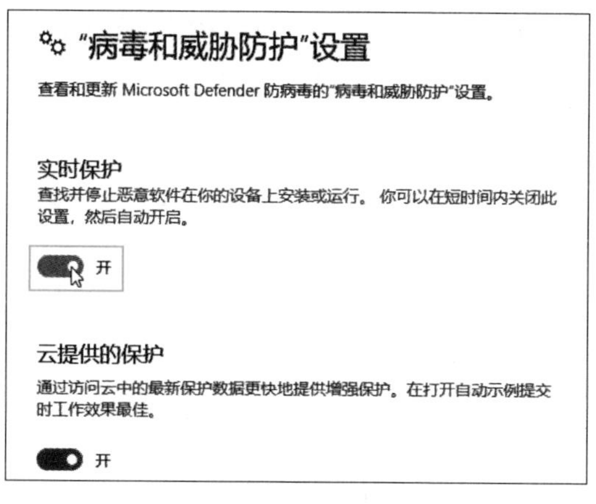

图11-4

使用Windows Defender杀毒

在图11-3所示界面中，单击“快速扫描”按钮，可以快速查杀病毒。在“扫描选项”中，可以设置当前的扫描方式，包括“快速扫描”“完全扫描”和“自定义扫描”等，和其他杀毒软件类似，如图11-5所示。如果要更新病毒库，可以在“‘病毒和威胁防护’设置”下方的“病毒和威胁防护更新”中，单击“检查更新”超链接进行更新，如图11-6所示。

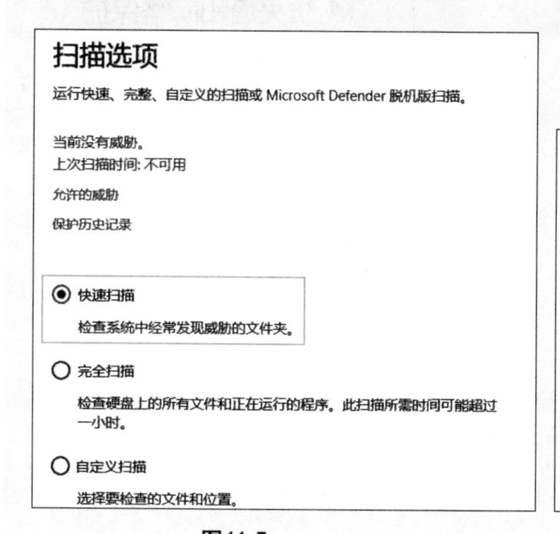

图11-5

“病毒和威胁防护”设置
无需执行任何操作。
管理设置
病毒和威胁防护更新
安全情报是最新的。
上次更新时间: 2021/6/23 14:32

图11-6

（2）开启Windows Defender

卸载了第三方的安全软件后，Windows Defender会自动启动。如果没有启动，可以到“‘病毒和威胁防护’设置”界面中单击“实时保护”的开关，打开防护，如图11-7所示。

实时保护

查找并停止恶意软件在你的设备上安装或运行。你可以在短时间内关闭此设置，然后自动开启。

实时保护已关闭，你的设备易受攻击。

图11-7

11.1.2 Windows防火墙的设置

Windows 10自带防火墙，可以根据规则设定允许或者禁止数据包通过防火墙。用户也可以手动设置防火墙来增强系统的安全性。

STEP01：在“Windows 安全中心”中，单击“防火墙和网络保护”按钮，如图11-8所示。

STEP02：在“防火墙和网络保护”中，可以看到防火墙在“域网络”“专用网络”“公用网络”三种网络都起作用，而且可以设置不同的参数。如单击“专用网络”超链接，如图11-9所示。

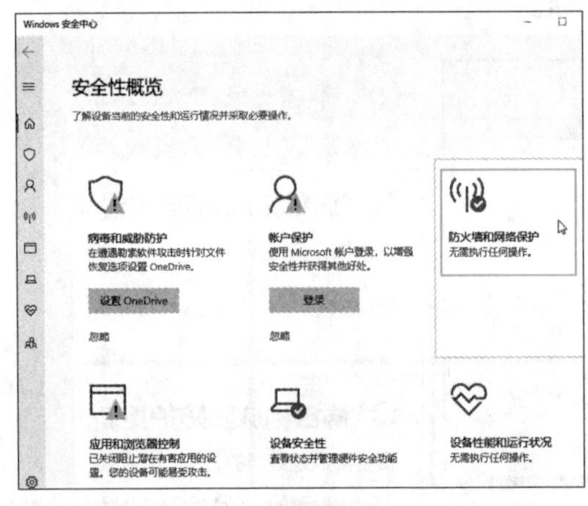

图11-8

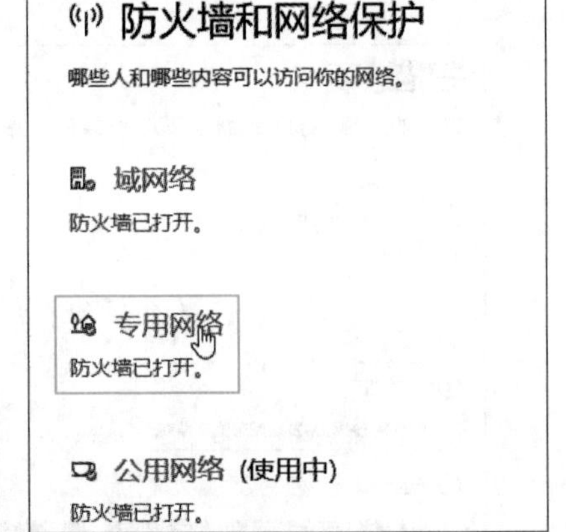

图11-9

STEP03：单击开关按钮，可以在“专用网络”中关闭防火墙功能，如图11-10所示。

STEP04：在主界面中，单击“允许应用通过防火墙”超链接，如图11-11所示。

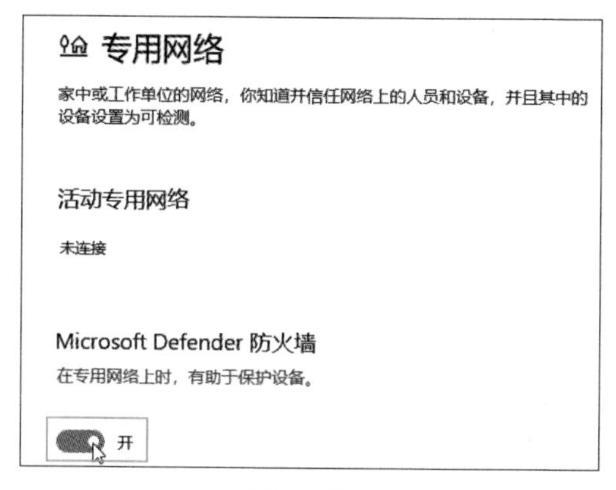

图11-10

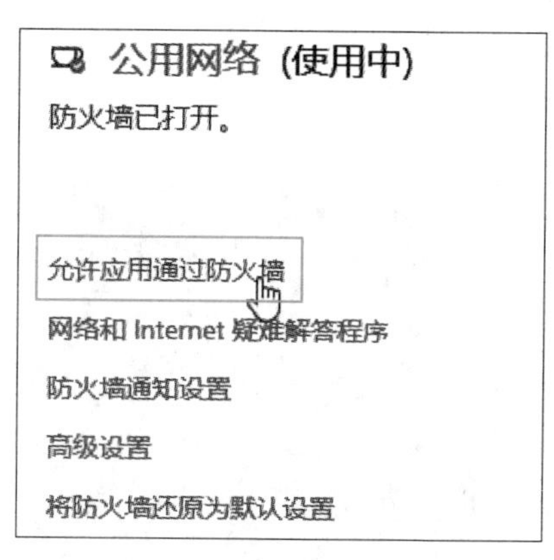

图11-11

STEP05：在弹出的列表中单击“更改设置”按钮，并根据应用，设置防火墙可以通过哪些网络，如图11-12所示，完成后单击“确定”按钮。这样，应用只能在防火墙允许的网络中通过。

STEP06：在图11-11中，单击“高级设置”超链接，可以进行更专业的防火墙规则设置，如图11-13所示。

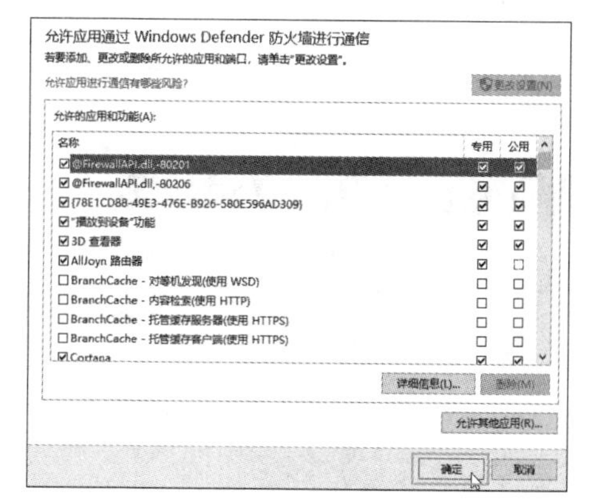

图11-12

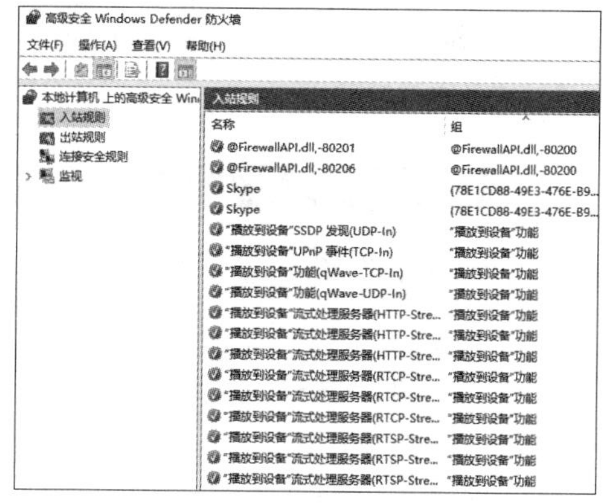

图11-13

11.1.3 查看并禁用自启动程序

自启动的意思就是跟随系统一起启动，无需人工启动。这本来是为了让程序提前加载，使用户使用更加方便。但现在很多流氓软件也加入进了开机启动，而且黑客的恶意程序往往也会跟随系统启动。所以，学会查看及禁用自启动程序非常有必要。

STEP01：在“任务栏”上使用鼠标右键单击，在弹出的快捷菜单中选择“任务管理器”选项启动任务管理器，如图11-14所示。

STEP02：切换到“启动”选项卡中，可以查看到当前的开机启动项目，如果不让某程序开机启动，可以在程序上使用鼠标右键单击，在弹出的快捷菜单中选择“禁用”选项，如图11-15所示。

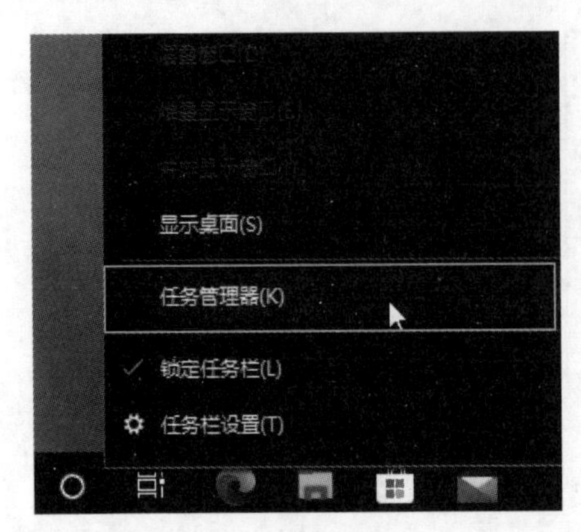

图11-14

图11-15

知识拓展 其他关闭自启动程序的方法

除以上方法外，用户也可以使用第三方软件，如“电脑管家”。在“电脑加速”板块，扫描后，可以查看到当前的开机启动项目，单击“禁用”按钮，如图11-16所示。

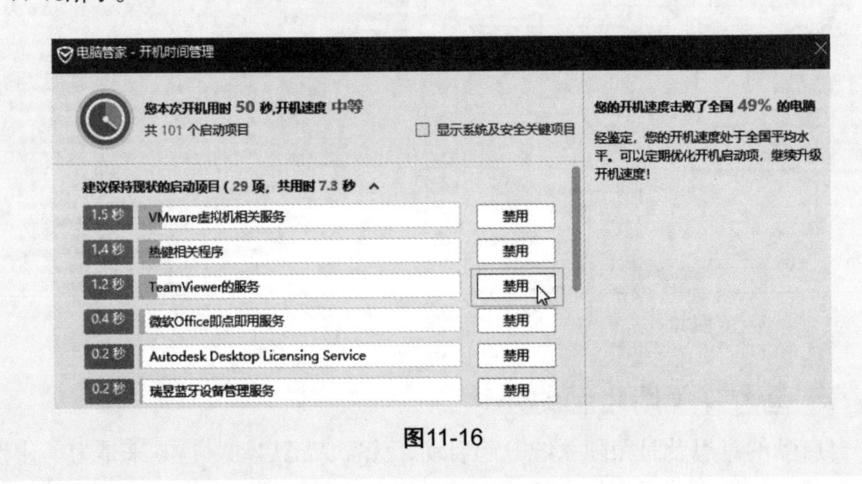

图11-16

11.1.4 禁止默认共享

默认共享对于普通单机用户来说没什么用，而且容易被黑客利用。用户可以通过以下方法关闭默认共享。

STEP01：在“此电脑”上使用鼠标右键单击，在弹出的快捷菜单中选择“管理”选项，如图11-17所示。

STEP02：展开“共享文件夹”，选择“共享”选项，在中部可以看到所有的默认共享。在其中任意一个默认共享上使用鼠标右键单击，在弹出的快捷菜单中选择“停止共享”选项，如图11-18所示。

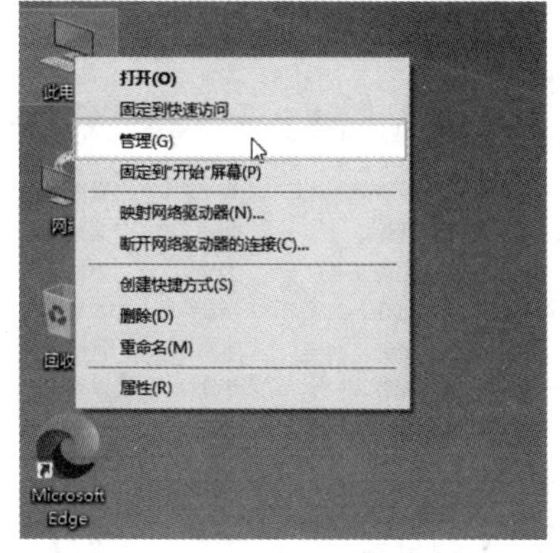

图11-17

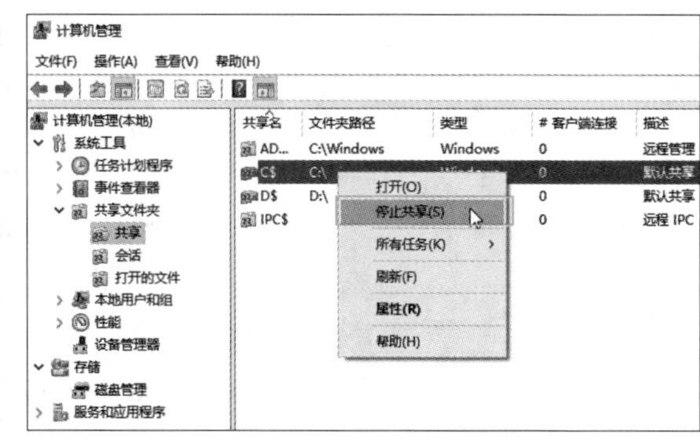

图11-18

STEP03：在弹出的询问窗口中单击“是”按钮，如图11-19所示。

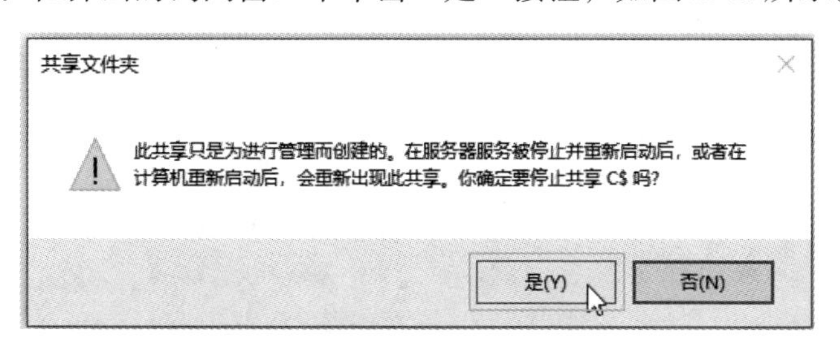

图11-19

11.1.5 禁止远程修改注册表

黑客对计算机进行设置往往都涉及注册表的修改，为了保护系统，可以禁止远程修改注册表。

STEP01：使用“Win+R”组合键启动“运行”对话框，输入“services.msc”，单击“确定”按钮，如图11-20所示。

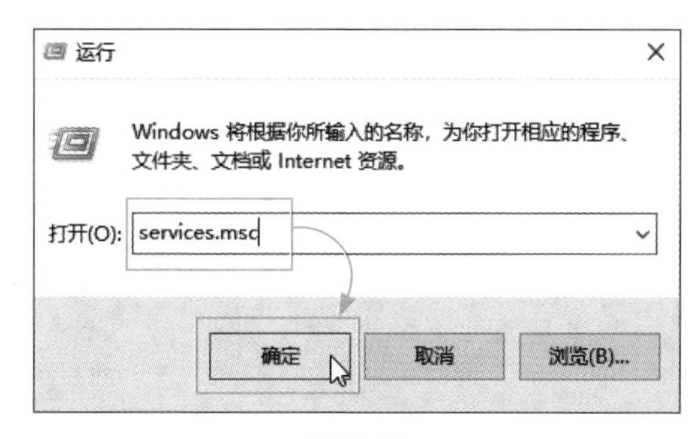

图11-20

STEP02：在“服务”界面中，找到并双击“Remote Registry”选项，如图11-21所示。

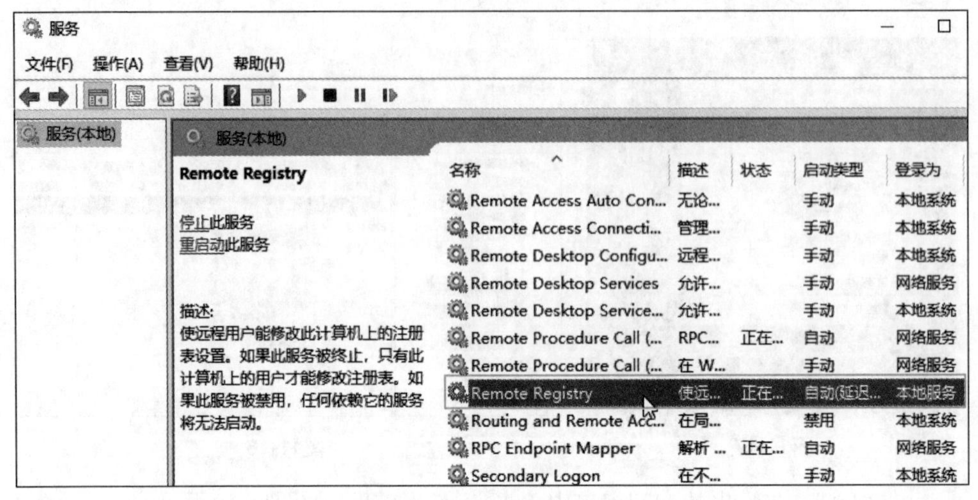

图11-21

STEP03：单击“停止”按钮，关闭该服务，如图11-22所示。单击“启动类型”后的下拉按钮，选择“禁用”选项，如图11-23所示。

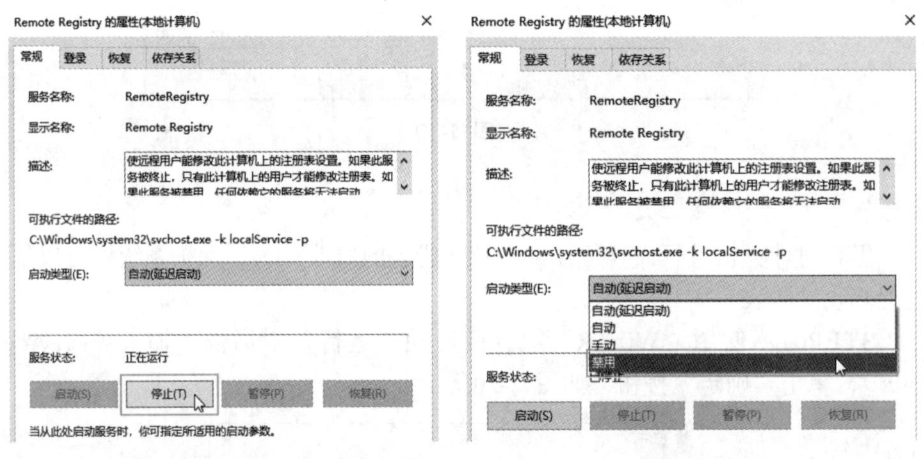

图11-22　　图11-23

知识拓展　恢复该功能

如果需要该功能，可以启动该服务，并将“启动类型”设置为“自动”即可。

11.1.6 Windows权限及隐私设置

和手机应用的权限设置类似，在Windows中，也可以针对应用设置权限，让应用在安全的范围内运行。下面介绍具体的设置步骤。

STEP01：使用“Win+I”组合键启动“Windows 设置”界面，单击“隐私”按钮，如图11-24所示。

STEP02：在弹出的“常规”界面中，通过开关按钮可以更改隐私设置，如图11-25所示。

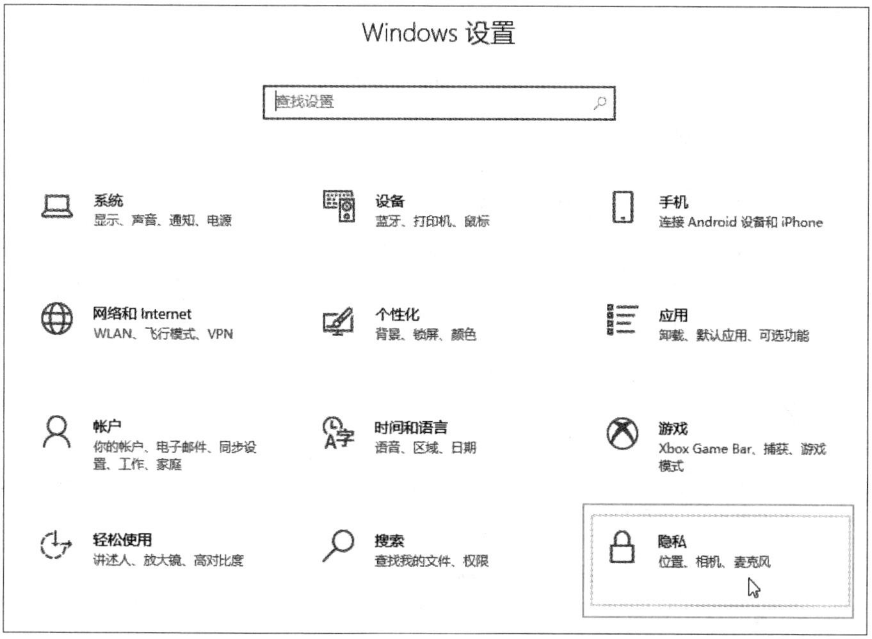

Windows 设置
查找设置
系统
显示、声音、通知、电源
设备
蓝牙、打印机、鼠标
手机
连接 Android 设备和 iPhone
网络和 Internet
WLAN、飞行模式、VPN
个性化
背景、锁屏、颜色
应用
卸载、默认应用、可选功能
帐户
你的帐户、电子邮件、同步设置、工作、家庭
时间和语言
语音、区域、日期
游戏
Xbox Game Bar、捕获、游戏模式
轻松使用
讲述人、放大镜、高对比度
搜索
查找我的文件、权限
隐私
位置、相机、麦克风

图11-24

常规
更改隐私选项
允许应用使用广告 ID，以便基于你的应用活动投放你更感兴趣的广告(关闭该模式将会重置你的 ID)。
开
允许网站通过访问我的语言列表来提供本地相关内容
开
允许 Windows 跟踪应用启动，以改进开始和搜索结果
开
在设置应用中为我显示建议的内容
开

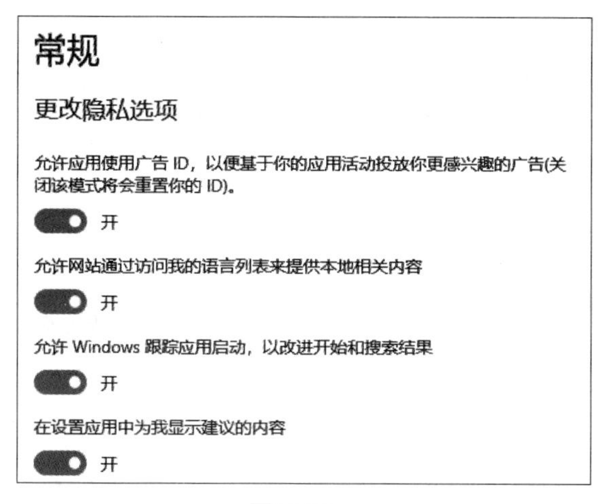

图11-25

知识拓展 各功能的含义

关闭“允许应用使用广告ID...”：可以禁止运行的应用使用广告。

“允许网站...”：根据语言列表，自动设置要访问的网站语言首选项。

“允许Windows...”：在快速访问中，会出现常用的应用，关闭后，系统不会记录这部分隐私。

“在设置应用中...”：根据历史记录，推荐感兴趣的新内容和新功能，建议关闭。

STEP03：在左侧的“应用权限”中，选择一个权限，如“相机”选项，在右侧会显示相机的权限设置，单击“更改”按钮，如图11-26所示。

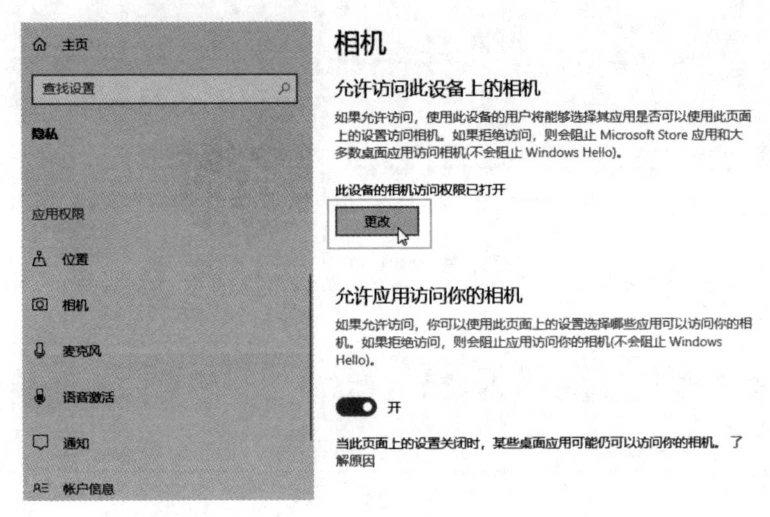

图11-26

STEP04：在弹出的设置中关闭开关，这样就无法使用相机了，如图11-27所示。如果关闭了“允许应用访问你的相机”开关，所有的应用都无法访问相机了，如图11-28所示。

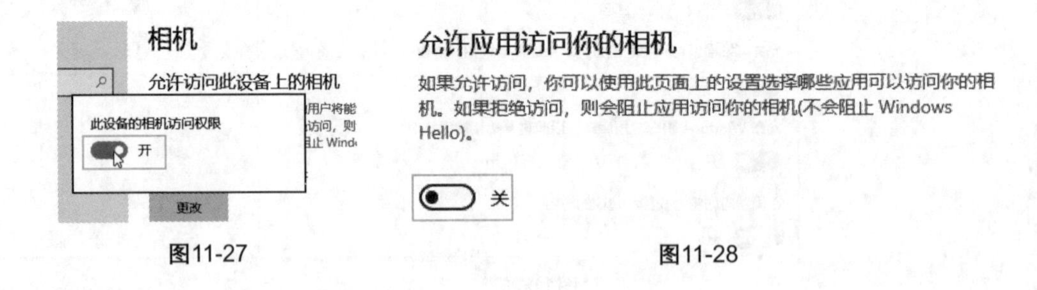

图11-27　　图11-28

在下方还可以设置允许访问相机的应用，如图11-29所示。

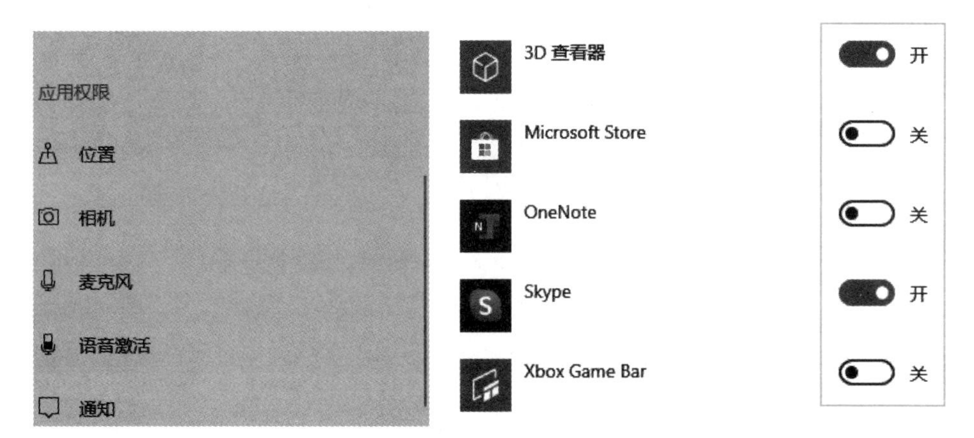

图11-29

11.2 Windows 10常见的优化设置

优化设置虽然不能增强系统安全性，但可以增加系统的流畅度。本节将向读者介绍Windows 10的常见优化设置。

11.2.1 屏蔽弹窗广告

很多软件都带有弹窗广告，用户可以在软件设置中关闭弹窗广告。而一些流氓软件没有关闭弹窗广告的方法或隐藏在后台，会定时弹出广告。用户可以使用下面的方法屏蔽弹窗广告。

STEP01：启动“电脑管家”后，在主界面选择“权限雷达”选项，如图11-30所示。

STEP02：单击“立即管理”按钮，进行软件扫描，如图11-31所示。

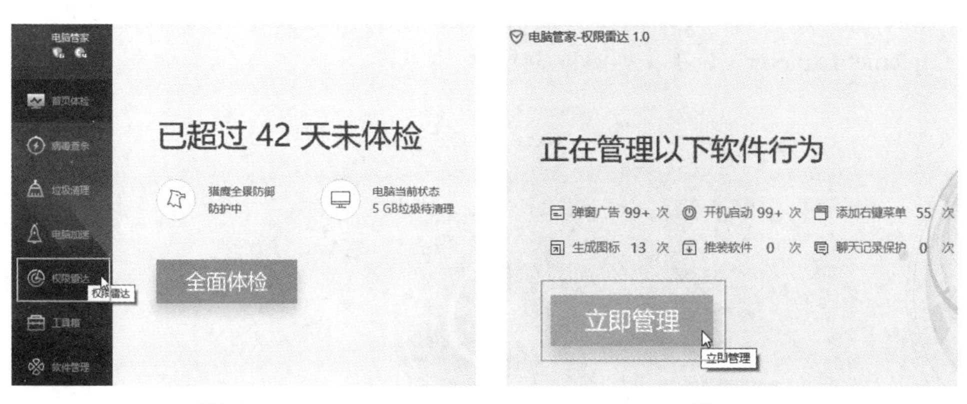

图11-30

图11-31

STEP03：选中所有需要阻止弹窗的程序，单击“一键阻止”按钮，如图11-32所示。

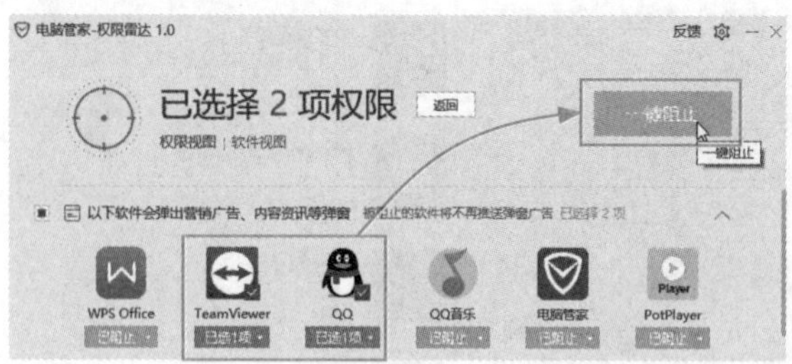

图11-32

如果这些软件再弹窗，安全管家会自动关闭弹窗。

11.2.2 更改系统默认应用设置

系统中的一些文件默认由某个程序打开，例如“.docx”用Word打开，音乐文件用Groove音乐打开，网页文件用Microsoft Edge打开。这些都可以手动设置的默认打开程序。

STEP01：使用“Win+I”组合键打开“Windows 设置”界面，单击“应用”按钮，如图11-33所示。

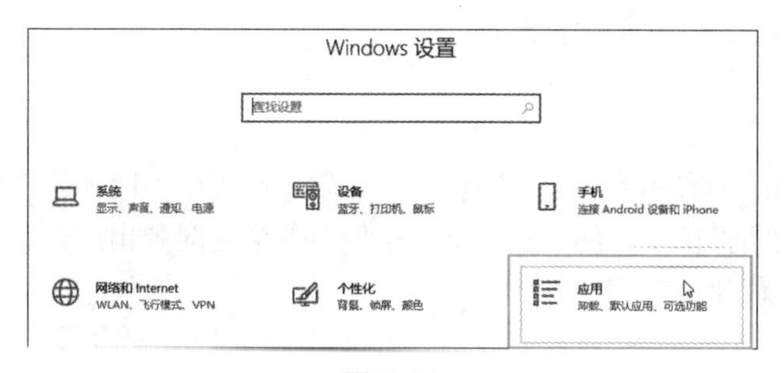

图11-33

STEP02：选择“默认应用”选项，单击右侧需要修改的默认应用，如“Web浏览器”中的“Microsoft Edge”按钮，从弹出的应用中选择其他应用，如“Internet Explorer”选项，如图11-34所示。

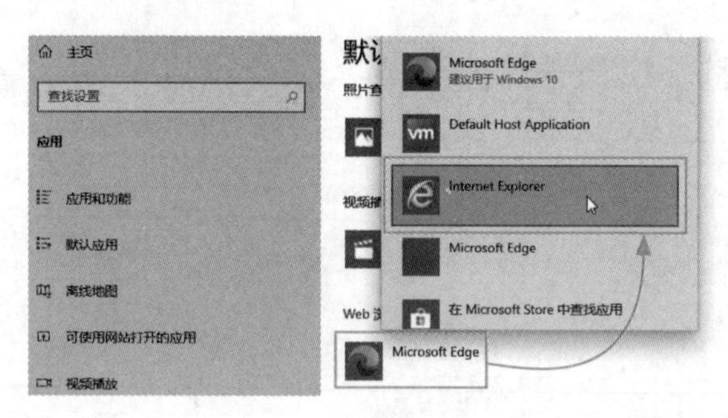

图11-34

这样，IE就变成了默认浏览器。其他应用也可以这么设置。

认知误区 没有我需要的应用怎么办

那就需要用户先安装对应的应用，然后才能从菜单中找到并选择对应的应用。如果应用有单独的设置选项，也可以通过应用中的设置将其变成默认应用。

11.2.3 清理系统垃圾文件

Windows在使用一段时间后，系统中会有各种临时文件、缓存文件或者其他种类的垃圾文件。垃圾文件过多会影响系统的流畅度。在Windows 10中，可以使用系统自带的清理功能进行清理。

STEP01：进入“Windows 设置”界面中，单击“系统”按钮，如图11-35所示。

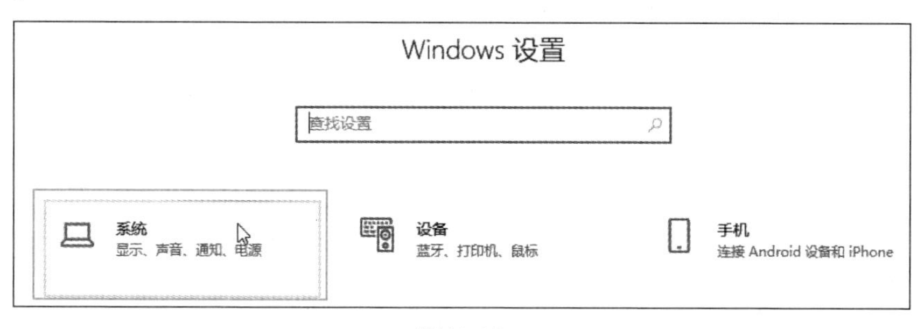

图11-35

STEP02：选择“存储”选项，在右侧单击“临时文件”超链接，如图11-36所示。

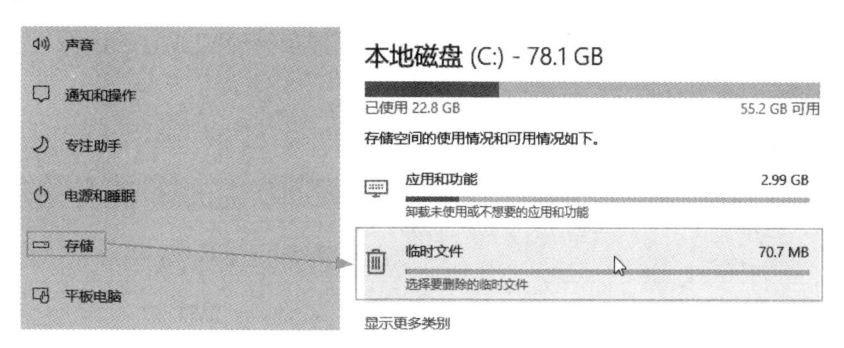

图11-36

STEP03：系统会自动扫描系统中的垃圾文件。扫描后，用户勾选需要清理的项目，单击“删除文件”按钮，开始清理，如图11-37所示。清理完毕后，如图11-38所示。

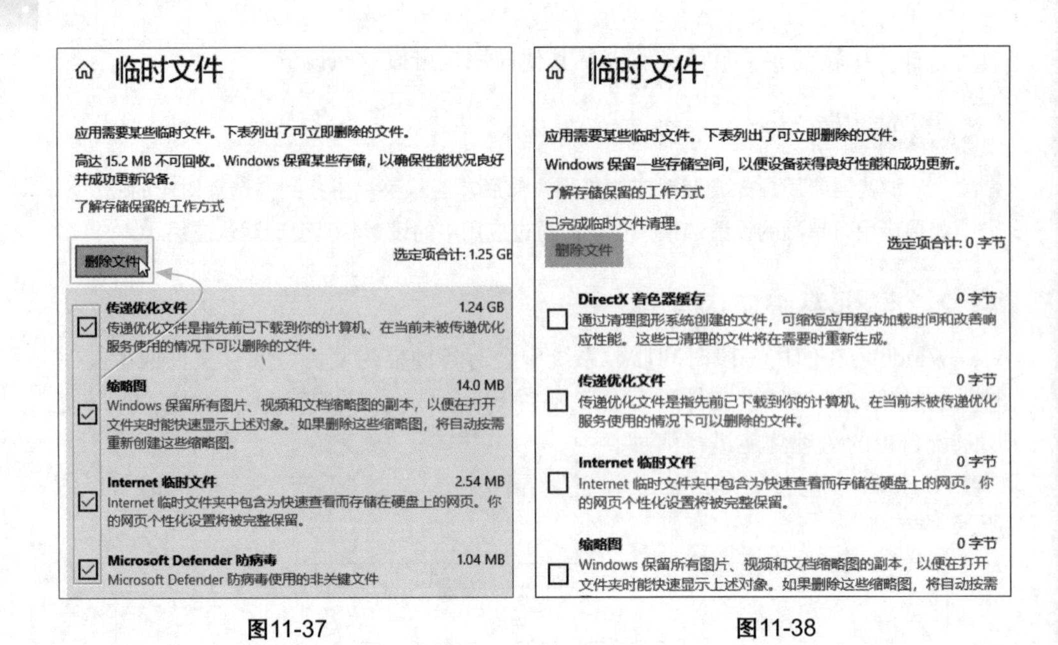

图11-37　　图11-38

11.2.4 配置存储感知

存储感知的作用是自动扫描并监控垃圾文件，当到达预设值后，自动进行清理。下面介绍设置方法。

STEP01：进入“存储”中，单击“配置存储感知或立即运行”超链接，如图11-39所示。

STEP02：单击使开关打开，启动“存储感知”功能，如图11-40所示。

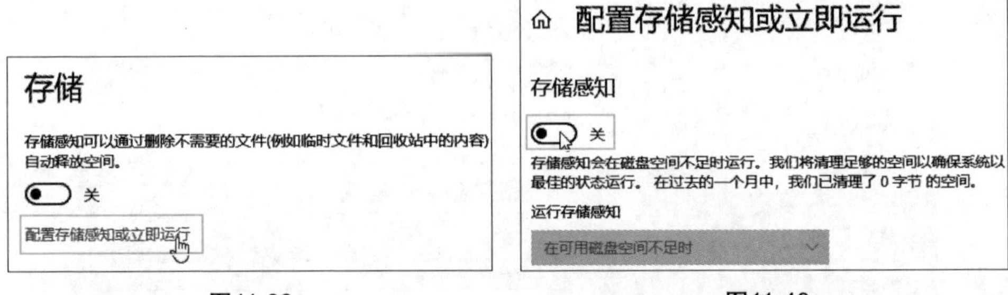

图11-39　　图11-40

STEP03：单击“在可用磁盘空间不足时”按钮，配置存储感知运行的频率，如图11-41所示。

STEP04：设置临时文件、回收站和“下载”中的文件保留时间，完成后单击“立即清理”按钮启动清理，如图11-42所示。

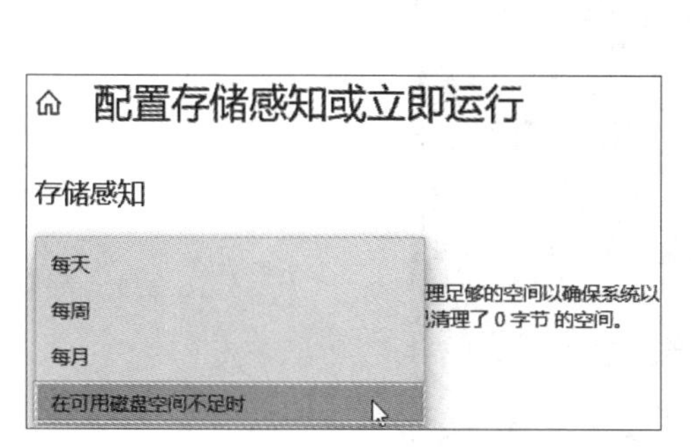

图11-41

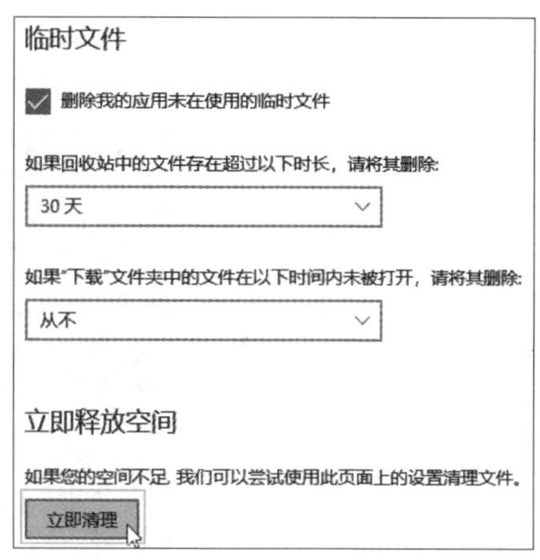

图11-42

11.3 Windows常见系统故障处理

在Windows中，最常遇到的故障就是系统无法启动或者硬盘出现逻辑故障而无法读取。下面将介绍一些Windows常见的故障及其处理方法。

11.3.1 硬盘逻辑故障及处理方法

硬盘故障的种类很多，最常见的坏道故障占了很大一部分比例。对于机械硬盘来说，坏道分为物理坏道和逻辑坏道。物理坏道是指硬盘盘片出现了划痕，对于这种情况，建议用户尽快备份资料，更换硬盘。而逻辑坏道是由于软件的问题造成的，是可以修复的。下面介绍逻辑故障的修复。

STEP01：使用管理员权限进入命令提示符界面，如图11-43所示。

STEP02：使用“chkdsk d: /F”命令对D盘进行错误扫描，如果有错误，则修复，如图11-44所示。

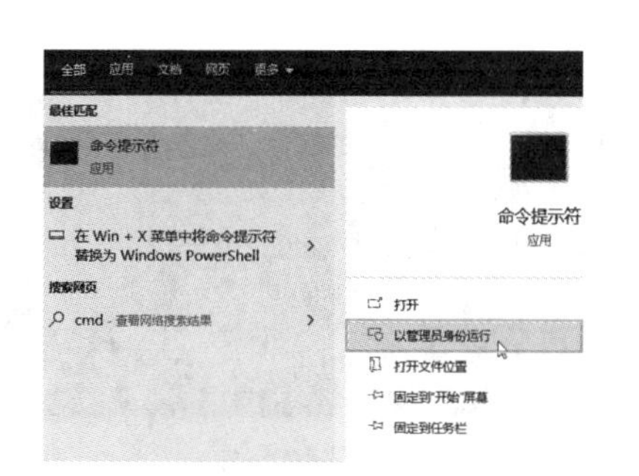

图11-43

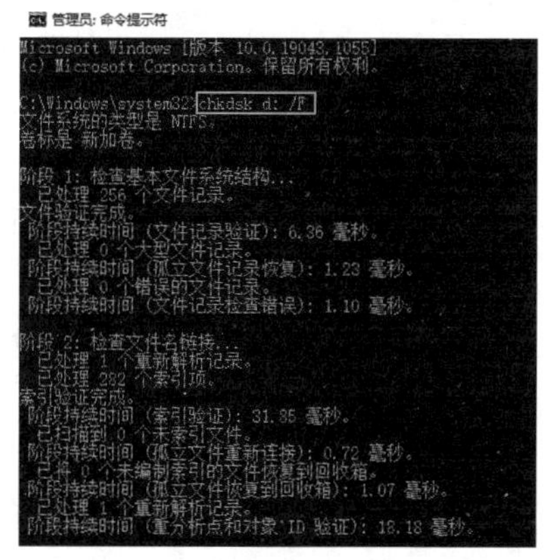

图11-44

STEP03：完成后，界面如图11-45所示。

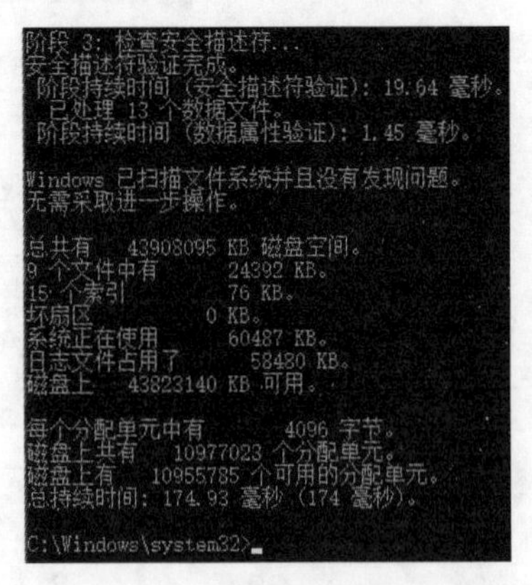

图11-45

无法检查修复C盘

C盘也可以检查，只是在系统中，C盘正在被使用，无法进行完全的扫描，所以系统会提示用户，并且会在计算机下次启动时检查并修复C盘的逻辑坏道，如图11-46所示。

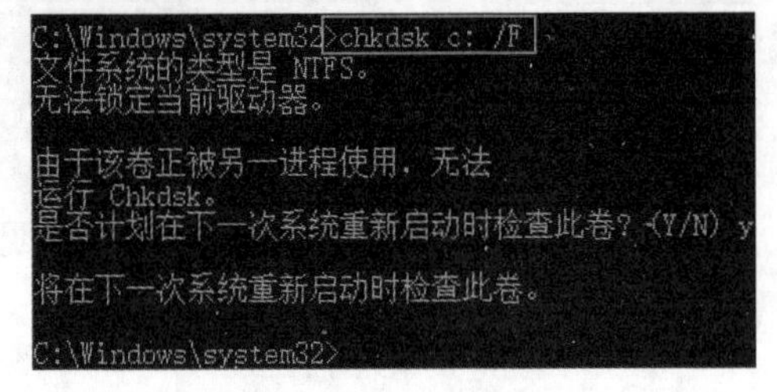

图11-46

chkdsk

chkdsk命令是check disk的缩写，也就是检查磁盘的意思。当系统报告磁盘错误或者磁盘出现故障时，可以使用此命令检查并修复磁盘。

11.3.2 检查并修复系统文件

系统文件检查器（System File Checker）是集成在Windows系统中的一款工具软件。该软件可以扫描所有受保护的系统文件并验证系统文件的完整性，并用正确的Microsoft程序版本替换不正确的版本。

在管理员权限的命令提示符界面中，输入“sfc /scannow”命令，扫描所有受保护的系统文件的完整性，如图11-47所示。扫描完毕后查看扫描报告，如图11-48所示。

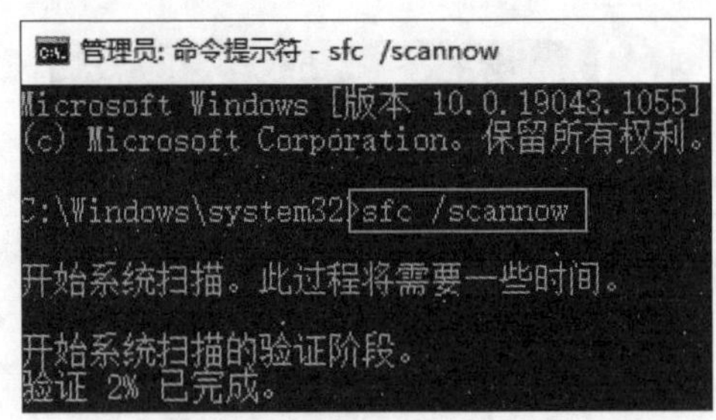

图11-47

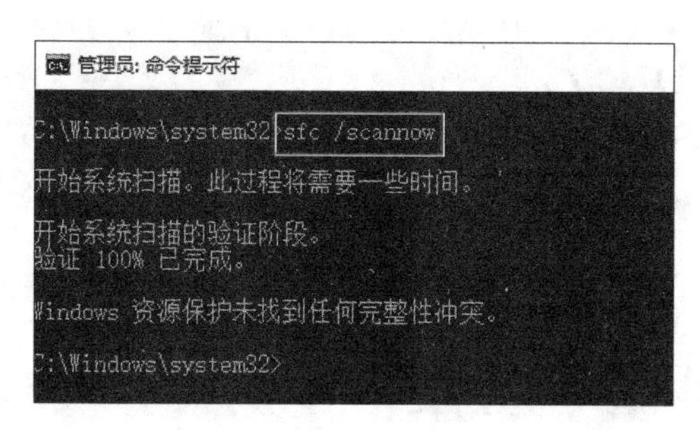

图11-48

11.3.3 修复Windows 10引导故障

Windows经常因为引导故障造成无法启动的情况，用户可以使用第三方软件或系统命令修复引导故障。下面以Windows 10为例，向读者介绍修复的步骤。

插入启动U盘启动计算机，进入PE环境。修复工具有很多，但原理和使用方法基本相同，用户可以到开始菜单查找自己PE所带的修复工具。本例在PE中选择“NT6引导修复”选项，如图11-49所示。

在弹出的“NT6引导修复”界面中，勾选“修复BIOS引导”复选框，引导盘和系统盘保持默认就可以了，单击“开始修复”按钮就可以修复了，如图11-50所示。

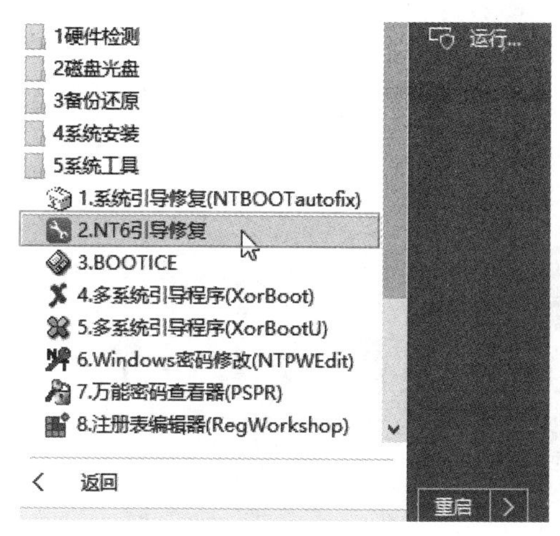

图11-49

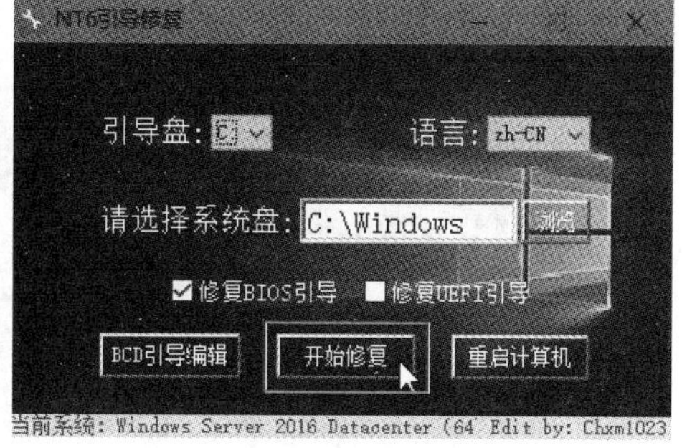

图11-50

如果系统使用的是UEFI分区，也就是包含有EFI/ESP引导分区，需要按照下面的步骤进行操作。

STEP01：选择“修复UEFI引导”复选框，单击“挂载”按钮，如图11-51所示。

STEP02：单击“开始修复”按钮就可以开始修复了，如图11-52所示。

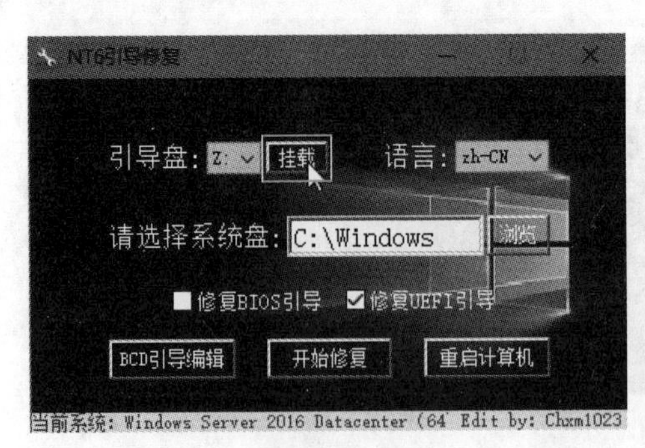

图11-51

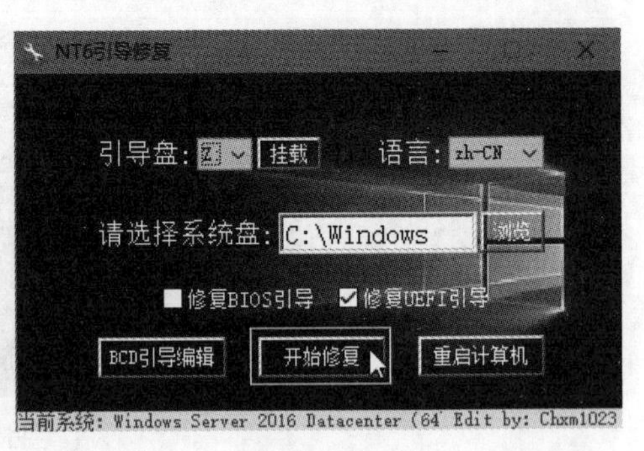

图11-52

完成后，重启计算机就完成了修复操作。

知识拓展 系统引导修复应用范围

如果用户使用了GHOST系统或者传统的安装方式，将引导分区和系统分区都放在了同一个分区中，就使用“修复BIOS引导”复选框。如果使用了Windows 10原版映像安装，或者其他方式安装，在系统中有EFI启动引导分区和系统分区，就可以使用“修复UEFI引导”复选框。首先将隐藏的UEFI分区分配盘符并显示出来，然后对EFI分区进行修复。

如果用户不使用软件，也可以手动分配盘符：将EFI分区显示出来，然后在PE中启动命令提示符界面，使用“bcdboot X:\windows /s Y: /f uefi /l zh-cn”命令。其中，“X：”代表系统分区所在盘符；“Y:”代表EFI分区所在盘符。本例使用“bcdboot c:\windows /s z: /f uefi /l zh-cn”命令，如图11-53所示，手动进行引导修复。

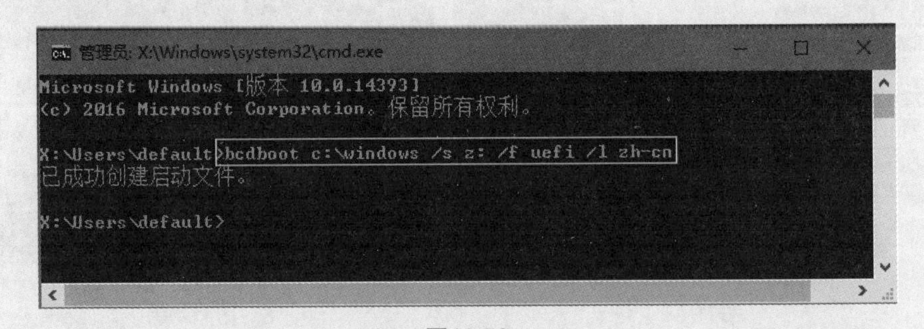

图11-53

11.3.4 使用Windows 10高级选项修复功能

Windows 10的“高级选项”中，配备了大量的管理修复工具，用户在系统出现故障后，可以在启动时进入“高级选项”进行修复。

STEP01：在开始菜单找到“重启”选项，按住“Shift”键选择“重启”选项，如图11-54所示。

STEP02：稍等会进入Windows 10选择一个选项中，单击“疑难解答”按钮，如图11-55所示。

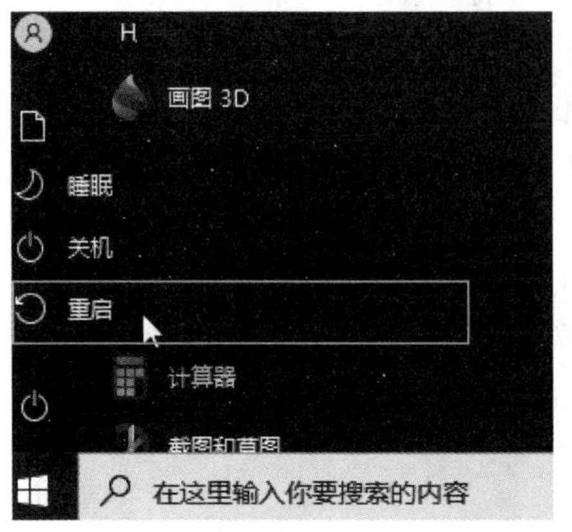

图11-54

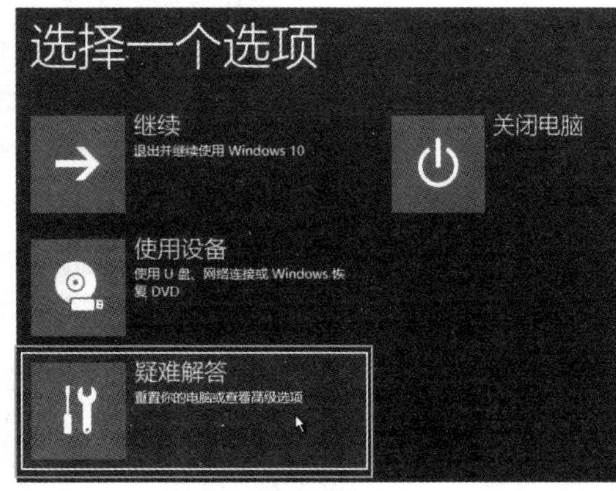

图11-55

STEP03：在“疑难解答”中单击“高级选项”按钮，如图11-56所示。“重置此电脑”可以恢复Windows 10到初始状态。

STEP04：在弹出的界面中，可以看到此处有很多功能选项，如图11-57所示。

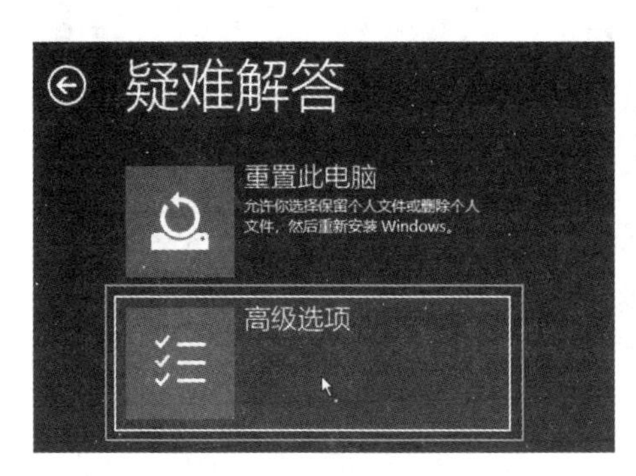

图11-56

图11-57

（1）启动修复

启动修复功能可以修复启动故障，如图11-58所示。

图11-58

（2）卸载更新

安装更新后，如果系统出现不稳定、蓝屏等故障，可以从此处卸载更新，如图11-59所示。

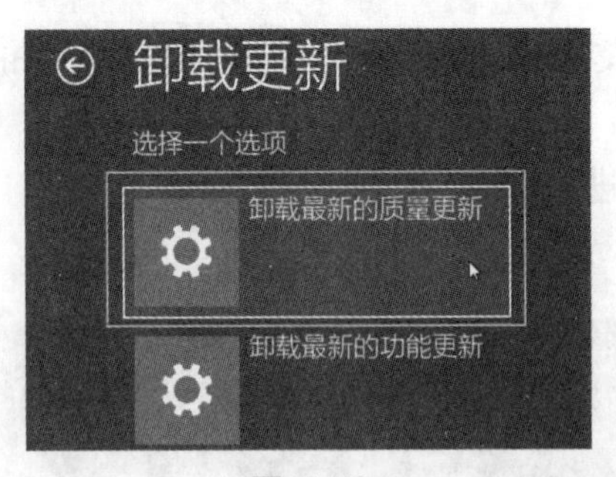

图11-59

（3）系统还原

可以提前制作系统备份的镜像文件，如图11-60所示。可以在这里使用制作好的镜像还原系统到备份状态，非常方便，如图11-61所示。

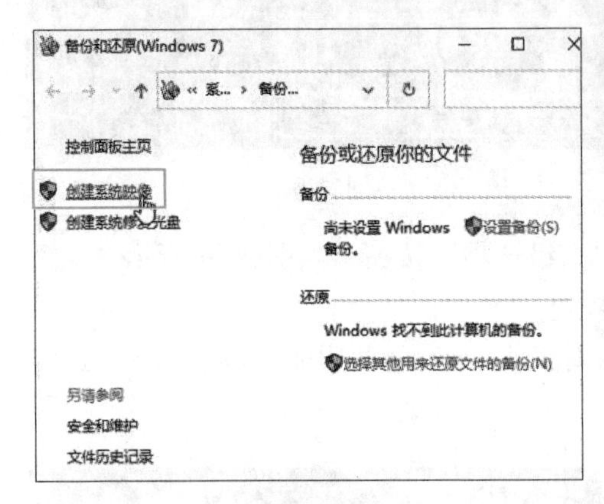

图11-60

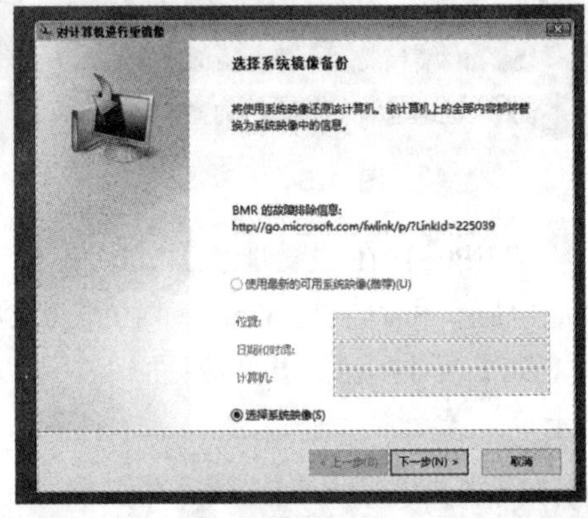

图11-61

案例实战：Windows 10进入安全模式

安全模式是Windows的一种特殊模式，安全模式以最小的系统所需进行启动，所以在安全模式排除故障和杀毒更加有效率。

在“高级选项”中单击“启动设置”按钮，如图11-62所示，会弹出提示信息，单击“重启”按钮，如图11-63所示。

图11-62

图11-63

重启后，按“F4”键，如图11-64所示，就可以进入安全模式了，如图11-65所示。

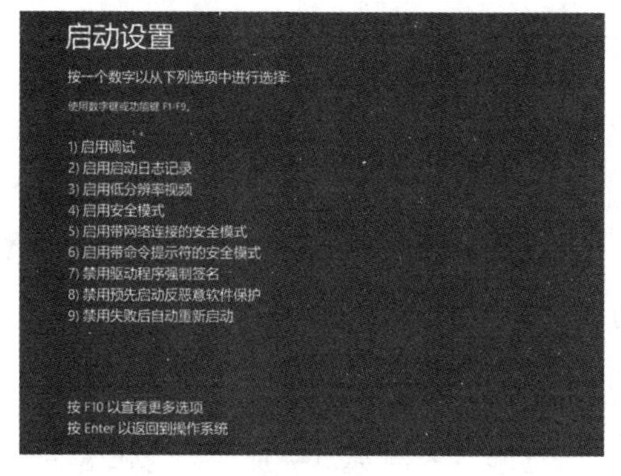

图11-64

图11-65

专题拓展

使用电脑管家管理计算机

电脑管家是常用的集计算机杀毒、防御和管理于一体的专业软件。用户可以使用它完成计算机的维护工作，其对于新手非常友好。下面介绍电脑管家的主要功能和使用方法。

（1）计算机体检

计算机体检可以系统性地对计算机进行检查，并自动进行处理。用户在首页上选择“首页体检”选项，单击“全面体检”按钮，如图11-66所，稍等片刻，会显示扫描结果，其中包括垃圾文件的清理、可以优化的项目，如果有风险，则会提示。单击“一键修复”按钮就可以自动进行处理了，如图11-67所示。

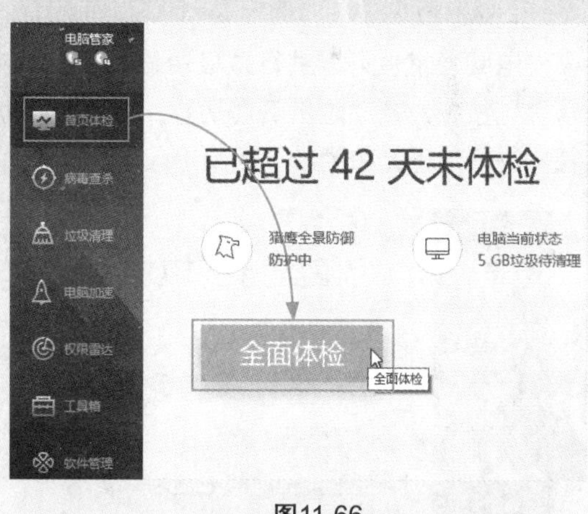

图11-66

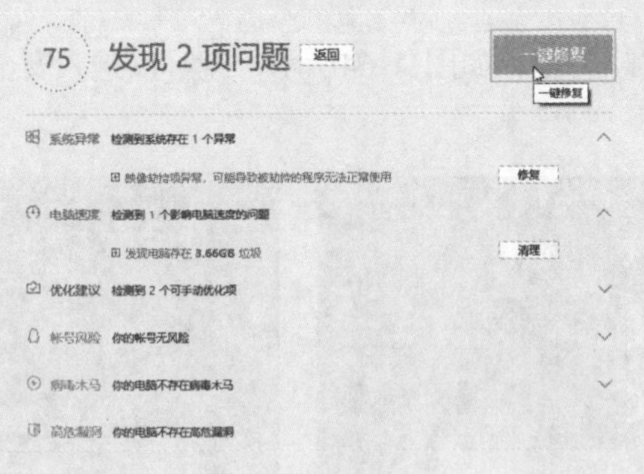

图11-67

（2）病毒查杀

病毒防护和查杀也是电脑管家的基础功能。在主页上选择“病毒查杀”选项，并单击“闪电杀毒”就可以快速扫描病毒了，如图11-68所示。完成后，会弹出提示信息，如图11-69所示。

图11-68　　　　图11-69

（3）垃圾清理

电脑管家也可以进行垃圾清理。在主页中选择“垃圾清理”选项，单击“扫描垃圾”按钮，启动垃圾清理功能，如图11-70所示。完成扫描后，单击“立即清理”按钮进行清理，如图11-71所示。

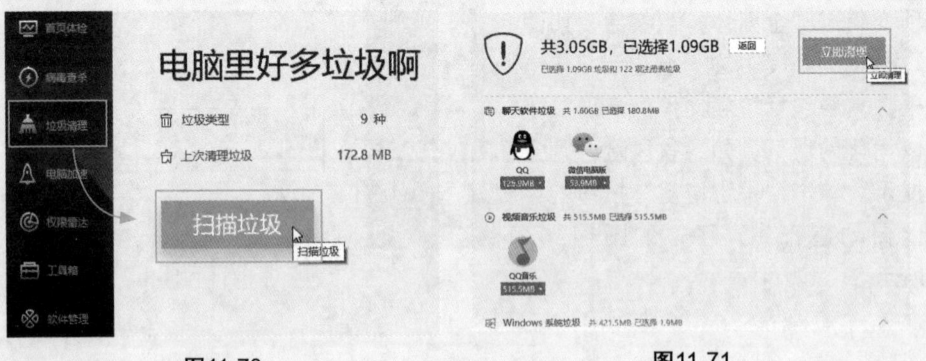

图11-70　　　　图11-71

（4）电脑加速

电脑加速可以减少启动项目以加快系统的启动，操作方法同前面介绍的功能基本相同。

（5）软件管理

电脑管家的“软件管理”可以帮助用户下载、安装、卸载软件，而且下载的软件也非常干净。用户在主页中选择“软件管理”选项，如图11-72所示，在弹出的软件管理界面中，可以查看当前安装的软件，选择“升级”选项后，可以查看到当前可以升级的软件，单击软件后的“升级”按钮就可以升级了，如图11-73所示。

图11-72

图11-73

（6）工具箱

除前面的几大板块外，在“工具箱”中，还可以下载并使用一些方便的小工具，如图11-74所示。

图11-74

第12章 Windows的备份和还原

Windows系统是比较常用的系统，用户在使用时要养成良好的使用习惯，而备份就是其中之一。经常按计划进行系统的备份后，在发生黑客入侵、病毒危害、系统崩溃、文件损坏等情况时，可以使用备份文件进行还原，将产生的恶劣影响降到最低。这也是对付勒索病毒和其他文件锁病毒的重要手段。

本章重点难点：

- 使用还原点备份还原系统
- 使用Windows备份还原系统
- 使用Windows 7备份还原系统
- 创建系统映像及用映像还原系统
- 使用系统升级功能还原系统
- 使用Ghost备份还原系统
- 使用系统重置功能
- 驱动备份及还原
- 注册表备份与还原

12.1 使用还原点备份还原系统

还原点存储了当前系统的主要工作状态，可以在不影响用户文件的情况下，撤销对计算机的各种系统更改操作，包括程序、驱动、注册表设置和其他Windows信息。但还原点并不会备份用户文件，也无法恢复已经删除或损坏的个人文件。

12.1.1 使用还原点备份系统状态

使用还原点功能时，需要先进行还原点的创建。

STEP01：在“此电脑”上使用鼠标右键单击，在弹出的快捷菜单中选择“属性”选项，如图12-1所示。

STEP02：单击“系统保护”超链接，如图12-2所示。

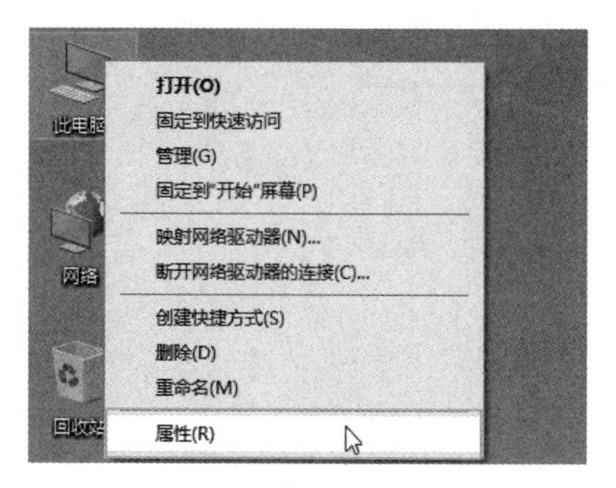

图12-1

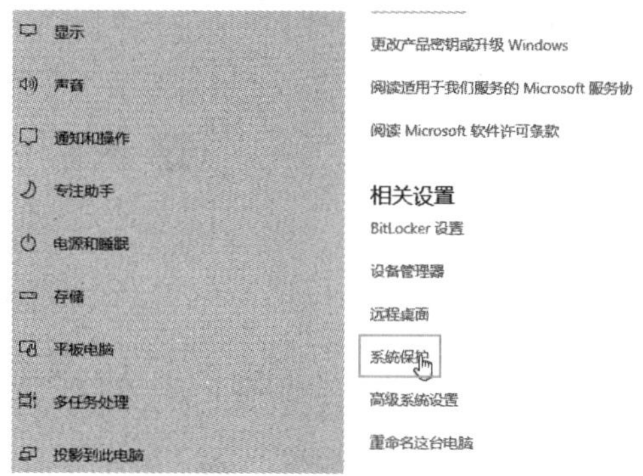

图12-2

STEP03：默认状态下，还原点还原被关闭了，单击“配置”按钮，如图12-3所示。

STEP04：单击“启用系统保护”单选按钮，设置空间大小，单击“确定”按钮，如图12-4所示。

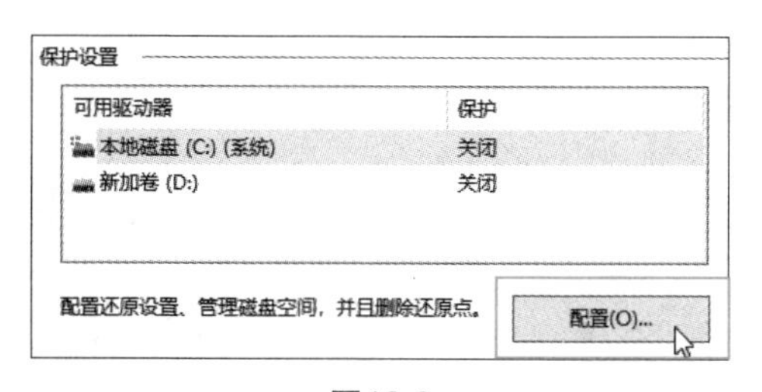

图12-3

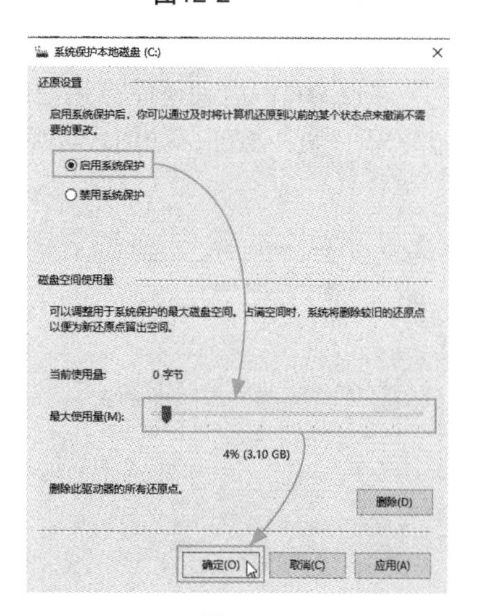

图12-4

STEP05：单击“创建”按钮，启动还原点创建，如图12-5所示。

STEP06：输入还原点的描述，单击“创建”按钮，如图12-6所示。

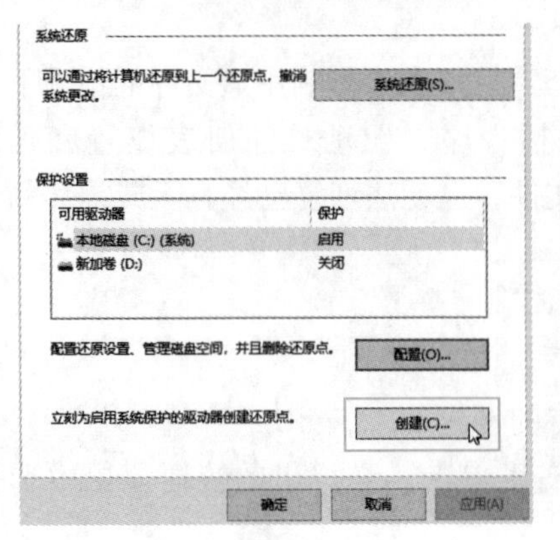

图12-5

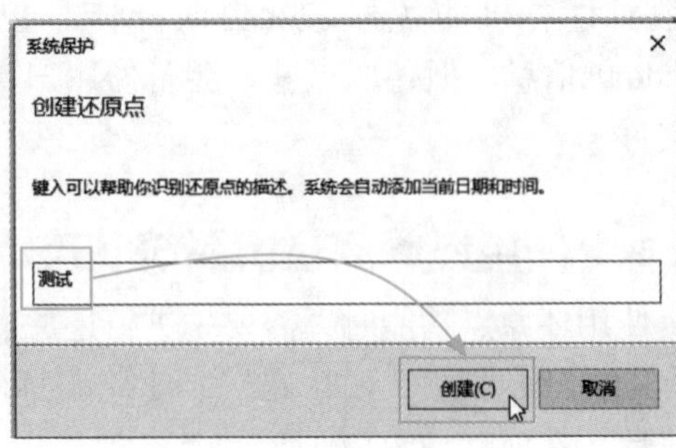

图12-6

稍等一会，还原点就创建完毕了，单击“关闭”按钮，如图12-7所示。

图12-7

12.1.2 使用还原点还原系统状态

随便安装一款软件，如“字体管家”，然后测试还原点还原效果。

STEP01：进入“系统属性”界面中，单击“系统还原”按钮，如图12-8所示。

STEP02：启动还原点还原向导，可以查看到当前创建的还原点，选中后单击“下一页”按钮，如图12-9所示。

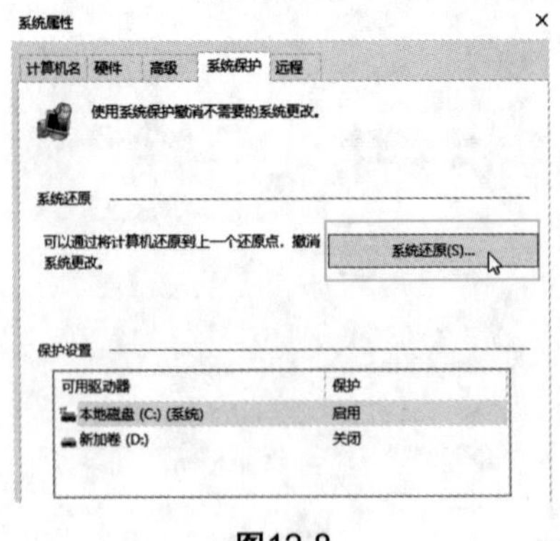

图12-8

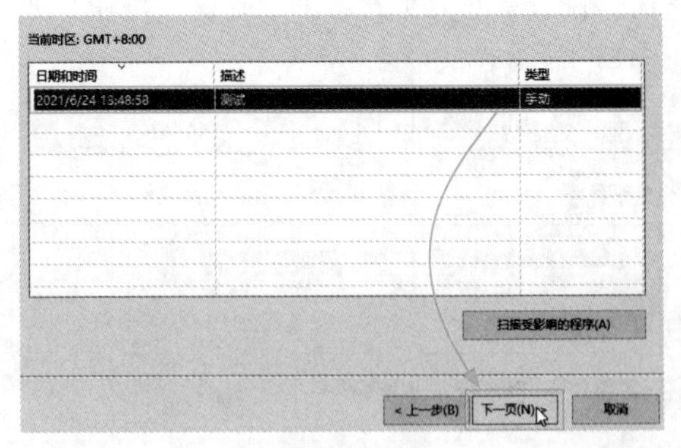

图12-9

术语解释 扫描受影响的程序

通过扫描受影响的程序，可以查看还原后受影响的程序、驱动等信息，如图12-10所示。其中“字体管家”就是受影响的程序。

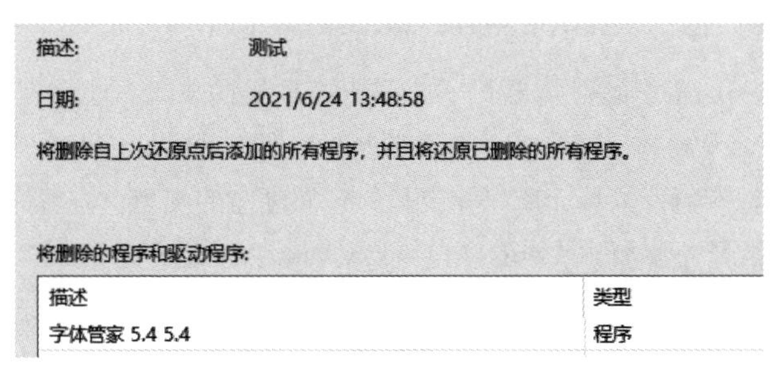

图12-10

STEP03：确认还原设置后，单击“完成”按钮，如图12-11所示。

STEP04：再次确定后，系统启动还原，并重新启动系统。完成还原后，弹出成功提示，在“应用和功能”中已经找不到“字体管家”程序了。如图12-12所示。

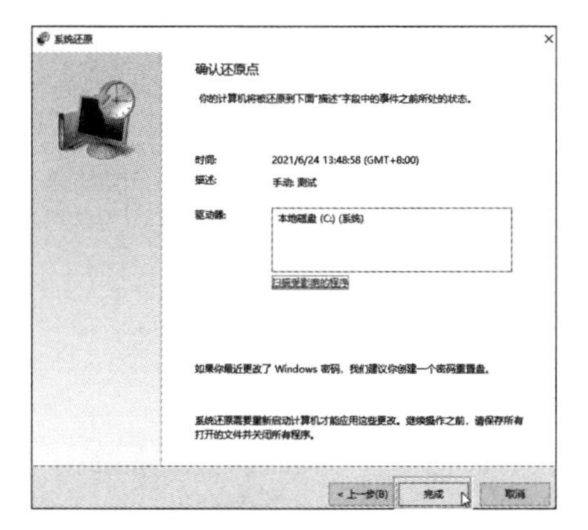

图12-11

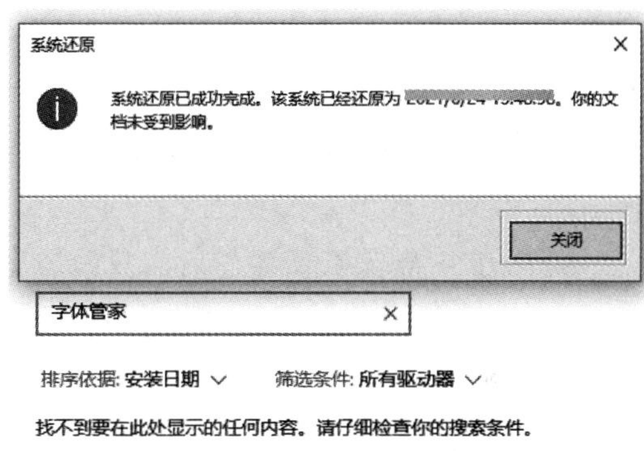

图12-12

12.2 使用Windows备份还原功能

Windows自带的备份还原功能可以备份数据文件、库文件、系统文件等。

12.2.1 使用Windows备份功能备份文件

这里以文件为例，测试Windows备份还原功能。

STEP01：使用“Win+I”组合键启动“Windows 设置”，单击“更新和安全”按钮，如图12-13所示。

STEP02：选择“备份”选项，单击右侧的“添加驱动器”按钮，如图12-14所示。

认知误区 为什么无法使用Windows备份功能

Windows的备份功能需要另一个磁盘驱动器的支持，也就是需要另外一块硬盘。Windows考虑得比较全面，如果磁盘驱动器出现故障，那么备份同一块硬盘的任何分区，都有可能损坏，所以需要另外一块硬盘的支持，以确保更高的安全性。因此，用户需要先添加一块新的硬盘再启动Windows的备份还原功能。

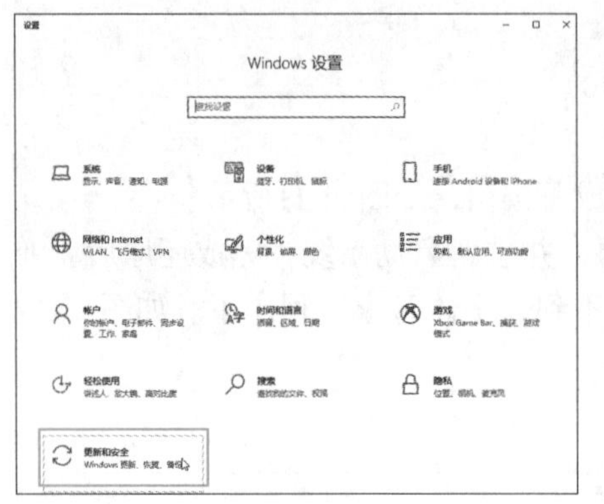

图12-13

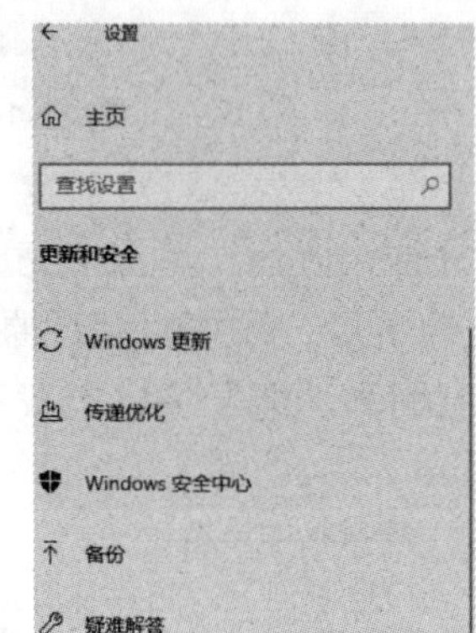

图12-14

STEP03：找到并选择新硬盘后，单击“更多选项”超链接，如图12-15所示。

STEP04：删除默认备份后，只添加需要备份的文件夹，单击“立即备份”按钮启动备份，如图12-16所示。

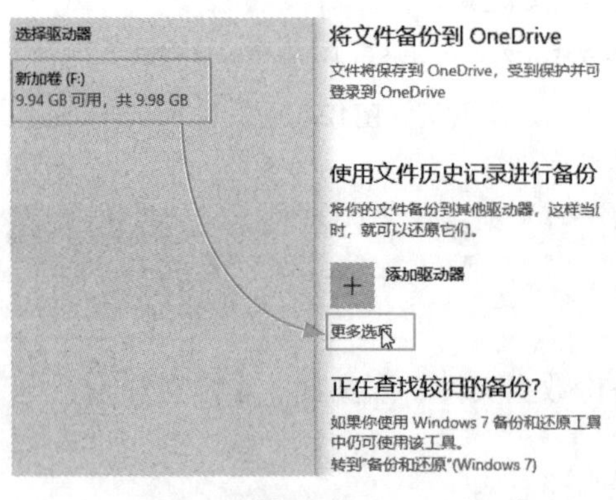

图12-15

图12-16

12.2.2 使用Windows备份功能还原文件

如果不小心删除了文件或者文件受到病毒破坏，可以使用Windows备份进行还原，具体的操作方法如下。

STEP01：进入如图12-16所示的“备份选项”功能界面中，单击“从当前的备份还原文件”超链接，如图12-17所示。

STEP02：在弹出的备份内容中，可以查看到所有备份的文件夹，选中需要还原的文件或者文件夹，单击“还原到原始位置”图标，如图12-18所示，就可以还原了。

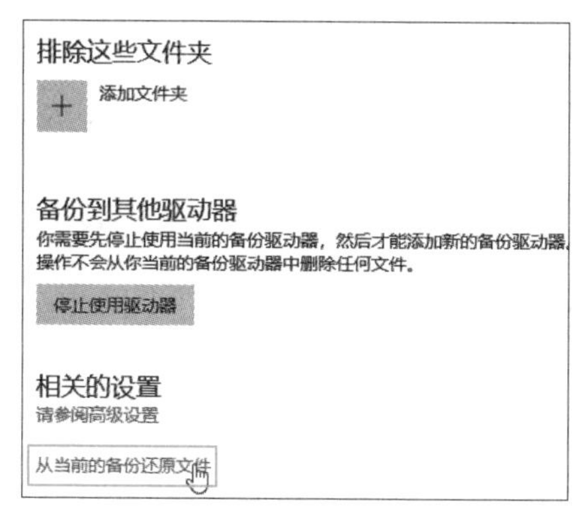

图12-17

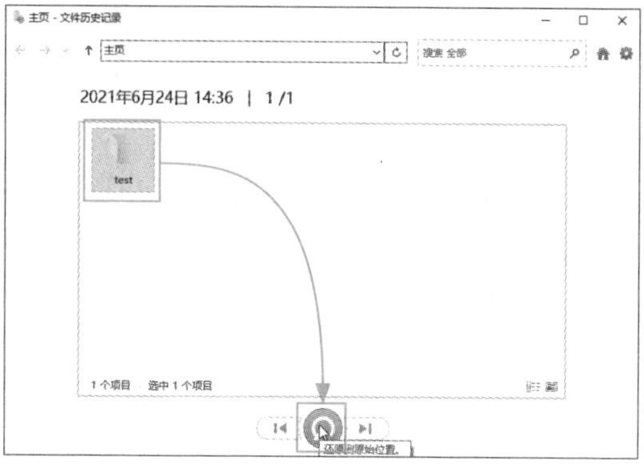

图12-18

知识拓展 恢复文件

选中了需要恢复的文件夹后，在其上使用鼠标右键单击，在弹出的快捷菜单中选择“预览”选项，可以查看到文件夹中备份的内容，选中需要恢复的文件再执行恢复操作，就可以只恢复选中的文件了。

稍等片刻，就可以到备份时的原始位置查看文件的恢复效果了。

案例实战：使用Windows 7备份还原功能

在Windows 10中，备份还原功能叫作“备份和还原（Windows 7）”。该功能从Windows 7发展而来，而且非常好用。

（1）使用Windows 7备份功能备份文件

该功能需要先启动，然后进行备份操作。

STEP01：进入Windows 10的“备份”功能界面中，单击“转到‘备份和还原’（Windows 7）”超链接，如图12-19所示。

STEP02：单击“设置备份”超链接，启动该功能，如图12-20所示。

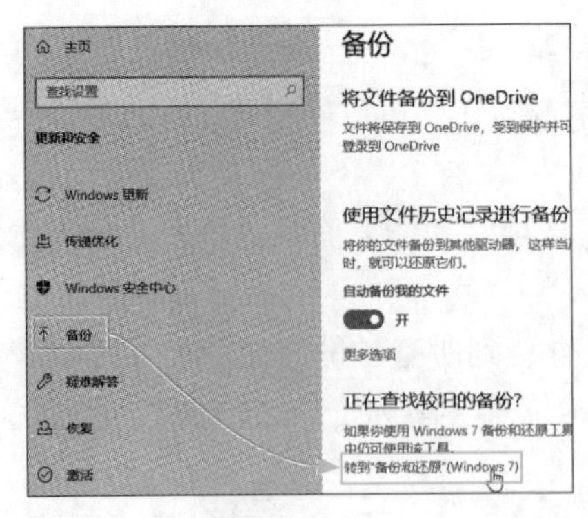

图12-19

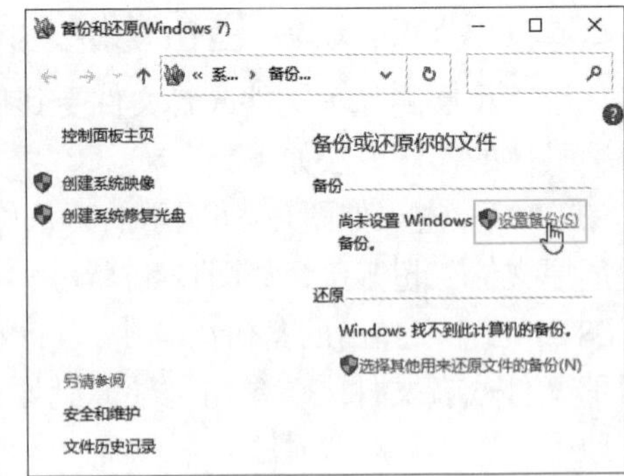

图12-20

STEP03：系统启动该功能，选择备份保存的位置，这里选择“F”盘，单击“下一页”按钮，如图12-21所示。

STEP04：手动选择备份的内容及文件夹，单击“下一页”按钮，如图12-22所示。

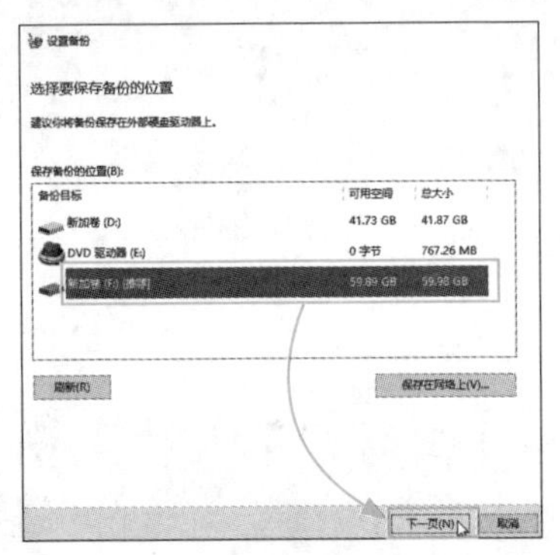

图12-21

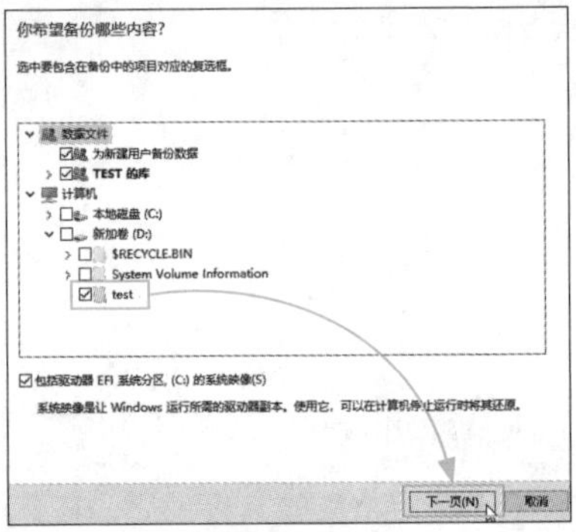

图12-22

STEP05：单击“保存设置并退出”按钮，如图12-23所示。接下来，系统启动备份，如图12-24所示。

完成后，可以查看到备份的信息。

图12-23

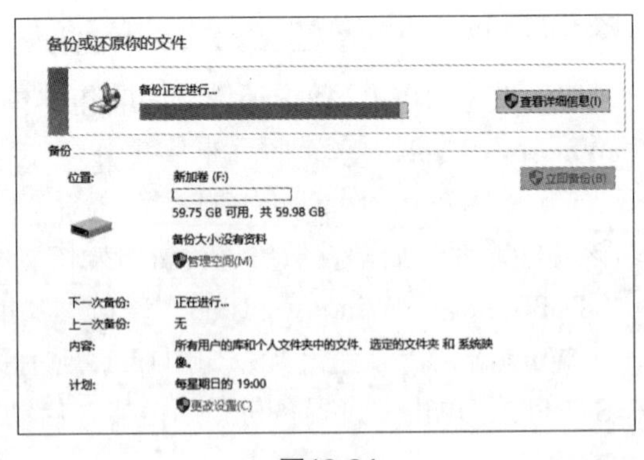

图12-24

（2）使用Windows 7备份功能进行还原

如果系统出现了问题或者文件出现了问题，只要通过Windows 7备份功能进行的备份都可以还原。

STEP01：进入备份信息界面中，单击“还原我的文件”按钮，如图12-25所示。

STEP02：在弹出的还原文件界面中，查找到可以还原的文件或者文件夹，选择后单击“下一页”按钮，如图12-26所示。

图12-25

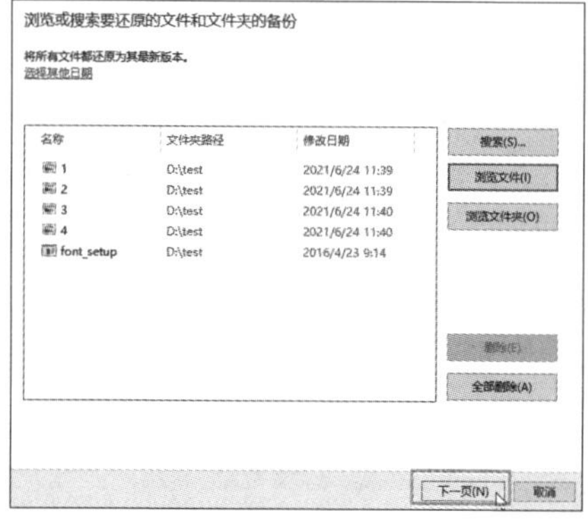

图12-26

STEP03：选择还原的位置，可以还原到原始位置，也可以另存到其他位置，单击“还原”按钮，如图12-27所示。

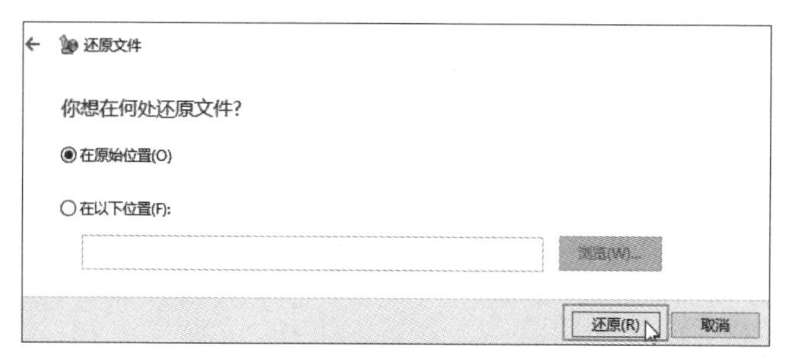

图12-27

稍等片刻，文件就被还原到原始位置了，用户可以去查看还原后的效果。

12.3 创建及使用系统映像文件还原系统

其实在上面的操作中已经创建了系统映像（镜像），当然，用户也可以随时创建系统映像，下面介绍映像的创建及使用方法。

12.3.1 创建系统映像

系统映像的创建可以在“备份和还原（Windows 7）”功能界面中完成。

STEP01：在“备份和还原（Windows 7）”界面中，单击“创建系统映像”超链接，如图12-28所示。

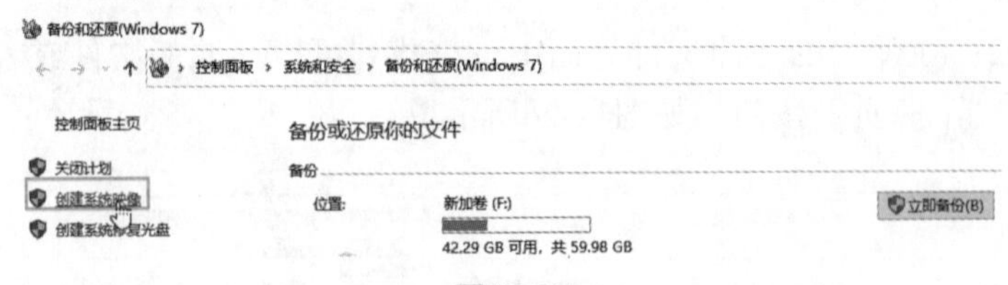

图12-28

STEP02：在弹出的创建向导中，选择保存位置，单击“下一页”按钮，如图12-29所示。

STEP03：选择系统映像包含的驱动器，一般备份EFI分区及系统分区即可，单击“下一页”按钮，如图12-30所示。

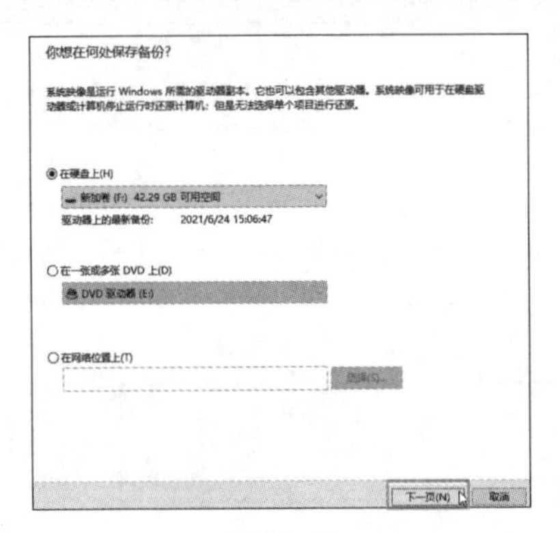

图12-29

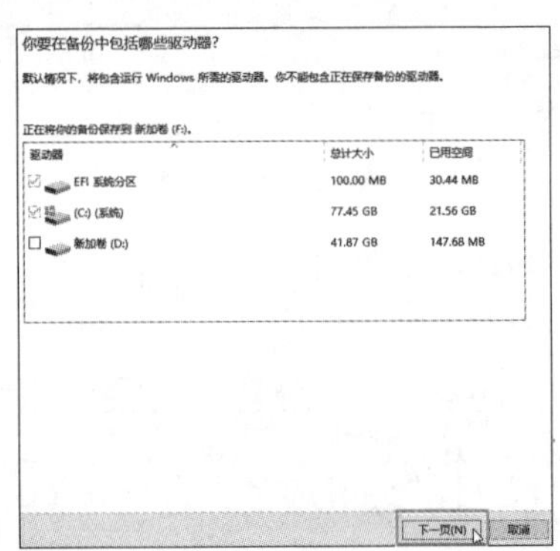

图12 30

STEP04：确认后，单击“开始备份”按钮，如图12-31所示。

STEP05：系统提示“是否要创建系统修复光盘？”单击“否”按钮，完成备份，如图12-32所示。

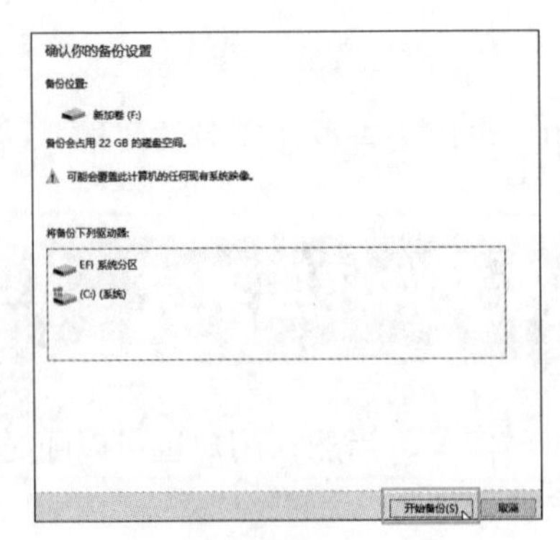

图12-31

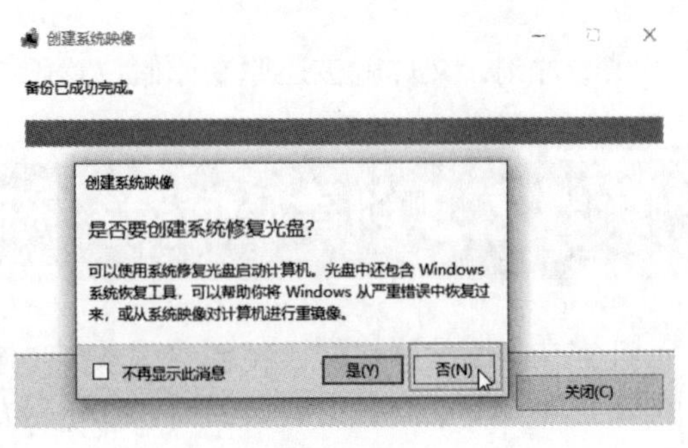

图12-32

12.3.2 使用系统映像还原系统

在创建了系统映像后，可以使用系统映像还原损坏或不能启动的系统。首先，使用系统“高级选项”、系统光盘或者其他介质进入系统“选择一个选项”界面中，然后才能使用映像文件。

STEP01：单击“疑难解答”按钮，进入“疑难解答”界面，如图12-33所示。

STEP02：单击“高级选项”按钮，如图12-34所示。

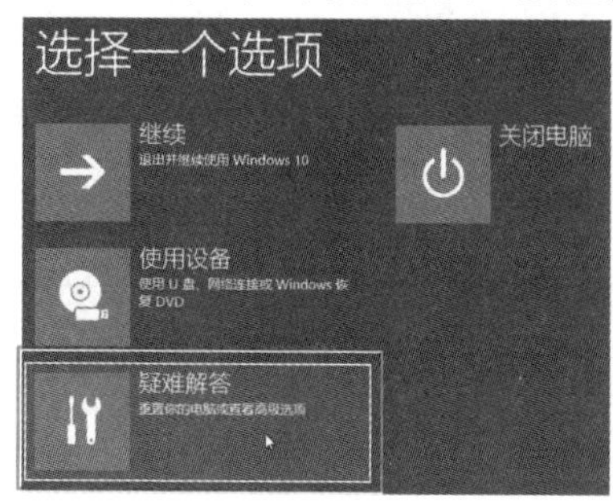

图12-33

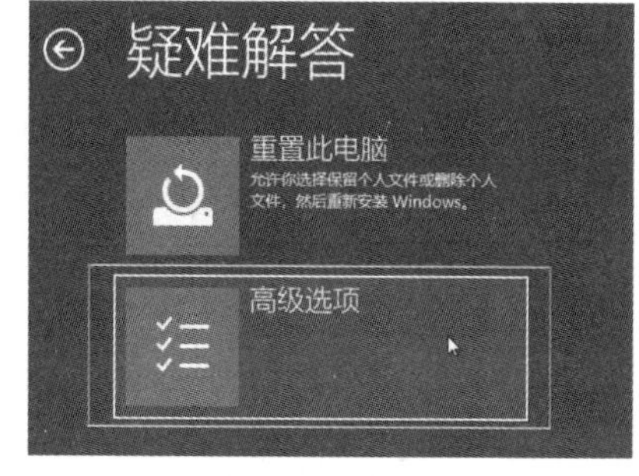

图12-34

STEP03：单击“系统映像恢复”按钮启动该功能，如图12-35所示。

STEP04：选择需要进行映像恢复的系统，如图12-36所示。

图12-35

图12-36

STEP05：系统弹出映像选择界面，使用默认的最新映像文件，单击“下一步”按钮，如图12-37所示。

STEP06：保持默认，单击“下一步”按钮，如图12-38所示。

图12-37

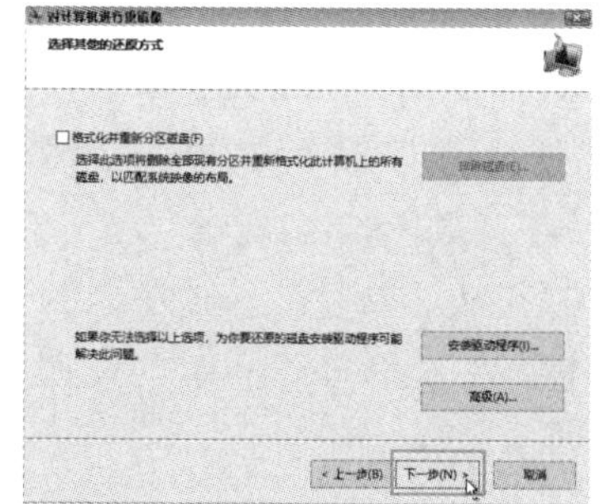

图12-38

STEP07：查看设置是否正确，如正确单击“完成”按钮，如图12-39所示。

STEP08：系统弹出警告，单击“是”按钮，如图12-40所示。

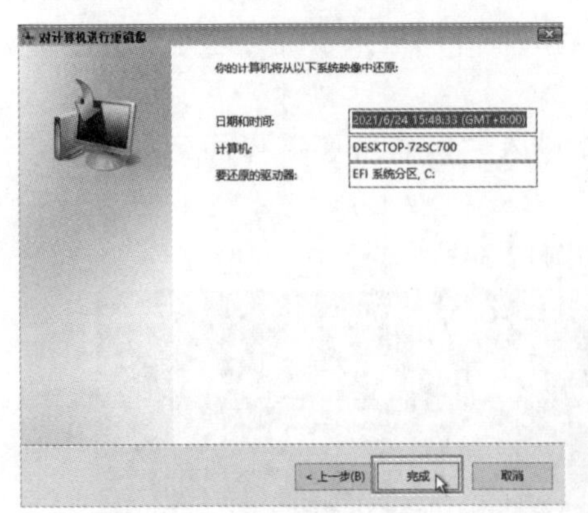

图12-39

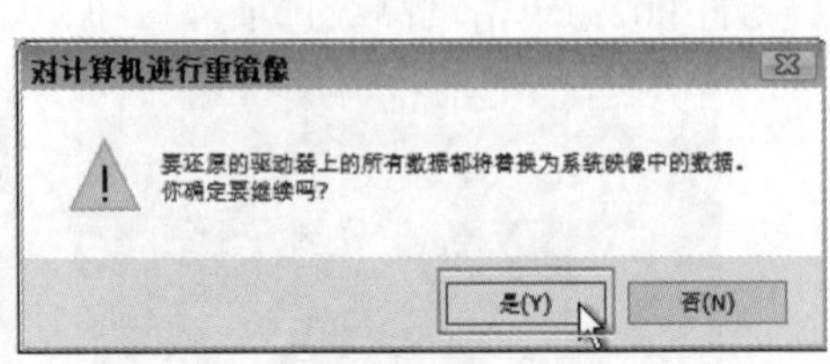

图12-40

STEP09：系统启动映像还原，如图12-41所示。

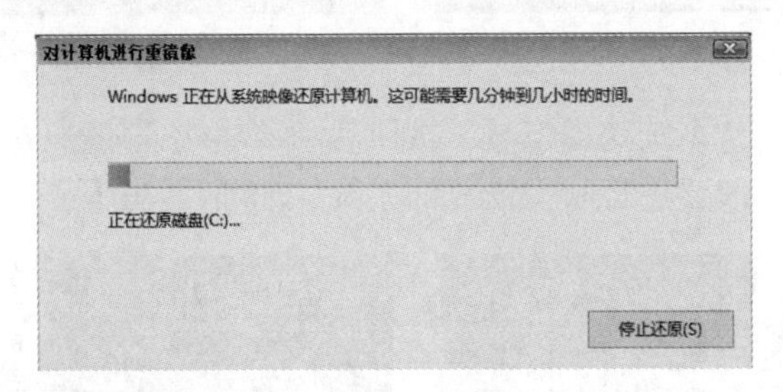

图12-41

完成后，重启计算机，到这里，使用系统映像还原系统的操作就结束了。

案例实战：使用系统重置功能还原系统

系统重置功能就像手机恢复出厂设置一样，可以将Windows 10还原到初始配置状态，在无法进行系统安装时是最好的解决问题的方法。

STEP01：使用“Win+I”组合键启动“Windows设置”界面，单击“更新和安全”按钮，如图12-42所示。

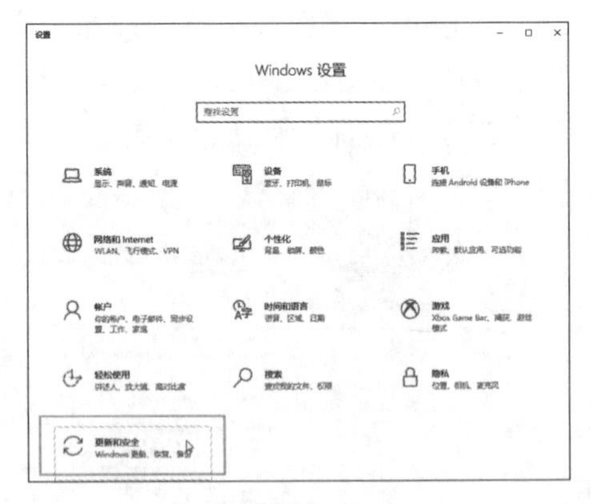

图12-42

STEP02：从“恢复”选项中，找到“重置此电脑”，单击“开始”按钮，如图12-43所示。

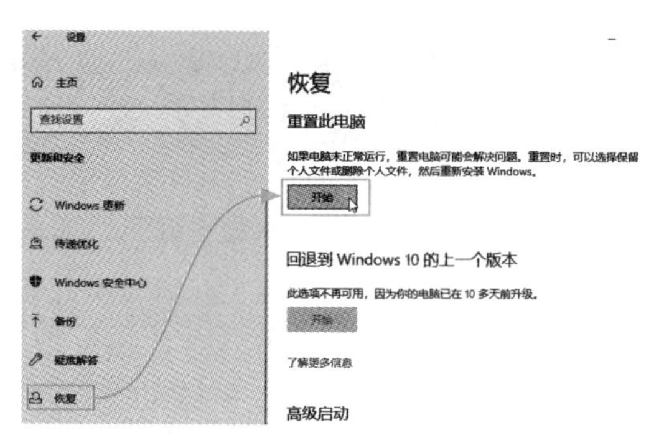

图12-43

STEP03：系统询问是否保存用户文件，单击“删除所有内容”按钮，如图12-44所示。

STEP04：单击“本地重新安装”按钮，如图12-45所示。

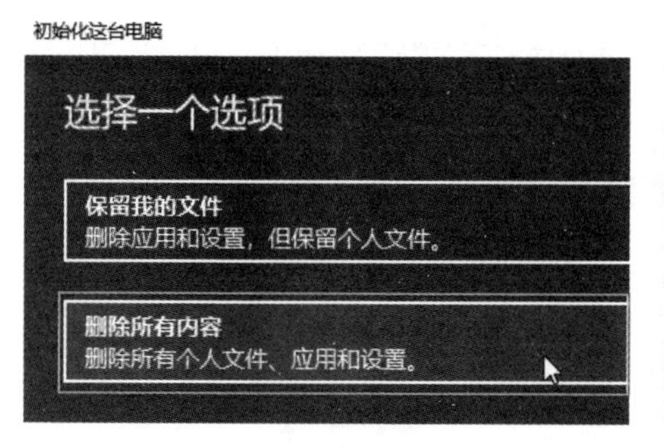

图12-44

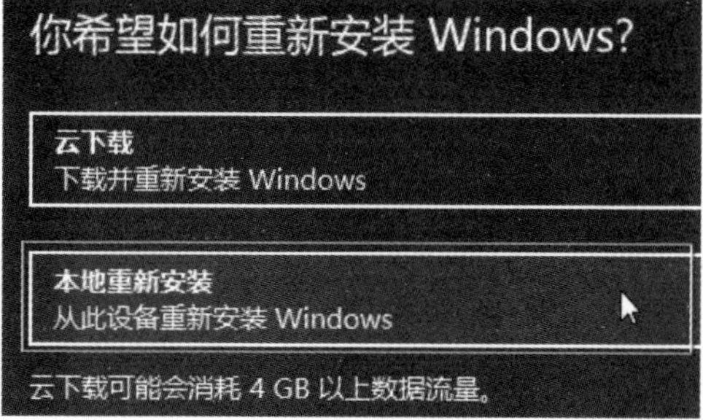

图12-45

STEP05：系统提示用户删除的内容，单击“下一页”按钮，如图12-46所示。

STEP06：系统弹出重置提示，单击“重置”按钮，如图12-47所示。

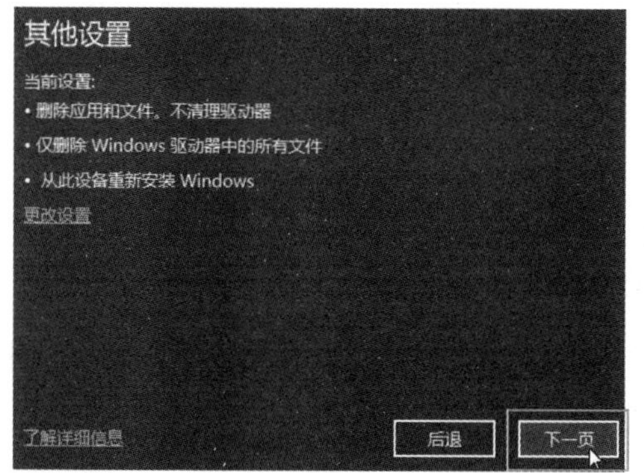

图12-46

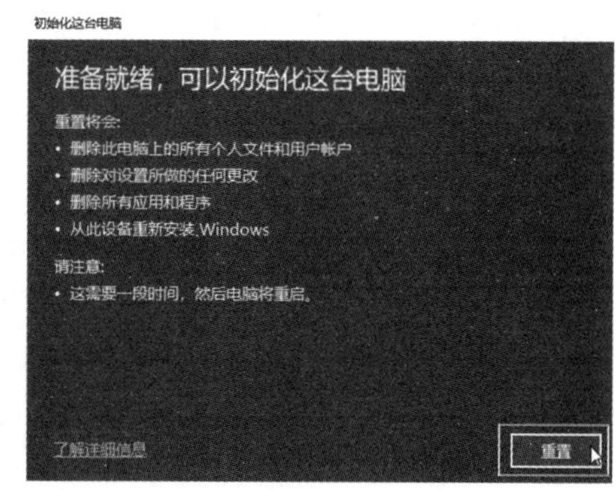

图12-47

系统开始进行重置操作，完成后会进入系统的配置界面，和安装好系统后进入的设置界面是一样的。

12.4 使用系统升级功能来还原系统

很多用户通过Windows的升级功能来升级系统，例如从Windows 7升级到Windows 10，但是很少有用户知道使用升级功能后，也相当于还原系统，它可以保留升级前用户的各种软件和文件进行升级，要比重置更加实用。在安装了较多软件，但系统中毒或者出现故障后无法排除时，可以通过升级功能来还原系统，并保留所有已经安装的软件。

需要注意的是，这里的升级功能并不是使用Windows更新，而是使用了“MediaCreationTool21H1”，也就是俗称的Windows“易升”或者“Windows更新助手”。

STEP01：下载该软件到Windows中，双击启动，单击“接受”按钮，如图12-48所示。

STEP02：选择“立即升级这台电脑”单选按钮，单击“下一步”按钮，如图12-49所示。

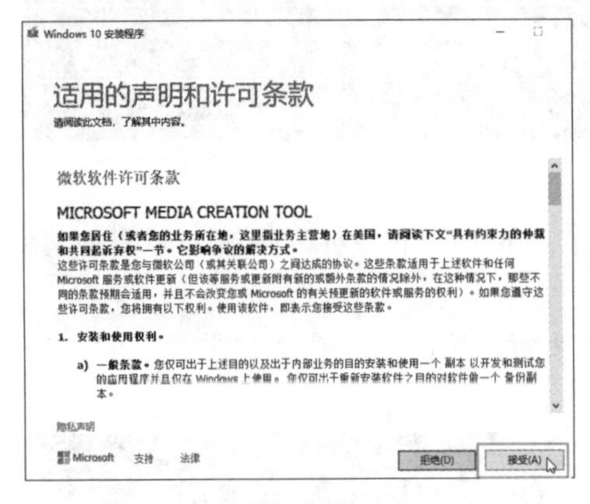

图12-48

图12-49

STEP03：软件会自动下载Windows 10，并显示进度信息，如图12-50所示。接下来会重启软件并检查各种更新。

STEP04：系统准备就绪，并提示安装的系统版本和保留的内容，核对无误后，单击“安装”按钮，如图12-51所示。

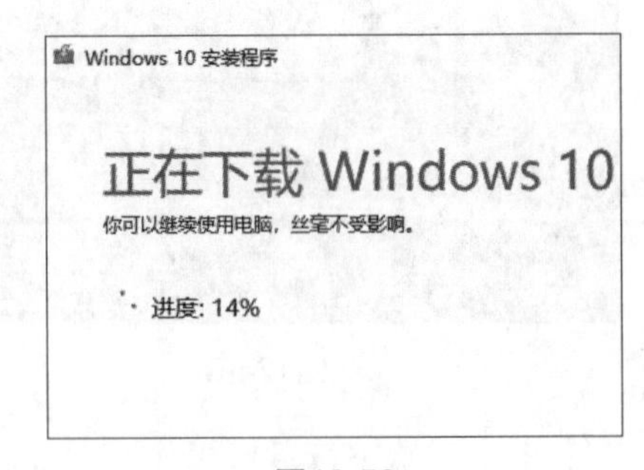

图12-50

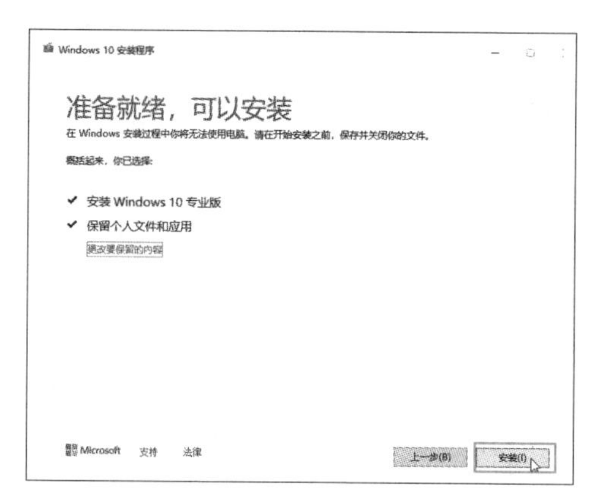

图12-51

STEP05：系统开始安装，并提示安装中会重启，如图12-52所示。

STEP06：重启后会自动进行更新安装操作，如图12-53所示。

图12-52

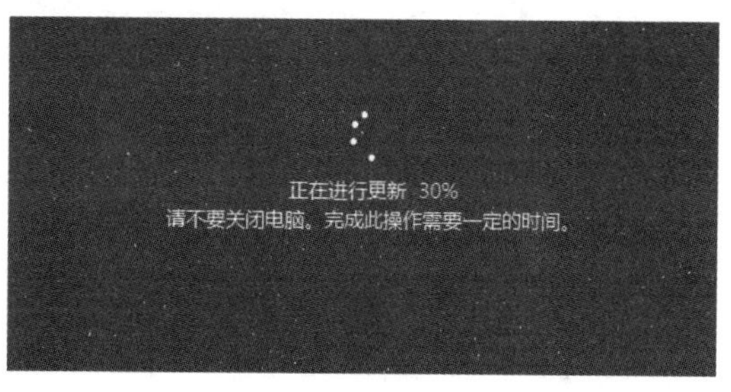

图12-53

安装完毕后，计算机会自动启动，直接进入系统。在C盘中，有“Windows.old”文件夹，如图12-54所示，用来存放升级前的Windows 文件，以便在新系统不稳定的情况下可以还原。用户使用一段时间后，如果系统没有问题，可以将该文件夹删除，以节约空间。查看软件会发现，所有安装的软件都在，如图12-55所示。到这里，完成了升级操作。

图12-54

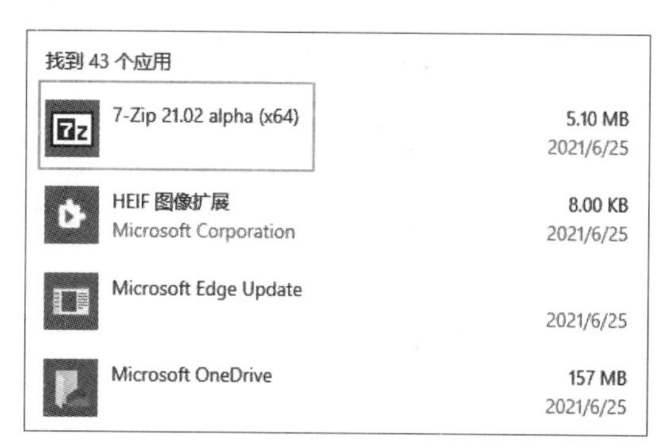

图12-55

12.5 使用GHOST程序备份及还原系统

GHOST是指通过赛门铁克公司（Symantec Corporation）出品的Ghost，在装好的操作系统中进行镜像克隆的技术。通常GHOST用于操作系统的备份，在系统不能正常启动的时候用来进行恢复，后来发展为快速安装操作系统的工具。

知识拓展 GHOST操作系统的优势和劣势

现在市面上的GHOST操作系统，包括大部分第三方Windows 7以及部分Windows 10都被第三方进行精简、优化了。GHOST操作系统的优势是安装速度快，而且配备了驱动和大部分常用软件，对于普通用户来说很方便。但因为包含有很多软件，不乏流氓软件，所以系统不是纯净的，而且被改动了，有可能含有病毒、木马程序。建议读者安装正版，起码是原版系统，尽量不要使用GHOST操作系统。

12.5.1 使用GHOST程序备份系统

下面先介绍使用GHOST程序进行备份的过程。

STEP01：使用启动U盘进入PE环境中，找到并启动GHOST程序，启动后，单击“OK”按钮，如图12-56所示。

STEP02：在主菜单中，选择“Local” > “Partition” > “To Image”选项，如图12-57所示。

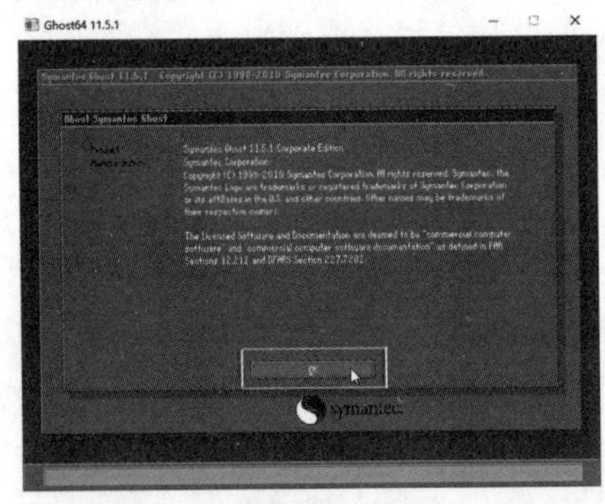

图12-56

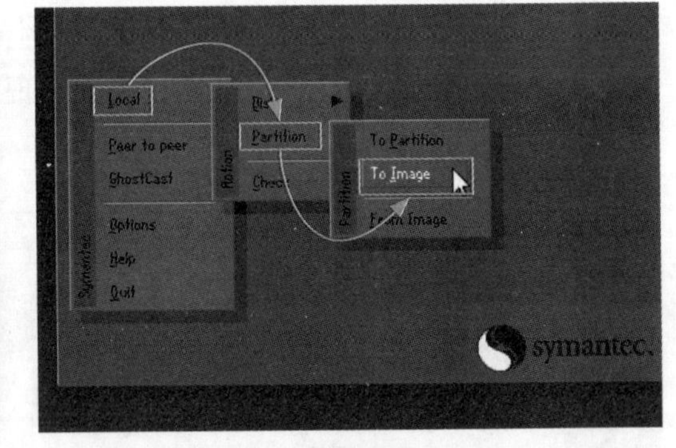

图12-57

术语解释 选项的作用

“Local”是本地硬盘的意思，“Partition”是分区的意思，“To Lmage”是做成镜像的意思。“Disk”是整个硬盘的意思，如果要做整个硬盘的备份，可以从“Disk”中选择。

STEP03：选择需要备份的分区所在的硬盘，单击“OK”按钮，如图12-58所示。

STEP04：选择需要备份的分区，通常为“C：”，单击“OK”按钮，如图12-59所示。

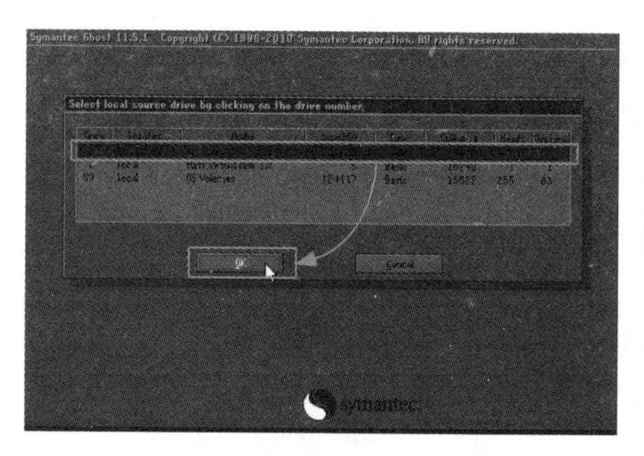

图12-58

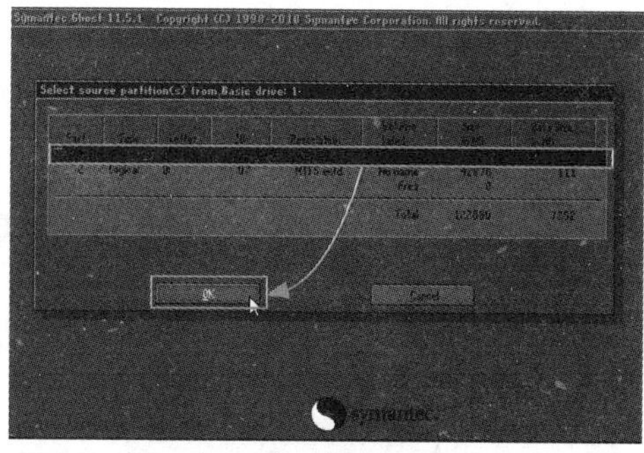

图12-59

STEP05：选择镜像的保存位置，如图12-60所示。

STEP06：为镜像设置文件名，单击“Save”按钮，如图12-61所示。

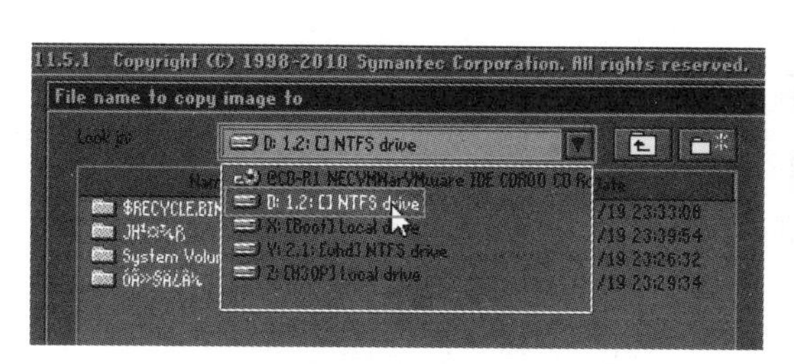

图12-60

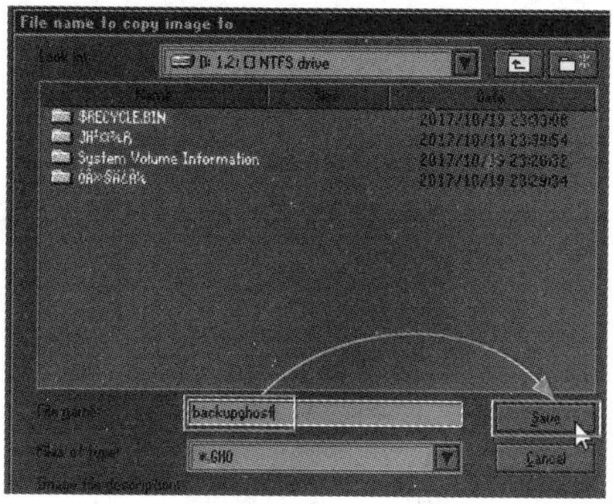

图12-61

STEP07：选择压缩方式，这里单击“High”按钮，如图12-62所示。

STEP08：确定无误后，单击“Yes”按钮，如图12-63所示。

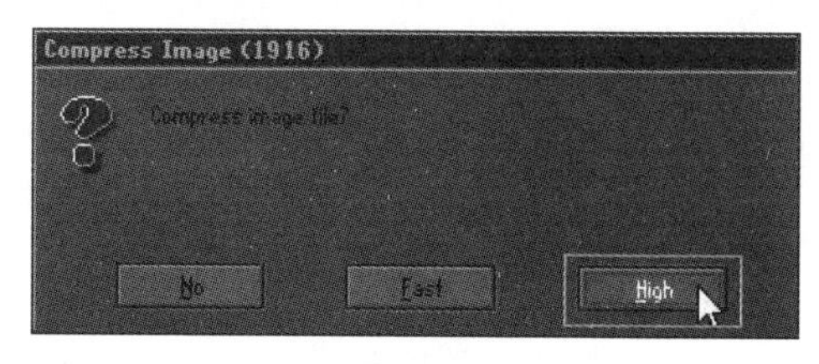

图12-62

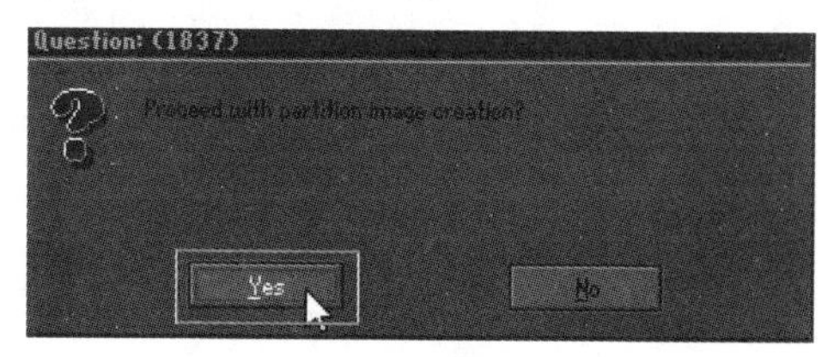

图12-63

术语解释 几种压缩模式

“No”代表不压缩，镜像占用空间大，但还原速度快。“Fast”代表中度压缩，还原速度适中。“High”代表高压缩，占用最小的硬盘空间，还原速度也最慢。建议空间不太充足的情况下选择“High”模式。

STEP09：完成配置后，会自动启动备份进程，有进度条显示，如图12-64所示。

STEP10：完成备份后，弹出成功提示，单击“Continue”按钮，如图12-65所示。

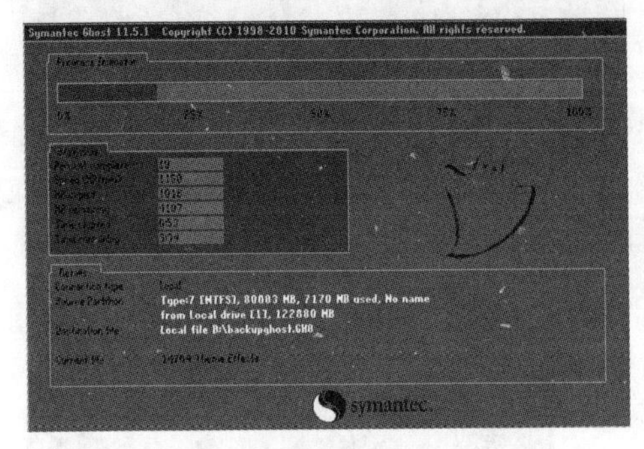

图12-64

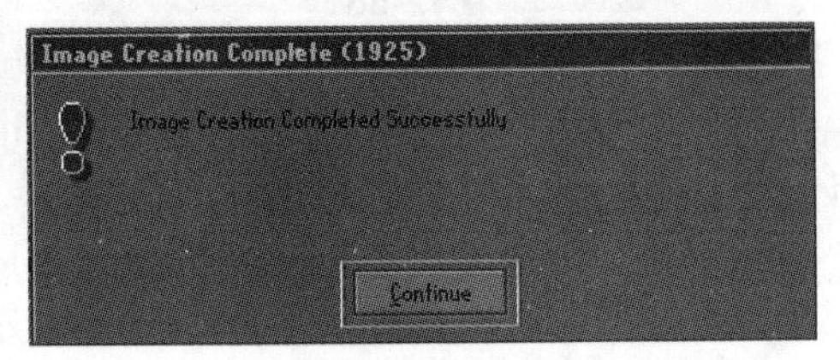

图12-65

12.5.2 使用GHOST程序还原系统

GHOST备份完毕后，可以将该备份文件转移到其他分区或者U盘中，在系统出现问题后，使用该文件进行系统的还原。

STEP01：进入PE并启动GHOST程序，选择“Local” > “Partition” > “From Image”选项，如图12-66所示。

STEP02：找到镜像文件的存储位置，并选择该镜像，如图12-67所示。

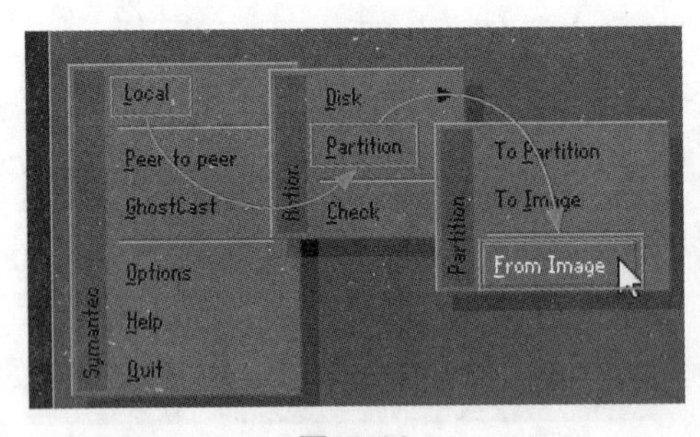

图12-66

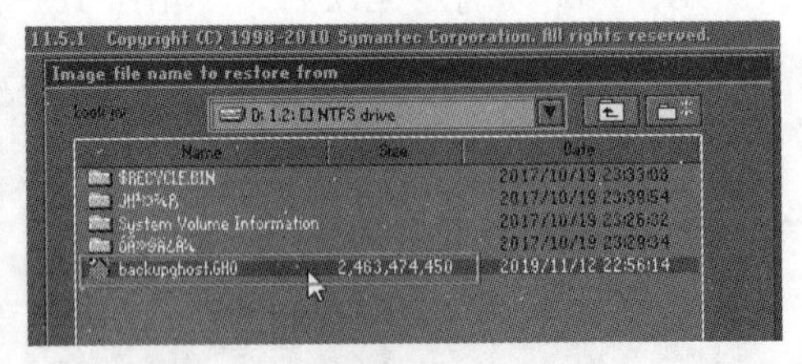

图12-67

STEP03：查看镜像的信息后，单击“OK”按钮，如图12-68所示。

STEP04：选择需要还原的硬盘，单击“OK”按钮，如图12-69所示。

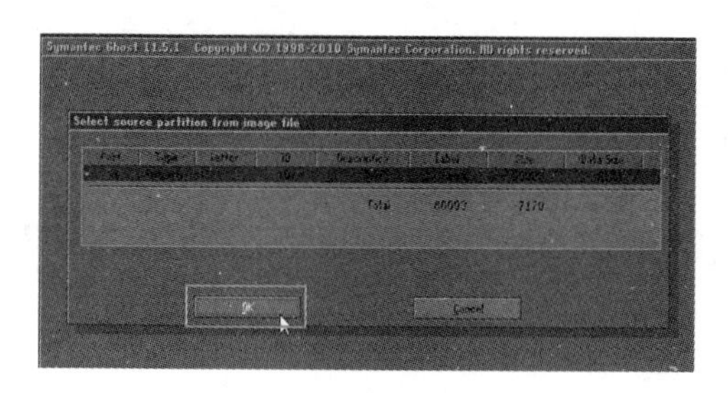

图12-68

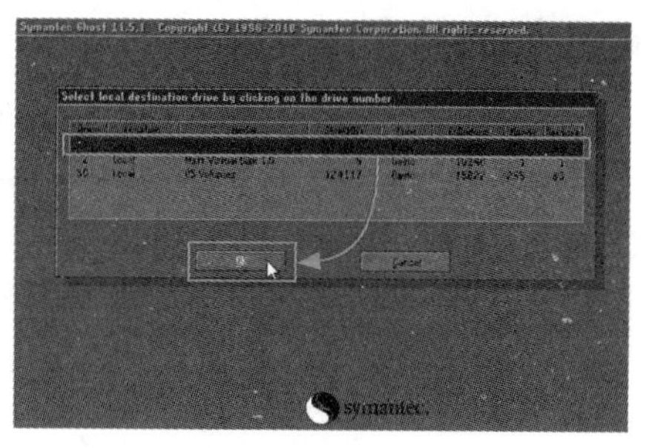

图12-69

STEP05：选择需要还原的分区，单击“OK”按钮，如图12-70所示。

STEP06：系统提示会覆盖分区上的数据，单击“Yes”按钮，如图12-71所示。

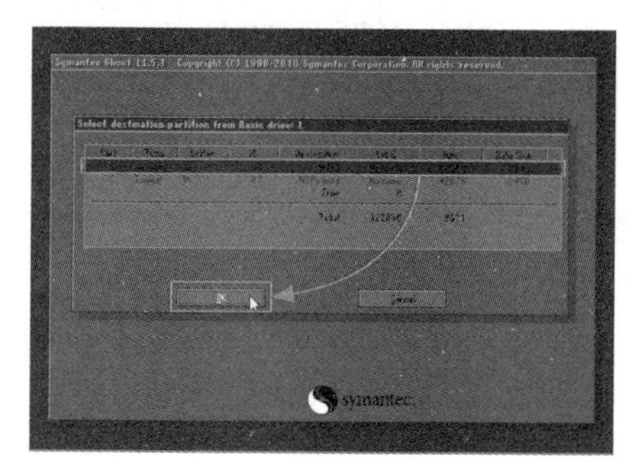

图12-70

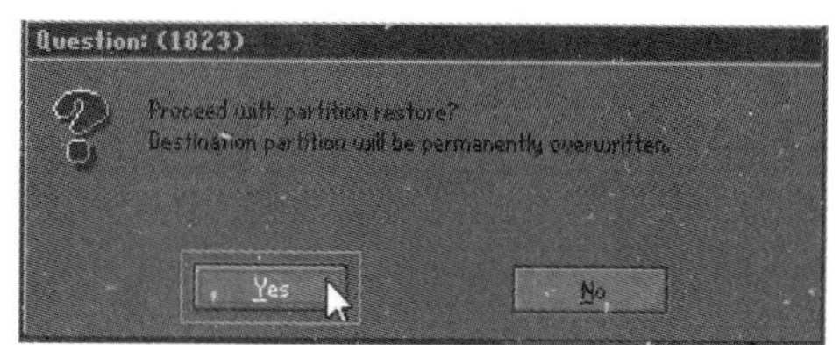

图12-71

认知误区 为什么不能还原到红色字体的分区上

制作镜像时，将镜像保存到该分区上了。镜像文件会在还原时被一直读取和使用，所以该分区无法进行还原。

系统开始恢复数据，并且有进度条，如图12-72所示，该过程和备份GHOST操作系统的过程类似。完成后，单击“Reset Computer”按钮，如图12-73所示，重启计算机后就可以进入备份时的系统了。

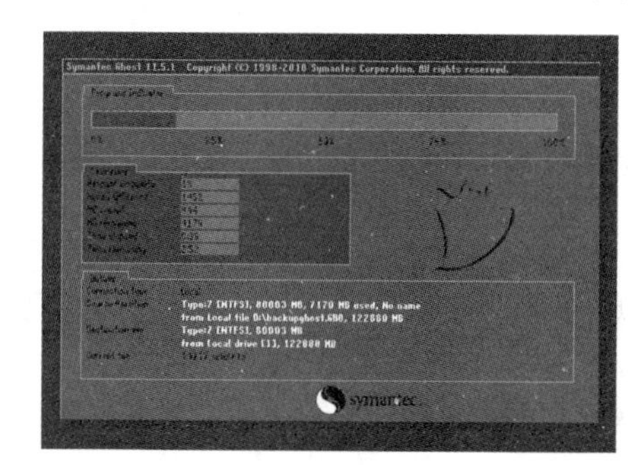

图12-72

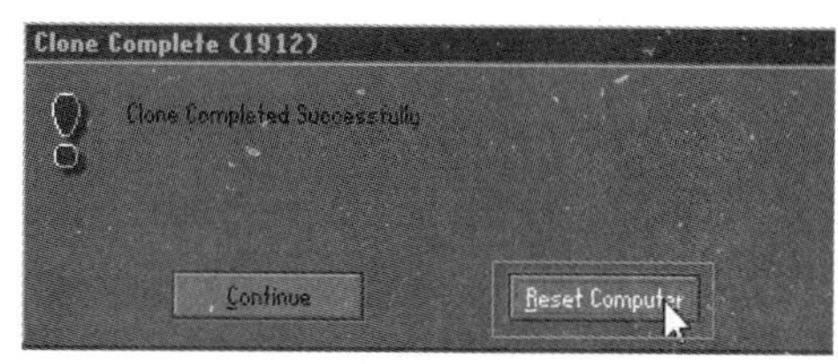

图12-73

认知误区　该方法只能备份Windows 7吗?

该方法也适合备份UEFI模式的Windows 10系统。但还原后，需要按照前面介绍的方法修复引导，而且备份时只需备份系统分区即可。

12.6 驱动的备份和还原

驱动是系统硬件和软件的接口，操作系统只有通过驱动才能指挥硬件，适配的驱动才能发挥出显卡、主板等硬件的最佳性能，所以驱动非常重要。每次重新安装系统都需要重新安装驱动，虽然可以使用Windows更新进行安装，但是非常慢。用户可以在安装了驱动后，手动备份驱动，在驱动出现问题或者重装系统后进行还原。

这里使用驱动精灵进行驱动的备份和还原操作。

12.6.1 驱动的备份

驱动的备份和还原都在该软件中操作，下面以常用的驱动精灵为例，介绍具体的操作步骤。

STEP01：下载并安装驱动精灵后，打开主界面，单击“立即检测”按钮进行驱动的检测，如图12-74所示。

STEP02：勾选需要安装驱动的硬件，单击“一键安装”按钮自动安装驱动，如图12-75所示。

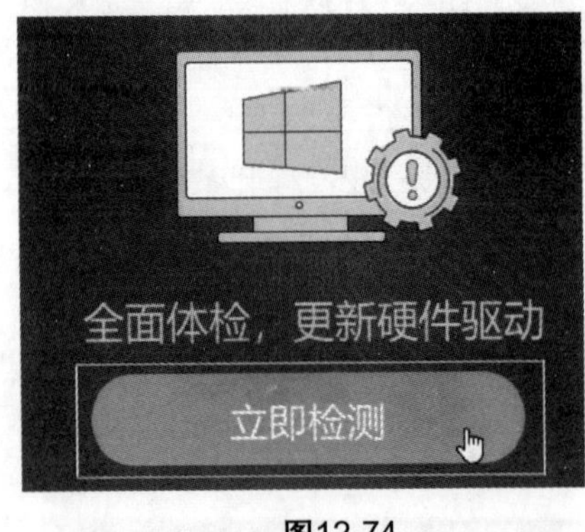

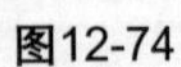
图12-74

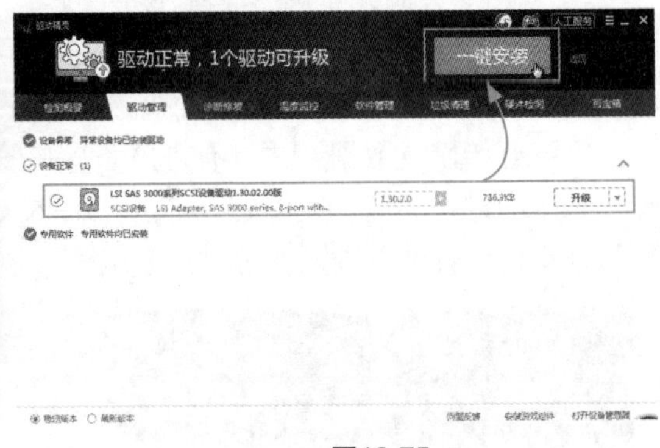

图12-75

STEP03：找到需要备份驱动的硬件，单击“已安装”下拉按钮，选择“备份”选项，如图12-76所示。

STEP04：在弹出的备份界面中，勾选需要备份的驱动，单击“一键备份”按钮，如图12-77所示。

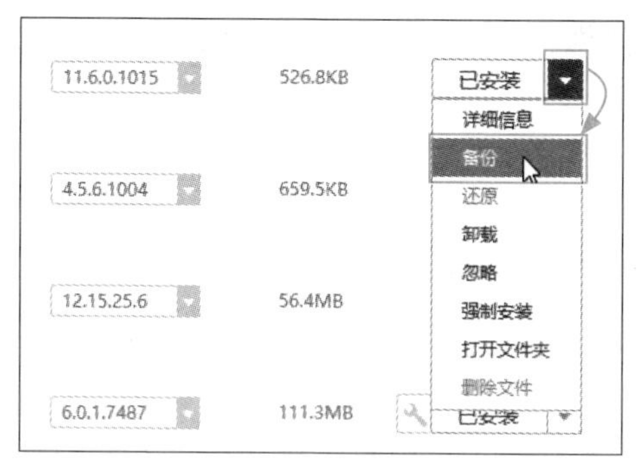

图12-76

图12-77

12.6.2 驱动的还原

驱动的备份文件可以装入U盘，在需要重新安装时，可以按照下面的步骤进行还原，省时省力。

STEP01：安装并进入驱动精灵主界面中，在硬件后单击“已安装”下拉按钮，选择“还原”选项，如图12-78所示。

STEP02：在弹出的还原设置对话框中，找到并选择所有需要还原的驱动，单击“一键还原”按钮，如图12-79所示。

图12-78

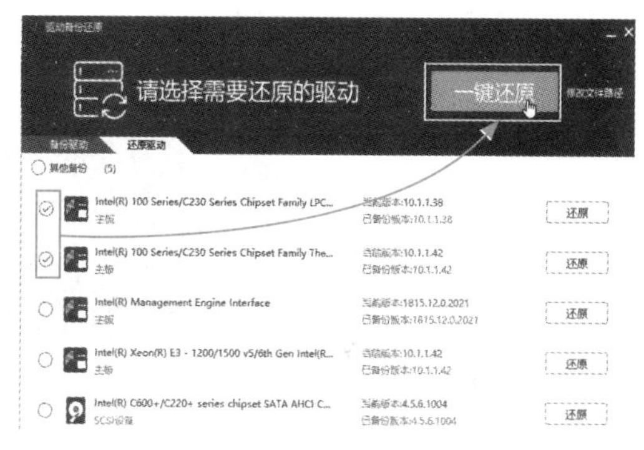

图12-79

还原后，重启计算机，让系统和硬件重新识别并自动安装驱动即可。

12.7 注册表的备份和还原

注册表相当于系统的各种功能开关，其中保存着各种软件运行的参数，如果被黑客篡改和破坏，将直接影响系统的启动以及安全和稳定。建议经常对注册表进行备份操作。

这里使用的工具是Wise Registry Cleaner。它是一款安全的注册表清理工具，可以安全快速地扫描，查找有效的信息并清理，并且是免费的。除清理外，该软件的注册表备份和还原功能也非常好用。

12.7.1 注册表的备份

在系统正常运行的情况下可以进行注册表的备份操作。

STEP01：安装完毕后启动该软件，第一次运行会提示备份注册表，单击“是”按钮，如图12-80所示，自动启动备份。

STEP02：软件提示是使用还原点备份还是完整备份，单击“创建完整的注册表备份”按钮，如图12-81所示。

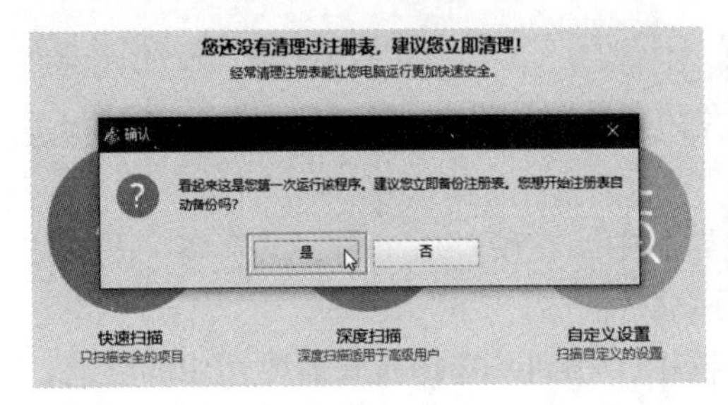

图12-80

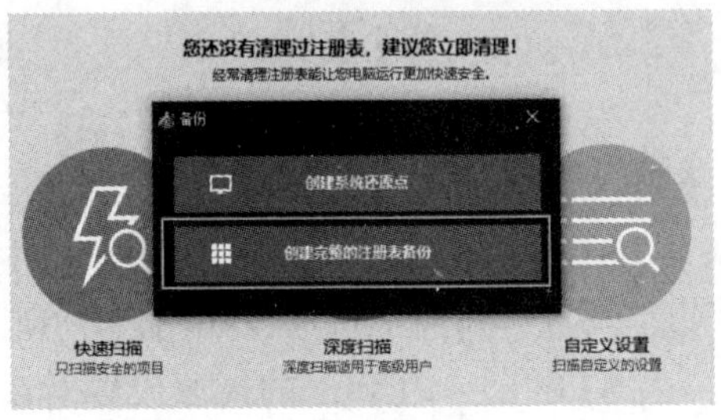

图12-81

STEP03：软件自动备份注册表并显示进度，如图12-82所示。

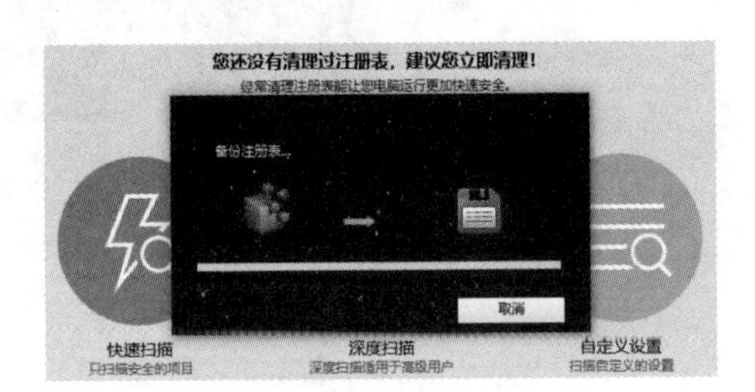

图12-82

知识拓展 没有弹出提示

如果没有弹出提示，用户可以单击右上角的“设置”下拉按钮，选择“备份”选项，就可以进行注册表备份了。

12.7.2 注册表的还原

注册表的还原操作可以按照下面的操作步骤进行。

STEP01：启动该软件，在“设置”菜单中选择“还原”选项，如图12-83所示。

STEP02：选择之前备份的注册表项，单击“还原”按钮，如图12-84所示。

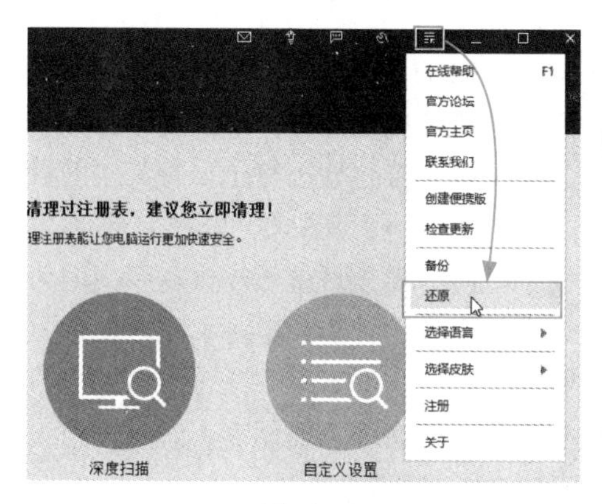

图12-83

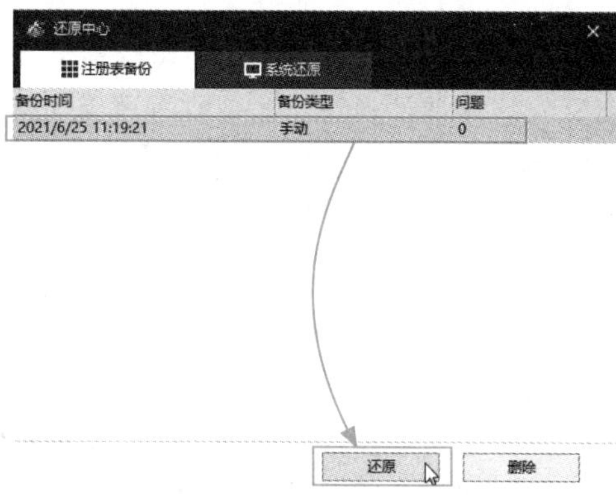

图12-84

STEP03：软件开始还原，并显示进度条，如图12-85所示。

STEP04：还原完毕后，弹出提示信息，单击“确定”按钮，如图12-86所示。建议还原完毕后重启计算机，测试是否可以正常进入系统。

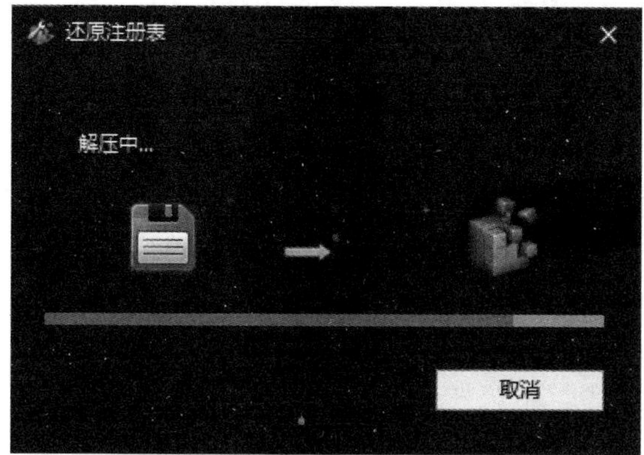

图12-85

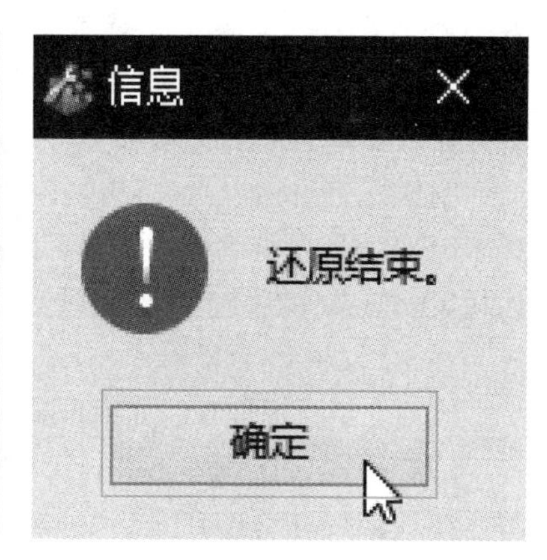

图12-86

专题拓展

硬盘数据的恢复操作

在日常的操作中，容易发生误删除文件的情况。如果是删除到回收站中，还可以在回收站中找回；如果彻底删除了，只能通过其他途径尝试进行恢复。本专题拓展向读者介绍一种文件删除后的恢复操作。

（1）文件恢复的原理

文件是存储在磁盘上的，磁盘被分成了很多小格子，在删除时，只是在格子上做了可以覆盖的标记，当有数据再存储时，直接覆盖该格子即可。所以删除时，只是看不到，而数据其实还在。文件恢复就相当于重新扫描这些小格子，将其中的数据统计出来，形成完整的文件。

如果磁盘此时还在使用，数据就有被覆盖的危险，覆盖后就不能恢复了，因为之前删除的数据真的不在了。所以误删除后，要马上关闭计算机电源，不再使用，以防止数据被覆盖，然后拿下硬盘交给专业人士处理。

用户也可以按照下面的方法尝试进行修复操作。但有一点要明确，没有任何人或工具可以保证100%地恢复数据。

（2）进入恢复环境

在进行数据恢复前，用户需要先找一款数据恢复软件，本例使用的是R-Studio。该软件是一款功能强大、节省成本的反删除和数据恢复软件。它采用独特的数据恢复新技术，为恢复FAT12/16/32、NTFS、NTFS5（由 Windows 2000/XP/2003/Vista/Windows 8/Windows 10创建或更新）、Ext2FS/Ext3FS（OSX LINUX 文件系统）以及UFS1/UFS2（FreeBSD/OpenBSD/NetBSD文件系统）分区的文件提供了最为广泛的数据恢复解决方案，为用户挽回数据，减少数据丢失造成的损失。

制作好启动U盘后，将该软件拷贝到U盘中，因为是绿色软件，可以直接使用。进入PE环境后，启动该软件就可以执行数据恢复了。为了模拟的真实性，用户也可以拷贝一些文件到硬盘中，然后使用“Shift+Delete”组合键将其彻底删除。

（3）文件恢复步骤

下面介绍数据恢复的具体步骤。

STEP01：启动R-Studio后，选择删除的文件或文件夹所在的盘符，单击“扫描”按钮，如图12-87所示。

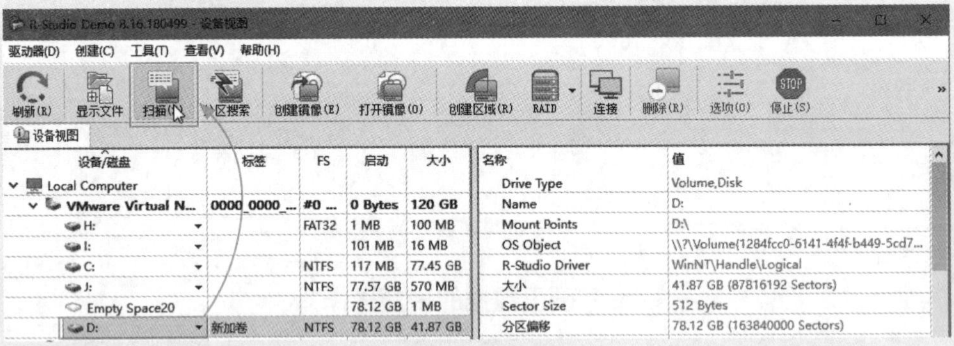

图12-87

STEP02：在“扫描”对话框中选择“扫描整个磁盘”单选按钮，单击“扫描”

按钮，如图12-88所示。

STEP03：等待整个硬盘扫描完毕。该过程是恢复的第一步，如图12-89所示。

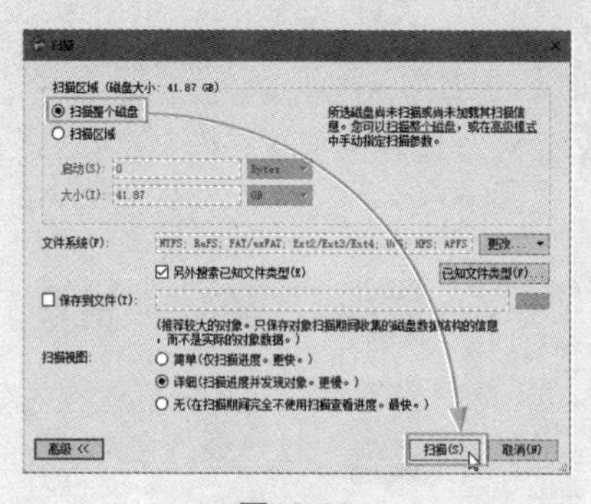

图12-88

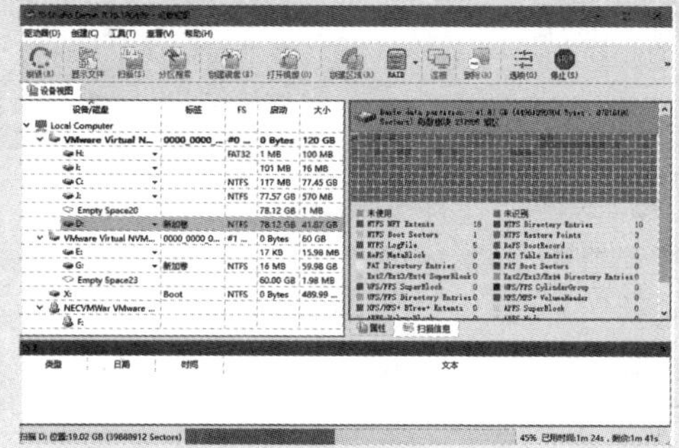

图12-89

STEP04：扫描完毕后，双击“D：”盘，如图12-90所示。

STEP05：此时，会进入扫描结果的界面中，可以看到删除的“test”文件夹以红叉表示。选中它，如图12-91所示。

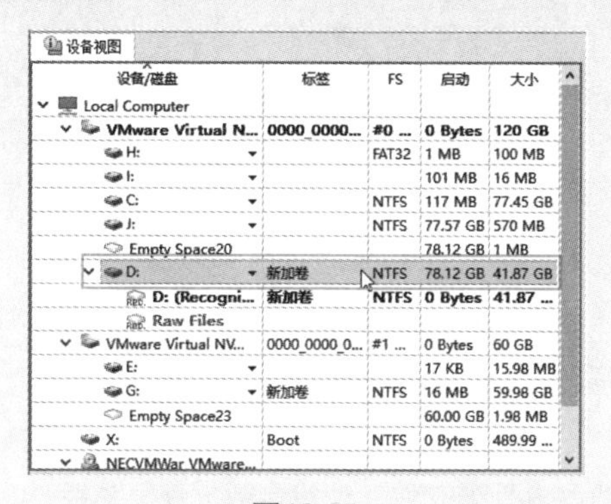

图12-90

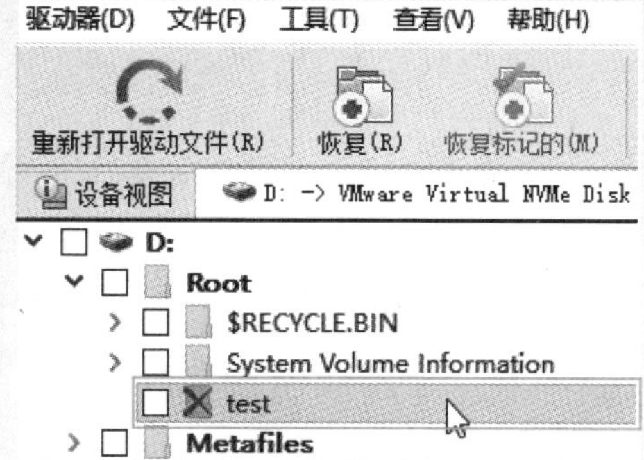

图12-91

STEP06：在界面右侧可以查看到该文件夹中所有已经被删除的文件或者程序，勾选需要恢复的内容，如图12-92所示。

STEP07：在界面左侧的“test”文件夹上使用鼠标右键单击，在弹出的快捷菜单中选择“恢复标记的”选项，如图12-93所示。

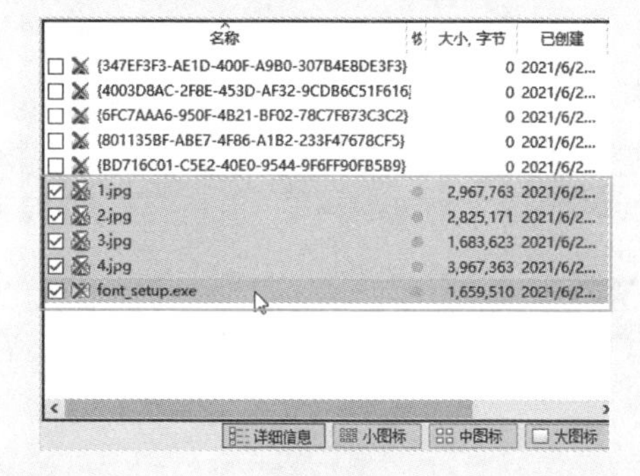

图12-92

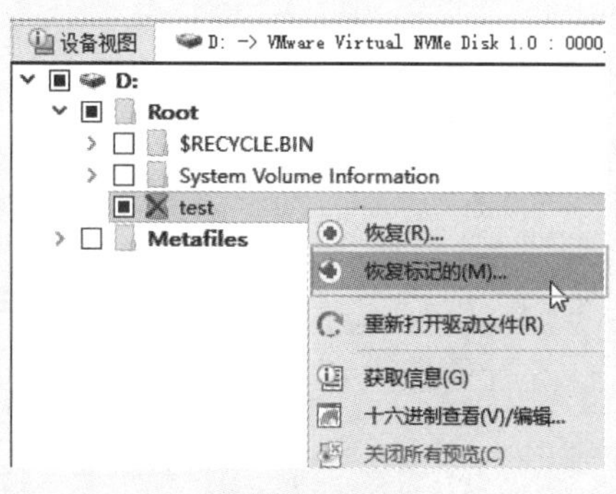

图12-93

STEP08：选择恢复的文件夹，单击“确定”按钮，如图12-94所示。

STEP09：软件自动将文件恢复并移至用户设置的文件夹中，完成后查看文件，如图12-95所示。

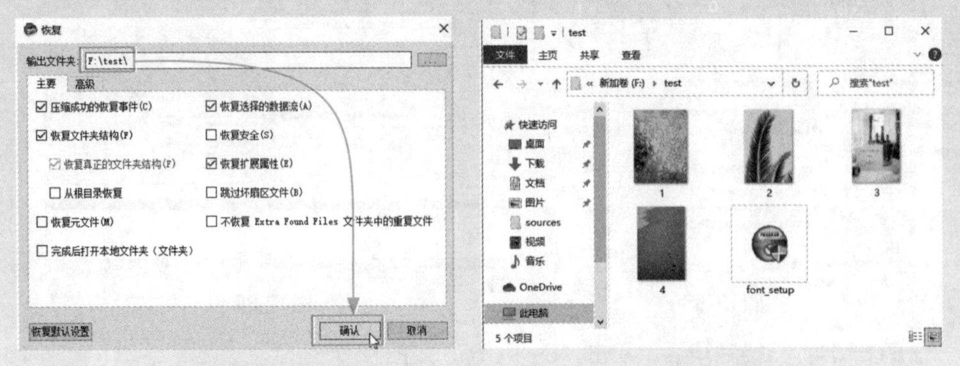

图12-94　　　　图12-95

到这里，文件的恢复就完成了。其他软件的恢复过程与本例基本类似，用户可以尝试使用其他软件进行数据恢复。

知识拓展　其他常见的数据恢复软件

其他常见的数据恢复软件包括以下几种。

① EasyRecovery。该软件是一款操作安全、价格便宜、用户自主操作的数据恢复软件，它支持从各种各样的存储介质恢复删除或者丢失的文件，如图12-96所示。

② DiskGenius。该软件是一款常用的磁盘管理软件，也包含数据恢复功能，如图12-97所示。

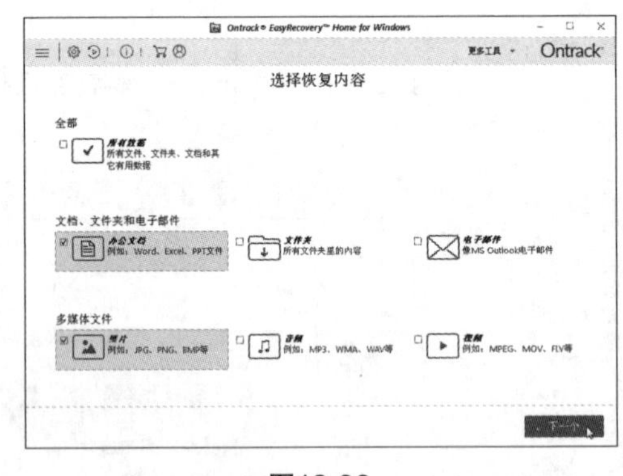

图12-96　　　　图12-97

第13章 手机安全攻防

现在的网络终端，最为常见的就是手机了。现在的智能手机，除打电话、发信息外，还可以进行购物、支付、身份验证、订票、游戏等，涵盖了生活中方方面面的需要。正因为如此，手机端的安全形势更加不容乐观，钓鱼、恶意App、个人信息获取、地理位置获取、手机端病毒、木马入侵等，都有愈演愈烈的趋势。所以，手机端的安全防护工作更加具有必要性。本章将着重介绍手机端的安全威胁以及防御手段。

本章重点难点：

- 手机端面临的主要威胁
- 手机端主要的安全防范措施及应用
- 为手机端杀毒
- 为手机进行优化
- 手机端软件管理及权限配置
- 手机端共享上网
- 使用手机端查看局域网信息
- 使用手机端访问共享资源
- 手机端文件的共享

13.1 手机安全概述

手机是主要的网络终端，所以网络安全工作非常重要。

13.1.1 手机面临的安全威胁

和计算机的受众相比，智能手机的受众更加广泛。使用者的安全意识和安全防护水平的差异导致了智能手机的安全威胁来自多个方面。

（1）手机病毒和手机木马

和计算机的病毒、木马的发展趋势类似，手机病毒和手机木马也从单纯的破坏系统延伸到获取手机IMEI码、联系人、验证码、账号密码、地理位置、相册、摄像头等信息，并通过这些信息进行诈骗或威胁受害者。

和计算机病毒、木马传播方式不同，含有病毒、木马的App通过各种社工形式和诱惑的内容引诱被害者下载，安装后黑客就可以获取各种隐私信息了，如图13-1所示。现在很多勒索病毒也已经瞄准了手机端，和计算机上类似，通过锁定手机端的文件来勒索金钱，如图13-2所示。

图13-1

图13-2

IMEI码

很多软件在安装后，会提示其要获取IMEI码。该码就是手机序列号或串号，相当于手机的身份证，用来识别每一部独立的手机。

（2）App非正常权限获取

和计算机的流氓软件不同，流氓App会直接威胁个人隐私。例如，一个计算器需要获取包括手机IMEI码、摄像头打开、GPS定位、相册读取、短信读取等内容，而且不给予权限就无法运行。有时一些正常的软件也要求获取正常需要以外的权限，如图13-3所示。

这里就涉及利益的问题了。通过以上的权限，软件的开发商可以获取很多用户的个人信息，如图13-4所示，通过大数据的归类整理，这些个人信息不仅可以为企业的定向投放广告带来极高的成功率，而且可以通过信息的交换或者出售获取更多的利益。流氓App本身就可以被理解成一个带有正常功能的木马程序。

图13-3

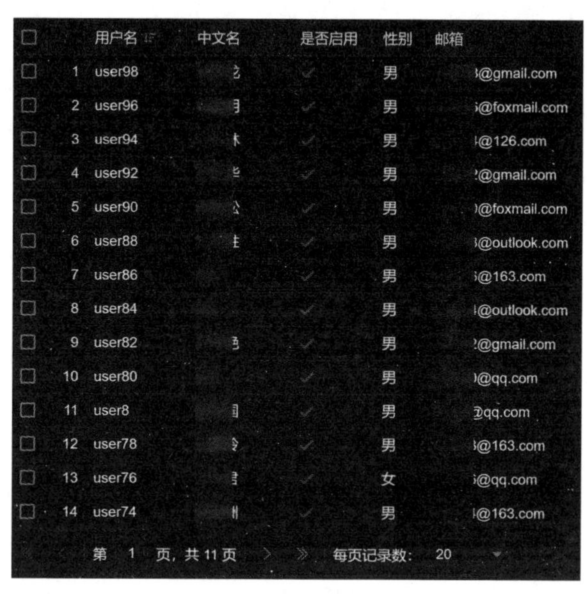

	用户名	中文名	是否启用	性别	邮箱
1	user98		✓	男	@gmail.com
2	user96		✓	男	@foxmail.com
3	user94		✓	男	@126.com
4	user92		✓	男	@gmail.com
5	user90		✓	男	@foxmail.com
6	user88		✓	男	@outlook.com
7	user86		✓	男	@163.com
8	user84		✓	男	@outlook.com
9	user82		✓	男	@gmail.com
10	user80		✓	男	@qq.com
11	user8		✓	男	qq.com
12	user78		✓	男	@163.com
13	user76		✓	女	@qq.com
14	user74		✓	男	@163.com

第 1 页，共 11 页 每页记录数：20

图13-4

（3）底层系统安全性

读者应该听说过在公共的充电平台给手机充电，然后个人信息被窃取的例子。其实这就是利用了安卓系统的特殊性，获取高级权限，从而达到完全控制手机盗取个人信息的目的。

使用非官方的第三方ROM刷机、轻易开启Root（图13-5）、随意打开USB调试模式（图13-6）、赋予第三方App完全控制权限等情况，无论是有意还是无意，都会给手机带来安全隐患。

安卓系统其实属于Linux的一类。与苹果系统不同，Linux秉承着自由和开放的形式，任何人都有权根据自己的能力来对该系统进行优化和修改。这快速造就了安卓系统丰富的生态环境。但有利有弊，弊主要指安全方面。

对于有一定水平的用户来说，在安全合理的可控范围内对安卓系统进行操

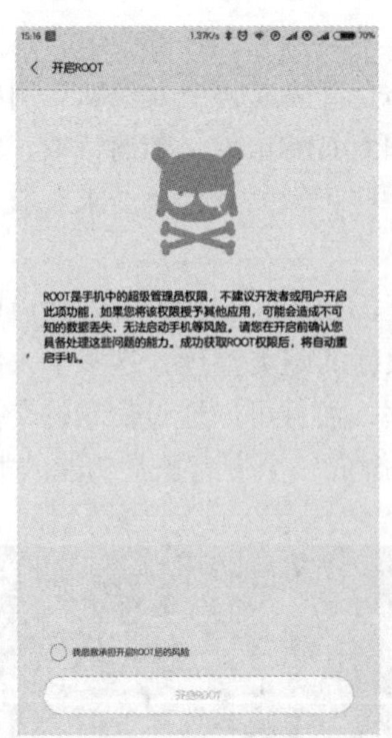

图13-5

图13-6

作，是一种乐趣，也是非常安全的。但对于新手或不懂技术的用户，这些底层的安全设置一旦被更改，带给手机的是完全的信息泄露并极有可能使之变成肉鸡。

另外，安卓系统本身和Windows系统类似，也存在各种漏洞，但安卓系统不像Windows那样可以通过各种补丁的形式进行修补，一般是通过更新版本或者更新第三方手机厂商的系统版本进行修补。

术语解释 刷机、ROM、Root、USB调试模式

刷机就是给手机安装操作系统，而这个系统叫作ROM，类似计算机的系统ISO镜像文件。Root指超级管理员，类似Windows的Administrator，可以进行所有的手机底层操作，权限非常大。手机开启Root（直接获取超级管理员权限）后，可以删除手机自带的、平时无法删除的App，可以设置手机默认的各种参数等。USB调试模式是安卓提供的一个用于开发工作的功能，使用该功能可在计算机和安卓设备之间复制数据，通过计算机在移动设备上安装应用程序、读取日志数据等。通过USB调试模式，可以使手机开启Root。前面提到的通过充电获取个人信息，就有可能是打开了该模式。各种模式都会有提示信息，如果用户不阅读便直接授权，就会发生前面介绍的情况。

（4）网络威胁

因为连接到局域网或者移动数据网络，所以手机与计算机等网络终端一样，也会受到网络的威胁，包括数据包的侦听、截获和修改，ARP欺骗攻击，Wi-Fi欺骗攻击，伪基站等。其防御方法基本类似。

术语解释 伪基站

通过干扰正规基站的信号，模拟正规基站接收附近的手机信息，强行将自己变成正规基站，并利用虚假号码强行向用户手机发送诈骗、推销等垃圾短信，或者收集手机的各种信息。

（5）其他威胁

除前面介绍的主要技术威胁外，人们通过手机还会受到电信诈骗、恶意扣费软件、静默下载其他App的流氓软件、诈骗短信等威胁。

13.1.2 手机主要的安全防御措施及应用

各手机厂商、系统开发商、白帽等均在大力研究并开发各种手机防御软件和措施。当前比较常见的手机安全防御措施和应用包括以下几种。

（1）各种手机锁

手机锁分为以下几类。

① 屏幕锁。这是解锁了屏幕锁才能进入手机桌面的防范方法。主要是防止手机丢失后，其他人直接进入桌面。包括数字密码、图案密码和指纹锁等。

② BL锁。BL锁是正规手机厂商在手机出厂时设置好的，在未解锁的情况下，无法刷入第三方的ROM。有些BL锁也控制着Root模式，必须解锁后才能开启Root。如果要解BL锁，需要按照官方的流程进行申请，并下载专门的解锁工具进行解锁，如图13-7所示。

③ 账号锁。现在很多手机系统需要用户注册成为对应厂商的用户，并通过注册的账户和密码才能登录系统，如图13-8所示。就算被强行刷机，只要联网就需要登录账号锁才能激活设备，而且没有解锁账号锁是无法进行三清和刷机的。

图13-7

图13-8

术语解释 ID锁

苹果手机的账号锁叫作ID锁，需要使用苹果ID进行登录才能解锁。

（2）手机丢失找回及清空数据

以前手机丢失就失去了所有的线索和手机中的所有资料。现在因为各种锁的存在，而且手机作为重要的网络终端，使得丢失手机后还可以做很多事来查找线索。

① 查看手机的位置。如果手机的网络是开启状态，通过官方平台，可以查看到现在手机所处的大概位置，虽然精度不高，但也可以获取到一定的信息。实际定位精度可以到达50m左右。

② 设备发声。通过“设备发声”功能，可以让手机一直发出声音，以方便查找，如图13-9所示。

图13-9

③ 丢失模式。启动该模式后，设备随即被锁定，只有通过账号锁解锁才能使用。手机还会定时上报位置信息，被屏蔽后，还会发送短信，如图13-10所示。

④ 清空数据。如果无法找回或者难度非常大，可以通过清空数据来保证隐私，而且数据清空后，仍可控制该设备，如图13-11所示。

图13-10

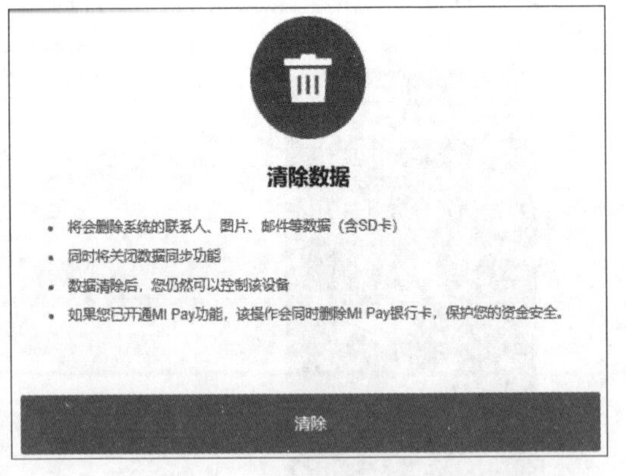

图13-11

（3）手机安全管理中心

现在的手机都配备有各种管家，也可以下载第三方的管家服务，对手机进行杀毒以及优化操作，并且实时检测手机是否有异常及威胁，如图13-12、图13-13所示。

图13-12

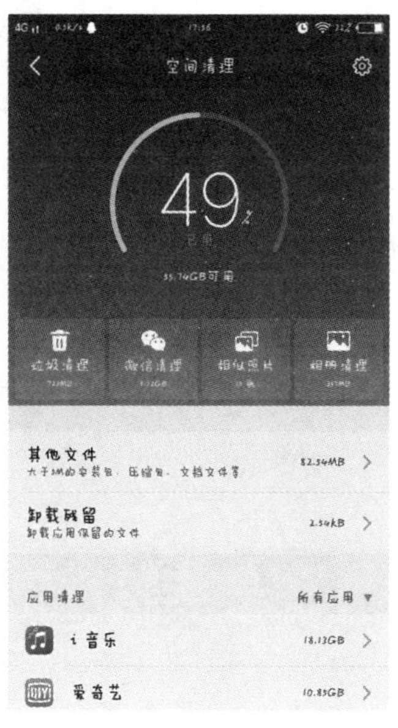

图13-13

（4）官方应用商店

现在的手机都配备有官方的应用商店，其中的App都经过官方的审核，在安全性方面有一定的保障，如图13-14所示，而且用户在下载软件前，可以查看其他用户的评论，以了解该软件的实际使用效果，如图13-15所示。只有评分而无评论的App，最好不要下载。

图13-14

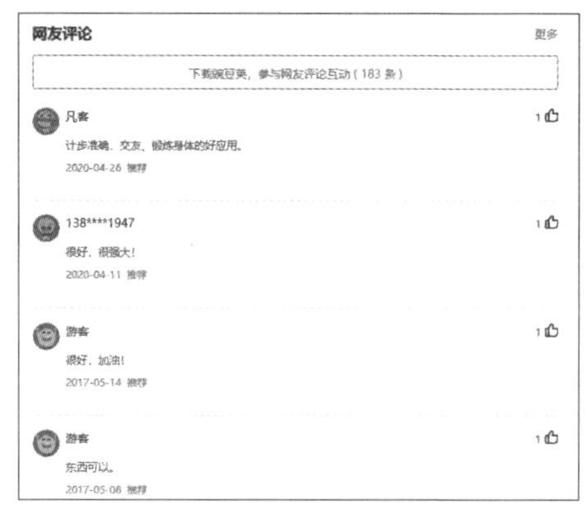

图13-15

（5）权限管理

在安装时或者安装后，用户可以使用手机中的设置或第三方应用来管理App的权限，如图13-16、图13-17所示。

图13-16

图13-17

13.2 手机常见防御及优化设置

接下来介绍一些手机常见的防御及优化设置。

13.2.1 使用工具对手机进行杀毒

用户可以使用手机自带的工具或者第三方的安全软件对手机进行杀毒，杀毒过程和计算机杀毒过程类似。

STEP01：从应用商店下载并安装“腾讯手机管家”App，安装后，可以进入主界面，单击“安全检测”按钮，如图13-18所示。

STEP02：首先查看病毒库，单击“更新”按钮更新病毒库，如图13-19所示。

图13-18

图13-19

STEP03：更新完毕后，单击“立即检测”按钮来杀毒和检测安全隐患，如图13-20所示。

STEP04：接下来会检测网络环境、木马、系统、账号、隐私和支付安全等，完成检测后，会弹出检测报告，单击“前往处理”按钮，如图13-21所示。

图13-20

图13-21

STEP05：软件会显示当前的隐患，单击“立即处理”按钮并按照提示操作即可排除风险，如图13-22、图13-23所示。

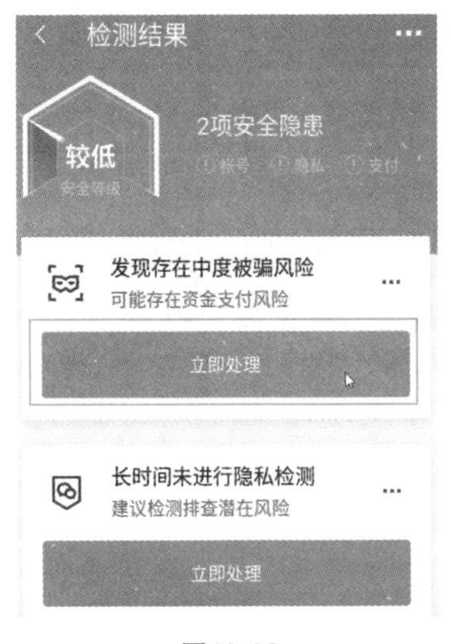

图13-22

图13-23

如果检查出了病毒，用户可以选择删除病毒文件或者将其隔离。

13.2.2 对系统进行清理加速

一般的安全管家都有清理系统垃圾、提高系统运行速度的功能。

STEP01：在腾讯手机管家中，单击“清理加速”按钮，如图13-24所示。

STEP02：系统自动扫描并统计出当前的系统垃圾文件，单击“放心清理”按钮，如图13-25所示。

图13-24

图13-25

13.2.3 软件管理

除杀毒和清理外，安全管家还可以管理手机中的App，可以安装、卸载和检查软件更新。

STEP01：单击“软件管理”按钮，如图13-26所示。

STEP02：通过“软件卸载”可以卸载软件，通过“安装包管理”可以删除安装过的安装包，通过“更新”可以更新软件，如图13-27所示。

图13-26

图13-27

知识拓展 立即修复

单击首页的“立即修复”按钮，可以进行扫描、检测、杀毒、优化等操作。普通用户通过“立即修复”就可以对系统进行全面的检测清理。

13.2.4 修改App权限

如果已经安装了App，可以通过权限管理来设置软件的权限。如果修改后软件无法运行，用户需要权衡是继续使用该App还是更换。权限管理的位置根据不同的手机系统略有不同，用户需要根据自己的手机进行查找。

STEP01：进入手机的“设置”界面中，找到并单击“应用”按钮，如图13-28所示。

STEP02：找到并单击需要设置权限的App，如图13-29所示。

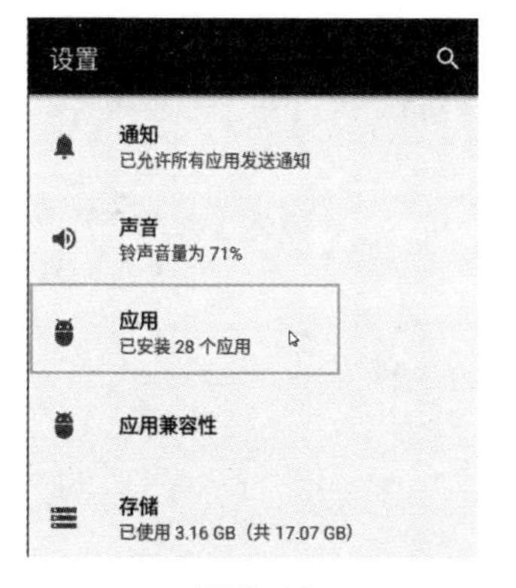

图13-28

图13-29

STEP03：从中选择“权限”选项，如图13-30所示。

STEP04：根据实际情况，关闭或者赋予该App权限，如图13-31所示。

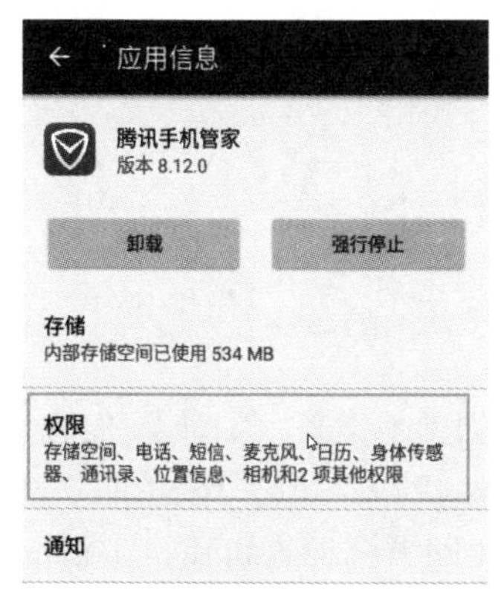

图13-30

图13-31

认知误区 无法调整权限

有些系统内自带的应用是无法调整权限的，只能开启Root，所以Root本身虽然危险，但可以实现完全的系统定制和掌控。对于玩机一族，开启Root和刷第三方的ROM是必不可少的。

13.3 手机的高级操作

接下来介绍一些手机的高级操作，可以实现连接网络、扫描局域网、查看共享的功能。

13.3.1 手机共享上网

手机打开热点可以作为AP使用，如图13-32所示，代理所有连接到该热点的设备进行网络访问。黑客也通过这种方式伪装成正常的AP并窃取用户数据。

用户可以在热点设置中设置热点名称和密码等，如图13-33所示。

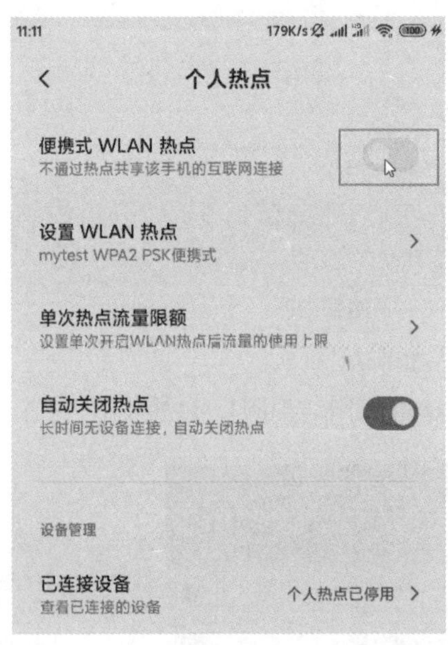

图13-32

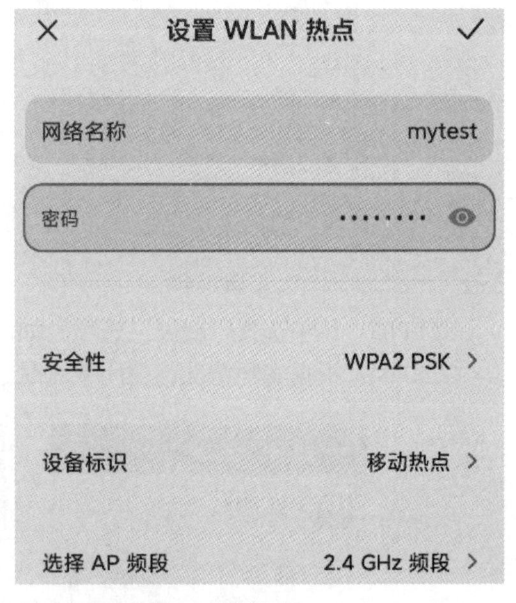

图13-33

除这种方式外，手机还可以通过USB为其他设备，如计算机提供联网功能。使用数据线连接计算机和手机后，在手机端找到并开启“USB网络共享”功能，如图13-34所示，此时会将手机虚拟成有线网卡，计算机通过手机的网络就可以共享上网了，如图13-35所示。

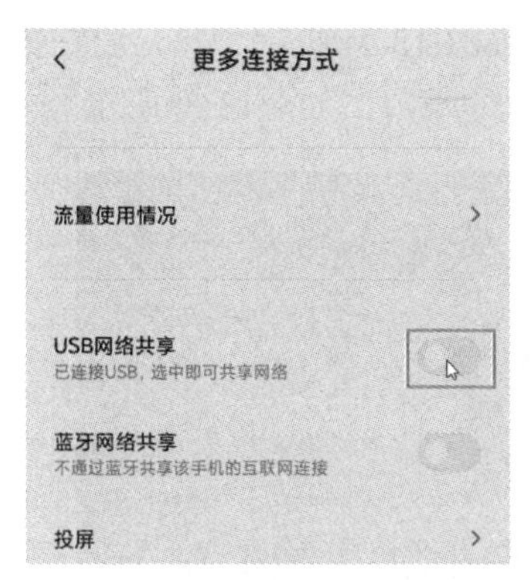

图13-34

图13-35

13.3.2 使用手机扫描局域网信息

计算机可以扫描局域网信息，手机作为网络终端也可以扫描，而且方便快捷。这里需要使用一款专业软件——IP Tools。该软件是来自国外的一款运行于安卓系统上的功能强大的网络工具箱软件，主要用于分析和调整网络，以提高网络性能。IP Tools集成了许多TCP/IP实用功能和命令，如本地信息、连接信息、端口扫描、ping、trace、whois、finger、nslookup、Telnet客户端、NetBIOS信息、IP监视器等，并提供简洁的界面可以让用户快速查看IP地址，进行IP地址运算，同时查看DNS等相关网络数据信息，并对一些端口的网络环境进行分析。

STEP01：在下载并安装了该App后，启动该软件，在主界面中，可以查看到此时的外网IP地址、内网IP地址、信号强度、速率、国家、城市、地区、经纬度、无线名称、运营商、MAC地址、广播地址、DNS地址、信道等内容，如图13-36、图13-37所示。单击左上角的菜单按钮。

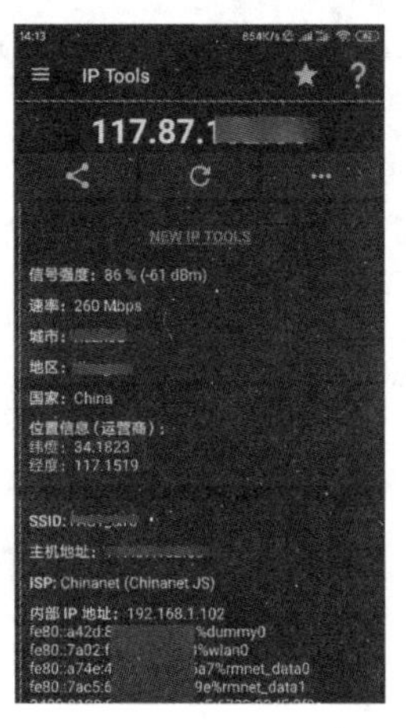

图13-36

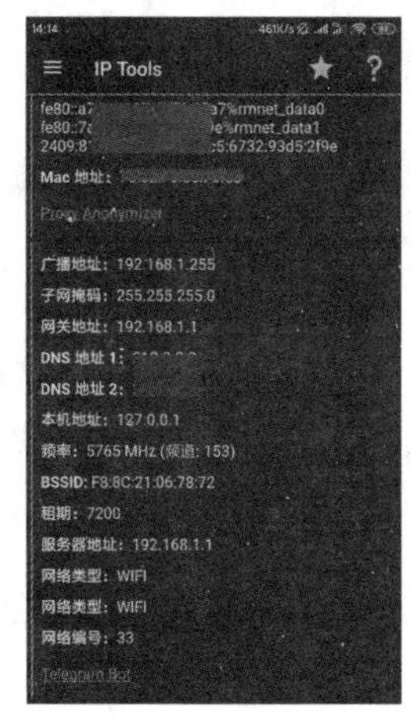

图13-37

STEP02：在菜单中选择“端口扫描”选项，如图13-38所示，输入要扫描的主机IP地址，启动扫描后，可以查看到该主机开放的端口，如图13-39所示。

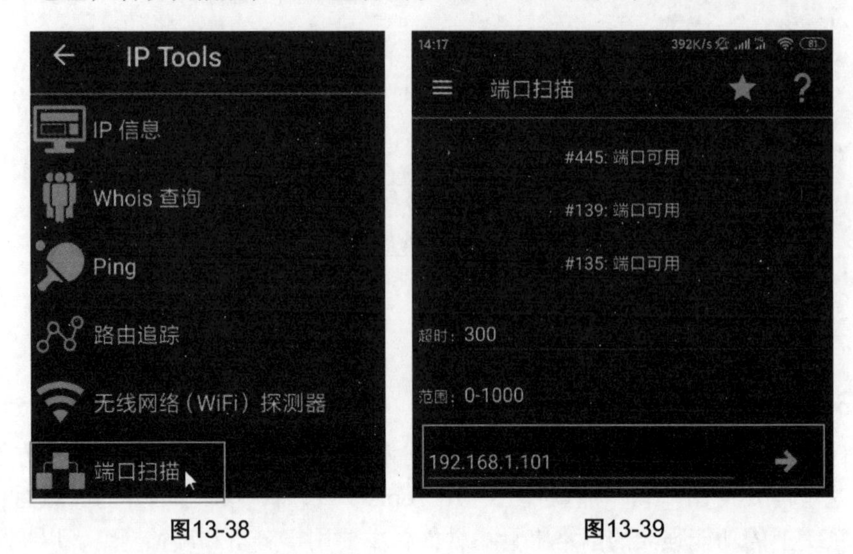

图13-38　　图13-39

STEP03：如果选择“局域网扫描”功能，可以扫描出局域网的所有存活的设备、MAC地址和制造商等信息，如图13-40所示。单击某个设备，还可以执行ping命令、进行端口扫描。保存该主机信息后，还可以进行网络唤醒等操作，如图13-41所示。

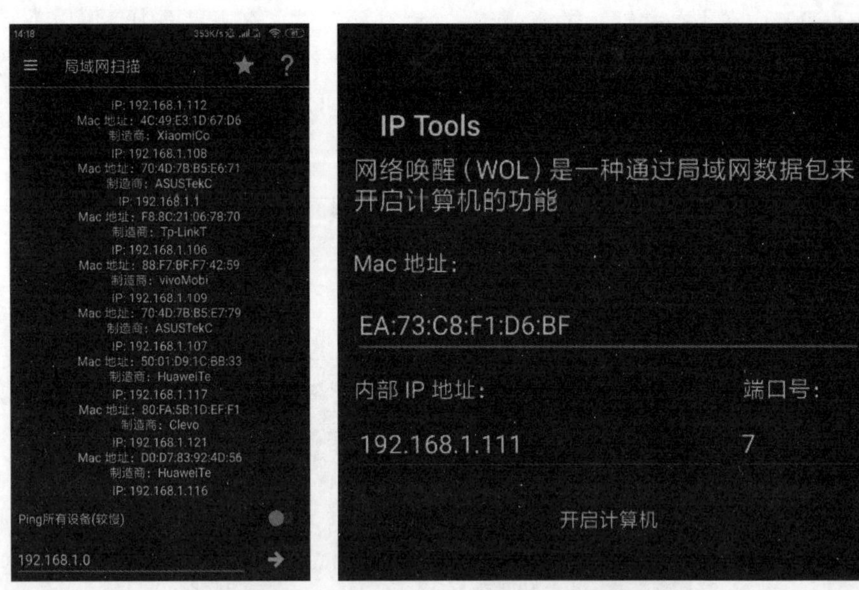

图13-40　　图13-41

STEP04：通过“无线网络（WiFi）探测器”可以查看到当前可以被扫描到的无线AP地址及其详细信息，如图13-42、图13-43所示。

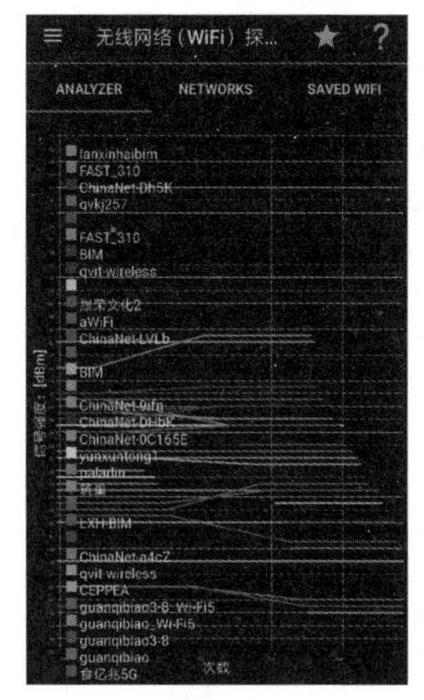

图13-42

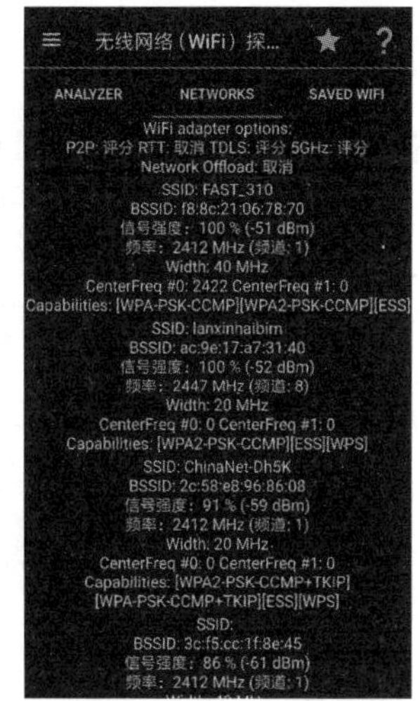

图13-43

13.3.3 使用手机访问局域网共享

处于局域网中的设备之间可以互相访问。从手机中访问局域网共享的方法很多，用软件就可以实现互访是十分便捷的事情。下面就介绍常用的软件“ES文件浏览器”。

ES文件浏览器是一个能管理手机本地、局域网共享、FTP和蓝牙设备的管理器。通过ES文件浏览器，用户可以在本地、局域网共享、FTP和蓝牙设备中浏览、传输、复制、剪切、删除、重命名文件和文件夹等，还可以备份系统的已装软件。

STEP01：下载并安装该软件后，启动进入到主界面中，找到并单击“我的网络”按钮，如图13-44所示。

STEP02：单击“扫描”按钮，启动局域网共享扫描，如图13-45所示。

图13-44

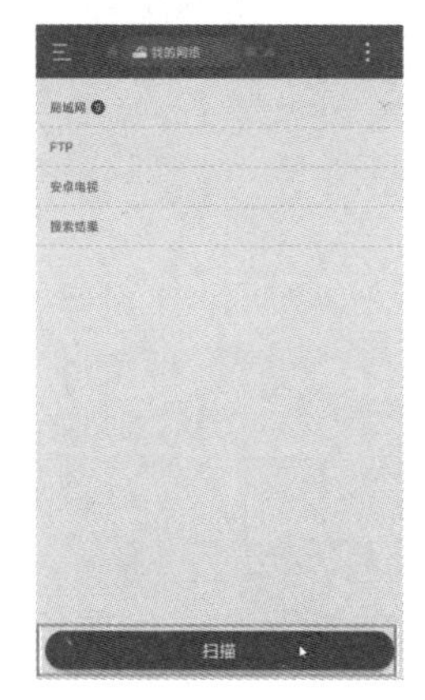

图13-45

STEP03：扫描完毕后，可以查看到局域网中的所有生存主机，单击查看其是否有共享，如图13-46所示。

STEP04：找到共享的文件后，就可以下载了，如图13-47所示。

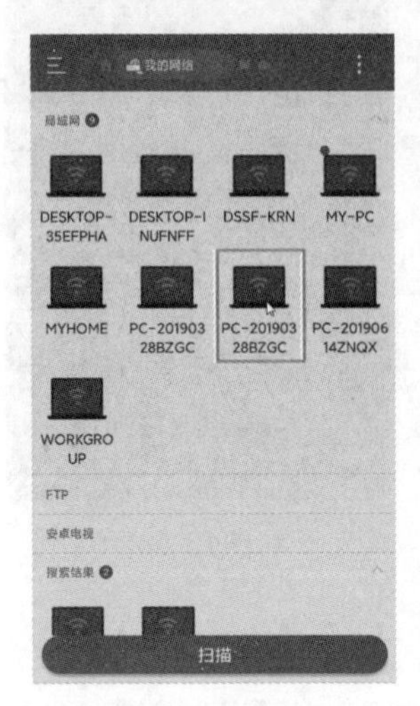

图13-46

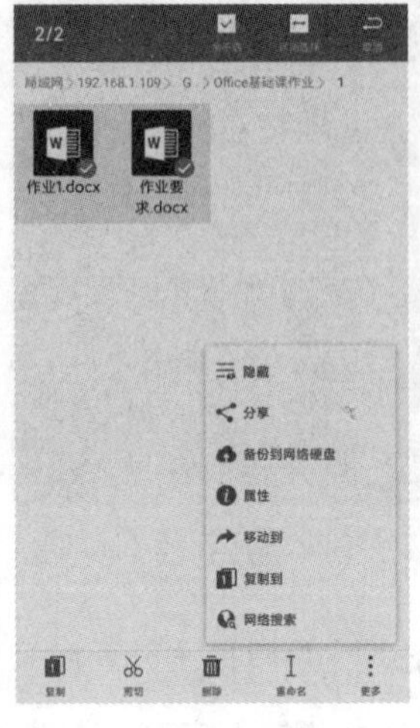

图13-47

案例实战：使用计算机访问手机共享

如果想从计算机或者其他设备访问手机中的文件，可以按照如下方法进行操作。

STEP01：打开“ES文件浏览器”，单击“从PC访问”按钮，如图13-48所示。

STEP02：单击“打开”按钮，如图13-49所示。

图13-48

图13-49

STEP03：此时会提示用户如何访问，如图13-50所示。如果共享完毕，可以在这里单击“关闭”按钮取消共享。

STEP04：打开“此电脑”，在地址栏输入“ftp://192.168.1.102:3721/”，就可以访问手机中的文件了，如图13-51所示。

图13-50

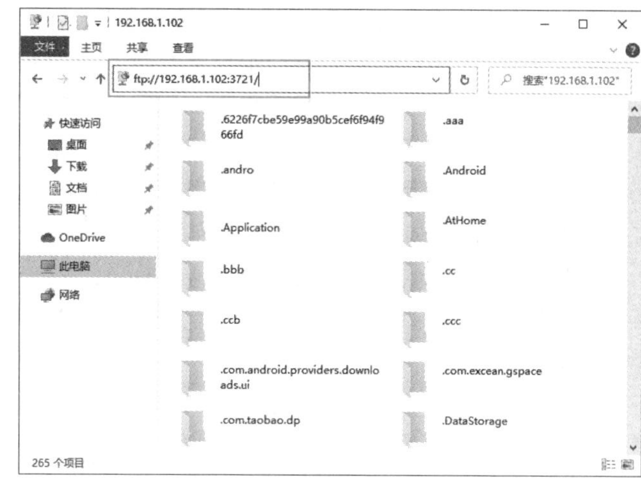

图13-51

专题拓展

手机定位原理及可行性

手机端的本地定位，只要安装地图工具，再开启手机的定位功能就可以实现了。手机获取定位的方式包括北斗卫星、本地的基站等。获取位置数据后，导入地图，就可以显示用户所处的位置了。

知识拓展 定位的原理

北斗卫星定位、本地基站定位，还有无线热点定位，基本上都采用三点定位法。通过距离、信号强度等参数，可以做到很高的精度。现在很多的App，如果不能获取系统的位置权限，可以采取手机之间的定位，也就是不同手机安装了相同的App后，互相之间进行计算，获取比较精确的位置信息。还有一些是在室内提前布局，并接收用户手机的信号，通过计算，进行室内定位的技术，叫UMB室内定位技术。另外，包括蓝牙、物联网等，都可以升级为基础定位设备。

现在很多软件号称输入对方手机号就可以定位，这大部分是骗人的，或者双方都需要安装该软件才可以实现，而且需要充值，限制条件非常多。

能不能实现？当然可以。举个很简单的例子，疫情期间使用的各种行程码，以及个人的行动轨迹等，都可以显示出来。原理也非常简单，各运营商的基站除提供信号和数据外，也会记录使用者的位置信息。即使不记录，基站本身也是有地理位置的，间接就获取了用户的行动轨迹。在大数据背景下，这些数据可以在合法范围内被相关部门和单位所掌控和使用。

关于用户行动轨迹，或者说手机的行动轨迹，之前介绍了手机丢失找回功能。如果软件在用户不知情的情况下间歇性地获取用户的坐标信息，然后统计并报告给后台处理，就可以形成完整的用户行动轨迹了。手机找回是手机厂商自带的功能，而且一般官方不会轻易泄露这些数据。一些第三方软件，或者说有权限获取用户位置信息的软件，都可以获取用户的轨迹信息，更不用说一些恶意软件了。查询实时位置信息也是同样的原理。

除各种App可以实现这种功能外，其实各大运营商对信息掌握得更加全面，毕竟我们使用的网络和数据都是从它们的基站和各种网络设备及服务器上通过，但从安全角度来说，运营商对于数据安全还是比较重视的。现在的数据泄露问题不单单是名字、手机号这么简单了，包括了生活的方方面面，甚至可以说，数据比你更了解你。很多出售和查询个人位置和轨迹的不法分子的数据来源，就是各种记录位置数据的App的后台数据库。

目前，国家已从法律和行动方面，对公民的个人信息进行保护，并严厉打击各种倒卖信息的行为。对于个人来说，除使用正规App、取消App的各种位置权限外，如果遇到不法分子的勒索和威胁，或者有出售、贩卖个人信息的情况，一定要及时收集各种证据并尽快报警。